中国科学院中国孢子植物志编辑委员会　编辑

中 国 真 菌 志

第六十七卷

尾孢属（续）及其近似属

郭英兰　主编

中国科学院知识创新工程重大项目

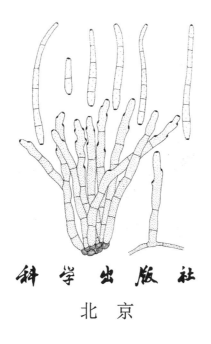

科学出版社

北　京

内 容 简 介

尾孢属及其近似属真菌是植物病原菌，可侵染寄主的叶、叶鞘、茎、花、花梗、苞叶、果实和种子，引起坏死损伤，病害严重发生时常造成一定的经济损失。本卷册介绍了中国尾孢属及其近似属真菌的经济重要性、分类依据、形态、研究史、属级特征和与近似属的区别，描述了寄生在60科植物上的19属150种真菌，每个种有学名、异名、详细的形态描述、寄主、国内分布、世界分布以及与近似种的区别，并附有149幅形态图。

本书可供从事真菌学、植物病理学、植物病害防治的科研、教学、生产技术人员以及大专院校生物系、植物病理学系、植物保护学系的师生及检疫部门工作人员参考。

图书在版编目(CIP)数据

中国真菌志. 第六十七卷，尾孢属(续)及其近似属/郭英兰主编. —北京：科学出版社，2024.6

(中国孢子植物志)

ISBN 978-7-03-078663-0

Ⅰ. ①中… Ⅱ. ① 郭… Ⅲ. ①真菌门-植物志-中国 ②尾孢属-真菌门-植物志-中国 Ⅳ. ①Q949.32 ②Q949.331

中国国家版本馆 CIP 数据核字(2024)第 111298 号

责任编辑：韩学哲 孙 青/责任校对：严 娜
责任印制：肖 兴/封面设计：刘新新

科学出版社 出版

北京东黄城根北街 16 号
邮政编码：100717
http://www.sciencep.com

北京建宏印刷有限公司印刷

科学出版社发行 各地新华书店经销

*

2024 年 6 月第 一 版 开本：787×1092 1/16
2024 年 6 月第一次印刷 印张：26
字数：610 000

定价：398.00 元

(如有印装质量问题，我社负责调换)

CONSILIO FLORARUM CRYPTOGAMARUM SINICARUM
ACADEMIAE SINICAE EDITA

FLORA FUNGORUM SINICORUM

VOL. 67

CERCOSPORA (SUPPLEMENTUM) ET GENERA CETERA COGNATA

REDACTOR PRINCIPALIS

Guo Yinglan

A Major Project of the Knowledge Innovation Program of the Chinese Academy of Sciences

Science Press

Beijing

尾孢属 (续) 及其近似属

本卷著者

郭英兰　刘锡琎

（中国科学院微生物研究所）

谢文瑞

（中兴大学）

CERCOSPORA (SUPPLEMENTUM) ET GENERA CETERA COGNATA

AUCTORES

Guo Yinglan　Liu Xijin
(*Institutum Microbiologicum Academiae Sinicae*)

Hsieh Wenhsui
(*Universitas Chung Hsing*)

中国孢子植物志第五届编委名单

(2007 年 5 月)(2017 年 5 月调整)

主　　编　魏江春

副　主　编　庄文颖　　夏邦美　　吴鹏程　　胡征宇

编　　委　(以姓氏笔画为序)

丁兰平　　王幼芳　　王全喜　　王旭雷　　吕国忠

庄剑云　　刘小勇　　刘国祥　　李仁辉　　李增智

杨祝良　　张天宇　　陈健斌　　胡鸿钧　　姚一建

贾　渝　　高亚辉　　郭　林　　谢树莲　　蔡　磊

戴玉成　　魏印心

序

　　中国孢子植物志是非维管束孢子植物志，分《中国海藻志》、《中国淡水藻志》、《中国真菌志》、《中国地衣志》及《中国苔藓志》五部分。中国孢子植物志是在系统生物学原理与方法的指导下对中国孢子植物进行考察、收集和分类的研究成果；是生物物种多样性研究的主要内容；是物种保护的重要依据，与人类活动及环境甚至全球变化都有不可分割的联系。

　　中国孢子植物志是我国孢子植物物种数量、形态特征、生理生化性状、地理分布及其与人类关系等方面的综合信息库；是我国生物资源开发利用、科学研究与教学的重要参考文献。

　　我国气候条件复杂，山河纵横，湖泊星布，海域辽阔，陆生和水生孢子植物资源极其丰富。中国孢子植物分类工作的发展和中国孢子植物志的陆续出版，必将为我国开发利用孢子植物资源和促进学科发展发挥积极作用。

　　随着科学技术的进步，我国孢子植物分类工作在广度和深度方面将有更大的发展，这部著作也将不断被补充、修订和提高。

中国科学院中国孢子植物志编辑委员会

1984 年 10 月·北京

中国孢子植物志总序

中国孢子植物志是由《中国海藻志》、《中国淡水藻志》、《中国真菌志》、《中国地衣志》及《中国苔藓志》所组成。至于维管束孢子植物蕨类未被包括在中国孢子植物志之内，是因为它早先已被纳入《中国植物志》计划之内。为了将上述未被纳入《中国植物志》计划之内的藻类、真菌、地衣及苔藓植物纳入中国生物志计划之内，出席 1972 年中国科学院计划工作会议的孢子植物学工作者提出筹建"中国孢子植物志编辑委员会"的倡议。该倡议经中国科学院领导批准后，"中国孢子植物志编辑委员会"的筹建工作随之启动，并于 1973 年在广州召开的《中国植物志》、《中国动物志》和中国孢子植物志工作会议上正式成立。自那时起，中国孢子植物志一直在"中国孢子植物志编辑委员会"统一主持下编辑出版。

孢子植物在系统演化上虽然并非单一的自然类群，但是，这并不妨碍在全国统一组织和协调下进行孢子植物志的编写和出版。

随着科学技术的飞速发展，在人们对真菌知识的了解日益深入的今天，黏菌与卵菌已从真菌界中分出，分别归隶于原生动物界和管毛生物界。但是，长期以来，由于它们一直被当作真菌由国内外真菌学家进行研究，而且，在"中国孢子植物志编辑委员会"成立时已将黏菌与卵菌纳入中国孢子植物志之一的《中国真菌志》计划之内，因此，沿用包括黏菌与卵菌在内的《中国真菌志》广义名称是必要的。

自"中国孢子植物志编辑委员会"于 1973 年成立以后，作为"三志"的组成部分，中国孢子植物志的编研工作由中国科学院资助；自 1982 年起，国家自然科学基金委员会参与部分资助；自 1993 年以来，作为国家自然科学基金委员会重大项目，在国家基金委资助下，中国科学院及科技部参与部分资助，中国孢子植物志的编辑出版工作不断取得重要进展。

中国孢子植物志是记述我国孢子植物物种的形态、解剖、生态、地理分布及其与人类关系等方面的大型系列著作，是我国孢子植物物种多样性的重要研究成果，是我国孢子植物资源的综合信息库，是我国生物资源开发利用、科学研究与教学的重要参考文献。

我国气候条件复杂，山河纵横，湖泊星布，海域辽阔，陆生与水生孢子植物物种多样性极其丰富。中国孢子植物志的陆续出版，必将为我国孢子植物资源的开发利用，为我国孢子植物科学的发展发挥积极作用。

中国科学院中国孢子植物志编辑委员会

主编　曾呈奎

2000 年 3 月　北京

Foreword of the Cryptogamic Flora of China

Cryptogamic Flora of China is composed of *Flora Algarum Marinarum Sinicarum*, *Flora Algarum Sinicarum Aquae Dulcis*, *Flora Fungorum Sinicorum*, *Flora Lichenum Sinicorum*, and *Flora Bryophytorum Sinicorum*, edited and published under the direction of the Editorial Committee of the Cryptogamic Flora of China, Chinese Academy of Sciences (CAS). It also serves as a comprehensive information bank of Chinese cryptogamic resources.

Cryptogams are not a single natural group from a phylogenetic point of view which, however, does not present an obstacle to the editing and publication of the Cryptogamic Flora of China by a coordinated, nationwide organization. The Cryptogamic Flora of China is restricted to non-vascular cryptogams including the bryophytes, algae, fungi, and lichens. The ferns, a group of vascular cryptogams, were earlier included in the plan of *Flora of China*, and are not taken into consideration here. In order to bring the above groups into the plan of Fauna and Flora of China, some leading scientists on cryptogams, who were attending a working meeting of CAS in Beijing in July 1972, proposed to establish the Editorial Committee of the Cryptogamic Flora of China. The proposal was approved later by the CAS. The committee was formally established in the working conference of Fauna and Flora of China, including cryptogams, held by CAS in Guangzhou in March 1973.

Although myxomycetes and oomycetes do not belong to the Kingdom of Fungi in modern treatments, they have long been studied by mycologists. *Flora Fungorum Sinicorum* volumes including myxomycetes and oomycetes have been published, retaining for *Flora Fungorum Sinicorum* the traditional meaning of the term fungi.

Since the establishment of the editorial committee in 1973, compilation of Cryptogamic Flora of China and related studies have been supported financially by the CAS. The National Natural Science Foundation of China has taken an important part of the financial support since 1982. Under the direction of the committee, progress has been made in compilation and study of Cryptogamic Flora of China by organizing and coordinating the main research institutions and universities all over the country. Since 1993, study and compilation of the Chinese fauna, flora, and cryptogamic flora have become one of the key state projects of the National Natural Science Foundation with the combined support of the CAS and the National Science and Technology Ministry.

Cryptogamic Flora of China derives its results from the investigations, collections, and classification of Chinese cryptogams by using theories and methods of systematic and evolutionary biology as its guide. It is the summary of study on species diversity of cryptogams and provides important data for species protection. It is closely connected with human activities, environmental changes and even global changes. Cryptogamic Flora of

China is a comprehensive information bank concerning morphology, anatomy, physiology, biochemistry, ecology, and phytogeographical distribution. It includes a series of special monographs for using the biological resources in China, for scientific research, and for teaching.

China has complicated weather conditions, with a crisscross network of mountains and rivers, lakes of all sizes, and an extensive sea area. China is rich in terrestrial and aquatic cryptogamic resources. The development of taxonomic studies of cryptogams and the publication of Cryptogamic Flora of China in concert will play an active role in exploration and utilization of the cryptogamic resources of China and in promoting the development of cryptogamic studies in China.

C.K. Tseng
Editor-in-Chief
The Editorial Committee of the Cryptogamic Flora of China
Chinese Academy of Sciences
March, 2000 in Beijing

《中国真菌志》序

  《中国真菌志》是在系统生物学原理和方法指导下，对中国真菌，即真菌界的子囊菌、担子菌、壶菌及接合菌四个门以及不属于真菌界的卵菌等三个门和黏菌及其类似的菌类生物进行搜集、考察和研究的成果。本志所谓"真菌"系广义概念，涵盖上述三大菌类生物(地衣型真菌除外)，即当今所称"菌物"。

  中国先民认识并利用真菌作为生活、生产资料，历史悠久，经验丰富，诸如酒、醋、酱、红曲、豆豉、豆腐乳、豆瓣酱等的酿制，蘑菇、木耳、茭白作食用，茯苓、虫草、灵芝等作药用，在制革、纺织、造纸工业中应用真菌进行发酵，以及利用具有抗癌作用和促进碳素循环的真菌，充分显示其经济价值和生态效益。此外，真菌又是多种植物和人畜病害的病原菌，危害甚大。因此，对真菌物种的形态特征、多样性、生理生化、亲缘关系、区系组成、地理分布、生态环境以及经济价值等进行研究和描述，非常必要。这是一项重要的基础科学研究，也是利用益菌、控制害菌、化害为利、变废为宝的应用科学的源泉和先导。

  中国是具有悠久历史的文明古国，古代科学技术一直处于世界前沿，真菌学也不例外。酒是真菌的代谢产物，中国酒文化博大精深、源远流长，有几千年历史。约在公元300年的晋代，江统在其《酒诰》诗中说："酒之所兴，肇自上皇。或云仪狄，一曰杜康。有饭不尽，委余空桑。郁积成味，久蓄气芳。本出于此，不由奇方。"作者精辟地总结了我国酿酒历史和自然发酵方法，比意大利学者雷蒂(Radi，1860)提出微生物自然发酵法的学说约早1500年。在仰韶文化时期(5000～3000 B. C.)，我国先民已懂得采食蘑菇。中国历代古籍中均有食用菇蕈的记载，如宋代陈仁玉在其《菌谱》(1245)中记述浙江台州产鹅膏菌、松蕈等11种，并对其形态、生态、品级和食用方法等作了论述和分类，是中国第一部地方性食用蕈菌志。先民用真菌作药材也是一大创造，中国最早的药典《神农本草经》(成书于102～200 A. D.)所载365种药物中，有茯苓、雷丸、桑耳等10余种药用真菌的形态、色泽、性味和疗效的叙述。明代李时珍在《本草纲目》(1578)中，记载"三菌"、"五蕈"、"六芝"、"七耳"以及羊肚菜、桑黄、鸡㙡、雪蚕等30 多种药用真菌。李时珍将菌、蕈、芝、耳集为一类论述，在当时尚无显微镜帮助的情况下，其认识颇为精深。该籍的真菌学知识，足可代表中国古代真菌学水平，堪与同时代欧洲人(如 C. Clusius，1529～1609)的水平比拟而无逊色。

  15 世纪以后，居世界领先地位的中国科学技术逐渐落后。从 18 世纪中叶到 20 世纪 40 年代，外国传教士、旅行家、科学工作者、外交官、军官、教师以及负有特殊任务者，纷纷来华考察，搜集资料，采集标本，研究鉴定，发表论文或专辑。如法国传教士西博特(P.M. Cibot)1759 年首先来到中国，一住就是 25 年，写过不少关于中国植物(含真菌)的文章，1775 年他发表的五棱散尾菌(*Lysurus mokusin*)，是用现代科学方法研究发表的第一个中国真菌。继而，俄国的波塔宁(G.N. Potanin，1876)、意大利的吉拉迪(P. Giraldii，1890)、奥地利的汉德尔-马泽蒂(H. Handel-Mazzetti，1913)、美国的梅里尔(E.D. Merrill，1916)、瑞典的史密斯(H. Smith，1921)等共 27 人次来我国采集标本。研究发表中国真菌论著 114 篇册，作者多达 60 余人次，报道中国真菌 2040 种，其中含

10 新属、361 新种。东邻日本自 1894 年以来，特别是 1937 年以后，大批人员涌到中国，调查真菌资源及植物病害，采集标本，鉴定发表。据初步统计，发表论著 172 篇册，作者 67 人次以上，共报道中国真菌约 6000 种（有重复），其中含 17 新属、1130 新种。其代表人物在华北有三宅市郎（1908），东北有三浦道哉（1918），台湾有泽田兼吉（1912）；此外，还有斋藤贤道、伊藤诚哉、平冢直秀、山本和太郎、逸见武雄等数十人。

国人用现代科学方法研究中国真菌始于 20 世纪初，最初工作多侧重于植物病害和工业发酵，纯真菌学研究较少。在一二十年代便有不少研究报告和学术论文发表在中外各种刊物上，如胡先骕 1915 年的"菌类鉴别法"，章祖纯 1916 年的"北京附近发生最盛之植物病害调查表"以及钱穟孙（1918）、邹钟琳（1919）、戴芳澜（1920）、李寅恭（1921）、朱凤美（1924）、孙豫寿（1925）、俞大绂（1926）、魏喦寿（1928）等的论文。三四十年代有陈鸿康、邓叔群、魏景超、凌立、周宗璜、欧世璜、方心芳、王云章、裘维蕃等发表的论文，为数甚多。他们中有的人终生或大半生都从事中国真菌学的科教工作，如戴芳澜（1893～1973）著"江苏真菌名录"（1927）、"中国真菌杂录"（1932～1939）、《中国已知真菌名录》（1936，1937）、《中国真菌总汇》（1979）和《真菌的形态和分类》（1987）等，他发表的"三角枫上白粉病菌之一新种"（1930），是国人用现代科学方法研究、发表的第一个中国真菌新种。邓叔群（1902～1970）著"南京真菌之记载"（1932～1933）、"中国真菌续志"（1936～1938）、《中国高等真菌》（1939）和《中国的真菌》（1963）等，堪称《中国真菌志》的先导。上述学者以及其他许多真菌学工作者，为《中国真菌志》研编的起步奠定了基础。

在 20 世纪后半叶，特别是改革开放以来的 20 多年，中国真菌学有了迅猛的发展，如各类真菌学课程的开设，各级学位研究生的招收和培养，专业机构和学会的建立，专业刊物的创办和出版，地区真菌志的问世等，使真菌学人才辈出，为《中国真菌志》的研编输送了新鲜血液。1973 年中国科学院广州"三志"会议决定，《中国真菌志》的研编正式启动，1987 年由郑儒永、余永年等编撰的《中国真菌志》第 1 卷《白粉菌目》出版，至 2000 年《中国真菌志》已出版 14 卷。《中国真菌志》自第 2 卷开始实行主编负责制，2.《银耳目和花耳目》（刘波，1992）；3.《多孔菌科》（赵继鼎，1998）；4.《小煤炱目Ⅰ》（胡炎兴，1996）；5.《曲霉属及其相关有性型》（齐祖同，1997）；6.《霜霉目》（余永年，1998）；7.《层腹菌目 黑腹菌目 高腹菌目》（刘波，1998）；8.《核盘菌科 地舌菌科》（庄文颖，1998）；9.《假尾孢属》（刘锡琎、郭英兰，1998）；10.《锈菌目（一）》（王云章、庄剑云，1998）；11.《小煤炱目Ⅱ》（胡炎兴，1999）；12.《黑粉菌科》（郭林，2000）；13.《虫霉目》（李增智，2000）；14.《灵芝科》（赵继鼎、张小青，2000）。盛世出巨著，在国家"科教兴国"英明政策的指引下，《中国真菌志》的研编和出版，定将为中华灿烂文化做出新贡献。

余永年
庄文颖　谨识

中国科学院微生物研究所

中国·北京·中关村

2002 年 9 月 15 日

Foreword of Flora Fungorum Sinicorum

Flora Fungorum Sinicorum summarizes the achievements of Chinese mycologists based on principles and methods of systematic biology in intensive studies on the organisms studied by mycologists, which include non-lichenized fungi of the Kingdom Fungi, some organisms of the Chromista, such as oomycetes etc., and some of the Protozoa, such as slime molds. In this series of volumes, results from extensive collections, field investigations, and taxonomic treatments reveal the fungal diversity of China.

Our Chinese ancestors were very experienced in the application of fungi in their daily life and production. Fungi have long been used in China as food, such as edible mushrooms, including jelly fungi, and the hypertrophic stems of water bamboo infected with *Ustilago esculenta*; as medicines, like *Cordyceps sinensis* (caterpillar fungus), *Poria cocos* (China root), and *Ganoderma* spp. (lingzhi); and in the fermentation industry, for example, manufacturing liquors, vinegar, soy-sauce, *Monascus*, fermented soya beans, fermented bean curd, and thick broad-bean sauce. Fungal fermentation is also applied in the tannery, paperma-king, and textile industries. The anti-cancer compounds produced by fungi and functions of saprophytic fungi in accelerating the carbon-cycle in nature are of economic value and ecological benefits to human beings. On the other hand, fungal pathogens of plants, animals and human cause a huge amount of damage each year. In order to utilize the beneficial fungi and to control the harmful ones, to turn the harmfulness into advantage, and to convert wastes into valuables, it is necessary to understand the morphology, diversity, physiology, biochemistry, relationship, geographical distribution, ecological environment, and economic value of different groups of fungi.

China is a country with an ancient civilization of long standing. In ancient times, her science and technology as well as knowledge of fungi stood in the leading position of the world. Wine is a metabolite of fungi. The Wine Culture history in China goes back to thousands of years ago, which has a distant source and a long stream of extensive knowledge and profound scholarship. In the Jin Dynasty (*ca*. 300 A.D.), JIANG Tong, the famous writer, gave a vivid account of the Chinese fermentation history and methods of wine processing in one of his poems entitled *Drinking Games* (Jiu Gao), 1500 years earlier than the theory of microbial fermentation in natural conditions raised by the Italian scholar, Radi (1860). During the period of the Yangshao Culture (5000—3000 B.C.), our Chinese ancestors knew how to eat mushrooms. There were a great number of records of edible mushrooms in Chinese ancient books. For example, back to the Song Dynasty, CHEN Ren-Yu (1245) published the *Mushroom Menu* (Jun Pu) in which he listed 11 species of edible fungi including *Amanita* sp. and *Tricholoma matsutake* from Taizhou, Zhejiang Province, and described in detail their morphology, habitats, taxonomy, taste, and way of cooking. This was the first local flora of the Chinese edible mushrooms. Fungi used as medicines originated in ancient China. The earliest Chinese pharmacopocia, *Shen-Nong Materia Medica* (Shen Nong Ben Cao Jing), was published in 102—200 A.D. Among the 365 medicines recorded, more than 10 fungi, such as *Poria cocos* and *Polyporus mylittae*, were included. Their fruitbody shape, color, taste, and medical functions were provided. The great pharmacist of Ming Dynasty, LI Shi-Zhen published his eminent work *Compendium Materia Medica* (Ben Cao Gang Mu) (1578) in which more than thirty fungal species were accepted as medicines, including *Aecidium mori*, *Cordyceps sinensis*, *Morchella* spp., *Termitomyces* sp., etc. Before the invention of microscope, he managed to bring fungi of different classes together, which demonstrated his intelligence and profound knowledge of biology.

After the 15th century, development of science and technology in China slowed down. From middle of the 18th century to the 1940's, foreign missionaries, tourists, scientists, diplomats, officers, and other professional workers visited China. They collected specimens of plants and fungi, carried out taxonomic studies, and published papers, exsi ccatae, and monographs based on Chinese materials. The French missionary, P.M. Cibot, came to China in 1759 and stayed for 25 years to investigate plants including fungi in different regions of China. Many papers were written by him. *Lysurus mokusin*, identified with modern techniques and published in 1775, was probably the first Chinese fungal record by these visitors. Subsequently, around 27 man-times of foreigners attended field excursions in China, such as G.N. Potanin from Russia in 1876, P. Giraldii from Italy in 1890, H. Handel-Mazzetti from Austria in 1913, E.D. Merrill from the United States in 1916, and H. Smith from Sweden in 1921. Based on examinations of the Chinese collections obtained, 2040 species including 10 new genera and 361 new species were reported or described in 114 papers and books. Since 1894, especially after 1937, many Japanese entered China. They investigated the fungal resources and plant diseases, collected specimens, and published their identification results. According to incomplete information, some 6000 fungal names (with synonyms) including 17 new genera and 1130 new species appeared in 172 publications. The main workers were I. Miyake (1908) in the Northern China, M. Miura (1918) in the Northeast, K. Sawada (1912) in Taiwan, as well as K. Saito, S. Ito, N. Hiratsuka, W. Yamamoto, T. Hemmi, etc.

Research by Chinese mycologists started at the turn of the 20th century when plant diseases and fungal fermentation were emphasized with very little systematic work. Scientific papers or experimental reports were published in domestic and international journals during the 1910's to 1920's. The best-known are "Identification of the fungi" by H.H. Hu in 1915, "Plant disease report from Peking and the adjacent regions" by C.S. Chang in 1916, and papers by S.S. Chian (1918), C.L. Chou (1919), F.L. Tai (1920), Y.G. Li (1921), V.M. Chu (1924), Y.S. Sun (1925), T.F. Yu (1926), and N.S. Wei (1928). Mycologists who were active at the 1930's to 1940's are H.K. Chen, S.C. Teng, C.T. Wei, L. Ling, C.H. Chow, S.H. Ou, S.F. Fang, Y.C. Wang, W.F. Chiu, and others. Some of them dedicated their lifetime to research and teaching in mycology. Prof. F.L. Tai (1893—1973) is one of them, whose representative works were "List of fungi from Jiangsu"(1927), "Notes on Chinese fungi"(1932—1939), *A List of Fungi Hitherto Known from China* (1936, 1937), *Sylloge Fungorum Sinicorum* (1979), *Morphology and Taxonomy of the Fungi* (1987), etc. His paper entitled "A new species of *Uncinula* on *Acer trifidum* Hook. & Arn." (1930) was the first new species described by a Chinese mycologist. Prof. S.C. Teng (1902—1970) is also an eminent teacher. He published "Notes on fungi from Nanking" in 1932—1933, "Notes on Chinese fungi" in 1936—1938, *A Contribution to Our Knowledge of the Higher Fungi of China* in 1939, and *Fungi of China* in 1963. Work done by the above-mentioned scholars lays a foundation for our current project on *Flora Fungorum Sinicorum*.

Significant progress has been made in development of Chinese mycology since 1978. Many mycological institutions were founded in different areas of the country. The Mycological Society of China was established, the journals *Acta Mycological Sinica* and *Mycosystema* were published as well as local floras of the economically important fungi. A young generation in field of mycology grew up through postgraduate training programs in the graduate schools. In 1973, an important meeting organized by the Chinese Academy of Sciences was held in Guangzhou (Canton) and a decision was made, uniting the related scientists from all over China to initiate the long term project "Fauna, Flora, and Cryptogamic Flora of China". Work on *Flora Fungorum Sinicorum* thus started. The first volume of Chinese Mycoflora on the Erysiphales (edited by R.Y. Zheng & Y.N. Yu, 1987) appeared. Up to now, 14 volumes have been published: Tremellales and Dacrymycetales edited by B. Liu (1992), Polyporaceae by J.D. Zhao (1998), Meliolales Part I (Y.X. Hu, 1996), *Aspergillus* and its related teleomorphs (Z.T. Qi, 1997), Peronosporales (Y.N. Yu, 1998), Hymenogastrales, Melanogastrales and Gautieriales (B. Liu, 1998), Sclerotiniaceae and Geoglossaceae (W.Y. Zhuang, 1998), *Pseudocercospora* (X.J. Liu & Y.L. Guo, 1998), Uredinales Part I (Y.C. Wang & J.Y. Zhuang, 1998), Meliolales Part II (Y.X. Hu, 1999), Ustilaginaceae (L. Guo, 2000), Entomophthorales (Z.Z. Li, 2000), and Ganodermataceae (J.D. Zhao & X.Q. Zhang, 2000). We eagerly await the coming volumes and expect the completion of Flora *Fungorum Sinicorum* which will reflect the flourishing of Chinese culture.

Y.N. Yu and W.Y. Zhuang
Institute of Microbiology, CAS, Beijing
September 15, 2002

致　谢

衷心感谢中国科学院资助项目研究经费。感谢中国科学院微生物研究所在本志的编研过程中提供研究条件和资料。

感谢多年来为我们采集或提供标本的中国科学院微生物研究所戴芳澜、刘锡琎、余永年、徐连旺、宗毓臣等，以及已调离微生物研究所的马启明、韩树金、于积厚、邢延苏、刘荣、杨玉川、宋明华、王庆之、邢俊昌、廖银章等，中国农业科学院蔬菜花卉研究所的李宝聚、石艳霞、谢学文、柴阿丽以及他们的研究生赵彦杰、张雪艳、周艳芳、周慧敏、杜公福、卯婷婷、李焕玲、王丽霞、王惟平、韩小爽、王慧君、钏锦霞、贡海燕、孙阳、赵倩、郭梦妍、王莹莹、李盼亮、宋加伟等，中国林业科学研究院森林生态环境与自然保护研究所赵文霞，沈阳农业大学白金铠、梁景颐、宋镇庆、张凌宇、孙军德、刘维、欧阳慧、周如军等，东北林业大学邵力平，吉林省农业科学院夏蕾，吉林省农业科学院植物保护研究所朱桂香，山东农业大学张天宇、张修国等，南京农业大学魏景超、周蓄源，河南农业大学喻璋，河南科技学院翟凤艳、刘英杰，华南农业大学戚佩坤、梁子超、姜子德，香港大学吴德强，广西大学黄亮，广西大学农学院植物保护系，原西南联合大学赵士赞、洪章训，云南省元江县农业局马永贵、张北元，云南农业大学张中义、刘云龙、王学英、王勇、王英祥、何永红，四川农业科学院农业科学研究所邓文轩、邓文钦、李祖桂、林开仁、张成婉、戴伦焰、戴铭杰等，西藏自治区农牧科学院蔬菜研究所代万安，西藏自治区拉萨市科学技术委员会孔常兴，新疆农业大学赵震宇，新疆塔里木大学徐彪以及杨作民、姚荷生、马德成、朱金颐、程功稠、吴大章、赵淑珍、杨翠琴、戴宗廉、王跻颐、华宁、黎毓干、周启坤、田莜君、何文俊、韦石泉、杨士华、王克强、徐富隆、苏家玖、何隆甲、金光祖、陈贞、张益诚、张建、穆淑芳、唐启旺、吴大章等。

阎若珉、孙淑贤，国际友人 K. Sawada，S Katsuki，W. Yamamoto，R. Kirschner 等提供了在台湾采集的部分标本，特致谢意。感谢台湾自然博物馆 (TNM)、华南农业大学、云南农业大学真菌标本室 (MHYAU)、沈阳农业大学 (SYAU)、中国科学院昆明植物研究所标本馆 (KUN) 提供标本供研究。

衷心感谢德国 U. Braun 博士在尾孢类真菌研究方面及时提供最新文献资料、共同研究标本、修改文稿及在分类研究方面的指导。感谢瑞典 R. Kirschner 博士提供采自台湾的标本及发表的研究论文。

蒋毅和徐莉在读硕士期间，翟凤艳和夏蕾在读博士期间做了部分研究工作，在此表示感谢。

中国科学院植物研究所周根生、曹子余和中国科学院微生物研究所韩树金、庄剑云帮助鉴定标本寄主名称，甚为感谢。

中国科学院菌物标本馆孙树霄、吕红梅和杨柳在入藏、借用标本等方面提供了很大的方便和帮助，朱向菲描绘全部插图，特致谢忱。

说　明

1. 本书是《中国真菌志 第二十四卷 尾孢属》的续编及其近似属的研究总结。全书包括绪论、专论、附录、参考文献和索引五部分。

2. 绪论部分叙述了尾孢属及其近似属真菌的经济重要性、分类、形态及分属检索表。

3. 专论部分描述了我国寄生在 60 科植物上的 19 属 150 种真菌，其中尾孢属 23 种，链尾孢属 1 种，小尾孢属 6 种，凸脐孢属 1 种，离壁隔尾孢属 1 种，拟离壁隔尾孢属 1 种，黄褐孢属 1 种，小梭孢属 2 种，禾草钉孢属 1 种，假钉孢属 1 种，类尾孢属 3 种，类短胖孢属 1 种，类菌绒孢属 1 种，钉孢属 80 种，多隔钉孢属 3 种，拉格脐孢属 3 种，蔷薇球壳属 1 种，疣丝孢属 3 种，扎氏疣丝孢属 17 种。

各属按字母顺序排列进行描述。每个属内含研究史、属级特征、与近似属的区别，描述按寄主科进行，科名及科内真菌学名都按字母顺序排列。科内有 3 个种以上者均设有分种检索表。每个种包括正名、异名、详细的形态描述、按学名字母顺序排列的寄主名称及在国内的分布、世界分布并附有显微绘图。讨论部分包括种的历史渊源及与邻近种的区别。

4. 附录为中国各科、属、种寄主上的尾孢属及其近似属种的目录。

5. 参考文献按作者姓名字母顺序排列，中文文献在前，外文文献在后。外文文献中，我国的作者名附有中文；中文文献中，我国的作者名附有汉语拼音。文献按发表时的语种引用。

6. 索引包括：①寄主汉名索引，②真菌汉名索引，③寄主学名索引，④真菌学名索引。寄主汉名索引和真菌汉名索引均按汉语拼音字母顺序排列。寄主学名索引和真菌学名索引按拉丁字母顺序排列。

7. 尾孢属及其近似属种的汉名主要根据 1990 年出版的《真菌名词及名称》。菌名命名人缩写主要根据《菌物名称的作者》(Kirk and Ansell, 1992)。

8. 寄主汉名主要根据 1979 年科学出版社出版的《中国高等植物科属检索表》，1971~1976 年的《中国高等植物图鉴》，1963 年、1989 年的《英拉汉植物名称》，中国植物志，地方植物志及 1996 年航空工业出版社的《新编拉汉英植物名称》，1994 年科学出版社的《海南及广东沿海岛屿植物名录》等。寄主命名人缩写主要根据《植物名称的作者》(Brummitt and Powell, 1992)。

9. 学名文献引证中的人名一律用英文，我国作者用汉语拼音。

10. 专论部分每个种的形态描述及数据均系根据我国的标本研究和测量所得，种下引证的标本全由作者直接研究。个别没有研究标本的种，描述来自原始报道，并在讨论中加以说明。

11. 凡是产地后没有注明标本馆名称的均系中国科学院菌物标本馆 (HMAS) 的标本。HMJAU 即吉林农业大学菌物标本馆，HSAUP 即山东农业大学植物病理学标本室，

TNM 即台湾自然博物馆，NTU-PPE 即台湾大学植物病虫害系标本室，NCHUPP 即台湾中兴大学植物病理学系标本室，Yen 和号码即阎若岷的标本，HKU 为香港大学标本室，KUN-HKAS 为中国科学院昆明植物研究所隐花植物标本馆，MHYAU 即云南农业大学真菌标本室，HMUT 即塔里木大学真菌标本馆。

12. 本书附有形态图 149 幅，除少数种因未研究标本而系引自原始文献外，其余全部为作者根据研究标本所绘制的显微形态图。

13. 国内分布以我国直辖市及各行政省、自治区的市、县或山为单位。直辖市、省或自治区之间以分号（；）区分，同一省或自治区下属的不同市、县、山之间则以逗号（，）区分。

14. 世界分布是根据文献资料整理而成，各国的名称按字母顺序排列。

15. 讨论部分，作者名字后面、标注在括号内的文献出处，是原始作者报道该菌时的文献，由于笔者未能获得原文，采用间接引证，均未列入本卷的参考文献。

目　录

绪　论

尾孢属及其近似属是尾孢类真菌（cercosporoid fungi），这些属是与有性型球腔菌属 *Mycosphaerella* Johans.（球腔菌科 Mycosphaerellaceae，煤炱目 Capnodiales，座囊菌纲 Dothideomycetes）（Stewart *et al.*，1999；Crous *et al.*，2000a）相联系的无性型真菌（anamorphic fungi），遍布全世界，但主要分布在热带、亚热带及温带地区。它们是植物病原菌，寄生在植物的叶、茎、花、果实等部位，形成明显或不明显的斑点，病害严重发生时常常造成一定的经济损失。

经济重要性

尾孢属及其近似属真菌是植物病原菌，可引致寄主的叶、叶鞘、茎、花、花梗、苞叶、果实和种子的坏死损伤（Agrios, 1997; Arx, 1983），而且还是主要农作物，如谷类植物、蔬菜、花卉、观赏植物、林木、药用植物等非常重要的病原菌，致使叶片枯黄，提前脱落，或造成落花、落果，影响产量和品质，有些种可引致严重病害，造成重大的经济损失。例如，引起农作物病害的梭斑链尾孢 *Catenulocercospora fusimaculans*（G.F. Atk.）C. Nakash., Videira & Crous、落花生尾孢 *Cercospora arachidicola* Hori、球座假钉孢 *Nothopassalora personata*（Berk. & M.A. Curtis）U. Braun, C. Nakash., Videira & Crous、马铃薯钉孢 *Passalora concors*（Casp.）U. Braun & Crous、甘蔗钉孢 *P. koepkei*（W. Krüger）U. Braun & Crous 等；引起蔬菜病害的如芹菜生尾孢 *Cercospora apiicola* M. Groenew., Crous & U. Braun、辣椒生钉孢 *P. capsicicola*（Vassiljevsky）U. Braun & F.O. Freire、莴苣钉孢 *P. lactucae*（Henn.）U. Braun & Crous、灰毛茄钉孢 *P. nattrasii*（Deighton）U. Braun & Crous、茴香钉孢 *P. punctum*（Delacr.）Arx 等，随着我国设施农业的发展，番茄种植面积的扩大及品种的增加，近年来由黄褐孢 *Fulvia fulva*（Cooke）Cif. 引起的番茄 *Lycopersicon esculentum* Mill. "叶霉病"也迅速发展，病害危害日趋严重。番茄叶霉病主要危害番茄叶片，严重时也可危害花、茎和果实，在叶片上形成近圆形、不规则形至角状的斑点，严重发生时叶片卷曲坏死，最终全株枯死，病花常在坐果前枯死，茎上的病斑与在叶片上相似，感病果实表面产生圆形至不规则形黑褐色斑块，硬化凹陷，失去食用价值，给菜农带来重大经济损失；引起水果病害的如葡萄钉孢 *Passalora dissiliens*（Duby）U. Braun & Crous、李钉孢 *P. pruni*（Y.L. Guo & X.J. Liu）U. Braun & Crous、喜梨钉孢 *P. pyrophila* U. Braun & Crous、草莓钉孢 *P. vexans*（C. Massal.）U. Braun & Crous 等；引起花卉和观赏植物病害的如蔷薇生蔷薇球壳 *Rosisphaerella rosicola*（Pass.）U. Braun, C. Nakash., Videira & Crous、海芋扎氏疣丝孢 *Zasmidium alocasiae*（Sarbajna & Chattopadh）Kamal、叶子花扎氏疣丝孢 *Z. bougainvilleae*（J.M. Yen & Lim）Y.L. Guo, W.H. Hsieh & F.Y. Zhai、鱼尾葵扎氏疣丝孢 *Z. caryotae*（X.J. Liu & Y.Z. Liao）Kamal 等；由蛇葡萄拉格脐孢 *Ragnhildiana ampelopsidis*（Peck）U. Braun, C.

Nakash., Videira & Crous 引起的爬山虎 [五叶爬山虎 *Parthenocissus quenquefolia*（L.）Planch. 和地锦 *Parthenocissus tricuspidata*（Sieb. & Zucc.）Planch（俗称爬山虎）"叶斑病"，在叶片上形成大量褐色至黑色斑点，并且该病发生时间较长，危害严重，致使在每年 8~9 月叶片尚未变红时就提前大量脱落，即使不脱落，叶片的红色也比正常叶片的颜色浅，严重地影响了爬山虎的长势和观赏效果；引起林木病害的如泡桐生钉孢 *Passalora paulownicola*（J.M. Yen & S.H. Sun）U. Braun & Crous、柳钉孢 *P. salicis*（Deighton, R.A.B. Verma & S.S. Prasad）U. Braun & Crous、柳扎氏疣丝孢 *Zasmidium salicis*（Chupp & H.C. Greene）Kamal & U. Braun 等；引起药用植物病害的如五味子钉孢 *Passalora schisandrae*（Y.L. Guo）U. Braun & Crous、麦冬扎氏疣丝孢 *Zasmidium liriopes*（F.L. Tai）U. Braun, Y.L. Guo & H.D. Shin 等。

尾孢属及其近似属真菌还是其他植物病原菌知名的重寄生菌（Shin and Kim, 2001a），有些种已用于有害杂草的生物防治（Ridings, 1986; Morris, 1989; Van Dyke, 1991; Julien, 1992; Barreto and Evans, 1994; Morris and Crous, 1994; Barreto *et al.*, 1995; Garcia *et al.*, 1996; Pons and Sutton, 1996），如假泽兰生尾孢 *Cercospora mikaniicola* F. Stevens 可防治假泽兰属 *Mikania* Willd. 的假泽兰 *Mikania cordata*（Burm.）B.L. Robinson 和蔓泽兰 *Mikania micrantha* Kunth.，凤眼莲尾孢 *C. piaropi* Tharp 和罗德曼尾孢 *C. rodmanii* Conway 可以防治凤眼莲（水葫芦）*Eichhornia crassipes*（Matt.）Solms（Tessmann *et al.*, 2001；Montenegro-Calderón *et al.*, 2011）和水生风信子 *Hyacinthus orientalis* L.，顶羽菊小尾孢 *Cercosporella acroptili*（Bremer）U. Braun 可防治杂草顶羽菊 *Acroptilon repens*（L.）DC.（Berner *et al.*, 2005），矢车菊生小尾孢 *Cercosporella centaureicola* D. Berner, U. Braun & F. Eskandari 可防治杂草夏矢车菊 *Centaurea solstitialis* L.（Berner *et al.*, 2005），藿香蓟钉孢 *Passalora ageratinae* Crous & A.R. Wood 可控制入侵恶性杂草紫茎泽兰（破坏草）*Ageratina adenophora*（Spreng.）R.M. King & H. Rob. 等。因此，尾孢属及其近似属真菌是一类具有重要经济意义的真菌。

形　态

1. 斑点
明显或不明显，在叶面仅呈不规则形褪色，叶背面呈扩散型。

着生：叶两面、叶面、叶背面、叶柄、叶鞘、茎、花、果实。

分布：散生或多斑愈合形成大的斑块，叶尖或沿叶缘着生。

形状：点状、圆形、近圆形、角状、规则形，有时具 2 至多条轮纹圈，有时斑点破裂或脱落，形成穿孔。

颜色：白色、灰白色、浅灰色、灰色、灰黄褐色、浅至暗灰褐色、灰黑色、浅橄榄色、浅黄褐色、黄褐色、浅至暗褐色、淡红色、红色、浅至暗红褐色、紫色、黑褐色、近黑色至黑色。

边缘：明显、不明显、稍隆起，黄褐色、灰褐色、浅至暗褐色、红褐色、暗红褐色、红紫色、紫褐色至暗紫褐色，具浅黄色、浅黄褐色、黄褐色、灰褐色、浅褐色至浅红褐色色晕。

2. 子实体

着生：叶两面生、叶面生、叶背生。

形状：点状、茸毛状、扩散型。

3. 菌丝体（图A）

初生菌丝体内生：菌丝常稀疏或紧密形成于叶表皮内或气孔下，无色、近无色至有色泽，分枝，具隔膜，光滑或粗糙。

次生菌丝体表生：菌丝从气孔伸出，由分生孢子梗顶部形成，有时形成网状，有时攀缘叶毛，光滑至具疣，无色、近无色、浅橄榄色、橄榄褐色至褐色，分枝，具隔膜。

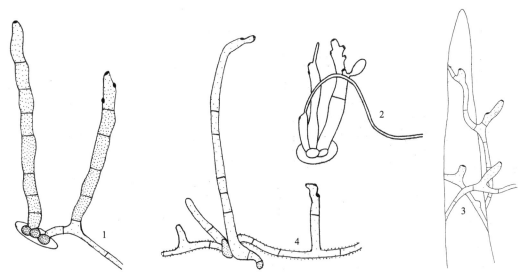

图A　小尾孢属及其近似属的次生菌丝

1. 从气孔伸出；2. 由分生孢子梗顶部形成；3. 攀缘叶毛；4. 具疣

4. 子座（图B）

无，仅为少数褐色球形细胞，小至发育良好。

着生：叶表皮内生、气孔下生。

形状：近球形、球形至不规则形。

颜色：无色、浅橄榄色、橄榄褐色、浅褐色、褐色、暗褐色。

5. 分生孢子梗（图C）

着生：单生、少数根成簇从气孔伸出、稀疏至紧密簇生在子座上、单根顶生或侧生在表生菌丝上。

形状：圆柱形或稍呈棍棒形，直，屈膝状，弯曲或波状，分枝或不分枝，宽度规则或不规则，壁光滑或具疣。

颜色：无色、浅橄榄色、浅橄榄褐色、黄褐色、浅褐色、中度至暗褐色，色泽均匀或向顶变浅。

顶部：圆形、圆锥形、圆锥形平截、近平截至平截。

隔膜：无隔膜至多个隔膜，明显或不明显，有时缢缩。

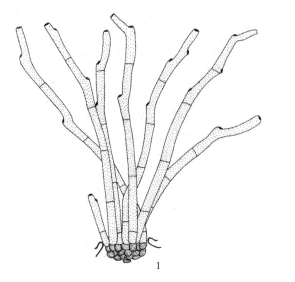
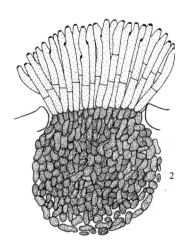

图 B　小尾孢属及其近似属的子座

1. 仅为少数褐色球形细胞；2. 发育良好

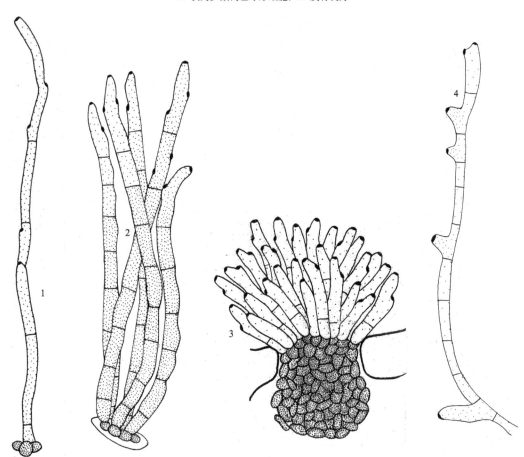

图 C　小尾孢属及其近似属的分生孢子梗

1. 单生；2. 少数根从气孔伸出；3. 紧密簇生在子座上；4. 单根顶生或侧生在表生菌丝上

6. 产孢细胞

合生、顶生或间生，稀少侧生，有时短分生孢子梗无隔膜，即退化成产孢细胞，单芽至通常多芽生产孢、合轴式延伸或全壁层出。孢痕疤平或突出，稍加厚或明显加厚，稍暗至暗。

7. 分生孢子（图 D）

着生：单生、链生或具分枝的链。

形状：宽椭圆-卵圆形、针形、线形、圆柱形、倒棍棒形、倒棍棒-圆柱形，直或不同程度的弯曲，壁薄至稍加厚，光滑至具疣。

颜色：无色、近无色、浅橄榄色、橄榄褐色、褐色。

顶部：尖细、钝至宽圆。

基部：圆形、倒圆锥形、倒圆锥形平截、近平截至平截。

隔膜：无隔膜至多个横隔膜，真隔膜或离壁隔膜，明显或不明显，在隔膜处缢缩。

基脐：稍加厚至明显加厚、暗，不突出或突出。

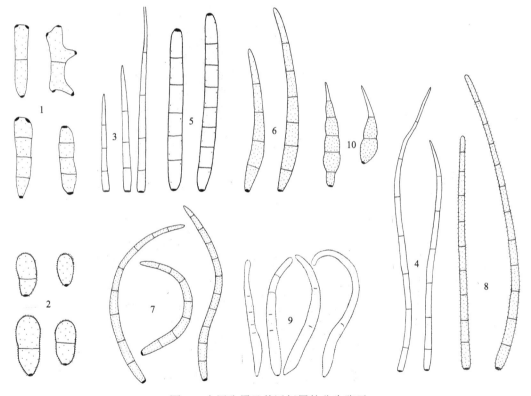

图 D 小尾孢属及其近似属的分生孢子

1. 链生或具分枝的链；2. 宽椭圆-卵圆形；3. 针形；4. 线形；5. 圆柱形；6. 倒棍棒形；7. 不同程度的弯曲；8. 具疣；
9. 离壁隔膜；10. 在隔膜处缢缩

分　类

尾孢属及其近似属真菌绝大多数种是植物病原菌，1999 年以前，主要依靠在活体寄主上的形态特征进行分类，分属的主要依据是：① 表生菌丝的有无，壁光滑或粗糙；② 分生孢子梗的着生方式（单生、簇生，或束生），色泽，孢痕疤是否明显；③ 分生孢子的形状，色泽，着生方式（单生或链生），基脐是否明显等。

随着分子生物学技术在真菌分类中的应用，Stewart 等（1999）率先用 rDNA 序列数据系统发育分析的方法研究子囊菌球腔菌属 *Mycosphaerella* Johans.一些尾孢类无性型属（anamorphic genera）系统发育的亲缘关系。之后，许多研究者利用分子生物学技术对球腔菌科的无性型尾孢类真菌进行研究（Crous *et al.*, 2007a, 2007b, 2009a, 2009c, 2009d, 2009e, 2013a; Quaedvlieg *et al.*, 2011，2013，2014; Verkley *et al.*, 2013; Groenewald *et al.*, 2013; Bakhshi *et al.*, 2015a，2018; Videira *et al.*, 2015a, 2015b，2016，2017）。Crous 等（2000a）对球腔菌属已承认的 27 个无性型属中的 23 个属，依据 ITS1、5.8S 和 ITS2 rDNA 序列数据进行系统发育分析。Crous 等（2001a, 2001b, 2001c）又根据 ITS1、5.8S 和 ITS2 rDNA 序列数据和形态特征对 27 个无性型属中的 19 个属进行了系统发育分析，文中对各个属都做了评价；重点列出了钉孢属 *Passalora* Fr. 和假尾孢属 *Pseudocercospora* Speg. 的异名，并对属级区分特征进行了总结。他们认为对于球腔菌属的一些尾孢类无性型属来说，区分属无用的特征是：①具有单生分生孢子梗的表生菌丝和由此形成的表面结构；②子座的形成；③载孢体（conidiomatal）结构（分生孢子梗单生、簇生至成束，分生孢子座，分生孢子器和分生孢子盘）；④分生孢子的形状，大小和隔膜（真隔膜或离壁隔膜），单生或链生；⑤腐生，重寄生，植物病原菌。而属级水平的区分特征应主要包括：①产孢孔（conidiogenous loci）[孢痕疤（scars）] 和分生孢子基脐 hila 的结构、色泽和孢痕疤的厚度（明显加厚，变暗，不加厚或几乎不加厚，但稍变暗）；②分生孢子梗和分生孢子有无色泽。

Crous 和 Braun（2003）出版的 *Mycosphaerella and Its Anamorphs: I. Names Published in Cercospora and Passalora*（球腔菌属及其无性型：I. 尾孢属和钉孢属发表的名称）一书，根据产孢孔和孢脐的结构及分生孢子色泽的有无，订正了已报道的尾孢属和钉孢属的名称。书中对尾孢类真菌各个属的分类地位进行了评价，为尾孢属 *Cercospora* Frisen.、钉孢属 *Passalora* Fr.、假尾孢属 *Pseudocercospora* Speg. 和疣丝孢属 *Stenella* Syd. 提供了属的异名及详细的属级特征描述，并进行了属的合并，如把尾柱孢属 *Cercostigmina* U. Braun、双型孢属 *Pantospora* Cif.、类尾孢属 *Paracercospora* Deighton、假色链隔孢属 *Pseudophaeoramularia* U. Braun 等降为假尾孢属 *Pseudocercospora* Speg. 的异名；色拟梗束孢属 *Phaeoisariopsis* Ferraris 中的一些孢痕疤明显加厚而暗的种转到钉孢属 *Passalora* Fr.，而孢痕疤不明显、不加厚、不变暗的一些种成了假尾孢属的异名；短胖孢属 *Cercosporidium* Earle、黄褐孢属 *Fulvia* Cif.、菌绒孢属 *Mycovellosiella* Rangel、色链隔孢属 *Phaeoramularia* Munt.-Cvetk 和梗束链隔孢属 *Tandonella* Prasad & Verma 均被降为钉孢属的异名等，并将许多种转了属，书中处理了尾孢类属（cercosporoid genera）的 5720 个名称。Crous 和 Braun 在书中还介绍了复合种的概念，即复合种是由那些寄生于不同寄主上、形态上难于区分、遗传上一致或不一致、有不同程度的生理专化的种构成。他们还提出在遗传上和形态上可明显区分的分类单位应该被作为不同的种处理，但是由于通常难以获得尾孢类真菌用于 DNA 分析的纯培养，因此使得这一研究工作难以进行。

为了通过把多基因位点系统发育分析结果与在不同寄主和不同培养基上的形态特征结合起来,重新评价已知尾孢物种的概念;为了检验尾孢属真菌的寄主是否是专化的,即结合形态特征和 DNA 序列数据系统分析来解决尾孢属的分类问题,Groenewald 等(2013)用来自 39 个国家 49 科 161 种植物上分离的 360 个尾孢菌株进行分子序列数据系统发育研究,获得了内转录间隔区 ITS 及 5.8S nrRNA 基因、肌动蛋白 ACT 基因、钙调蛋白 CAL 基因、组蛋白 H3 基因以及翻译延长因子 TEF 基因的部分序列,用系统发育分析获得的进化树评价了研究的尾孢属真菌,并报道了 5 个新种。这篇论文是迄今为止在单篇论文中包含最多不同尾孢样本以及最多位点基因序列数据的论文。他们研究的一个重要发现是 Crous 和 Braun(2003)仅基于形态学特征将 281 个尾孢属真菌都作为广义的芹菜尾孢 *Cercospora apii s. lat.* 的异名处理过于乐观了,于是他们把 Crous 和 Braun(2003)作为芹菜尾孢异名处理的 5 个与芹菜尾孢相似的种作为独立的种对待;把认为与芹菜尾孢形态非常接近或者可能相同的 8 个种亦作为独立的种处理;把曾作为钉孢异名的几种尾孢又重新回归到尾孢属。

Groenewald 等(2010a)报道了系统发育分析所用的内转录间隔区 ITS 及 5.8S nrRNA 基因、肌动蛋白 ACT 基因、钙调蛋白 CAL 基因、组蛋白 HIS 基因以及翻译延长因子 TEF 基因位点的表现,他们发现 ITS 区作用有限,最好用于确证属级从属关系,在种间比较上价值较小,尤其是对芹菜尾孢及近似种的区分作用非常差。钙调蛋白基因仅能对大约一半观察到的种进化支进行区分,而肌动蛋白基因区分作用略好一些,组蛋白基因与肌动蛋白基因区分效果相仿,翻译延长因子基因区域的区分效果与钙调蛋白基因相仿。虽然有必要去寻找对尾孢属真菌最有效的标记基因位点,而当前的多基因位点分析方法的确能够进行种的鉴定。从构建系统发育树的全部构成种之中选择一些尾孢的基因组进行比较,可能显示出某个单独的位点比现在用到的这些基因位点区分效果更好。

分子系统学研究的结果显示,仅仅依靠形态学特征不足以建立异名、描述新种,或者在很多情况之下鉴定尾孢属的种。据 Crous 等(2004a)统计,在过去的 10 年中,在 MycoBank 中注册的 45 个尾孢属新种中,只有 5 个种的建立是结合了形态特征及多基因序列数据,2 个种在形态学特征的基础之上补充了 ITS 序列数据,说明尾孢类真菌与 20 年前就应用纯培养和 ITS 序列数据进行系统发育研究的刺盘孢属 *Colletotrichum* Corda 相比较,明显还有很大改善的空间。最近 10 年,刺盘孢属基于多基因位点序列数据的研究,在种的描述上显示了巨大的进步(Cannon *et al.*, 2012)。

Groenewald 等(2013)的研究显示,对于构成一些进化支的种来说,现有种名并不是总能把北美洲或欧洲的名称应用于亚洲的菌株,反之亚洲的菌株也不总能应用于北美洲和欧洲的名称。研究发现有些种局限于特定的寄主属,而其他的种则寄主范围比较广泛。对尾孢属来说,没有发现哪一个基因位点是理想的 DNA 标志基因,种的鉴定还需要建立在一系列基因位点和形态特征的共同研究之上。

对于形态特征,Groenewald 等(2013)指出,有些形态特征能够有效地区分种,这些特征是:分生孢子梗(色泽均匀,宽度不规则,向顶变细,顶端平截,长或短的倒圆锥形平截);产孢细胞(顶生、间生)、产孢点 [顶生、侧生、四周分散(都围绕在产孢细胞周围,Hennebert and Sutton, 1994),单点的(单个,顶生)、多点的(多个产孢点），加厚，无突起产孢点]；分生孢子（量度、形状、基脐形态）。Groenewald 等（2013）还指出，寄主范围宽的种的鉴别特征是：分生孢子梗壁薄，其上具有四周分散的产孢点；而寄主范围窄的种的鉴别特征是：分生孢子梗壁中度加厚或加厚，其上具有几个顶生或侧生的产孢点，而且这些特征即使在人工培养基上培养时仍能保持不变。

Groenewald 等（2013）的研究虽然将成为尾孢类真菌分类研究的分水岭，但仍然缺乏绝大多数尾孢类真菌种的模式纯培养物或者足够的序列数据，因此，今后新分类单位必须在报道的原始寄主上能够重复采集到，以便找到支撑模式（epitype）并给予定名，而且所有的种，尤其是那些当前常用的种，需要进行适当的分子鉴定。

Crous 等（2012，2013a）、Bakhshi 等（2015b）、Videira 等（2016，2017）根据多基因序列数据系统发育分析、形态特征和培养性状，先后报道了多个与尾孢属近似的新属：新尾孢属 *Neocercospora* M. Bakhshi *et al.* （2015b）、链尾孢属 *Catenulocercospora* Videira & Crous（Videira *et al.*, 2017）、淡色尾孢属 *Pallidocercospora* Crous（Crous *et al.*, 2013a）、类淡色尾孢属 *Parapallidocercospora* Videira, Crous, U. Braun & C. Nakash.（Videira *et al.*, 2017）和色尾孢属 *Phaeocercospora* Crous（Crous *et al.*, 2012）。

Videira 等（2017）通过对 297 个分类单位的 415 个分离物利用多基因（LSU、ITS、*rpb*2 DNA）序列数据系统发育分析研究，在球腔菌科承认了 120 个属，增加了 32 个新属，报道了大量新种和新组合。在对尾孢类真菌特别是钉孢属进行研究后，从钉孢属中分出 7 个新属：侧钉孢属 *Pleuropassalora* U. Braun, C. Nakash., Videira & Crous、禾草钉孢属 *Graminopassalora* U. Braun, C. Nakash., Videira & Crous、束梗钉孢属 *Coremiopassalora* U. Braun, C. Nakash., Videira & Crous、假钉孢属 *Nothopassalora* U. Braun, C. Nakash., Videira & Crous、多隔钉孢属 *Pluripassalora* Videira & Crous、多形钉孢属 *Pleopassalora* Videira & Crous 和外钉孢属 *Exopassalora* Videira & Crous；订正了钉孢属的属级特征，并把许多钉孢转到了其他属；报道了 2 个与扎氏疣丝孢属 *Zasmidium* Fr. 近似的新属：无色扎氏疣丝孢属 *Hyalozasmidium* U. Braun, C. Nakash., Videira & Crous 和假扎氏疣丝孢属 *Pseudozasmidium* Videira & Crous；把一些老的属名保留，如 Crous 和 Braun（2003）及 Braun 等（2013）归在钉孢属名下的短胖孢属、黄褐孢属、菌绒孢属、色链隔孢属和拉格脐孢属仍保留。

关于有性型，大多数尾孢类真菌的有性型（球腔菌 *Mycosphaerella* 阶段）都是未知的，即使有些种已经有过有性型的报道，但后来也未能得到证实（Goodwin *et al.*, 2001）。近年来对有些尾孢无性阶段的交配型基因进行研究，发现甜菜生尾孢 *Cercospora beticola* Sacc.、玉蜀黍尾孢 *C. zeae-maydis* Tehon & E.Y. Daniels 和玉蜀黍生尾孢 *C. zeina* Crius & U. Braun 是异宗配合的。一系列基于 ITS 序列的系统发育分析表明，在球腔菌属的无性型属中，尾孢属的种聚类成高支持度的单源分支（Stewart *et al.*, 1999; Crous *et al.*, 2000b，2009a，2009b; Goodwin *et al.*, 2001; Pretorius *et al.*, 2003），与其他多源的属，如壳针孢属 *Septoria* Sacc.（Verkley *et al.*, 2004）、假尾孢属、钉孢属和扎氏疣丝孢属 *Zasmidium* Fr.（Crous *et al.*, 2009b）等形成鲜明对比。他们的研究发现，ITS 区（ITS1、5.8S rDNA 和 ITS2）缺乏对大多数尾孢属种间的区分能力，Groenewald 等（2005）采用相同的 5 个基因位点进行研究，发现 *C. apii* Fresen. 和 *C. beticola* Sacc. 之间钙调蛋白基因相似度为 96%，而其他几个基因位点的序列完全相同。Groenewald 等（2006a）使用上述相同方法描述了迄今仅在芹属 *Apium* sp. 植物上分离得到的芹菜生尾孢 *Cercospora apiicola* M. Groenew., Crous & Braun（2006）新种。Groenewald 等（2010a）和 Montenegro-Calderón 等（2011）都结合使用 ITS、翻译延长因子 TEF、肌动蛋白 ACT、钙调蛋白 CAL 和组蛋白 H3 序列研究尾孢属种间的界限和多样性。Groenewald 等（2010a）指出，尽管多数被研究的基因位点能解决大量尾孢的定种问题，但共同使用这些位点的效果比仅使用其中的一些位点的效果更好。这些研究结果说明，多位点基因序列的系统发育分析方法是区分尾孢属物种最为有效的方法。

在尾孢类真菌的分类研究中，关于寄主范围与分类的关系，长期以来一直存在着不同的观点和争论：一种观点认为尾孢类真菌是专性寄生，寄主范围很窄（Chupp 1954）；另一种观点则认为寄主范围很宽（Johnson and Valleau, 1949; Ellis, 1971）。虽然有一些尾孢类真菌接种到非寄主的其他植物上也能引起叶斑（Mckay and Pool, 1918; Welles, 1924; Vestal, 1933; Johnson and Valleau, 1949; Frandsen, 1955; Berger and Hanson, 1963; Deighton, 1964; Weiland and Koch, 2004; Groenewald *et al.*, 2006a），但是尾孢类真菌的寄主专化性与种形成的关系至今并没有得到广泛研究。Inglis 等（2001）用随机扩增多态性 DNA（RAPD）、限制性片段长度多态性（RFLP）方法，使用寡聚核苷酸探针和 ITS 序列分析，比较了凤眼莲尾孢 *Cercospora piaropi* Tharp 巴西分离菌株与美国佛罗里达分离菌株之间的差异，发现一个聚类分支中由巴西塞拉多地区获得的菌株间显示高度的遗传相似性，而这一地区与巴西其他地区的菌株间的遗传相似性则低于 50%；他们还发现 ITS 序列数据系统分析不支持巴西分离菌株之间的划分（99%的序列相似性），但却能将美国佛罗里达分离的菌株与巴西分离的菌株相互区分开（与巴西分离菌株聚类时，序列相似度为 96%）。因此，他们认为佛罗里达分离菌株可能体现出了物种的形成过程，但是尚需要来自于不同地理区域的更大分离菌株群体来解决这个问题。对于一些种来说，寄主专化性在菌株水平起作用，如罗德曼尾孢 *C. rodmanii* Conway, Conway（1976）最初分离的菌株显示出对水葫芦 *Eichhornia crassipes* Solms 的寄生专化性，而 Montenegro-Calderón 等（2011）通过形态特征和多基因序列数据鉴定的同一个种的其他菌株则能够侵染甜菜 *Beta vulgaris* Linn. 和菜用甜菜 *Beta vulgaris* Linn. var. *cicla* Linn.。

目前对尾孢属及其近似属真菌种的鉴定还一直沿用着 Frandsen（1955）的观点，即同属真菌在种的鉴定上以寄主科为范围是重要的分类标准。近年来，尾孢属及其近似属真菌种特别是新种的鉴定虽然是依据形态特征和分子序列数据系统发育分析的结果，但仍然脱离不了与寄主的关系。Braun 等（2014，2015a，2015b，2016）将全世界已报道的尾孢类真菌按寄主科归纳，已连续发表了多篇论文，为尾孢类真菌的研究提供了重要的参考资料。

根据尾孢类真菌分类研究的进展、分子生物学技术的应用及最新报道的文献，尾孢属及其近似属真菌的研究特别是对新分类单位的确定，要能够在最初报道的寄主上重新采集到，以便找到支撑模式（epitype）；需要有 DNA 序列和获得可信的 DNA 条形码（DNA barcoding），而且所有种尤其是当前常用的种，需要进行适当的分子鉴定。因此尾孢属及其近似属真菌的研究将采用形态特征、分子序列数据系统发育分析和培养性状相结合的方法。

中国尾孢属及其近似属分属检索表

专 论

尾孢属 Cercospora Fresen., *in* Fuckel, Hedwigia 2(15): 91, 1863, and Fungi Rhen. Exs. Fasc. II, No. 117, 1863.

研 究 史

尾孢属是 Fresenius（1863）建立的分生孢子具多个隔膜类似钉孢（*Passalora*-like）的一个属，是尾孢类真菌中的一个大属。

Chupp（1954）依据分生孢子的色泽（无色，有色泽）、着生方式（单生，链生）、隔膜（横隔膜、纵隔膜或斜隔膜）及是否产生子座的特征，在他的 *A Monograph of the Fungus Genus Cercospora*（尾孢属专著）内，将原描述在尾半知孢属 *Cercodeuterospora* Curzi、小尾孢属 *Cercosporella* Sacc.、短胖孢属 *Cercosporidium* Earle、枝孢属 *Cladeosporium* Link、双胞菌属 *Didymaria* Corda、黑星孢属 *Fusicladium* Bonord.、长蠕孢属 *Helminthosporium* Link.、钉孢属、假尾孢属、拉格脐孢属、柱隔孢属 *Ramularia* Unger 等属的一些种组合至尾孢属并报道了许多新种。专著中收录了 1419 种尾孢类真菌，几乎涵盖了 1953 年之前全世界报道的所有尾孢类丝孢菌（cercosporoid hyphomycetes）。

对于尾孢属，Chupp（1954）提出了一个很宽的属级概念和定义，仅简单地说明了分生孢子基脐是否加厚或无，以及分生孢子是否有色泽，单生或链生，没有提供一个新的尾孢属分类系统，并且与尾孢相关的有性型则报道甚少。之后许多从事无性型真菌研究的真菌工作者，如 Deighton、Sutton、Braun 等按照载孢体结构（分生孢子座，孢梗束等）、菌丝体（表生菌丝出现或缺乏及其结构）、分生孢子梗（排列，分枝，色泽和纹饰）、产孢细胞（位置，层出情况和疤痕类型）和分生孢子（形成，形状，隔膜，纹饰，单生和链生）的特征将尾孢复合类群（*Cercospora*-complex）分成了近 50 个属（Braun 1995a），如 Earle（1901）建立的短胖孢属 *Cercosporidium* Earle、Ferraris（1909）报道的色拟梗束孢属 *Phaeoisariopsis* Ferraris、Spegazzini（1910）描述的小尾孢属 *Cercosporina* Speg.和假尾孢属 *Pseudocercospora* Speg.、Maublanc（1913a，1913b）建立的糙孢属 *Asperisporium* Maublanc、Rangel（1917）报道的菌绒孢属 *Mycovellosiella* Rangel、Miura（1928）建立的拟尾孢属 *Cercosporiopsis* Miura、Sydow（1930）描述的疣丝孢属 *Stenella* Syd.、Petrak（1951）将 *Chaetotrichum* Petrak 属的一些分类单位订正至尾孢属、Muntañola（1960）报道的色链隔孢属 *Phaeoramularia* Munt.-Cvetk.等。但是，直到 Deighton（1967，1971b，1974，1976，1979，1983，1987，1990）对尾孢类丝孢菌广泛研究之前这些属的属级概念没有得到广泛接受和应用。

Ellis（1971）按照 Deighton 的观点，接受了短胖孢属、菌绒孢属、钉孢属、色链隔孢属和从尾孢属分出来的其他属。Ellis（1976）又采纳了假尾孢属。Deighton（1976）

重新介绍了假尾孢属的属级概念，即具有不加厚、不变暗的孢痕疤和分生孢子基脐，而尾孢属则像芹菜尾孢 *Cercospora apii* 一样，具有色泽的分生孢子梗、加厚而暗的孢痕疤和分生孢子基脐，单生、无色、多隔膜、线形孢的分生孢子，这个概念已由分子序列数据系统发育分析的结果所证实（Crous *et al*., 2000b; Groenewald *et al*., 2013）。

随着分子生物学技术在真菌分类中的应用，尾孢属已有许多分子研究资料相继发表（Stewart *et al*., 1999; Crous *et al*., 2000a，2004a，2009a, 2009b, 2013a; Goodwin *et al*., 2001; Tessmann *et al*., 2001; Pretorius *et al*., 2003; Groenewald *et al*., 2005，2006a，2006b，2010b，2013; Montenegro-Calderón *et al*., 2011; Bakhshi *et al*., 2012，2015a; Nguanhom *et al*., 2015; Soares *et al*., 2015; Albu *et al*., 2016; Guatimosim *et al*., 2016; Guillin *et al*., 2017）。Bakhshi 等（2018）对分离自伊朗的 145 个尾孢用 8 个基因（ITS、*tef*、*actA*、*cmdA*、*his3*、*tub2*、*rpb2*、*gapdh*）进行系统发育分析，并指出 *tef*1-α、*cal*、*rpb*2 和 *tub* 等基因位点的组合可作为尾孢属物种有效划分的条形码基因（DNA barcodes）。

Crous 和 Braun（2003）在 *Mycosphaerella and Its Anamorphs: I. Names Published in Cercospora and Passalora*（球腔菌属及其无性型：I. 尾孢属和钉孢属发表的名称）一书中，根据孢痕疤（scar）和分生孢子基脐（conidial hila）的结构、分生孢子梗和分生孢子是否有色泽的特征，在尾孢属承认了 659 个名称，把 281 个与芹菜尾孢非常相似的种，即在形态上无法与芹菜尾孢相区分的种作为广义芹菜尾孢 *C. apii s. lat.*的异名处理（Ellis, 1971; Crous and Braun, 2003）。但 Groenewald 等（2013）经分子生物学技术结合形态学特征研究后，又将 Crous 和 Braun（2003）作为广义芹菜尾孢的 5 个种：甜菜生尾孢 *C. beticola* Sacc.、变灰尾孢 *C. canescens* Ellis & G. Martin、荞麦尾孢 *C. fagopyri* N. Nakata & S. Takim.、菊池尾孢 *C. kikuchii* T. Matsumoto & Tomoy. 和酸模尾孢 *C. rumicis* Pavgi & U.P. Singh 作为独立的种对待；将 Crous 和 Braun（2003）认为与芹菜尾孢形态非常接近或者可能相同的 8 个种：辣根尾孢 *C. armoraciae* Sacc.、黄麻尾孢 *C. corchori* Sawada、莴苣尾孢 *C. lactucae-sativae* Sawada、山青定尾孢 *C. mercurialis* Pass.、蓼科尾孢 *C. polygonacea* Ellis & Everh.、蓖麻尾孢 *C. ricinella* Sacc. & Berl.、堇菜尾孢 *C. violae* Sacc. 和条斑尾孢 *C. zebrina* Pass. 亦作为独立的种处理；把曾作为钉孢异名的 3 个种又重新回归到尾孢属：水金凤尾孢 *C. campi-silii* Speg. [≡ *Passalora campi-silii*（Speg.）U. Braun]、藜尾孢 *C. chenopodii* Fresen. [≡*Passalora dubia*（Riess.）U. Braun] 和大豆褐斑尾孢 *C. sojina* Hara [≡ *Passalora sojina*（Hara）H.D. Shin & U. Braun]。

明显加厚而暗的孢痕疤和分生孢子基脐的结构对于尾孢物种鉴定是非常重要的。David（1993）研究了尾孢类丝孢菌的孢痕疤，提出尾孢型的孢痕疤是平的（planate scars）。Pons 等（1985）提供了甜菜生尾孢 *C. beticola* Sacc. 孢痕疤和分生孢子基脐详细的超微结构。

在尾孢属的分类研究中，尾孢属模式种的使用是最主要的问题和长期争论的焦点。Fresenius（1863）建立尾孢属时只提供了简单的属级特征："分生孢子梗：寄生，有色泽，屈膝状，成簇，直或弯曲，有隔膜或无隔膜，在顶部产生一个或几个分生孢子。分生孢子：倒棍棒形，直或弯曲，多隔膜，不呈圆柱形，无色"，并报道了 4 个种：生于芹菜 *Apium graceolens* L.上的芹菜尾孢 *Cercospora apii* Fresen.、生于藜 *Chenopodium album* L.上的藜尾孢 *C. chenopodii* Fresen.、生于北艾 *Artemisia vulgaris* L.上的铁锈尾孢 *C. ferruginea* Fuckel 和画笔尾孢 *C. penicillata*（Ces.）Fresen.。虽然 Fresenius（1863）对芹菜尾孢进行了描述并绘图，却没有明确指出芹菜尾孢是尾孢属的模式种。然而 Fresenius 在报道芹菜尾孢新种时写为 "*Cercospora apii* Fresen. nov. genus & spec."，实际上他已经认为芹菜尾孢就是尾孢属的模式种了。

Saccardo（1880）指出，尾孢属具有褐色的分生孢子梗和蠕虫形、褐色、橄榄色或极少近无色的分生孢子，却忽视了芹菜尾孢的分生孢子是无色的。从此，产生有色泽的分生孢子和无色泽的分生孢子的种在尾孢属内都存在。

Saccardo（1880）和 Spegazzini（1910）认为铁锈尾孢产生有色泽的分生孢子，是尾孢属的模式种，因为它是 *Cercospora* Fuckel（1963）仅有的一个描述。因此，Saccardo（1880）建立了小尾孢属 *Cercosporella* Sacc.，以涵盖那些具有无色分生孢子梗和无色分生孢子的尾孢。Spegazzini（1910）建立了 *Cercosporina* Speg.，以包含那些具有无色的分生孢子、而分生孢子梗有色泽的尾孢类丝孢菌。但仅 Saccardo（1931）和 Miura（1928）认为 *Cercosporina* 是有实际意义的属，而 Clements 和 Shear（1931）、Vassiljevsky 和 Karakulin（1937）及 Chupp（1954）认为，*Cercosporina* 和 *Cercospora* 都具有有色泽的分生孢子梗、明显加厚的孢痕疤和分生孢子基脐、无色的分生孢子，因此 *Cercosporina* 是 *Cercospora* 的一个异名。Sutton 和 Pons（1980）详细讨论了 *Cercosporina*，承认 *Cercosporina* 是 *Cercospora* 的异名，并为 Spegazzini（1910）报道的 13 种小尾孢提供了正确的尾孢物种名称。

Solheim（1929）把 *Cercosporella* 和 *Cercosporina* 合并到尾孢属，提供了尾孢属的属级特征，并把芹菜尾孢 *C. apii* 作为尾孢属的模式种。

Clements 和 Shear（1931）把 *C. apii* 作为尾孢属的补选模式（lectotype），这一观点被后来的研究者所采纳（Chupp, 1954; Hughes, 1958; Muntañola, 1960; Vasudeva, 1963; Ellis, 1971; Deighton, 1976; Carmicha *et al.*, 1980; Sutton and Pons, 1980; Brandenburger, 1985; Hsieh and Goh, 1990; 郭英兰和刘锡琎, 2005），认为尾孢属是由 Fresenius（1863）建立的，Fresenius 用这个属名报道了 4 个种，从中指定一个补选模式是需要的。

Deighton（1979）将铁锈尾孢转到了菌绒孢属，即铁锈菌绒孢 *Mycovellosiella ferruginea*（Fuckel）Deighton [≡ *Passalora ferruginea*（Fuckel）U. Braun & Crous]，其他的分类处理则把尾孢属限定在像芹菜尾孢一样，具有明显加厚的孢痕疤、无色、线形分生孢子的种，符合 Clements 和 Shear（1931）提出的芹菜尾孢是尾孢属的补选模式、具有明显加厚的孢痕疤的特征（Muntañola, 1960; Deighton, 1976; Ellis, 1976; Sutton and Pons, 1980）。

Pons 和 Sutton（1988）对尾孢属的补选模式种芹菜尾孢进行了考证，并提出接受芹菜尾孢为尾孢属补选模式种的观点和建议。他们指出，一些有限的资料证明，*Cercospora* Fuckel（April-June 1863）发表稍早于 *Cercospora* Fresen.（August 1863），且 *C. ferruginea* Fuckel 是在原始报道中唯一引证的种 [等于主模式（holotype）]。1863~1987 年，尾孢属已报道 3000 多种，分类学家们对尾孢属的概念采用了三种解释中的一种：第一种是把尾孢属真菌限定在和芹菜尾孢一样具有无色分生孢子的种

（Muntañola，1960；Deighton，1976；Ellis，1976；Sutton and Pons，1980）；第二种是接受 *C. ferruginea* 为尾孢属的模式种（Saccardo，1880；Spegazzini，1910）；第三种是采取很宽的属级概念，包括 Fresenius（1863）原描述的 4 个种（Penzes，1927；Solheim，1929；Chupp，1954）。Pons 和 Sutton（1988）认为，如果坚持宁可用具有暗色分生孢子的 *C. ferruginea* 作为尾孢属的模式种，而不用具有无色分生孢子的 *C. apii* 的话，那么随之而来的则是命名的改变和在尾孢属这个复合类群中属的订正将被指出是不正确的，那些早已描述在尾孢属内的许多植物病原菌的尾孢将变成无效名称，并且这些名称将重新回到 *Cercosporella* 和 *Cercosporina*，必将导致现已转到菌绒孢属的种再回到尾孢属的结果，因为 *C. ferruginea* 已被 Deighton（1979）归在菌绒孢属了。之所以坚持 *C. apii* 为尾孢属的补选模式种，其目的是保持现行的惯例和维持一个具有经济重要性的尾孢属这个复合类群命名的稳定性。因此，Pons 和 Sutton（1988）接受了有关尾孢属解释中的第一种，即接受 Clements 和 Shear（1931）提出的芹菜尾孢是尾孢属的补选模式这一观点。

Braun（1995a）讨论并详细解释了围绕尾孢属模式种的复杂情况，指出尾孢属错误的补选模式是 Clements 和 Shear（1931）以尾孢属是 Fresenius（1863）首先发表的为根据提出的，Pons 和 Sutton（1988）及 Sutton 和 Pons（1991）指定铁锈尾孢 *C. ferruginea* 为主模式也是错误的，因为对于尾孢属属名的介绍，Fuckel（1863）稍早于 Fresenius（1863）的描述（Sutton and Pons，1991），但是在 "Fungi Rhen. Exs., Fasc. Ll, No. 117" 内，Fuckel 提供了与 Fresenius 有关的新属的完整描述（'NB. Genus *Cercospora* Fres. *Passalora* valde affinis est, sed cionstanter sporidiis multiseptatis differt'），而且画笔尾孢 *C. penicillata*（Ces.）Fresen. 是唯一与尾孢属原始描述相似的一个种，之后画笔尾孢被 Saccardo（1876）鉴定为接骨木尾孢 *C. depazeoides*（Desm.）Sacc.。接骨木尾孢在接骨木属 *Sambucus* sp. 植物上是一种与芹菜尾孢形态特征一样的真尾孢，因此画笔尾孢应该确定为尾孢属的模式种。Braun 和 Mel'nik（1997）、Shin 和 Kim（2001a）、Crous 和 Braun（2003）、Braun 等（2013）尾孢属的模式种均采用画笔尾孢 *C. penicillata*（Ces.）Fresen.。

Braun 等（2013）对尾孢属的研究史和分类进行了进一步地讨论，详细描述了尾孢属的属级特征、提供了现在承认的尾孢类属及有关属的检索表、分类特征的讨论以及生在其他真菌（重寄生）Pteridophyta 和 Gymnospermae 上的尾孢类真菌种的描述和绘图，增补的相关重要的种按字母顺序排列在尾孢类属下，并报道了许多新分类单位。

Braun 等（2015b）指出，自 *C. penicillata* [即 *C. depazeoides*（Desm.）Sacc.] 作为尾孢属的模式种以来（Braun，1995a；Braun *et al.*，2013），已经有许多在属级水平的分子序列数据把接骨木尾孢又定位到假尾孢属，即接骨木假尾孢 *Pseudocercospora depazeoides*（Desm.）U. Braun & Crous。将接骨木尾孢定位到假尾孢属是基于形态学特征和分子序列数据系统发育分析的结果，因此建议保留芹菜尾孢是尾孢属的模式种。按照命名法规 Art. 14.9，芹菜尾孢 *C. apii* Fresen. 已确定为尾孢属的模式种。

随着分子生物学技术在尾孢类真菌分类中的应用，近年来 Crous 等（2012，2013a）、Bakhshi 等（2015b）、Videira 等（2017）根据多基因序列数据系统发育分析、形态特征和培养性状，先后报道了多个与尾孢属近似的新属：新尾孢属 *Neocercospora* M.

Bakhshi *et al.*（2015）、链尾孢属 *Catenulocercospora* Videira & Crous（Videira *et al.*, 2017）、淡色尾孢属 *Pallidocercospora* Crous（Crous *et al.*, 2013a）、类淡色尾孢属 *Parapallidocercospora* Videira, Crous, U. Braun & C. Nakash.（Videira *et al.*, 2017）和色尾孢属 *Phaeocercospora* Crous（Crous *et al.*, 2012），并把许多尾孢转到了其他属。

在 Index Fungorum 2021 中收录了尾孢属的 3162 个名称，其中 1200 多种已转属，主要是转至假尾孢属，其次是钉孢属、扎氏疣丝孢属及其他属。

尾孢属真菌能产生一种以聚酮化合物为前体的植物性代谢产物——尾孢菌素（cercosporin）（Daub and Ehrenshaft, 2000）。产生尾孢菌素的能力可能使尾孢原种在近期的适应性扩散中快速扩展它的寄主范围（Goodwin *et al.*, 2001），Upchurch 等（1991）猜测认为尾孢菌素这种化合物可能能提高尾孢的毒性。但尾孢菌素并不是一种广泛存在的致病因素，因为不是所有尾孢都能产生尾孢菌素（Assante *et al.*, 1977; Weiland *et al.*, 2010），并且尾孢菌素的产生受营养和环境条件的影响，因此不能用于尾孢的分类（Jenns *et al.*, 1989）。近年来开展的基因研究，试图了解产生尾孢菌素的代谢途径，烟草尾孢 *Cercospora nicotiana* Ellis & Everh. 已用作研究尾孢菌素代谢途径的模式生物（Chung *et al.*, 2003; Choquer *et al.*, 2005; Chen *et al.*, 2007; Amnuaykanjanasin and Daub, 2009）。

关于中国的尾孢属真菌，18 世纪以来陆续有国外真菌学家到中国调查、采集标本，将研究结果发表在国外的各种刊物上，如 Komarov（1895~1897）、Miyake（1908~1912）、Sydow 和 P. Sydow（1914，1919，1929）、Miura（1928）、Chupp 和 Linder（1937）、Sasaki（1942）、Katsura（1944，1945）、Yamamoto（1934）、Nakada（1944）、Nakata（1941）、Petrak（1947）、Sawada（1914~1959）、Matsumoto 和 Yamamoto（1934）、Yamamoto 和 Maruyama（1956）等，Chupp（1954）在他的 *A Monograph of the Fungus Genus Cercospora*（尾孢属专著）中收录了许多中国的尾孢。

尾孢属真菌作为植物病原菌，自 1922 年以来，我国许多植物病理学家和真菌学家进行过调查、研究，并在相继发表的许多病害名录或病害志中涉及，如邹钟琳（1922）、朱凤美（1927）、何畏冷（1935）、周家炽（1936）、邓叔群（1938、1963）、林亮东（1941）、林亮东和黎毓干（1949）、朱建人（1941）、王鸣歧（1950）、凌立（1948）、仇元（1955）、张翰文等（1960）、陈鸿逵和来元直（1961）、魏宁生（1963）、戚佩坤等（1966）、孙树权等（1990）、葛起新（1991）、戚佩坤（1994、2000）、南志标和李春杰（1994）、Lu 等（2000）、徐梅卿（2017，2019）等。还有以单位名称出版的病害名录或调查汇编，如北京农业大学植物病理系暑期实习河南烟病小组（1952）、包头市植检植保站（1959）、甘肃农业厅（1959）、宁夏回族自治区农业厅植物保护站（1959）、江西省农业厅植保植检处（1960）、内蒙古农牧学院植病教研组（1961）、湖北省农业厅（1964）、广西壮族自治区农业厅和广西壮族自治区农业科学院和广西农学院（1964）等。在这些资料中仅有尾孢的零星记录，并没有对尾孢属进行系统的研究。

戴芳澜是我国第一位尾孢属真菌的系统研究者，对尾孢属的研究史及属级特征有过认真的研究，并于 1936 年首次报道了 55 种中国的尾孢，其中有 4 个新种。戴芳澜（1948）指出，根据当时的分类观念，尾孢属的主要特征是分生孢子蠕虫形或线形，分生孢子梗有色泽，因此尾孢属应放在暗色孢科 Dematiaceae，而形态非常接近尾孢属的柱隔孢属和小尾孢属应放在与之不同的丛梗孢科 Moniliaceae，并且报道了采自云南的 60 种尾孢，其中包括 10 个中国新记录种。戴芳澜（1979）在他的《中国真菌总汇》中，总结了中外人士报道的 327 种尾孢。之后，戚佩坤和白金铠（1965）、戚佩坤等（1966）、闫若珉（1953~1981）、孙淑贤（1955）、陈少勤和戚佩坤（1990）、程明渊和刘维（1991）、戚佩坤（1994，2000）等相继报道了许多尾孢属真菌。1985~1989 年吴德强和谢文瑞系统研究了台湾的尾孢类真菌，Goh 和 Hsieh（1987a，1987b，1987c，1987d，1989a，1989b，1989c，1989d）连续发表了多篇有关尾孢类真菌的文章，在 Hsieh 和 Goh 的 *Cercospora and Similar Fungi from Taiwan*（台湾尾孢属及其近似真菌）专著中，记载了 103 种尾孢，2003~2015 年 Kirsner 等研究了台湾的部分尾孢。蒋毅和徐莉在读硕士、翟凤艳和夏蕾在读博士期间均对我国尾孢做了部分研究工作。

刘锡琎（1960~1993 年）、廖银章（1975~1978 年）、郭英兰（1979 年至今），都从事中国尾孢类真菌的研究。郭英兰和刘锡琎对中国尾孢属真菌进行过较全面而系统的研究，报道了许多新种和中国新记录种，并于 2005 年由郭英兰和刘锡琎主编出版了《中国真菌志 第二十四卷 尾孢属》，描述了寄生在 88 科植物上的 200 种尾孢。随着对尾孢属研究的进一步深入，现代分类观点的改变及分子生物学技术在尾孢类真菌研究中的应用，使得尾孢属的分类研究发生很大变化，许多尾孢被转属。参照最新分类文献，结合本人观点，将尾孢属志出版以来发现的新种、中国新记录种及按照命名法规和最新分类文献订正名称的尾孢列入本卷册。本卷中的尾孢物种是对中国真菌志第二十四卷的补充和完善。

属 级 特 征

Cercospora Fresen. *in* Fuckel, Hedwigia 2(15): 91, 1863, and Fungi Rhen. Exs. Fasc. II, No. 117, 1863, *emend*. Braun, Nakashima & Crous 2013.

Vigasporium Cooke, Grevillea 3: 182, 1875.

Cercosporina Speg. Anales Mus. Nac. Buenos Aries 20: 424, 1910.

大多数是植物病原菌，但也腐生，通常引起明显的损伤（叶斑），但有时无症状。菌丝体内生，仅偶尔表生：菌丝通常有色泽，但偶尔无色，分枝，具隔膜，壁薄，光滑，稀少后期具疣。子座缺乏至发育良好，气孔下生，表皮内生，大多数有色泽，由角状或球形细胞组成。分生孢子梗与菌丝有明显区别，单生或簇生，稀少成分生孢子座型载孢体，从气孔伸出或突破表皮，从内生菌丝或子座上发生，直，无隔膜至多个隔膜，无色至有色泽，浅橄榄色至暗褐色，壁光滑至稍粗糙，薄至中度厚，有时退化成产孢细胞。产孢细胞合生、顶生或间生，通常多芽产孢，但有时单芽产孢，合轴式延伸，稀少全壁层出延伸，孢痕疤明显、加厚并且变暗、平、具小中孔。分生孢子单生，稀少成短链，大多数是线形孢，倒棍棒-圆柱形、针形、线形、宽椭圆-卵圆形至宽倒棍棒-圆柱形，多个真隔膜，稀少无隔孢至多隔孢，但通常无色或近无色（具非常浅的绿色），壁薄，光滑或几乎光滑，基脐加厚而暗。

模式种：*Cercospora apii* Fresen.。

与近似属的区别

链尾孢属 *Catenulocercospora* C. Nakash., Videira & Crous 具有明显加厚的孢痕疤和分生孢子基脐，分生孢子无色，与尾孢属近似，但其分生孢子链生。

小尾孢属 *Cercosporella* Sacc. 与尾孢属的区别在于其菌丝体内生或具表生菌丝；分生孢子梗无色；孢痕疤和分生孢子基脐加厚但不变暗。

丘普菌属 *Chuppomyces* Videira & Crous 具有色泽的分生孢子梗和无色的分生孢子，加厚而暗的孢痕疤和分生孢子基脐，与尾孢属近似，但其分生孢子梗粗糙；孢痕疤环状。

离壁隔尾孢属 *Distocercospora* Pons & B. Sutton 具有簇生、长而有色泽的分生孢子梗，与尾孢属近似，但其分生孢子梗具有丰富的分枝，壁光滑或粗糙；分生孢子线形、圆柱形或倒棍棒形，近无色至有色泽，具 1 至多个离壁隔膜，光滑或粗糙。

新尾孢属 *Neocercospora* M. Bakhshi *et al.* 具有加厚而暗的孢痕疤和分生孢子基脐、无色的分生孢子，与尾孢属的区别在于其分生孢子单生或链生。

淡色尾孢属 *Pallidocercospora* Crous 虽然分生孢子也单生，但其孢痕疤和分生孢子基脐不加厚、不变暗；分生孢子浅橄榄色至橄榄褐色。

类尾孢属 *Paracercospora* Deighton 与尾孢属的区别在于其孢痕疤和分生孢子基脐中度加厚，具一窄而稍加厚的边。

类淡色尾孢属 *Parapallidecercospora* Videira, Crous, U. Braun & C. Nakash. 的分生孢子单生，但有色泽，光滑至后期具疣，有别于尾孢属。

色尾孢属 *Phaeocercospora* Crous 与尾孢属的区别在于其孢痕疤和分生孢子基脐不加厚、不变暗；分生孢子有色泽，后期具疣，且分生孢子梗后期也具疣。

疣丝孢属 *Stenella* Syd. 具有明显的孢痕疤；有时分生孢子单生、线形或针形，但与尾孢属的区别在于其具有粗糙或具疣的表生菌丝；分生孢子单生或链生并具分枝的链，有色泽（浅至中度橄榄色、橄榄褐色至褐色），壁光滑、粗糙或具疣。

乌韦菌属 *Uwemyces* Hern.-Restr., G.A. Sarria & Crous 的孢痕疤和分生孢子基脐加厚而暗；分生孢子单生，与尾孢属的区别在于其具有表生菌丝；分生孢子有色泽，壁具小疣。

槭树科 ACERACEAE

槭生尾孢 图 1

Cercospora acerigena U. Braun & Crous, *in* Crous & Braun, *Mycosphaerella* and its Anamorphs: I. Names Published in *Cercospora* and *Passalora*: 40, 2003.

Cercospora acericola Y.L. Guo & Y. Jiang, Mycotaxon 74: 257, 2000, *nom. illeg.*, non *C. acericola* Woron., 1927.

斑点生于叶的正背两面，近圆形至不规则形，直径 2~10 mm，常多斑愈合，叶面斑点浅褐色至浅红褐色，边缘围以暗褐色至暗红褐色细线圈，具黄褐色至浅红褐色晕，叶背斑点黄褐色至灰褐色。子实体叶两面生，主要生在叶背面。菌丝体内生。子座无或仅由几个褐色球形细胞组成。分生孢子梗单生或 2~11 根簇生，中度褐色至褐色，向顶色泽变浅，宽度不规则，有时局部膨大，直或弯曲，不分枝，光滑，1~4 个屈膝状折点，顶部圆锥形平截或平截，1~8 个隔膜，多数 1~3 个隔膜，20~120（~195）× 6.5~8.5 μm。孢痕疤明显加厚、暗，宽 3~4 μm。分生孢子倒棍棒形，1/3 或 1/2 以上明显变细，无色，光滑，直至弯曲，顶部钝至圆，基部倒圆锥形平截，不明显的 3~13 个隔膜，40~215 × 5.5~8.5（~10）μm；脐明显加厚、暗。

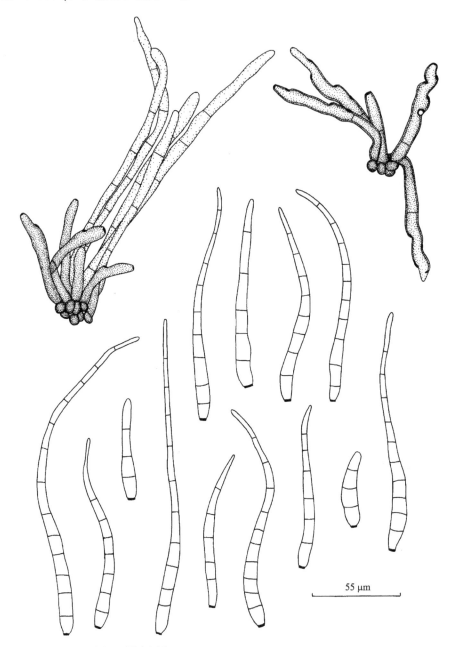

55 μm

图 1　槭生尾孢 Cercospora acerigena U. Braun & Crous

　　槭属 Acer sp.：湖北神农架（HMAS 77309，Cercospora acericola Y.L. Guo & Y. Jiang 的主模式）。

世界分布：中国。

讨论：Woronichin（Trav. Mus. Bot. Acad. Sc. U.R.S.S. 21: 231, 1927）将寄生在栓皮槭 *Acer campestre* L. 上的真菌定名为槭生尾孢 *Cercospora acericola* Woron.，在形态描述中没有指明孢痕疤和分生孢子基脐是否明显。郭英兰和刘锡琎（1992）研究寄生在中国槭属 *Acer* sp. 植物上的真菌时，根据其孢痕疤不明显、不加厚、不变暗，分生孢子浅橄榄色至橄榄色，与 *C. acericola*（分生孢子为倒棍棒形至圆柱形，无色至浅橄榄色）非常相似，将 *C. acericola* 组合为槭生假尾孢 *Pseudocercospora acericola*（Woron.）Y.L. Guo & X.J. Liu。

Guo 和 Jiang（2000）研究的寄生在湖北神农架槭属 *Acer* sp. 植物上的真菌，其孢痕疤和分生孢子基脐明显加厚而暗；分生孢子无色、针形，属于真尾孢，因此定名为槭生尾孢 *C. acericola* Y.L. Guo & Y. Jiang，忽略了 Woronichin [Trudy Bot. Muz（Leningrad）21:231, 1927] 已经使用了 *C. acericola* 这个名称。根据命名法规，*C. acericola* Y.L. Guo & Y. Jiang 为 *C. acericola* Woron. 的晚出同名，因此，Crous 和 Braun（2003）建立了槭生尾孢 *C. acerigena* U. Braun & Crous 新名称。

寄生在银白槭 *Acer saccharinum* L. 上的银白槭尾孢 *C. saccharini* Lib. & Boewe（1960）与本种之区别在于其斑点角状；有子座（直径 30.0~45.0 μm）；分生孢子梗短而窄（22.0~54.0 × 5.0~7.0 μm）；分生孢子针形至圆柱形，短而窄（38.0~124.0 × 3.0~3.5 μm）。

寄生在槭属 *Acer* sp. 植物上的梣叶槭尾孢 *C. negundinis* Ellis & Everh.（Proc. Acad. Nat. Sci. Philadelphia Pert I. 43: 89, 1891）与本菌的区别在于其有子座（直径 20~60 μm）；分生孢子梗色泽浅（浅橄榄褐色），短而窄（20~60 × 5~7 μm）；分生孢子亦短而窄（50~110 × 5~6 μm）。

番杏科 AIZOACEAE

番杏尾孢　图 2

Cercospora tetragoniae (Speg.) Siemaszko, Mater. Mikol. Fitopatol. Rossii 1: 40, 1915.

Cercosporina tetragoniae Speg., Anales Mus. Nac. Hist. Nat. Buenos Aires 20: 429, 1910.

Cercospora tetragoniae (Speg.) Vassiljevsky, *in* Vassiljevsky & Karakulin, Fungi Imperfecti
　　Parasitic. I. Hyphomycetes: 221, 1937, *comb. superfl.*

Cercospora tetragoniae (Speg.) Chupp, *in* Viégas, Bol. Soc. Bras. Aggron. 8: 54, 1945, *comb.*
　　superfl., also in A Monograph of the Fungus Genus *Cercospora*: 27, 1954.

斑点叶两面生，圆形，初期仅为浅黄绿色褪色，中央具一褐色小点，后期叶面小斑点中央灰白色，边缘褐色至暗褐色，具浅黄绿色晕，大斑点橄榄褐色、灰褐色至暗灰褐色，边缘褐色至暗褐色，无灰白色的中央，具浅黄褐色至浅灰褐色晕，轮纹状，直径 1~5（~9）mm，叶背斑点浅黄褐色、浅灰色至灰色。子实体叶两面生，但主要生于叶面。菌丝体内生。子座无或仅为少数褐色球形细胞。分生孢子梗单生至 2~10 根稀疏至较紧密地簇生，中度橄榄褐色、褐色至灰褐色，色泽均匀或向顶渐浅，宽度不规则，基部稍宽，有时顶部较窄，不分枝或偶尔分枝，光滑，直或弯曲，2~3（~10）个屈膝状折点，

1~5（~10）个隔膜，不缢缩，顶部近平截至平截，35~180（~255）× 3.5~5.8 μm。孢痕疤明显加厚、暗，宽 2.5~3.8 μm。分生孢子针形，无色，光滑，直至弯曲，顶部尖细，基部近平截至平截，不明显的多个隔膜，60~170 × 2.7~4.5 μm；脐加厚而暗。

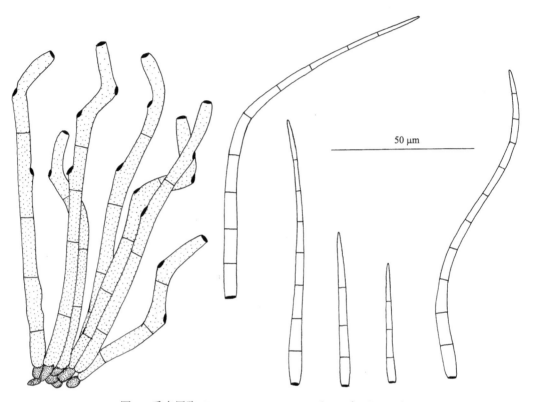

图 2　番杏尾孢 *Cercospora tetragoniae*（Speg.）Siemaszko

番杏（新西兰菠菜，洋菠菜）*Tetragonia tetragonioides*（Pall.）Kuntae（*T. expansa* Murr.）：北京昌平（240001）；河北廊坊（240002）。

世界分布：阿根廷，巴西，文莱，喀麦隆，中国，格鲁吉亚，法国，印度，以色列，日本，肯尼亚，马拉维，萨尔瓦多，塞拉利昂，坦桑尼亚，美国，乌干达，津巴布韦。

讨论：本菌在中国标本上的特征与 Chupp（1954）记载的（分生孢子梗 20~125 × 3.5~6 μm，分生孢子 30~150 × 2.5~5 μm）非常相似，仅分生孢子梗较长。

寄生在种棱粟米草 *Mollugo verticillata* L. 上的粟米草尾孢 *Cercospora mollugonis* Halsted（Bull. Torrey Bot. Club. 20: 251,1893）与本菌近似，都具有小斑点，无子座，但其分生孢子梗较短（25~100 × 3.5~6 μm）；分生孢子长而稍窄（25~280 × 2~3.5 μm）。

由番杏尾孢 *C. tetragoniae*（Speg.）Siemaszko 引起的"番杏白点病"是番杏生长后期危害较重的病害。主要危害叶片，后期老叶上产生圆形病斑，严重时叶片上布满病斑，致使叶片变黄、干枯至枯死，影响蔬菜产品质量，常给菜农造成一定的经济损失。

天南星科 ARACEAE

理查德尾孢　图 3

Cercospora richardiicola G.F. Atk. [as '*richardiaecola*'], J. Elisha Mitchell Sci. Soc. 8: 51, 1892; Saccardo, Syll. Fung. 10: 653, 1892.

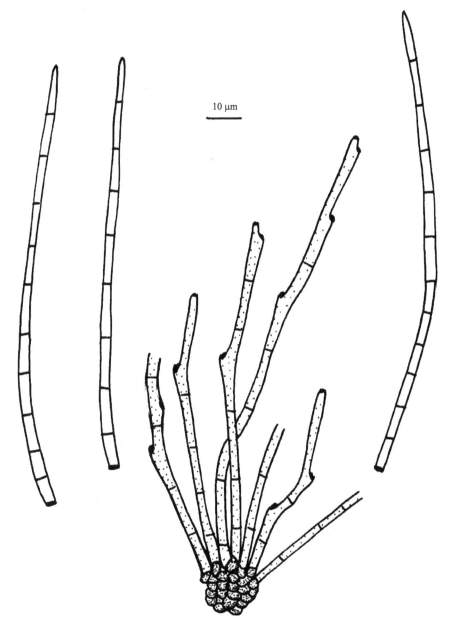

10 μm

图 3　理查德尾孢 *Cercospora richardiicola* G.F. Atk.

斑点生于叶的正背两面，圆形，有时角状，直径 2~8 mm，暗橄榄色、褐色至红褐色，有时中部色泽浅。子实体叶两面生。菌丝体内生。子座无或小，直径 10~20 μm，褐色。分生孢子梗单生或 2~15 根稀疏簇生，浅橄榄褐色至褐色，向顶色泽变浅，宽度规则，直至弯曲，不分枝或稀少分枝，光滑，屈膝状，顶部圆锥形平截，0 至多个隔膜，20~400 × 3~7 μm；孢痕疤明显加厚、暗，宽 1.5~3.5 μm。分生孢子针形，无色，光滑，直至弯曲，顶部尖细至近钝，基部平截，不明显的多个隔膜，25~300 × 2~4 μm；脐明显加厚、暗。

马蹄莲 *Zantedeschia aethiopica*（L.）Spreng.：香港。

世界分布：埃塞俄比亚，危地马拉，中国，印度尼西亚，日本，马来西亚，塞拉利昂，南非，美国，维尔京群岛，津巴布韦。

讨论：寄生在马蹄莲上的水芋尾孢 *Cercospora callae* Peck & Clinton（N.Y. State Mus. Nat. Hist. Rept. 29: 52, 1876）与本种的区别在于其分生孢子梗色泽浅（浅橄榄色至橄榄褐色），短（55~135 × 4.5~5.5 μm）；分生孢子倒棍棒形，短而宽（25~110 × 5~8 μm）。

无标本供研究，描述及图来自 Braun 等（2014）。

白花菜科 CAPPARIDACEAE

石河子尾孢 图 4

Cercospora shiheziensis B. Xu, J.G. Song & Z.D Jiang, J. Fungal Res. 18(4): 323, 2021.

斑点生于叶的正背两面，圆形至近圆形，直径 2~15 mm，多斑愈合形成更大的斑块而致整个叶片枯死，叶面斑点初期浅黄褐色，具浅黄色晕，后期中部灰褐色至暗褐色，边缘围以隆起的 1~3 条细线圈，具黄色至橄榄色晕，叶背面斑点色泽较浅。子实体叶两面生。菌丝体内生。子座气孔下生，近球形，褐色至暗褐色，直径 30~60 μm。分生孢子梗多根稀疏至紧密簇生，橄榄褐色至浅褐色，向顶色泽变浅且变窄，直至弯曲，不分枝或偶具分枝，光滑，1~2 个屈膝状折点，顶部近平截至平截，0~4 个隔膜，24.5~63.5（~80）× 4~6.5（~7.5）μm。孢痕疤明显加厚、暗，宽 1.5~3 μm。分生孢子圆柱形至倒棍棒形，无色，光滑，直至稍弯曲，顶部钝至近尖细，基部倒圆锥形平截至近平截，2~8 个隔膜，21.5~68（~83.5）× 3.5~6.5（~7.5）μm；脐明显加厚、暗。

在 OA 培养基上 25℃培养 21 天，菌落平滑，中部隆起，表面具少量白色菌丝，中央暗橄榄色，边缘灰橄榄色，背面灰橄榄色，直径达 15 mm。

爪瓣山柑 *Capparis himalayensis* Jafri：新疆石河子东安村（HMUT 3240；HMAS 249917），库车-大峡谷（HMUT 4456；HMAS 249918）。

世界分布：中国。

讨论：在山柑属 *Capparis* sp. 植物上已报道 3 种尾孢，即山柑生尾孢 *Cercospora capparicola* Hensf. & Thirum.（Farlowia 3: 307, 1948）、山柑尾孢 *C. capparis* Sacc.（1876）和器生尾孢 *C. pycnicola* Chona, Lall & Munjal（Indian Phytopathol. 12: 80, 1959）。本菌的形态特征与 Saccardo(1876)描述自印度刺山柑 *Capparis spinosa* L.上的 *C. capparis* 非常相似，区别在于后者的分生孢子梗（10~65 × 4~5.5 μm）和分生孢子（20~85 × 3~5 μm）均窄。*C. capparicola* 因分生孢子具疣已被组合为山柑生扎氏疣丝孢 *Zasmidium capparicola*（Hensf. & Thirum.）Kamal（2010）。*C. pycnicola* 与本菌的区别在于其子实体主要生在叶背面；分生孢子梗多生在分生孢子器的孔口周围；子座无或小；分生孢

子梗（17.7~88.3 × 3.5~5.3 μm）和分生孢子（10.6~105.9 × 3.5~5.3 μm）窄，且分生孢子为浅橄榄褐色，长。

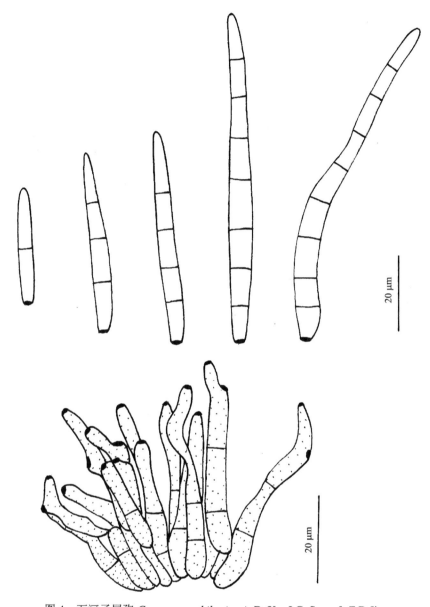

图 4　石河子尾孢 *Cercospora shiheziensis* B. Xu, J.G. Song & Z.D Jiang

辣根尾孢 *Cercospora armoraciae* Sacc.（1876）和比佐扎罗尾孢 *C. bizzozeriana* Sacc. & Berl.（Berlese, 1888）原分别报道自十字花科的辣根 *Armoracia rusticana*（Lam.）Gaertn. 和宽叶独行菜 *Lepidium latifolium* L.上。Bakhshi 等（2015a）基于 ITS、*tef*1-*α*、*act*、*cal* 和 *his* 基因序列数据分析，将寄生在伊朗 *Capparis spinosa* 上的分离物置于生在多科植物上的 *C. armoraciae* 复合种中。Bakhshi 等（2018）基于 ITS、*tef*1-*α*、*act*、*cal*、*his*、*rpb*2、*gapdh* 和 *tub* 8 个基因的序列数据系统发育分析并结合形态特征，把生于伊朗 *C. spinosa* 上、曾认为是 *C. armoraciae* 异名的 *C. bizzozeriana* 重新作为独立的种处理，

描述其分生孢子梗褐色，1~5 个隔膜，（30~）50~60（~80）× 4~7 μm；分生孢子倒棍棒-圆柱形，无色，（20~）60~80（~125）× 3~6 μm，并指出 *C. bizzozerana* 与 *C. capparis* 的区别在于后者的分生孢子梗（4~5.5 μm）和分生孢子（ 3~5 μm）均窄。

徐彪等（2011）基于 ITS、*tef1-α*、*act*、*cal*、*his*、*rpb2* 和 *tub* 基因序列数据分析，发现本种在中国标本上形成一个独立的分支，与生于伊朗 *Capparis spinosa* 上的 *C. bizzozerana* 靠近并形成姐妹群，但较 *C. bizzozerana* 的分生孢子短而稍宽。

忍冬科 CAPRIFOLIACEAE

接骨木生尾孢　图 5

Cercospora sambucicola U. Braun, *in* Braun, Crous & Nakashima, IMA Fungus 6(2): 412, 2015.

Cercospora sambuci Y.L. Guo & Y. Jiang, Mycotaxon 74: 262, 2000, *nom. illeg.*, non *C. sambuci* F. Stevens & C.J. King, 1927.

斑点生于叶的正背两面，圆形至近圆形，直径 2~8 mm，叶面斑点浅黄褐色至褐色，或中央灰白色，边缘围以灰黑色细线圈，叶背斑点浅黄褐色至浅灰褐色。子实体叶两面生，主要生在叶背面。菌丝体内生。子座无或小，气孔下生，由少数褐色球形细胞组成。分生孢子梗单生或 2~13 根簇生，中度褐色，向顶色泽变浅，宽度不规则，通常向顶变窄且基部较宽，最宽达 8 μm，直至弯曲，不分枝，光滑，1~6（~13）个屈膝状折点（在标本 HMAS 77347 上屈膝状折点达 13 个），顶部近平截至平截，多个隔膜，42.5~142.5（~400）× 3.5~6 μm（在标本 HMAS 77347 上分生孢子梗长达 400 μm）。孢痕疤明显加厚、暗，宽 2.5~3.5（~4）μm。分生孢子针形，无色，光滑，直至稍弯曲，顶部尖细至近尖细，基部平截，5 至多个隔膜，37.5~175 × 3~5 μm；脐明显加厚、暗。

接骨木 *Sambucus williamsii* Hance：吉林永吉（HMAS 77346，*Cercospora sambuci* Y.L. Guo & Y. Jiang 的主模式）；浙江杭州（HMAS 77347）。

世界分布：中国。

讨论：Stevens 和 King（Illinois Biol. Monogr. 11: 59, 1927）就使用了接骨木尾孢 *Cercospora sambuci* F. Stevens & C.J. King 这个名称，*C. sambuci* Y.L. Guo & Y. Jiang（2000）是其晚出同名，为无效名称，并且 Crous 和 Braun（2003）已将 *C. sambuci* 作为 *C. depazeoides* 的异名，因此 Braun 等（Braun *et al.*, 2015b）建立一新名称。

寄生在西洋接骨木 *Sambucus nigra* L. 上的 *C. depazeoides*（Desm.）Sacc.（1876）与本种近似，区别在于其具大子座（直径 20~80 μm）；分生孢子倒棍棒形至圆柱-倒棍棒形，浅橄榄色，稍宽（30~140 × 3.5~6 μm），已组合为接骨木假尾孢 *Pseudocercospora depazeoides*（Desm.）U. Braun & Crous（Braun *et al.*, 2015b）。

本种与寄生在柔毛接骨木 *Sambucus pubens* Michx.（*S. racemosa* L.）上的深砖红色尾孢 *C. lateritia* Ellis & Halst.（1888）的区别在于后者子实体扩散型；具子座（直径达 50 μm）；分生孢子梗短（20~75 × 4~6 μm）；分生孢子圆柱形至倒棍棒-圆柱形，无色至非常浅的红褐色，短（20~60 × 4~5 μm），已组合为深砖红色钉孢 *Passalora lateritia*（Ellis & Halst.）U. Braun & Crous（Crous and Braun, 2003）。

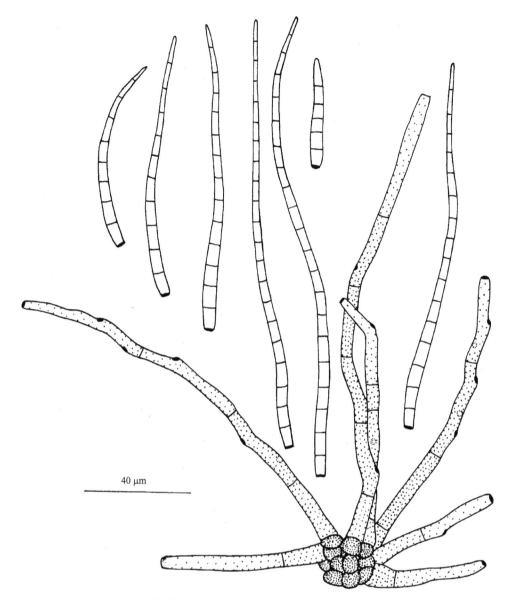

图 5　接骨木生尾孢 *Cercospora sambucicola* U. Braun

菊科 COMPOSITAE

大丽花尾孢　图 6

Cercospora daidai Hara, List of Japanese Fungi, Ed. 4: 400, 1954.

　　斑点生于叶的正背两面，圆形至不规则形，直径 1.5~8 mm，常多斑愈合，叶面斑点灰白色至浅橄榄褐色，边缘围以褐色细线圈，具黄色至浅橄榄褐色晕。叶背斑点浅橄榄褐色至橄榄褐色。子实体叶两面生，但主要生于叶背面。菌丝体内生。子座无或小，褐色至暗褐色。分生孢子梗 2~16 根稀疏簇生，橄榄褐色至褐色，向顶色泽变浅，宽度不规则，直至弯曲，光滑，不分枝，1~6 个屈膝状折点，顶部圆锥形平截至近平截，1~6

个隔膜，40~135 × 5~6.7 μm。孢痕疤明显加厚、暗，宽 2.5~4 μm。分生孢子针形至倒棍棒形，无色，光滑，直至弯曲，顶部尖细至钝，基部倒圆锥形平截至近平截，不明显的多个隔膜，50~130 × 3.5~5.3 μm；脐加厚、暗。

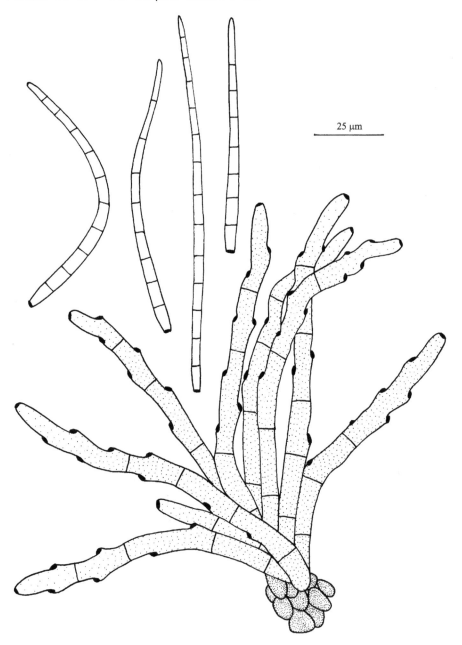

25 μm

图 6　大丽花尾孢 *Cercospora daidai* Hara

大丽花 *Dahlia pinnata* Cav.：云南昆明（135263，135490，135492，135493），开远（135491）。

世界分布：中国，日本。

讨论：寄生在大丽花 *Dahlia pinnata* Cav. 上的大尾孢 *C. grandissima* Rangel（Bol.

Agric. Sai Paulo, XVI A. 4: 322, 1915）与本菌近似，区别在于其分生孢子梗（40~160 × 4~5.5 μm）和分生孢子（40~350 × 2~4.5 μm）长而稍窄，且分生孢子为针形。

假泽兰生尾孢　图 7

Cercospora mikaniicola F. Stevens [as '*mikaniacola*'], Trans. Ill. Acad. Sci. 10: 213, 1917; Saccardo, Syll. Fung. 25: 872, 1931; Goh & Wong, Fung. Sci. I4(1, 2): 3, 1999; Crous & Braun, *Mycosphaerella* and its Anamorphs: I. Names Published in *Cercospora* and *Passalora*: 275, 2003.

Cercospora mikaniae-cordatae J.M. Yen, Rev. Mycol. 30(3): 183, 1965.

斑点生于叶的正背两面，散生，下凹，或多或少圆形或角状至不规则形，直径 0.3~5 mm，常愈合，中部白色，具紫褐色隆起的边缘，常被黄色晕围绕，偶尔也在叶柄上造成损害，形成纺锤形、溃疡状、中部白色、边缘暗褐色，5 × 2 mm 的斑点。子实体叶两面生，但主要生于叶背面。菌丝体内生。子座无或发育不良。分生孢子梗单生或簇生，2~15 根从气孔伸出，稀疏簇生，橄榄褐色，向顶色泽变浅，宽度规则，直至稍弯曲，光滑，不分枝，0~4 个屈膝状折点，顶部圆锥形平截至近平截，0~4 个隔膜，50~150 × 5~7 μm。孢痕疤明显加厚、暗，宽 5 μm。分生孢子明显倒棍棒形或有时稍呈纺锤形，近无色至浅橄榄褐色，光滑，直或稍弯曲，顶部钝，基部倒圆锥形平截，3~11 个隔膜，在隔膜处缢缩，75~160 × 4~12 μm；脐加厚、暗。

Goh 和 Wong（1999）分离的单孢子在 LDA 培养基上培养 4 天，菌落圆形，直径 5~7 mm，最初平而扩展，后期中部稍隆起并被白色棉絮状菌丝覆盖，底部白色，不龟裂，具白色边缘，宽 1.5~2.5 μm。最初无分生孢子产生，培养 8 天后可见少量孢子产生。在 PDA 培养基上培养 4 天，分离的单孢子生长慢，菌落圆形，浅灰色，直径 4~6 mm，底部暗灰色，常龟裂，具浅黄褐色的边缘，宽 1 mm；培养第 6 天，菌落直径达 11 mm，可见分生孢子梗及产生的分生孢子；培养第 8 天大量分生孢子形成，菌落变成轮纹状，中部轮纹暗灰色与浅黄褐色交替，最后围绕一白色柔毛状的边缘，宽 2 mm。许多短分生孢子梗侧生在气生菌丝上，合轴式延伸产孢。

蔓泽兰 *Mikania micrantha* Kunth.：香港（HKU 10423）。

世界分布：阿根廷，孟加拉国，巴西，中国，哥伦比亚，古巴，斐济，圭亚那，印度，牙买加，马来西亚，纽埃，巴基斯坦，巴布亚新几内亚，萨摩亚，塞拉利昂，新加坡，所罗门群岛，图瓦卢，美国，瓦努阿图，委内瑞拉，维尔京群岛。

讨论：据 Chupp（1954）记载，Stevens（Trans. Ill. Acad. Sci. 10: 213, 1917）报道自波多黎各假泽兰属 *Mikania* sp. 植物上的 *Cercospora mikaniicola*，斑点圆形，直径 0.5~10 mm，叶面斑点中部白色，具隆起的边缘，叶背面具宽的暗色斑块。无子座。分生孢子梗单生至 2~5 根簇生，浅至中度橄榄褐色，1~10 个屈膝状折点，75~150 × 4.5~6 μm。分生孢子圆柱-倒棍棒形，近无色至非常浅的橄榄色，30~70 × 4~5.5 μm（Solheim 报道 175 × 11 μm）。

Yen（1965）报道了生于假泽兰 *Mikania cordata*（Burm. F.）B.L. Robinson 上的假泽兰尾孢 *C. mikaniae-cordatae* J.M. Yen，描述其斑点叶两面生，圆形，最初点状，直径 0.5~1 mm，褐色，具白色的中部，后愈合，扩展至直径 3~5 mm，中部白色，边缘褐色。子实体叶两面生。子座无或小，球形，褐色，直径 20~36 μm。分生孢子梗单生或 2~7 根簇生，从气孔伸出，褐色，向顶变浅，不分枝，0~1 个屈膝状折点，顶部圆，孢痕疤明显，1~2 个隔膜，52~100 × 5~7.2 μm。分生孢子宽倒棍棒形，无色至近无色，3~9 个隔膜，89~138 × 7.2~12 μm。

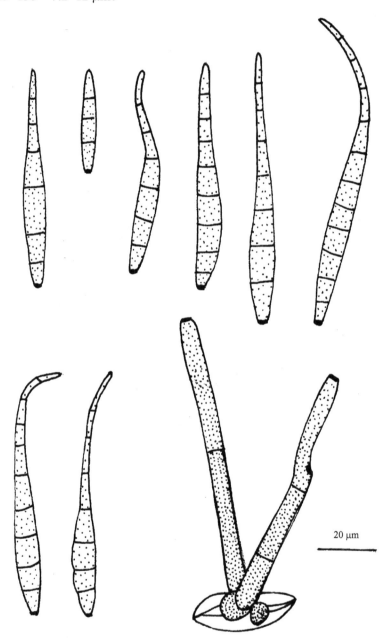

图 7 假泽兰生尾孢 *Cercospora mikaniicola* F. Stevens

Cercospora mikaniae-cordatae 与 *C. mikaniicola* 的形态特征非常相似，且发表的时间晚，Crous 和 Braun（2003）将 *C. mikaniae-cordatae* 降为 *C. mikaniicola* 的异名，并在讨论中指出，*C. mikaniicola* 具有类似芹菜尾孢的孢痕疤和分生孢子基脐，但分生

孢子形状不同。

  Goh 和 Wong（1999）描述的 *C. mikaniicola* 的形态特征与 Chupp（1954）和 Yen（1965）的描述非常相似，但分生孢子色泽较深，且较 Chupp 描述的长而宽。

  寄生在米甘草 *Mikania scandens*（L.）Willd. 上的 *C. mikaniae* 与 *C. mikaniicola* 的区别在于其无斑点；具有扩散型的子实体；紧密簇生、中度至暗煤烟色或褐色、隔膜紧密的分生孢子梗和有色泽的分生孢子（浅至中度橄榄色），符合钉孢属的特征，应转到钉孢属，但组合后与米甘草钉孢 *P. mikaniae*（F. Stevens）U. Braun & F. Freire（2002）同名，因此，Crous 和 Braun（2003）建立一新名称米甘草生钉孢 *P. mikaniigena* U. Braun & Crous。

  尾孢属的许多种可以产生尾孢菌素（cercosporin），即一种化学植物毒素（Blaney and Van Dyke, 1988），已经有许多关于用尾孢作为生物防治菌的研究报道（Barreto and Evans, 1995）。一个非常成功的例子就是用罗德曼尾孢 *C. rodmanii* Conway（1976）防治水生杂草（Charudattan *et al.*, 1985）。Goh 和 Wong（1999）不仅对 *C. mikaniicola* 进行了形态特征描述，而且进行了分离培养研究，有望用来防治杂草假泽兰 *Mikania cordata*（Burm. F.）B.L. Robinson。

  无标本供研究，描述及图来自 Goh 和 Wong（1999）。

旋花科 CONVOLVULACEAE

二叶番薯尾孢　图 8

Cercospora ipomoeae-pes-caprae J.M. Yen & Lim, Bull. Soc. Mycol. France 86(3): 747, 1970; Shi, Zhao & Guo, Fung. Sci. 33(1): 18, 2018.

  斑点生于叶的正背两面，圆形，轮纹状，直径 2~10 mm，散生或愈合，有时受叶脉所限，叶面斑点中央白色，周围暗灰褐色，或全斑浅褐色至深褐色，边缘围以暗褐色细线圈，具浅黄褐色或浅灰色晕，叶背斑点灰色，具浅灰色晕。子实体叶两面生。菌丝体内生。子座气孔下生，仅由几个褐色球形细胞组成至小，球形，褐色。分生孢子梗单生或 2~8 根稀疏簇生在球形细胞上，浅至中度橄榄褐色，色泽均匀或上部稍浅，宽度不规则，常基部较宽，直至弯曲，光滑，不分枝，0~1 个屈膝状折点，顶部圆至圆锥形平截，0~1（~2）个隔膜，13~40（~60）× 3~5（~6.7）μm。孢痕疤明显加厚、暗，多在分生孢子梗顶端，宽 2~2.7 μm。分生孢子倒棍棒形，无色，光滑，直至弯曲，顶部尖细至钝，基部倒圆锥形平截，3 至多个隔膜，欠明显，25~95 × 4~5 μm；脐明显加厚、暗。

  蕹菜 *Ipomoea aquatica* Forsk.：云南河口（135755，136835）。

  世界分布：阿根廷，中国，印度，马来西亚。

  讨论：Yen 和 Lim（1970a）报道的 *C. ipomoeae-pes-caprae* 生在马来西亚的二叶番薯 *Ipomoea pes-caprae*（L.）Sweet 上，分生孢子梗浅橄榄褐色至橄榄褐色，30~40 × 3~5 μm；单个孢痕疤着生在分生孢子梗顶端；分生孢子倒棍棒形，无色，44~115 × 3~4.5 μm。在中国 *Ipomoea frican* Forsk. 上的形态特征与 Yen 和 Lim 的描述非常相似，仅分生孢子梗较宽，分生孢子稍短。

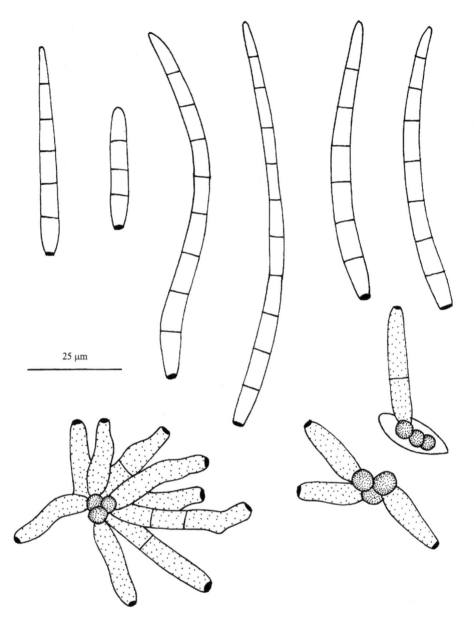

图 8　二叶番薯尾孢 *Cercospora ipomoeae-pes-caprae* J.M. Yen & Lim

　　寄生在 *I. aquatica* 上的番薯尾孢 *C. ipomoeae* G. Winter（Hedwigia 26: 34, 1887）与本菌的区别在于其分生孢子梗（25~200 × 4~6 μm）长而稍宽；分生孢子针形，长而稍窄（50~250 × 2~4 μm）。

景天科 CRASSULACEAE

假伽蓝菜尾孢　图 9

Cercospora pseudokalanchoës Crous & U. Branu, Sydowia 46(2): 205, 1994, also *in Mycosphaerella and its Anamorphs: I. Names Published in* Cercospora *and* Passalora:

338, 2003; Guo, Mycosystema 35(1): 16, 2016.

斑点生于叶的正背两面，圆形，轮纹状，直径 3~10 mm，叶面斑点中央浅褐色或浅灰色，边缘围以暗灰黑色细线圈，具浅灰黑色晕，叶背斑点色泽稍浅。子实体叶两面生。菌丝体内生。子座仅由几个褐色球形细胞组成至发育良好，近球形，疏丝组织突破表皮，褐色，直径 25~65 μm。分生孢子梗 2~8 根稀疏簇生在几个球形细胞上至多根紧密簇生在子座上，褐色，色泽均匀或有时顶部色泽较浅，宽度不规则，常上部或局部较宽，最宽处可达 8~10.5 μm，直至弯曲，光滑，不分枝，1~5（~7）个屈膝状折点，顶部钝圆至圆锥形平截，1~6 个隔膜，20~120 × 3~6.5 μm。孢痕疤明显加厚、暗，宽 2.5~4 μm。分生孢子针形，无色，光滑，直至弯曲，顶部尖细至近尖细，基部平截，不明显的多个隔膜，35~120（~225）× 4~5.5 μm；脐加厚而暗。

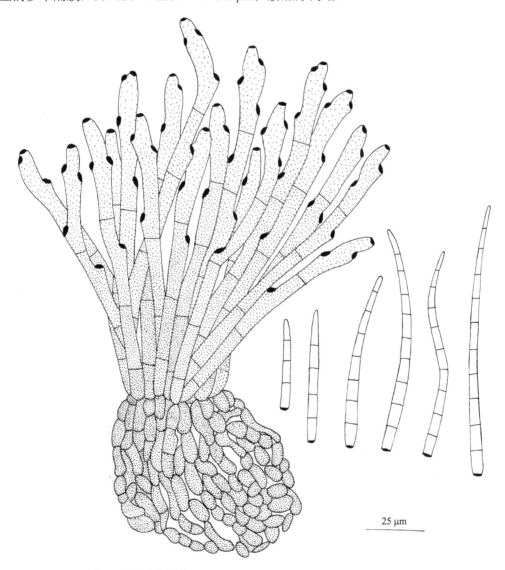

图 9　假伽蓝菜尾孢 *Cercospora pseudokalanchoës* Crous & U. Branu

八宝景天（蝎子草，华丽景天）*Sedum spectabile* Boreau.：河北廊坊（242917）。

世界分布：中国，南非。

讨论：在景天属 Sedum sp. 植物上仅报道有景天尾孢 Cercospora sedi Ellis & Everh.（1902）一种尾孢，但其孢痕疤不明显，分生孢子有色泽（浅橄榄色），Braun 和 Mel'nik（1997）已经组合为景天假尾孢 Pseudocercospora sedi（Ellis & Everh.）U. Braun。

在景天科 Crassulaceae 植物上已报道 3 种尾孢：生于落地生根 Bryophyllum pinnatum（L. f.）Oken. 上的赫保尔尾孢 C. hebbalensis Govindu, Thirum. & Nag Raj（1970）、寄生在伽蓝菜属 Kalanchoe sp. 植物上的伽蓝菜尾孢 C. kalanchoës Boedjin（1961）和假伽蓝菜尾孢 C. pseudokalanchoës Crous & U. Braun（1994）。Crous 和 Braun（1994）在报道 C. pseudokalanchoës 时指出，该菌与 C. kalanchoës 的区别在于后者具有长而宽的分生孢子。在中国 Sedum spectabile 上的真菌形态特征与 C. pseudokalanchoës（分生孢子梗 48~180 × 4~6 μm，分生孢子 55~140 × 4.5~6 μm）非常相似，仅分生孢子梗稍短。C. hebbalensis 虽然也具有子座，但其子实体叶背生；分生孢子梗（15~55 × 2.5~ 5 μm）和分生孢子（15.5~90 × 3.5~4 μm）均短而窄。

薯蓣科 DIOSCOREACEAE

梨形叶薯蓣尾孢　图 10

Cercospora dioscoreae-pyrifoliae J.M. Yen, Bull. Soc. Mycol. France 84: 5, 1968; Crous & Braun, *Mycosphaerella* and its Anamorphs: I. Names Published in *Cercospora* and *Passalora*: 162, 2003.

Cercospora pachyderma var. *indica* Munjal, Lall & Chona, Indian Phytopathol. 14: 187, 1961.

Cercospora cantonensis P.K. Chi, Flora Fungal Diseases of Cultivated Medicinal Plants in Guangdong Province: 84, 1994, also *in* J. South China Agric. Univ. 15: 14, 1994.

Mycosphaerella papuana Sivanesan, Trans. Br. Mycol. Soc. 85: 743, 1985.

斑点生于叶的正背两面，角状至不规则形，宽 1~5 mm，叶面斑点中央浅褐色或黄褐色，边缘褐色，具黄褐色至浅红褐色晕，叶背斑点浅褐色至黄褐色。子实体叶两面生。菌丝体内生。子座无或小，褐色。分生孢子梗单生或 2~16 根簇生，浅褐色至中度褐色，色泽均匀，有时向顶色泽变浅，宽度不规则，直至弯曲，有时分枝，光滑，1~7 个屈膝状折点，顶部圆锥形平截，1~9 个隔膜，有时在隔膜处缢缩，40~185（~330）× 4~ 5 μm。孢痕疤明显加厚、暗，宽 2.5~3.8 μm。分生孢子针形，短孢子呈圆柱形至倒棍棒形，无色，光滑，直至弯曲，顶部尖细至近尖细，基部倒圆锥形平截至平截，多个隔膜，35~285 × 2~4 μm；脐明显加厚、暗。

纤细薯蓣 Dioscorea gracilima Miq.：浙江杭州（78816）。

世界分布：加里曼丹，中国，印度，马来西亚，尼日尔，巴布亚新几内亚，新加坡，坦桑尼亚。

讨论：Yen（1968）报道自新加坡梨形叶薯蓣 Dioscorea pyrifolia 上的 Cercospora dioscoreae-pyrifoliae，斑点圆形至不规则形；子座无或小；分生孢子梗 2~28 根簇生，褐色至暗褐色，1~7 个隔膜，36~200 × 6~8.4 μm；分生孢子无色，针形，45.6~168 × 3.5~

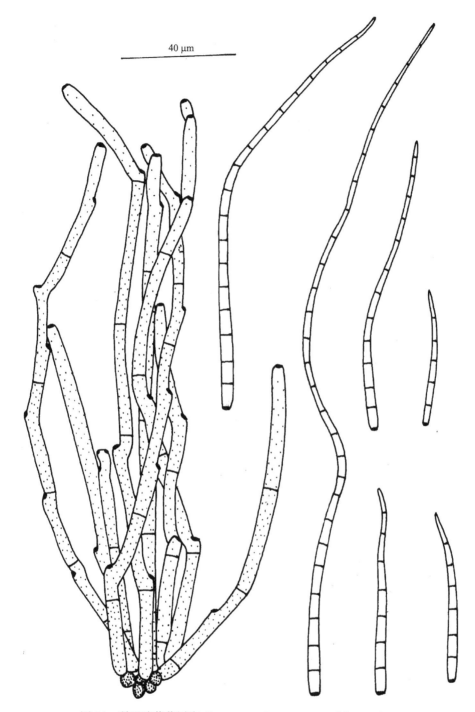

图 10　梨形叶薯蓣尾孢 *Cercospora dioscoreae-pyrifoliae* J.M. Yen

6 μm。戚佩坤（1994）报道自广东薯蓣 *Dioscorea opposita* Thumb. 上的广东尾孢 *C. cantonensis* P.K. Chi，斑点圆形、椭圆形至不规则形；子座直径 33~67 μm；分生孢子梗 5~18 根簇生，橄榄褐色，3~13 个隔膜，90~324 × 3.3~6.7 μm；分生孢子无色，针形，50.6~266 × 1.7~3.3 μm，与 Yen 的描述非常相似，仅分生孢子稍窄。Crous 和 Braun

（2003）将 *C. cantonensis* 作为 *C. dioscoreae-pyrifoliae* 的异名。在 *D. gracilima* 上的分生孢子梗和分生孢子均较 Yen 描述的长而稍窄，而与 Chi 描述自薯蓣上的特征非常相似。

寄生在法国 *D. pyrenaica* Bub. & Bordere 上的 *C. aragonensis* Durrieu（1964）与本菌的区别在于其具子座（直径 20~40 μm）；分生孢子梗（7~30 × 4~7 μm）短而宽；分生孢子无色、针形至窄倒棍棒形，短而窄（65~150 × 3 μm）。

寄生在印度参薯 *D. alata* L.上的戈兰发特尾孢 *C. golaghatii* Kaikia & Sarbhoy（1980）与本种的区别在于其子实体生于叶背面；分生孢子倒棍棒-圆柱形，浅橙-褐色，短而宽（36~78 × 4.3~6 μm）。

豆科 LEGUMINOSAE

豆科植物上尾孢属分种检索表

1. 分生孢子梗长度在 100 μm 以下 ·· 2
   分生孢子梗长度在 150 μm 以上 ·· 3
2. 分生孢子针形 ··· 骆驼刺尾孢 *C. alhagi*
   分生孢子倒棍棒形、倒棍棒-圆柱形至针形 ························· 落花生尾孢 *C. arachidicola*
3. 分生孢子梗浅褐色至褐色，18~155 × 4.5~7 μm；分生孢子圆柱形至倒棍棒-圆柱形，15~95 × 4.5~
   8 μm ··· 大豆褐斑尾孢 *C. sojina*
   分生孢子梗浅褐色，25~180（~300）× 4~8 μm；分生孢子圆柱形至倒棍棒形，30~80（~125）× 3~
   5 μm ··· 豇豆生尾孢 *C. vignigena*

骆驼刺尾孢

Cercospora alhagi Barbarin, *in* Szembel, Zap. Astrakh. Stantsii Zashch. Rest. I: 10, 1924.

斑点叶两面生，圆形或稍不规则形，直径 5~12 mm，灰色至灰褐色，具黄色晕。子实体叶两面生。菌丝体内生。子座小。分生孢子梗多根紧密簇生，孢梗簇褐色至暗褐色，单根分生孢子梗橄榄褐色至浅褐色，色泽均匀，宽度不规则，不分枝，光滑，直或弯曲，0~1 个屈膝状折点，顶部近平截，1~2 个隔膜。孢痕疤明显加厚，暗。分生孢子鞭形，无色，光滑，直或弯曲，顶部尖细，基部近平截至平截，多隔膜；脐明显加厚、暗。

骆驼刺 *Alhagi sparsifolia* Shap. ex Keller & Shap.：新疆。

世界分布：中国，巴基斯坦，俄罗斯（欧洲部分），塔吉克斯坦。

讨论：Chupp（1954）记载本菌子座球形至长圆形，长 30~125 μm；分生孢子梗浅至中度褐色，1~2 个隔膜，5~40 × 4~6 μm；分生孢子圆柱形，浅橄榄褐色，1~5 个隔膜，10~50 × 3~5 μm。Chupp 在讨论中提到，描述是依据 Szembel 赠送的标本，但 Szembel 描述的分生孢子无色，115~125 × 5.6 μm。Braun 和 Mel'nik（1997）研究了 *C. alhagi* 的模式标本，指出该菌是真尾孢。

无标本供研究，描述来自徐彪等（2011）。

落花生尾孢　图 11

Cercospora arachidicola Hori, Rep. (Annual) Nishigahara Agric. Exp. Sta. Tokyo: 26, 1917; Chupp, A Monograph of the Fungus Genus *Cercospora*: 280, 1954; Vasudeva, Indian Cercosporae: 41, 1963; Ellis, More Dematiaceous Hyphomycetes: 267, 1976; Tai, Sylloge Fungorum Sinicorum: 859, 1979; Hsieh & Goh, *Cercospora* and Similar Fungi from Taiwan: 162, 1990; Guo, *in* Zhuang, Higer Fungi of Tropical China: 146, 2001, and Fungi of Northwestern China: 151, 2005.

Passalora arachidicola (Hori) U. Braun, New Zealand J. Bot. 37: 303, 1999; Guo, Mycosystema 20(4): 464, 2001; Crous & Braun, *Mycosphaerella* and its Anamorphs: I. Names Published in *Cercospora* and *Passalora*: 62, 2003.

Cercospora arachidis var. *macrospora* Maffei, Riv. Patol. Veg. 12: 7, 1999.

Mycosphaerella arachidicola W.A. Jenkins, J. Agric. Res., Washington 56: 324, 1938.

Mycosphaerella arachidis Deighton, Trans. Br. Mycol. Soc. 50: 328, 1967.

Mycosphaerella jenkinsii Tomilin, Nov. Sist. Niz. Rast., 1968 5: 165, 1968.

斑点生于叶的正背两面，近圆形至不规则形，直径 1~9 mm，叶面斑点褐色至暗褐色，具浅黄色至浅褐色晕，叶背斑点灰褐色至褐色，具浅黄色晕。子实体叶两面生。菌丝体内生。子座球形，暗褐色，直径 12~55 μm。分生孢子梗 5~15 根稀疏簇生至多根紧密簇生，橄榄褐色至浅褐色，色泽均匀，宽度不规则，直或稍弯曲，不分枝，光滑，0~4 个屈膝状折点，顶部圆至圆锥形平截，0~3 个隔膜，7.5~60（~95）× 3~5.5 μm。孢痕疤明显加厚、暗，宽 1.6~2.8 μm。分生孢子倒棍棒形、倒棍棒-圆柱形至针形，近无色至橄榄色，光滑，直或稍弯曲，顶部钝，基部倒圆锥形平截或近平截，3~13 个隔膜，40~120（~300）× 3~5.5 μm；脐明显加厚、暗。

落花生 *Arachis hypogaea* L.: 北京（01996）；河北石家庄（204138），藁城（201100，200852，200892，200932，206321，204150），晋州（203141），赵县（203151）；辽宁锦州（06625），沈阳（62309），大连（78894）；吉林长春（204143），怀德（78895，78896），长白山（203034），吉林（203145，204706）；黑龙江哈尔滨（203044），黑河（200053，204142），齐齐哈尔（200546），嫩江（201482，202142），黑龙江（201489，201494），大兴安岭（202149），小兴安岭（202154）；江苏南京（204140），盐城（206334，204152）；江西赣州（06626）；山东济南（201480，202140），烟台（200248，203142），潍坊（200804，201497，202157），临沂（201096，201492，202152，203133），德州（201487，202147），泰安（201499，202159，204139），泰山（206323，204151）；台湾漳化（NCHUPP-4），台湾（05133）；湖南长沙（204137），衡阳（78897），怀化（24356），张家界（201486，202146），衡山（206318，204149）；广东广州（78898），钦州（78899），博罗（81407）；海南文昌（240116），定安（242437，242766），吉首（203140）；广西南宁（78900），宁明（788901），柳州（03661），田林（78902）；陕西留坝（69413）；甘肃天水（04713）；四川成都（204134），西昌（78903），乐山（78904，201484，202144），泸定（78905），都江堰（201046，204686，204146），峨眉山（201490，202150），攀枝花（201495，202155），绵阳（203137），雅安（203147，204708）；重庆（200596），北培（200210，200434，200472，201483，202143），富

乐山（200714, 203136），小南海（203146, 204707），南山（204133），金佛山（20414145）；贵州贵阳（200308, 201485, 204136），花溪（200670, 202145），凯里（201491, 202151），遵义（201496, 202156），六盘水（203139），织金（203149），坐龙峡（203150），安顺（204148）；云南昆明（204135, 133720），牛井（02871, 02872），文山（90605, 135360），开元（90605），宾川（136963），丽江（200769, 203138），西双版纳（203148），大理（204687, 204147），云南（2871, 2872）；西藏下察隅（78906）；新疆乌鲁木齐（204141），阿克苏（201481, 201498），喀什（201488, 202148），吐鲁番（201493, 202153），哈密（201498, 02158），石河子（203132），库尔勒（203143）。

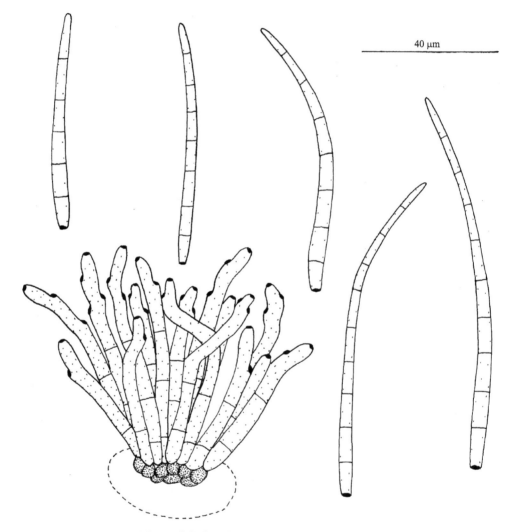

图 11　落花生尾孢 *Cercospora arachidicola* Hori

据戴芳澜（1979）报道，本种在我国落花生 *Arachis hypogaea* L.上的分布还有：内蒙古，湖北。

据葛起新（1991）记载，本种在浙江落花生 *Arachis hypogaea* L.上的分布还有：仙居，天台，临海，定海。

世界分布：广泛分布在热带及温带地区，包括阿富汗，安哥拉，阿根廷，澳大利亚，孟加拉国，贝宁，玻利维亚，巴西，文莱，布基纳法索，中国，柬埔寨，喀麦隆，哥伦比亚，科摩罗，刚果，古巴，多米尼加，萨尔瓦多，斐济，加蓬，冈比亚，格鲁吉亚，加纳，危地马拉，几内亚，圭亚那，印度，印度尼西亚，意大利，科特迪瓦，牙买加，日本，肯尼亚，韩国，老挝，黎巴嫩，利比亚，马达加斯加，马拉维，马来西亚，马里，毛里求斯，墨西哥，莫桑比克，缅甸，尼泊尔，新喀里多尼亚，尼加拉瓜，尼日尔，尼日利亚，巴基斯坦，巴拿马，巴布亚新几内亚，菲律宾，沙巴，塞内加尔，塞拉利昂，所罗门群岛，索马里，南非，苏丹，苏里南，坦桑尼亚，泰国，多哥，乌干达，美国，乌拉圭，维尔京群岛，赞比亚，委内瑞拉，越南，津巴布韦。

讨论：Braun 等（1999）认为 *Cercospora arachidicola* 的分生孢子倒棍棒形、倒棍棒-圆柱形至针形，成熟的孢子有色泽（橄榄色），符合钉孢属的特征，因此把 *C. arachidicola* 组合为落花生钉孢 *Passalora arachidicola*（Hori）U. Braun。但 *C. arachidicola* 的孢痕疤明显加厚而暗、平，属尾孢型，符合尾孢属的特征，经分子研究后，现又恢复了 *C. arachidicola* Hori 之名称。

落花生尾孢在我国花生产区是花生的主要病害之一，与球座假钉孢 *Nothopassalora personata*（Berk. & M. A. Curtis）U.Braun, C. Nakash., Videira & Crous（Videira *et al.*, 2017）一样可形成暗褐色的叶斑，但二者的区别在于后者具大子座（直径 75~200 µm）；分生孢子梗（4.5~8 µm）宽；分生孢子色泽深（中度暗橄榄褐色），短而宽（18~77.5 × 5~9 µm）。

大豆褐斑尾孢　图 12

Cercospora sojina Hara, Nogyokoku (Tokyo) 9: 28, 1915; Chupp, A Monograph of the Fungus Genus *Cercospora*: 332, 1954; Tai, Sylloge Fungorum Sinicorum: 902, 1979; Hsieh & Goh, *Cercospora* and Similar Fungi from Taiwan: 169, 1990; Groenewald *et al.*, Stud. Mycol. 75: 162, 2013.

Cercosporina sojina (Hara) Hara, Jitsuyo Sakumotsu Byorigaku: 112, 1925.

Cercosporidium sojinum (Hara) X.J. Liu & Y.L. Guo, Acta Mycol. Sinica 1(2): 100, 1982.

Passalora sojina (Hara) Poonam Srivast., J. Living World 1: 118, 1994, *comb. inval.*

Passalora sojina (Hara) H.D. Shin & U. Braun, Mycotaxon 58: 163, 1996; Crous & Braun, *Mycosphaerella* and its Anamorphs: I. Names Published in *Cercospora* and *Passalora*: 379, 2003; Guo, *in* Zhuang, Fungi of Northwestern China:197, 2005.

Passalora sojina (Hara) U. Braun, Trudy Bot. Inst. Im. V.L. Komarova 20: 93, 1997, *comb. superfl.*

Cercospora daizu M. Miura, Bull. S. Manchur. Railway Co. Agric. Exp. Sta., Kunchuling 11: 25, 1920.

斑点生于叶的正背两面，圆形至近圆形，直径 0.5~5.5 mm，有时多斑愈合成不规则形斑块或长条形，叶面斑点中央灰白色至灰褐色，边缘围以暗褐色细线圈，叶背斑点绿褐色；种子上的斑点多为灰黑色。子实体叶两面生。菌丝体内生。子座叶表皮下生，近球形至球形，褐色，直径 7.5~42 µm。分生孢子梗 2~17 根稀疏簇生至多根紧密簇生在子座上，浅褐色至褐色，色泽均匀，宽度规则，直至弯曲，有的分生孢子梗因一侧壁加厚而明显向内弯曲，极少分枝，光滑，0~7 个屈膝状折点，顶部圆锥形平截至平截，0~4 个隔膜，18~155 × 4.5~7 μm。孢痕疤明显加厚、暗，宽 2.5~4 μm。分生孢子圆柱形至倒棍棒-圆柱形，无色至近无色，光滑，直或稍弯曲，顶部稍尖细至钝圆，基部倒圆锥形平截至近平截，3~8 个隔膜，15~95 × 4.5~8 μm；脐加厚而暗。

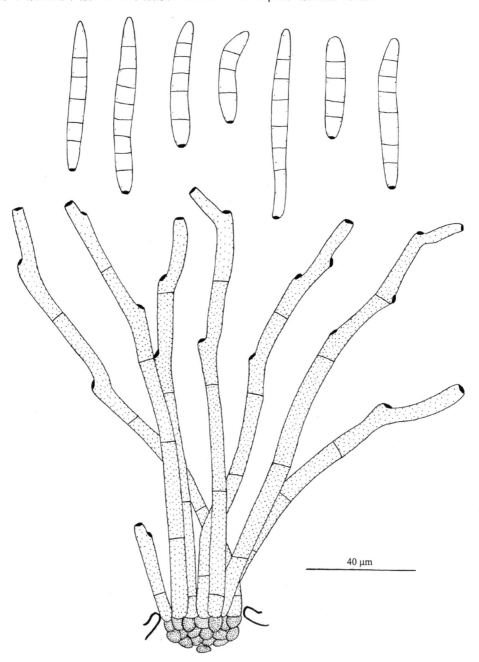

图 12　大豆褐斑尾孢 *Cercospora sojina* Hara

大豆 *Glycine max*（L.）Merr.：北京（03669）；河北涿鹿（65906）；辽宁沈阳（42210），

盖州（62211）；吉林公主岭（40637，40638，40640，62209），怀德（49639），吉林市（40641），集安（78812），蛟河（151430~151565）；黑龙江哈尔滨（62212，62213，62214），嫩江（40642），集贤（40643）；湖南长沙（40644，40645）；重庆城口（40646）；四川遂宁（12136）；云南昆明（03457，12135）；陕西留坝（69440）。

大豆属 *Glycine* sp.：四川遂宁（12136）。

据戴芳澜（1979）记载，本种在我国的寄主和分布还有：

大豆 *Glycine max*（L.）Merr.：内蒙古，江西，福建，甘肃，广西。

野大豆 *Glycine soja* Sieb. & Zucc.：河北，辽宁，吉林，黑龙江，四川。

据葛起新（1991）报道，本菌在浙江省大豆 *Glycine max*（L.）Merr.上的分布还有：岱山，富阳，丽水，遂昌。

世界分布：阿根廷，玻利维亚，巴西，喀麦隆，加拿大，中国，古巴，埃及，加蓬，危地马拉，印度，印度尼西亚，科特迪瓦，日本，肯尼亚，韩国，拉脱维亚，马拉维，墨西哥，尼泊尔，尼日利亚，俄罗斯，汤加，美国，委内瑞拉，维尔京群岛，赞比亚，津巴布韦。

讨论：刘锡琎和郭英兰（1982a）根据 *Cercospora sojina* 具有因一侧壁加厚而明显向内弯曲的分生孢子梗和圆柱形且宽的分生孢子 [20~80（~120）× 4~8 μm] 的形态特征，将 *C. sojina* 组合为大豆短胖孢 *Cercosporidium sojina*（Hara）X.J. Liu & Y.L. Guo。Srivastava（1994）把 *C. sojina* 组合为大豆褐斑钉孢 *Passalora sojina*（Hara）Poonam Srivast. 时，因没有指出其基原异名并且漏掉了文献，因此为无效名称。Shin 和 Braun（1996）把 *C. sojina* 组合为 *P. sojina*（Hara）H.D Shin & U. Braun，Braun 和 Mel'nik（1997）的组合 *P. sojina*（Hara）U. Braundb 为重复组合。

Groenewald 等（2013）指出，虽然 *C. sojina* 曾被转到钉孢属，但其孢痕疤平，属尾孢型；分生孢子无色，圆柱形至倒棍棒形，宽。根据分子研究的结果，恢复 *C. sojina* Hara 之名称。

豇豆生尾孢　图 13

Cercospora vignigena C. Nakash., Crous, U. Braun & H.D. Shin, *in* Groenewald, Nakashima, Nishikawa, Shin, Park, Jama, Groenewald, Braun & Crous, Stud. Mycol. 75: 165, 2013; Shi, Zhao & Guo, Fung. Sci. 33(1): 19, 2018.

斑点生于叶的正背两面，圆形至近圆形，边缘不明显，直径 7~20 mm，叶面斑点浅灰褐色至浅褐色，在斑点外的叶脉呈紫红色，叶背斑点浅灰褐色，斑点外的叶脉呈浅紫红色。子实体叶两面生。菌丝体内生。子座仅为少数褐色球形细胞至发育良好，气孔下生，球形，浅褐色至褐色，直径 30~50 μm。分生孢子梗少数根稀疏簇生在褐色细胞上至多根紧密簇生在子座上，圆柱形，浅褐色，向顶色泽变浅，宽度规则或不规则，有时局部变宽，直至弯曲，不分枝，光滑，1~4（~7）个屈膝状折点，0~8（~15）个隔膜，25~180（~300）× 4~8 μm。孢痕疤明显加厚、暗，宽 2.5~4 μm。分生孢子圆柱形至倒棍棒形，无色，光滑，直至稍弯曲，顶部近钝至钝，基部倒圆锥形平截至近平截，不明显的 3~7（~10）个隔膜，30~80（~125）× 3~5 μm；脐明显加厚、暗。

豇豆 *Vigna unguiculata*（L.）Walp.（*V. sinensis*）：湖南常德（247109）。

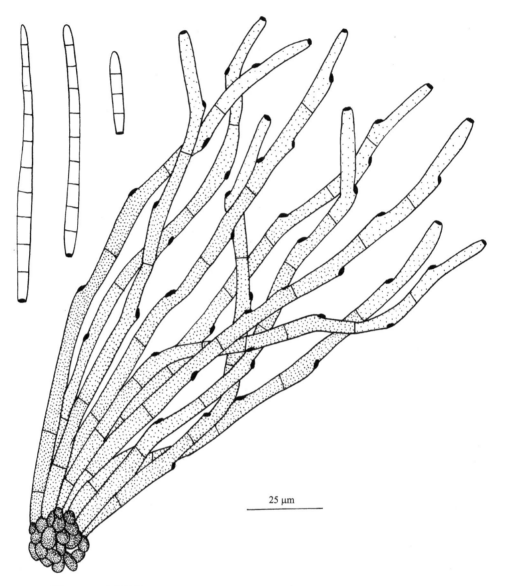

25 μm

图 13　豇豆生尾孢 *Cercospora vignigena* C. Nakash., Crous, U. Braun & H.D. Shin

世界分布：中国，日本，韩国。

讨论：Nakashima 等（Groenewald *et al.*, 2013）描述 *C. vignigena* 的分生孢子梗 0~3 个隔膜，40~130 × 5~7（~10）μm，分生孢子 3~7（~14）个隔膜，（35~）45~ 70（~150）×（2.5~）4~6（~10）μm。在中国标本上较 Nakashima 等描述的分生孢子梗长而稍窄，分生孢子也稍窄。

在豇豆属 *Vigna* sp. 植物上已报道的尾孢有：变灰尾孢 *Cercospora canescens* Ellis & G. Martin（Amer. Naturalist 16: 1003, 1882）、菊池尾孢 *C. kikuchii* T. Matsumoto & Tomoy. [Ann. Phytopath. Soc. Japan 1（6）: 1, 1925]、极长孢尾孢 *C. longispora* Peck（N. Y. State Mus. Rept. 35: 141, 1884）和范德里斯特尾孢 *C. vanderystii* Henn.（Anal. Mus. Congo Belge-bot. Ser. V.-A., Fasc. II. 2: 104, 1907）。这些种与本菌的区别在于 *C.*

canescens 和 *C. kikuchii* 的分生孢子均为无色、针形；*C. longispora* 的分生孢子倒棍棒形至针形，近无色至浅橄榄褐色，长而窄（75~170 × 2~3.5 μm）；*C. vanderystii* 虽然也具有无色的分生孢子，但无斑点；子实体扩散型；无子座；无孢梗簇，分生孢子梗长而窄（30~140 × 4~6.5 μm，甚至长达 500 μm）；分生孢子圆柱-倒棍棒形，无色，后期橄榄色，短（20~75 × 4.5~6.5 μm），Crous 和 Braun（2003）已将其组合为范德里斯特钉孢 *Passalora vanderystii*（Henn.）Braun & Crous。

百合科 LILIACEAE

重楼尾孢　图 14

Cercospora paridis Erikss., Hedwigia 22: 158, 1883, also *in* Fungi Paras. Scand. Exs., Fasc. 2, No. 85, 1883; Saccardo, Syll. Fung. 4: 476, 1886.

Cercosporidium paridis (Erikss.) X.J. Liu & Y.L. Guo, Acta Mycol. Sinica 1: 99, 1982.

Passalora paridis (Erikss.) Poonam Srivast., J. Living World 1: 117, 1994, *comb. inval.*

Passalora paridis (Erikss.) Y.L. Guo, Mycosystema 20: 157, 2001.

Cercospora majanthemi var. *paridis* Bäumler, Verh. Zool.-Bot. Ges. Wien. 38: 717, 1888.

　　斑点生于叶的正背两面，圆形至椭圆形，直径 3~13 mm，叶面斑点中央灰白色至灰褐色，其上覆盖黑褐色点形绒毛状子实层，边缘黄褐色，叶背斑点黑褐色点状绒毛紧密丛生，使斑点几乎呈黑色。子实体叶两面生，但主要生于叶背面。菌丝体内生。子座叶表皮下生，球形，暗褐色，直径 23~110 μm。分生孢子梗稀疏至紧密簇生在子座上，浅橄榄褐色至褐色，色泽均匀，宽度不规则，常基部较宽，直至弯曲，不分枝，光滑，0~7 个（通常 0~3 个）屈膝状折点，顶部近平截，3~6 个隔膜，35~160 × 4.5~5.5 μm。孢痕疤明显加厚、暗，宽 2~2.5 μm。分生孢子圆柱形至倒棍棒形，无色至近无色，光滑，直或稍弯曲，顶部钝圆至近尖细，基部倒圆锥形平截，1~7 个隔膜，28~77.5 × 5~6.5 μm；脐加厚、暗。

　　四叶重楼 *Paris quadrifolia* L.：贵州（40632）。

　　世界分布：中国，捷克，丹麦，爱沙尼亚，德国，匈牙利，哈萨克斯坦，拉脱维亚，挪威，波兰，罗马尼亚，俄罗斯（亚洲和欧洲部分），斯洛伐克，斯洛文尼亚，瑞典，乌克兰。

　　讨论：*Cercospora paridis* 因具有无色、圆柱形至倒棍棒形、宽的分生孢子（25~70 × 4~7 μm），刘锡琎和郭英兰（1982a）将其组合为重楼短胖孢 *Cercosporidium paridis*（Erikss.）X.J. Liu & Y.L. Guo, Guo（2001a）又组合为重楼钉孢 *Passalora paridis*（Erikss.）Y.L. Guo。Srivastava（1994）也把 *C. paridis* 将其组合为 *Passalora paridis*（Erikss.）Poonam Srivast.，但报道时因未列出基原异名及文献而成为无效名称。Crous 和 Braun（2003）研究后认为，虽然 *C. paridis* 分生孢子的形状非常像钉孢，但具有无色的分生孢子和尾孢型的孢痕疤，因此维持 *Cercospora paridis* Erikss. 之名称。

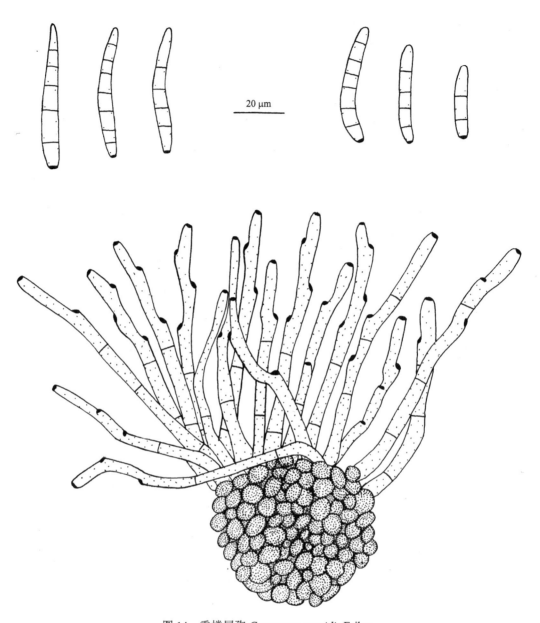

图 14　重楼尾孢 *Cercospora paridis* Erikss.

棟科 MELIACEAE

香椿尾孢　图 15

Cercospora cedrelae S. Chowdhury, Lloydia 24(2): 94, 1961.

　　斑点生于叶的正背两面，近圆形至不规则形，直径 1~6 mm，有时几个斑点愈合成不规则形大斑，叶面斑点中央灰白色至浅褐色，边缘围以褐色细线圈，具黄色至浅褐色晕，叶背斑浅褐色。子实体叶两面生，但主要生在叶背面。菌丝体内生。子座近球形，褐色至暗褐色，直径 15~40 μm。分生孢子梗稀疏至紧密簇生，橄榄色至浅橄榄褐色，色泽均匀，宽度不规则，直至稍弯曲，不分枝，光滑，不呈屈膝状，顶部圆至圆锥形，1~4 个隔膜，5~38 × 2~4 μm。孢痕疤明显加厚、暗，宽 1~1.5 μm。分生孢子针形至窄倒棍棒形，无色，光滑，直至稍弯曲，顶部尖细至近钝，基部倒圆锥形平截至近平截，2~8 个隔膜，欠明显，20~80 × 2~3.5 μm；脐加厚、暗。

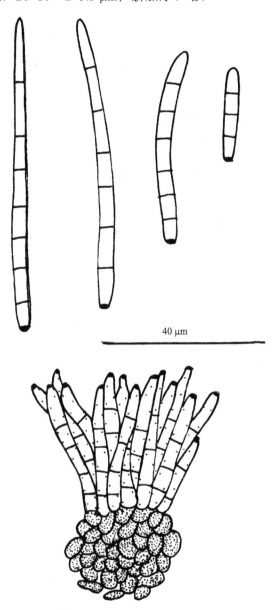

40 μm

图 15　香椿尾孢 *Cercospora cedrelae* S. Chowdhury

香椿 *Toona sinensis*（A. Juss.）Roem.（*Cedrela sinensis* A. Juss.）：湖南长沙（166882）；广东广州（166972）。

世界分布：中国，印度。

讨论：Chowdhury（Lloydia 24: 95, 1961）报道的 *Cercospora cedrelae* S. Chowdhury，De（Giobios New Rep. 22: 64, 1992）组合为香椿假尾孢 *Pseudocercospora cedrelae*（S.

Chowdhury）T.K. De。Crous 和 Braun（2003）承认了该名称。在 Index Fungorum 2020 中指出，*P. cedrelae* 为无效名称（国际植物命名法规 Art. 41.3），而 *C. cedrelae* 为现用名称。

商陆科 PHYTOLACCACEAE

鞭状尾孢　图 16

Cercospora flagellaris Ellis & G. Martin [as '*flagellare*'], Amer. Naturalist 16: 1003, 1882; Saccardo, Syll. Fung. 4: 453, 1886; Crous & Braun, *Mycosphaerella* and its Anamorphs: I. Names Published in *Cercospora* and *Passalora*: 186, 2003; Kirschner, Mycol. Pragress 13: 486, 2014.

斑点生于叶的正背两面，近圆形至圆形，直径 2~7 mm，有时多斑愈合，叶面斑点浅橄榄褐色、橄榄褐色至浅褐色，边缘围以褐色、暗褐色至灰褐色细线圈，具黄绿色至橄榄褐色晕，叶背斑点灰绿色至浅橄榄褐色。子实体叶两面生。菌丝体内生。子座气孔下生，近球形，暗褐色，宽 20~65 μm，高 20~50 μm。分生孢子梗 2~20 根稀疏簇生至多根紧密簇生，中度橄榄褐色至褐色，向顶色泽变浅，直或稍弯曲，不分枝或偶具分枝，光滑，1~2 个屈膝状折点，顶部圆锥形平截至平截，3~6 个隔膜，35~125（~145）× 4~6.5（~8）μm。孢痕疤明显加厚、暗，宽 2~3 μm。分生孢子针形，无色，光滑，直至非常弯曲，顶部尖细，基部平截，3 至多个隔膜，30~220（~255）× 3~4 μm；脐明显加厚、暗。

美国商陆 *Phytolacca americana* L.：台湾桃园（TNM F0026906，HMAS 244935）。

世界分布：中国，埃塞俄比亚，斐济，以色列，日本，韩国，美国，维尔京群岛。

讨论：Crous 和 Braun（2003）曾把 *Cercospora flagellaris* Ellis & G. Martin（Amer. Naturalist 16: 1003, 1882）作为芹菜尾孢的异名处理，然而 Groenewald 等（2013）根据分子序列数据系统发育分析的结果，*C. flagellaris* 仍为独立存在的种。

Chupp（1954）记载 *C. flagellaris* 子实体叶面生；子座小；分生孢子梗浅橄榄褐色，30~300 × 3~6 μm；分生孢子 30~120（~280）× 2~4 μm。Groenewald 等（2013）描述 *C. flagellaris* 子座直径达 50 μm；分生孢子梗浅褐色至褐色，0~8 个隔膜，14~140（~270）× 2.5~6.5 μm；分生孢子圆柱形至针形，2~15 个隔膜，18~ 220（~300）× 2~4.5μm。分离自日本的菌株在 V8 培养基上的分生孢子梗 10~95 × 3~5 μm，分生孢子 35~220 × 2~3 μm。本菌在中国标本上的形态特征与 Chupp 记载的非常相似，仅分生孢子梗短而宽，较 Groenewald 等（2013）描述的分生孢子梗和分生孢子均短。

寄生在阿根廷商陆 *Phytolacca duoica* L.（*Pircunia duoica* Moq.）上的商陆尾孢 *C. pircuniae* Speg.（Anales del Museo Nac. De B. Aires 20: 441, 1910）与本种的区别在于其子实体叶背面生，扩散型；分生孢子梗短而窄（10~45 × 4~5.5 μm）；分生孢子圆柱形，短而稍宽（30~60 × 4~5.5 μm）。

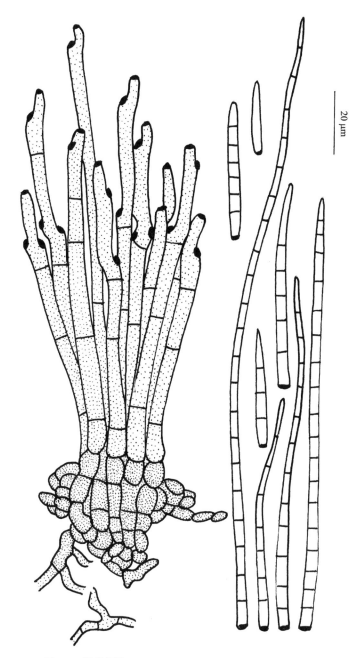

图 16　鞭状尾孢 *Cercospora flagellaris* Ellis & G. Martin

白花丹科 PLUMBAGINACEAE

海岛尾孢　图 17

Cercospora insulana (Sacc.) Sacc., Nuovo Giorn. Bot. Ital. N. S. 22(1): 74, 1915; Crous & Braun, *Mycosphaerella* and its Anamorphs: I. Names Published in *Cercospora* and *Passalora*: 227, 2003; Xie, Zhao & Guo, Mycosystema 36(8): 1165, 2017.

Cercosporina insulana Sacc., Nuovo Giorn. Bot. Ital. N. S. 22(1): 74, 1915.

Cercospora insulana (Sacc.) Vassiljevsky, *in* Vassiljevsky & Karakulin, Fungi Imperfecti
　　Parasitici 1. Hyphomycetes : 319, 1937, *com. superfl.*

Cercospora insulana (Sacc.) Chupp, Bothalia 4: 886, 1948, *com. superfl.*

Cercospora insulana (Sacc.) A.S. Mull. & Chupp, Ceiba 1: 174, 1950, *com. superfl.*

Cercospora apii var. *insulana* (Sacc.) Siboe, *in* Seyani & Chikuni, Proceedings of the
　　Thirteenth Plenary Meeting of AETFAT, Zomba, Malawi, April 1991, 1: 633, 1994.

Cercospora stalices Lobik, Boleani Rast. 17: 195, 1928.

　　斑点叶两面生，圆形，在叶边缘呈半圆形，直径 3~6 mm，常多斑愈合，初期在叶两面仅呈无明显边缘的绿色斑块，后期叶面斑点褐色至暗红褐色，轮纹状，边缘围以暗褐色至近黑色细线圈，具绿色晕，叶背斑点色泽稍浅。子实体叶两面生，但主要生于叶面。菌丝体内生。子座气孔下生，球形，褐色至暗褐色，直径 40~95 μm。分生孢子梗非常紧密地簇生，中度橄榄褐色至浅褐色，向顶色泽变浅，宽度不规则，常向顶稍变窄，直或弯曲，不分枝，光滑，0~1（~2）个屈膝状折点，顶部圆至圆锥形平截，0~1（~2）个隔膜，13~65（~80）× 4~6.7 μm。孢痕疤明显加厚、暗，宽 2~3 μm。分生孢子针形至倒棍棒形，无色，光滑，直至弯曲，顶部近尖细至钝，基部倒圆锥形平截至近平截，多个隔膜，50~140（~175）× 2.5~5 μm；脐明显加厚、暗。

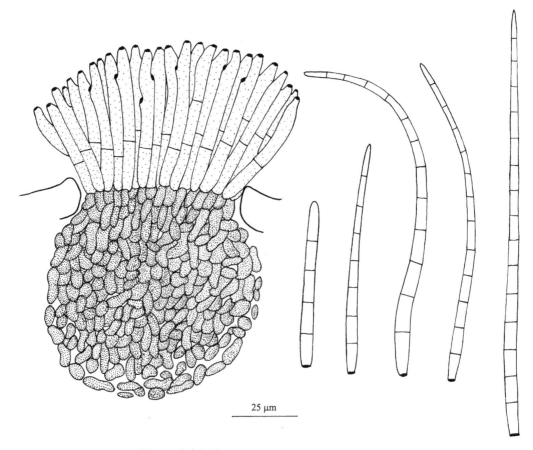

图 17　海岛尾孢 *Cercospora insulana*（Sacc.）Sacc.

波状补血草 *Limonium sinuatum*（L.）Mill.：西藏拉萨（246852）。

世界分布：澳大利亚，中国，海地，印度，以色列，意大利，日本，哈萨克斯坦，肯尼亚，马尔他，新西兰，葡萄牙，俄罗斯（欧洲部分），南非，美国，津巴布韦。

讨论：Chupp（1954）在他的尾孢属专著中收录了 Saccardo Nuovo [Giorn. Bot. Ital. N. S. 22（1）：74, 1915] 报道自俄罗斯海石竹属 *Armeria* sp. 和补血草属 *Limonium* sp. 上的 *Cercospora insulana* 以及寄生在意大利 *Plumbago europaea* L.上的白花丹尾孢 *C. plunaginea* P.A. Sacc. & D. Sacc.（Atti R. Ist. Ven. Sci. Lett. Ed arti 61: 723, 1902）。*C. insulana* 子座大（直径达 100 μm），暗褐色；分生孢子梗紧密簇生，20~60 × 4~5 μm；分生孢子针形，基部平截至圆，55~135 × 2.5~4 μm。*C. plunaginea* 子座小，褐色；分生孢子梗 2~10 根稀疏簇生，25~100 × 4~6.5 μm；分生孢子针形至倒棍棒形，基部平截至倒圆锥形平截，35~100 × 2.5~4 μm。

我们研究了采自西藏拉萨的 *Limonium sinuatum*，在开黄色花和粉色花的标本上，本种形态特征符合 *C. plunaginea*，子座仅为少数褐色球形细胞至直径达 40 μm；分生孢子梗 2~12 根从气孔伸出至达 28 根稀疏簇生在子座上，30~187 × 4~5.3 μm；分生孢子针形至倒棍棒形，40~130 × 2.5~4 μm。

本种在开紫色花的 *L. sinuatum* 上的形态特征与 *C. plunaginea* 近似，区别在于其斑点具绿色晕；子座大；分生孢子梗非常紧密地簇生且较短；分生孢子宽，基部多呈倒圆锥形平截。

鼠李科 RHAMNACEAE

鼠李尾孢　图 18

Cercospora rhamni Fuckel, Hedwigia 5: 24, 1866; Saccardo, Syll. Fung; 4: 466, 1886; Chi, Bai & Zhu, Flora Fungal Diseases of Cultivated Plants in Jilin Province: 320, 1966; Tai, Sylloge Fungorum Sinicorum: 899, 1979.

Passalora rhamni (Fuckel) U. Braun, Mycotaxon 55: 233, 1995; Crous & Braun, *Mycosphaerella* and its Anamorphs: I. Names Published in *Cercospora* and *Passalora*: 350, 2003.

Mycosphaerella vogelii (Syd.) Tomilin, Opredelitel' Gribov roda *Mycosphaerella* Johans: 212, 1979.

Sphaerella vogelii Syd., Ann. Mycol. 6: 480, 1908.

斑点叶两面生，近圆形，沿叶脉着生时呈角状，直径 2~5 mm，叶面斑点黄褐色，无明显边缘，叶背斑点灰色。子实体生于叶背面。菌丝体内生。无子座。分生孢子梗 4~16 根簇生，橄榄褐色，色泽均匀，宽度不规则，直或弯曲，不分枝，光滑，0~1 个屈膝状折点，顶部圆，1~4 个隔膜，16~48 × 4~6 μm。孢痕疤显著加厚、暗，宽 2~3 μm。分生孢子倒棍棒形，浅橄榄褐色，光滑，直或弯曲，顶部钝，基部近平截，1~8 个隔膜，25~135 × 4~6 μm；脐加厚、暗。

鼠李 *Rhamnus davurica* Pall.：吉林梨树。

世界分布：澳大利亚，加拿大，中国，捷克，格鲁吉亚，德国，大不列颠岛，匈牙利，伊朗，意大利，哈萨克斯坦，拉脱维亚，立陶宛，罗马尼亚，俄罗斯（欧洲部分），斯洛伐克，斯洛文尼亚，瑞士，乌克兰，美国。

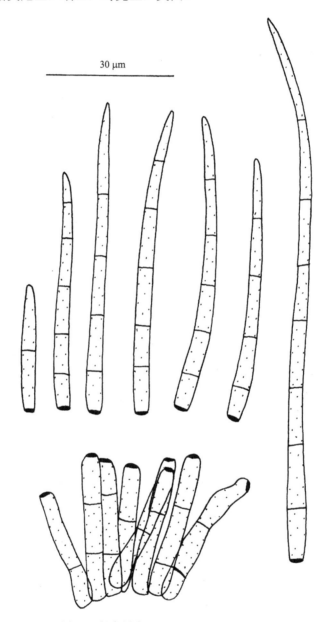

图 18　鼠李尾孢 *Cercospora rhamni* Fuckel

　　讨论：寄生在鼠李属 *Rhamnus* sp. 植物上的 *Cercospora rhamni*，具有明显加厚的孢痕疤、有色泽（近无色至中度橄榄色）和宽的分生孢子（40~165 × 4~7 μm），Braun（1995b）将其组合为鼠李钉孢 *Passalora rhamni*（Fuckel）U. Braun。分子研究证明，该菌具有尾孢型的孢痕疤，因此仍为尾孢。

　　棒尾孢 *C. bacilligera*（Berk. & Br.）Fresen.（1863）和 *C. frangulina* Henn.（1909）也寄生在 *Rhamnus* sp. 植物上，二者与本种的区别在于前者分生孢子梗（20~40 × 2~

4 μm）和分生孢子（15~75 × 1.5~4 μm）均窄，孢痕疤不明显，已被组合为棒假尾孢 *Pseudocercospora bacilligera*（Berk. & Br.）X.J. Liu & Y.L. Guo（郭英兰和刘锡琎，1989）；后者分生孢子梗长（40~200 × 4~6 μm），分生孢子倒棍棒-圆柱形，色泽较深（浅至中度橄榄色），短（20~85 × 4~6.5 μm）。

无标本供研究，描述及图来自戚佩坤等（1966）《吉林省栽培植物真菌病害志》。

芸香科 RUTACEAE

吴茱萸尾孢　图 19

Cercospora euodiae-rutaecarpae S.Q. Chen & P.K. Chi, J. South China Agric. Univ. 11(3): 60, 1990; Chi, Flora Fungal Diseases of Cultivated Medicinal Plants in Guangdong Province: 140, 1994; Guo, *in* Zhuang, Higher Fungi of Tropical China: 148, 2001; Crous & Braun, *Mycosphaerella* and its Anamorphs: I. Names Published in *Cercospora* and *Passalora*: 178, 2003.

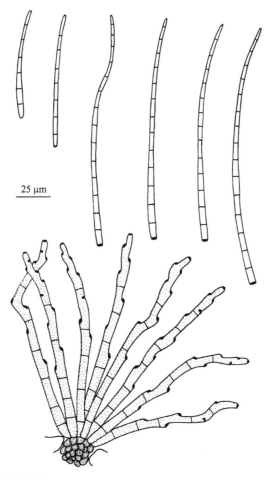

25 μm

图 19　吴茱萸尾孢 *Cercospora euodiae-rutaecarpae* S.Q. Chen & P.K. Chi

斑点生于叶的正背两面，近圆形至不规则形，直径 1~5 mm，叶面斑点中央灰白色、青黄褐色至灰褐色，边缘围以暗褐色至近黑色细线圈，具浅至中度橄榄褐色晕，叶背斑点边缘不明显，浅灰褐色。子实体叶两面生。菌丝体内生。子座气孔下生，仅有少数褐色球形细胞组成至近球形，暗褐色，直径达 40 μm。分生孢子梗单生，2~12 根稀疏簇生至多根紧密簇生在子座上，橄榄褐色至浅褐色，向顶色泽变浅，宽度不规则，基部较宽或有时局部膨大，直至弯曲，不分枝，光滑，1~6 个屈膝状折点，顶部圆锥形平截至平截，1~8 个隔膜，25~145（~210）× 4~5.5 μm。孢痕疤明显加厚、暗，宽 1.8~2.7 μm。分生孢子针形，无色，光滑，直或稍弯曲，顶部尖细，基部倒圆锥形平截至平截，多个隔膜，80~160（~200）× 2.7~3.5 μm；脐明显加厚、暗。

吴茱萸 *Evodia rutaecarpa*（Juss.）Benth.：云南楚雄（244398）。

据戚佩坤（1994）报道，该菌在广东吴茱萸 *Euodia rutaecarpa*（Juss.）Benth. 上还分布在罗定、郁南等地。

世界分布：中国，印度。

讨论：Crous 和 Braun（2003）把 *C. euodiae-rutaecarpae* 作为 *C. apii* Fresen. 的异名，但因其具有尾孢型的孢痕疤和分生孢子基脐，分生孢子无色、针形，故仍为独立存在的尾孢。

虎耳草科 SAXIFRAGACEAE

溲疏尾孢　图 20

Cercospora deutziae Ellis & Everh., J. Mycol. 4: 5, 1888; Saccardo, Syll. Fung. 10: 642, 1892.

斑点生于叶的正背两面，圆形、角状至不规则形，直径 1~5 mm，散生或多斑愈合，叶面斑点橄榄褐色至浅褐色，边缘围以暗褐色细线圈，叶背斑点浅褐色至红褐色。子实体叶两面生。菌丝体内生。子座无或仅为少数褐色球形细胞。分生孢子梗从气孔伸出或稀疏簇生在小子座上，橄榄褐色至中度褐色，向顶色泽变浅，宽度不规则，不分枝，光滑，直至弯曲，1~3 个屈膝状折点，顶部近平截，0~2 个隔膜，40~200 × 3.5~6 μm。孢痕疤明显加厚、暗，宽 1.5~2.5 μm。分生孢子针形，无色，光滑，直至中度弯曲，顶部近钝，基部平截，不明显的多个隔膜，50~125（~300）× 2.5~4.5 μm；脐明显加厚、暗。

溲疏属 *Deutzia* sp.：江苏南京（163707）。

世界分布：中国，日本，韩国，美国。

因标本上的子实体不完整，已无法测量和绘图。该描述综合了标本（HMAS 163707）上的斑点特征和 Chupp（1954）描述的形态特征，图来自 Shin 和 Kim（2001a）。

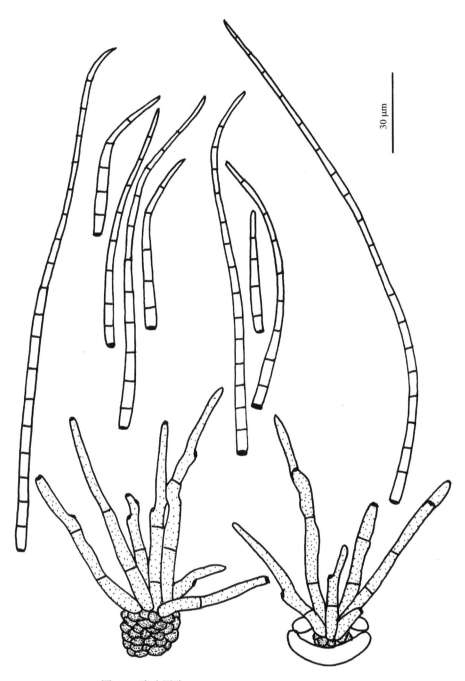

图 20　溲疏尾孢 *Cercospora deutziae* Ellis & Everh.

伞形科 UMBELLIFERAE

芹菜生尾孢　图 21

Cercospora apiicola M. Groenew., Crous & U. Braun, Mycologia 98: 281, 2006;
　　Groenewald *et al.*, Stud. Mycol. 75: 145, 2013.

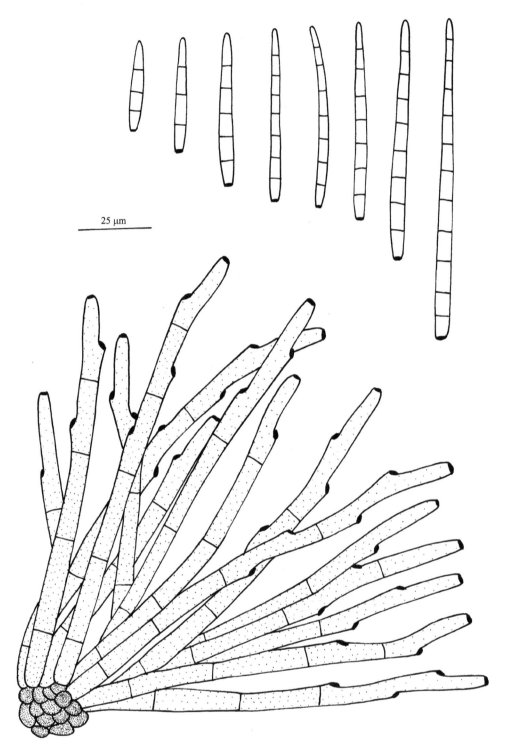

图 21 芹菜生尾孢 *Cercospora apiicola* M. Groenew., Crous & U. Braun

斑点生于叶的正背两面，圆形至近圆形，直径 3~10（~20）mm，有时多斑愈合，叶面斑点浅灰色至深灰色，具浅褐色至褐色的中部，边缘不明显，无其他深色的细线圈围绕，有时具浅黄色晕，叶背斑点浅灰绿色至深灰绿色，或呈深灰色，有时具浅褐色的中部。子实体叶两面生，主要生在叶背面。菌丝体内生。子座仅为几个褐色球形细胞至发育良好，球形，褐色至暗褐色，直径 25~50 μm。分生孢子梗单根或 2~12 根从气孔伸出，稀疏簇生至多根紧密簇生，浅褐色至中度褐色，向顶色泽变浅，宽度不规则，常在基部或局部变宽，直至弯曲，不分枝，光滑，1~5 个屈膝状折点，顶部圆锥形平截至近平截，1~10 个隔膜，有时在隔膜处缢缩，30~185（~265）× 5~6.5 μm。孢痕疤明显加厚、暗，宽 2~3 μm。分生孢子倒棍棒形至倒棍棒-圆柱形，短孢子圆柱形，无色，光滑，直，有时稍弯曲，顶部钝至近钝，基部倒圆锥形平截，3~15 个隔膜，30~100（~130）× 3~5（~5.8 ）μm；脐明显加厚、暗。

芹菜 *Apium graveolens* L.：北京延庆（245726）；四川成都（245729）。

世界分布：中国，希腊，韩国，委内瑞拉。

讨论：自 Fresenius（1863）建立尾孢属以来，在芹属 *Apium* sp. 植物上仅报道过芹菜尾孢一个种。Groenewald 等（2006a）使用 ITS、翻译延长因子 TEF、肌动蛋白 ACT、钙调蛋白 CAL 和组蛋白 HIS 多位点基因序列数据系统发育分析的方法研究尾孢属种间的界限和多样性，发现分离自希腊、韩国、委内瑞拉三个国家 *Apium graveolens* 上的尾孢聚在一起而远离 *C. apii*，且形态特征也有别于 *C. apii*，因此描述了迄今仅在 *Apium* sp. 植物上分离得到的芹菜生尾孢新种 *C. apiicola* M. Groenew., Crous & Braun（Groenewald *et al.*, 2006a）。*C. apiicola* 与 *C. apii* 在形态上的主要区别在于其分生孢子倒棍棒形至倒棍棒-圆柱形，短孢子圆柱形，不呈针形，基部倒圆锥形平截。

Groenewald 等（2006a）描述自委内瑞拉 *Apium* sp. 植物上的 *C. apiicola*，分生孢子梗 1~3 个隔膜，25~70 × 4~6 μm；分生孢子倒棍棒-圆柱形，短孢子圆柱形，1~6（~18）个隔膜，（50~）80~120（~150）×（3~）4~5 μm。在中国标本上的形态特征与 Groenewald 等的描述非常相似，仅分生孢子梗较长。分生孢子梗和分生孢子的长度常受环境因素的影响，温度高，湿度大时较干旱条件下的长度会大得多，但宽度是稳定的。我们研究的标本采自温室大棚，温度高，湿度大，因此分生孢子梗长属正常现象。

2014 年，中国农业科学院蔬菜花卉研究所的硕士研究生赵倩，在对北京延庆 *Apium graveolens* 上的真菌进行形态特征鉴定的基础上，又把病斑进行了组织分离，将所得菌株进行致病力测定及分子生物学的鉴定。采用普通 PCR 对病原菌的 ITS 序列、ACT 序列、TEF 序列和 His3 序列进行扩增，测序，将所获得序列与 GenBank 中的核酸序列进行比对，与 *C. apiicola* 的同源性为 99%~100%。根据形态学特征、致病力检测及分子生物学的鉴定，进一步证明了在中国 *A. graveolens* 上也有 *C. apiicola* 的发生。

马鞭草科 VERBENACEAE

荻尾孢 图 22

Cercospora caryopteridis R.S. Mathur, L.S. Chauhan & S.C. Verma [as '*caryopterii*'], Mycopathol. Mycol. Appl. 27: 147, 1965.

斑点生于叶的正背两面，近圆形，直径 0.5~2 mm，叶两面斑点均为白色至灰白色，边缘围以暗褐色细线圈，有时稍隆起。子实体叶两面生。菌丝体内生。子座无或仅为少数褐色球形细胞。分生孢子梗单生至 2~18 根簇生，橄榄色至橄榄褐色，色泽均匀，宽度有时不规则，直至稍弯曲，不分枝，光滑，1~3 个屈膝状折点，顶部圆锥形平截至平截，1~5 个隔膜，在隔膜处不缢缩，35~188 × 3~5 μm。孢痕疤明显加厚、暗，宽 2.5~3 μm。分生孢子针形至倒棍棒形，有时圆柱形，无色，光滑，直至稍弯曲，顶部尖细至钝，基部近平截至平截，3~23 个隔膜，在隔膜处不缢缩，35~278 × 2.8~5.5 μm；脐明显加厚、暗。

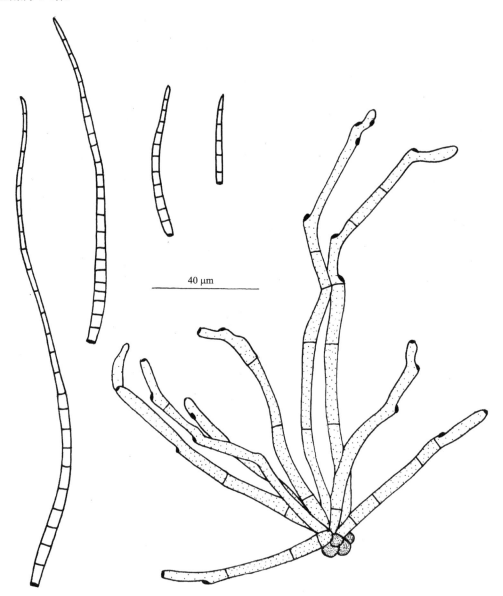

40 μm

图 22　莸尾孢 *Cercospora caryopteridis* R.S. Mathur, L.S. Chauhan & S.C. Verma

三花莸 *Caryopteris terniflora* Maxim.：陕西镇巴（165777）。
世界分布：中国，印度。

链尾孢属 Catenulocercospora C. Nakash., Videira & Crous, *in* Videira *et al.*, Stud. Mycol. 87: 303, 2017.

研 究 史

链尾孢属是 Videira 等（2017）依据多基因（LUS、ITS、*rpb2* DNA）序列数据系统发育分析、形态特征和培养性状相结合建立的新属，模式种是梭斑链尾孢 *Catenulocercospora fusimaculans*（G.F. Atk.）C. Nakash., Videira & Crous。

Catenulocercospora 与 *Cercospora* 非常相似，区别在于其具有单生和成分枝链生的分生孢子。*Catenulocercospora* 的模式种 *C. fusimaculans* 的基原异名梭斑尾孢 *Cercospora fusimaculans* G.F. Atk.（J. Elisha Mitchell Sci. Soc. 8: 50, 1892; Chupp, 1954; Ellis, 1976; Braun and Mel'nik, 1997; Braun and Crous, 2005; Braun *et al.*, 2015a），因具有链生的分生孢子，曾先后被组合为梭斑色链隔孢 *Phaeoramularia fusimaculans*（G.F. Atk.）X.J. Liu & Y.L. Guo（1982b; 郭英兰和刘锡琎，2003; Hsieh and Goh, 1990）和梭斑钉孢 *Passalora fusimaculans*（G.F. Atk.）U. Braun & Crous（Crous and Braun, 2003）。*Catenulocercospora fusimaculans* 的孢痕疤和分生孢子基脐明显加厚而暗；分生孢子无色、链生，分子序列数据系统发育分析显示属于链尾孢属（Braun *et al.*，2013，2015a），寄生在禾本科（Gramineae）植物上。

链尾孢属现仅模式种一个种，寄生在禾本科的许多寄主上，全世界广泛分布。

属 级 特 征

Catenulocercospora C. Nakash., Videira & Crous，*in* Videira *et al.*, Stud. Mycol. 87: 303, 2017.

植物病原菌，形成褐色矩圆形的叶斑。子实体叶两面生，主要生于叶背面，无色。菌丝体内生，无色。子座小至发育良好，褐色，球形。分生孢子梗基部浅褐色，向顶变无色，具隔膜，直至屈膝状弯曲。产孢细胞合生，单芽生或多芽生产孢，具暗而加厚环状的孢痕疤。分生孢子无色，倒棍棒形或圆柱形至线形，单生或成分枝的链，单生时顶部圆，基部倒圆锥形平截，具暗而加厚环状的脐。

模式种：*Catenulocercospora fusimaculans*（G.F. Atk.）C. Nakash., Videira & Crous。

与近似属的区别

尾孢属 *Cercospora* Fresen. 与链尾孢属非常相似，但其产孢细胞合生、顶生或间生，合轴式延伸，稀少全壁层出延伸产孢，孢痕疤和分生孢子基脐加厚而暗，平；分生孢子单生，多数是线形孢。

菌绒孢属 *Mycovellosiella* Rangel 也具有链生并具枝链的分生孢子；加厚而暗的孢痕疤和分生孢子基脐，与链尾孢属相似，区别在于其孢痕疤通常突出，分生孢子近无色至有色泽。

　　新尾孢属 *Neocercospora* M. Bakhshi, Arzanloi, Babai-ahari & Crous 具有单生或链生、无色的分生孢子，与链尾孢属的区别在于其分生孢子圆柱形，近圆柱形至倒棍棒-圆柱形，孢子链不分枝；脐平，中度加厚，暗。

　　色链隔孢属 *Phaeoramularia* Munt.-Cvetk. 与链尾孢属近似，具有内生的菌丝体；加厚而暗的孢痕疤和分生孢子基脐；链生的分生孢子，但其分生孢子近无色至有色泽，光滑至粗糙。

　　柱隔孢属 *Ramularia* Unger 也具有明显加厚而暗的孢痕疤和分生孢子基脐；无色、链生的分生孢子，与链尾孢属的区别在于其分生孢子梗也无色。

　　扎氏疣丝孢属 *Zasmidium* Fr. 具有单生或链生的分生孢子，与链尾孢属的区别在于其菌丝体多表生，通常具小疣；分生孢子有色泽，光滑，粗糙或具疣。

禾本科 GRAMINEAE

梭斑链尾孢　图 23

Catenulocercospora fusimaculans (G.F. Atk.) C. Nakash., Videira & Crous, *in* Videira, Groenewald, Nakashima, Braun, Barreto, de Wit & Crous, Stud. Mycol. 87: 303, 2017.

Cercospora fusimaculans G.F. Atk., J. Elisha Mitchell Sci. Soc. 8: 50, 1892; Saccardo, Syll. Fung. 10: 655, 1892; Chupp, A Monograph of the Fungus Genus *Cercospora*: 246, 1954; Ellis, More Dematiaceous Hyphomycetes: 260, 1976; Tai, Sylloge Fungorum Sinicorum: 879, 1979; Braun, Crous & Nakashima, IMA Fungus 6(1): 44, 2015.

Phaeoramularia fusimaculans (G.F. Atk.) X.J. Liu & Y.L. Guo, Acta Phytopathol. Sinica 12(4): 9, 1982; Hsieh & Goh, *Cercospora* and Similar Fungi from Taiwan: 141, 1990; Guo，Mycosystema 6: 96, 1993, also *in* Anon., Fungi of Xiaowutai Mountains in Hebei Province: 16, 1997.

Passalora fusimaculans (G.F. Atk.) U. Braun & Crous, *in* Crous & Braun, *Mycosphaerella* and its Anamorphs: I. Names Published in *Cercospora* and *Passalora*: 192, 2003.

Cercospora agrostis G.F. Atk. [as '*agrostidis*'], J. Elisha Mitchell Sci. Sco. 8: 44, 1892.

Cercospora panici Davis, Trans. Wisconsin Acad. Sci. 19: 714, 1919.

Cercosporina panici (Davis) Sacc., Syll. Fung. 25: 904, 1931.

Cercospora panici-miliacei Sawada, Rep. Agric. Res. Inst. Taiwan 51: 131, 1931.

　　斑点在叶的正背两面生，卵圆形、长椭圆形至不规则形的条斑，长 4~13 mm，宽 2~3 mm，有时数斑愈合形成更长的条形斑块，叶面斑点中央灰白色至淡褐色，边缘暗褐色至红褐色，有时整个斑块呈暗绿色、暗紫红色至污黑色，具浅黄褐色至浅灰色晕，叶背斑点色泽较浅。子实体生于叶的正背两面。菌丝体内生。子座无或小，气孔下生，近球形至球形，褐色，直径 15~28 μm。分生孢子梗 3~17 根稀疏簇生，近无色至浅橄榄褐色，色泽均匀，宽度不规则，不分枝，光滑，直或稍弯曲，近顶部有 0~1 个屈膝状折点，顶部圆锥形至圆锥形平截，0~1 个隔膜，欠明显，10~40（~55）× 2.5~4 μm。孢痕疤小而明显、加厚、变暗，宽 1.3~2 μm。分生孢子圆柱形至倒棍棒形，少数呈针形，无色，链生，光滑，直或稍弯曲，顶部稍尖细至圆锥形平截，基部倒圆锥形平截，1~13个隔膜，欠明显，22.5~100（~200）× 2~3 μm；脐加厚而暗。

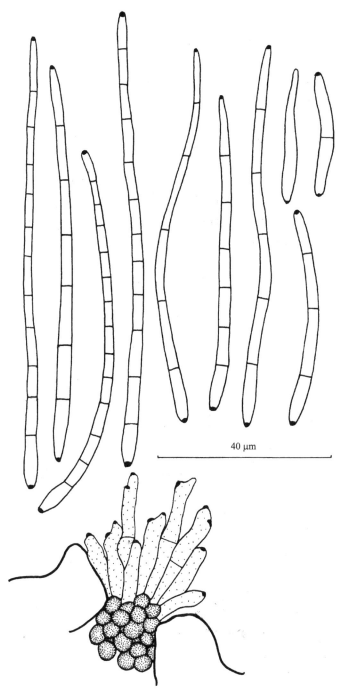

40 μm

图 23 梭斑链尾孢 *Catenulocercospora fusimaculans*（G.F. Atk.）C. Nakash., Videira & Crous

四生臂形草 *Brachiaria subquadripara*（Trin.）Hitche.：台湾台中（NCHUPP-21，79032）。
止血马唐 *Digitaria ischaemum*（Schreb.）Schreb.：河北涿鹿（65920）。

稗 *Echinochloa crusgalli*（L.）Beauv.：吉林怀德（65943）。

黍 *Panicum miliaceum* L.：台湾（05160）。

高粱 *Sorghum vulgare* Pers.：台湾台中（79033）。

据戴芳澜（1979）记载，本种（在 *Cercospora fusimaculans* G.F. Atk.名下）的寄主和分布还有：

稗 *Echinochloa crusgalli*（L.）Beauv.：河北。

黍 *Panicum miliaceum* L.：吉林；台湾。

皱叶狗尾草 *Setaria plicata*（Lam.）T. Cooke：台湾。

据 Hsieh 和 Goh（1990）报道，本种在台湾的寄主还有：

四齿臂形草 *Brachiaria serrata* Stapf.；

稗 *Echinochloa crusgalli*（L.）Beauv.；

距花黍属 *Ichnanthus* sp.；

薄稃草 *Leptoloma cognatum*（Schult.）A. Chase；

求米草 *Oplismenus undulatifolius*（Arduino）Roem. & Schult.；

黍属 *Panicum* sp.。

世界分布：澳大利亚，阿塞拜疆，玻利维亚，博茨瓦纳，巴西，文莱，中国，哥伦比亚，哥斯达黎加，古巴，多米尼加，厄瓜多尔，萨尔瓦多，埃塞俄比亚，斐济，圭亚那，洪都拉斯，印度，科特迪瓦，牙买加，日本，肯尼亚，马拉维，马来西亚，马提尼克，墨西哥，新喀里多尼亚，新西兰，尼加拉瓜，尼日利亚，巴拿马，巴布亚新几内亚，秘鲁，菲律宾，卢旺达，萨摩亚，塞拉利昂，所罗门群岛，南非，苏丹，坦桑尼亚，多哥，特立尼达和多巴哥，乌干达，美国，瓦努阿图，委内瑞拉，赞比亚，津巴布韦。

讨论：Atk（J. Elisha Mitchell Sci. Soc. 8: 50, 1892）报道的 *Cercospora fusimaculans* G.F. Atk. 因具有明显加厚的孢痕疤和链生的分生孢子，刘锡琎和郭英兰（1982b）将其组合为黍色链隔孢（梭斑色链隔孢）*Phaeoramularia fusimaculans*（G.F. Atk.）X.J. Liu & Y.L. Guo。Crous 和 Braun（2003）把色链隔孢属 *Phaeoramularia* Munt.-Cvetk. 作为钉孢属的异名处理，将 *C. fusimaculans* 组合为梭斑钉孢 *Passalora fusimaculans*（F. Atk.）U. Braun & Crous。Braun 等（2015a）经分子序列数据系统发育分析的结果显示，*C. fusimaculans* 具有加厚且变暗的孢痕疤和分生孢子基脐，分生孢子无色，形成单链，符合尾孢的特征，因此仍作为尾孢处理（Braun *et al.*, 2013）。

Videira 等（2017）依据多基因序列数据系统发育分析、形态特征和培养性状，把 *C. fusimaculans* 组合为 *Catenulocercospora fusimaculans*，并作为 *Catenulocercospora* 的模式种。Videira 等（2017）描述分离自泰国剪股颖属 *Agrostis* sp. 植物上的菌株，在 V8 培养基上分生孢子梗 10~100 × 2.5~5 μm，分生孢子 17~109 × 2~3.5 μm，较在中国标本上的分生孢子梗长而稍宽。

寄生在剪股颖属 *Agrostis* sp. 植物上的剪股颖尾孢 *Cercospora agrostidis* G.F. Atk（Elisha Mitchell Sci. Soc. 8: 44, 1892）也曾作为 *Passalora fusimaculans* 的异名（Braun and Mel'nik, 1997; Crous and Braun, 2003），但分子序列数据系统发育分析的结果显示，*C. agrostidis* 与 *P. fusimaculan* 是不同的种。

Hsieh 和 Goh（1990）报道自台湾高粱 *Sorghum vulgare* Pers. 上色链隔孢属

Phaeoramularia sp. 的一个未定名种，斑点暗紫色；无子座；分生孢子梗 0~1 个隔膜，10~50 × 3~5 μm；分生孢子圆柱-倒棍棒形，链生，10~50 × 1.5~2.5 μm，与本种非常相似，仅分生孢子稍窄，可能是同种。

小尾孢属 Cercosporella Sacc., Michelia 2(6): 20, 1880.

研　究　史

小尾孢属是 Saccardo（1880）作为极相似尾孢属的一个属介绍的。Saccardo 建这个新属时提供的简要描述："白色，生在生物上。菌丝不分枝或分枝。分生孢子蠕虫状，多隔膜。是白棉状的 *Cercospora*"。Saccardo（1880）报道了两个种：桃小尾孢 *Cercosporella persica* Sacc. 和白色小尾孢 *C. cana* Sacc.。Saccardo（1886）再次描述小尾孢属的特征："全部白色，生在生物上。菌丝不分枝或分枝。分生孢子蠕虫状，多隔膜，无色。是白棉状的 *Cercospora*"。

Saccardo（1880）建属时没有指出 *C. persica* 和 *C. cana* 这两个种哪个是模式种，*C. persica* 大概是最早记录的，因为在 Saccardo 的"Conspectus Generum Fungorum Italiae Inferiorum, Nempe ad Sphaeropsideas, Melanconieas et Hyphomycetes Pertinentium, Systemate Sporologico Dispositorum"中 *C. persica* 的编号是 67，而 *C. cana* 的编号是 68。Clements 和 Shear（1931）在没有进行任何更多考证的情况下把 *C. persica* 引证为 *Cercosporella* 的模式种（即补选模式），并且后来被许多作者重复报道，但是之后 Clements 和 Shear 没有再进行深入的研究。

Saccardo（1880）报道的 *C. persica* 和 *C. cana*，按照现代的分类观点分别属于两个非常不同的属：*C. persica* 已被 Hara（1948）转到三浦菌属 *Miuraea* Hara，即桃三浦菌 *Miuraea persicae*（Sacc.）Hara，其分生孢子产自顶生或作为表生菌丝短侧生分枝的分生孢子梗上，并且老孢痕疤不明显且不加厚。*C. persica* 是桃球腔菌 *Mycosphaerella pruni-persicae* Deighton （1967）的分生孢子阶段；*C. cana* 与尾孢属非常相似，分生孢子梗成簇从寄主植物的气孔伸出，屈膝状，老孢痕疤明显且加厚；分生孢子长，倒棍棒-圆柱形，多隔膜，Allescher （1895）将其作为一枝黄花小尾孢 *C. virgaureae*（Thüm.）Allesch. 的异名。

Ellis 和 Everhart（1885a）认为 *Cercosporella* 不过是 *Cercospora* 的一个组，然而它是一个很好界定并且明显不同的属。

Deighton（1973）对 *Cercosporella* 进行了系统研究，为 *Cercosporella* 提供了属级特征描述：初生菌丝体内生。子座在一些种中发育不良，但在其他种中发育良好，气孔下生，由无色或橄榄色菌丝组成。分生孢子梗无色或浅绿色，在有些种中向基部明显呈橄榄色，壁薄，光滑，成簇从气孔伸出，不分枝或分枝。产孢细胞合生，多芽生，合轴式延伸产孢，具明显的疤痕，在老的孢痕疤处或多或少（通常明显地）屈膝状。次生菌丝体稀少出现，由表生的无色匍匐菌丝组成，其上作为侧生分枝产生次生分生孢子梗。老孢痕疤明显，加厚，无色并且皱褶，变粗超过初生分生孢子的基部。在老孢痕疤中部可以看到一个小乳突状被非常薄的壁覆盖的孔（分生孢子与分生孢子梗之间最后的原生质环）已经变得稍膨大：也可以看到相当于分生孢子基脐边缘的一个小镯状褶，一个在分生孢子梗疤痕处加厚的外环。在一些分生孢子疤痕非常宽的种，中部的乳突和镯状褶可以看得非常清楚，但是在具有小孢痕疤的种仅可以看到一点。分生孢子无色或后期浅绿色，壁薄，光滑，通常近圆柱形和稍呈倒棍棒形，有时纺锤形，1 至多个隔膜，顶部钝，基部向脐处变窄，基脐无色，稍加厚，但不很明显。有些种分生孢子基脐边缘可以看到一个镯状褶。模式种为一枝黄花小尾孢 Cercosporella virgaureae（Thüm.）Allesch.。

Deighton（1973）报道了 15 种小尾孢，为 11 个种提供了描述和图，其中有 3 个新种和 2 个新组合：Cercosporella virgaureae（Thüm.）Allesch.、C. indica T.K.S. Singh、C. ugandaensis Deighton、C. yadavii Deighton、C. crataevae（Berk. & Br.）Petch.、C. peristrophes H. Syd.、C. justiciae S. Ahmad、C. pfaffiae Deighton、C. telosmae Deighton、C. dioscoreophylli（P. Henn.）Deighton、C. tinosporae（Lacy & Thirum.）Deighton。产自非洲的 4 个种：C. antiaridis Hansford、C. hypoestis Hansford、C. polysciadis（P. Henn.）Hansford、C. thunbergiae Hansford，因未研究其模式标本而没有进行描述。

Braun（1995a）接受了 Deighton（1973）的观点，在他的 A Monograph of Cercosporella, Ramularia and Allied Genera（Phytopathogenic Hyphomycetes）Vol. I [小尾孢属，柱隔孢属及其近似属（植物病原丝孢菌）第一卷]中，提供了 Cercosporella 的属级特征：植物病原菌，主要引起叶斑。营养菌丝体内生，具隔膜，分枝，无色至后期有色泽，光滑，或具表生的次生菌丝体，内生菌丝常在气孔下形成或稀少在表皮内形成子座。子座由无色至橄榄色膨大的菌丝细胞聚集而成。分生孢子梗与菌丝有明显区别，通常簇生，从气孔或突破皮层伸出，或从内生菌丝或子座上生出，或作为侧生分枝单生在表生菌丝上，直，近圆柱形至屈膝状弯曲，壁薄，无隔膜至有隔膜，无色，有时后期在近基部呈浅绿色，浅黄色或淡的浅红色色泽出现。产孢细胞合生，顶生，多芽生，合轴式延伸，大多数明显屈膝状，具疤痕，老的孢痕疤明显加厚，暗，突出，无色。分生孢子单生，无色，偶尔后期浅绿色，通常近圆柱形至倒棍棒形，有时宽纺锤形，1 至多个真横隔膜，壁薄，顶部钝，基部常常稍窄，圆至平截，基脐稍加厚。模式种为 Cercosporella virgaureae（Thüm.）Allesch.，并描述了 40 种小尾孢。

Braun（1995a）在讨论中提到，在热带和亚热带地区小尾孢属有些种偶尔也会具有橄榄色或浅橄榄-褐色的子座和基部有色泽的分生孢子梗，如 Cercosporella anamirtae Hosag. & R.K. Verma 和 C. dioscoreophylli（Henn.）Deighton。这些种与 Cercospora 稍近似，但明显区别在于其具有无色的产孢细胞和小尾孢属 Cercosporella-lick 型的孢痕疤。表生菌丝体在 Cercosporella 不常见，但一些热带种产生表生菌丝，类似菌绒孢属 Mycovellosiella-like，但二者产孢细胞类型不同。

Braun（1995a）把具有次生菌丝体的种作为亚属处理：

小尾孢属小尾孢亚属 Cercosporella subgen. Cercosporella。

菌丝体内生，不产生表生菌丝。分生孢子梗簇生，稀少单生，簇生在子座上，稀少突破表皮。

小尾孢属假绒孢亚属 Cercosporella subgen. Pseudovellosiella。

初生菌丝体内生，次生菌丝体表生。分生孢子梗簇生和（或）单生在表生菌丝上。

模式种为鱼木小尾孢 *Cercosporella crataevae*（Berk. & Br.）Deighton，包括：*C. crataevae*（Berk. & Br.）Deighton、*C. hypoestis* Hansf.、*C. polysciatis*（Henn.）Deighton、*C. pseudoidium* Speg.、*C. pyri*（Farl.）Karak.、*C. pyrina* Ellis & Everh.、*C. rosae* G. Winter。

Pons 和 Sutton（2000）报道了利用扫描电镜观察 *Cercosporella ugandensis* Deighton（1942）有丝分裂孢子的个体发育及孢痕疤的结构，指出这个种放在柱隔孢属较好，当得到更多有价值的资料时建议报道一个新组合。

Berner 等（2005）报道了顶羽菊小尾孢 *Cercosporella acroptili*（Bremer）U. Braun 和矢车菊生小尾孢 *C. centaureicola* D. Berner, U. Braun & F. Eskandari（2005）新种及其对俄罗斯菊科 Compositae 两种杂草 [顶羽菊 *Acroptilon repens*（L.）DC.，夏矢车菊 *Centaurea solstitialis* L.] 的生防作用。

Kirschner（2009）研究 *Cercosporella* 和 *Ramularia* 时，新发现了 *Cercosporella* 的模式种 *C. virgaureae* 和 *Ramularia* 的模式种矮小柱隔孢 *Ramularia pusella* 的孢痕疤结构和超微结构之间的形态特征与 LSU rDNA 序列系统发育分析是一致的。两个属的模式种 *C. virgaureae* 和 *R. pusella* 的 DNA 序列已获得。Kirschner（2009）利用光学显微镜、扫描电子显微镜和透射电子显微镜观察 *Cercosporella* 和 *Ramularia* 的孢痕疤结构，首次报道了植物病原尾孢类丝孢菌的一个成员的一种复杂的杯形附着胞，并进行了描述。*C. virgaureae* 的附着胞是由剧烈分枝且相互紧密相连成辐射状的胞间菌丝形成的，附着胞的凹面触及叶肉细胞。这种结构在其他尾孢类丝孢菌中与形态上的非专化胞间菌丝比较是有意义的。孢痕疤的扫描电子显微镜结构也为区分 *Cercosporella* 和 *Ramularia* 提供了附加的特征，*Cercosporella* 的孢痕疤光滑，而 *Ramularia* 的孢痕疤与枝孢属型（*Cladosporium*-type）（由一个圆边和一个圆顶组成）相似。Kirschner 指出，杯形附着胞是 *C. virgaureae* 稳定而专化的特征。

Videira 等（2016）对来自 *Ramularia* 及其近似属的 420 个分离物进行多基因序列数据系统发育分析、形态特征和培养性状研究，发现 *Ramularia* 和拟柱隔孢属 *Ramulariopsis* 是单系的，*Cercosporella* 和假小尾孢属 *Pseudocercosporella* Deighton 是多系的，伐基孢属 *Phacellium* Bonord 的分离物与 *Ramularia* 聚在一支。文中 Videira 等报道了 6 个新属，9 个新组合和 24 个新种，并指出 *Cercosporella* 与 *Ramularia* 的主要区别在于 *Cercosporella* 的孢痕疤是平的，产生杯状附着胞，而 *Ramularia* 的孢痕疤是突出的（与枝孢属 *Cladosporium* 相似）（Bensch *et al.*, 2012），并且不形成附着胞。

Videira 等（2016，2017）依据多基因序列数据系统发育分析、形态特征、培养性状，Braun（1995a）的研究和 Kirschner（2009）关于 *Cercosporella* 与 *Ramularia* 孢痕疤结构特征的观察及 *Cercosporella* 杯状附着胞形成的描述，订正了 *Cercosporella* 的属级特征描述。

在 Index Fungorum 2021 中记录了 *Cercosporella* 276 个名称，许多种已转至 *Pseudocercosporella* 和 *Ramularia* 等属中，现承认的有 180 多种。

在中国无人对 *Cercosporella* 进行过系统研究，仅戚佩坤等（1966）记录 2 个种：白斑小尾孢 *Cercosporella albo-maculans*（Ellis. & Everh.）Sacc. 和桃小尾孢 *C. persicae* Sacc.。戴芳澜（1979）记载了 10 种小尾孢：*C. albo-maculans*（Ellis. & Everh.）Sacc.[= *Pseudocercosporella capsellae*（Ellis & Everh.）Deighton]、*C. boehmeriae* Sawada（≡

Pseudocercospora boehmeriae Goh & W.R. Hsieh）、*C. brassicae*（Fautr. & Roum.）Höhn. [= *Pseudocercosporella capsellae*（Ellis & Everh.）Deighton]、*C. cana* Sacc. [= *C. virgaureae*（Thüm.）Allesch.]、*C. euonymi* Erikss、*C. gossypii* Speg.（= *Mycosphaerella areola* Ehrlich & F.A. Wolf）、*C. indigoferae* Miura、*C. persicae* Sacc.（= *Mycosphaerella pruni-persicae* Deighton）、*C. theae* Petch [= *Calonectria indusiata*（Seaver）Crous] 和 *C. virgaureae*（Thüm.）Allesch.。这 10 个种现在承认是小尾孢的仅有：*C. euonymi*、*C. indigoferae* 和 *C. virgaureae*。Hsieh 和 Goh（1990）报道了产自台湾的 4 种小尾孢：泽兰小尾孢 *C. eupatorii* Goh & W.H. Hsieh、*C. indigoferae* Miura、雾水葛小尾孢 *C. pouzolziae* Sawada 和 *C. virgaureae*（Thüm.）Allesch.。葛起新（1991）记录了浙江的 3 种小尾孢：*C. albo-maculans*、*C. brassicae* 和 *C. persicae*。戚佩坤（2000）报道了 *C. persicae*。Kirschner（Kirschner and Chen, 2007）报道了产自台湾的赤瓟小尾孢 *C. thladianthae* R. Kirschner。

本卷册描述 6 种小尾孢。

属 级 特 征

Cercosporella Sacc., Michelia 2(6): 20, 1880, *emend.* Videira *et al.* 2016.

植物病原菌，大多数引起叶斑。菌丝限定在细胞间并形成杯状或碗状附着胞，直径 7~17 μm，触及叶肉细胞壁。分生孢子梗从气孔伸出或突破角质层，直，近圆柱形至屈膝状弯曲，无色，有时近基部浅色，壁或多或少薄，光滑。产孢细胞合生，顶生，多芽生，合轴式延伸产孢，多数明显屈膝状，孢痕疤明显、无色、加厚并且突出。分生孢子单生，无色，近圆柱形至倒棍棒形，有时纺锤形，1 至多个隔膜，壁薄，光滑，顶部钝，基部常圆至平截或倒圆锥形平截；脐加厚、不变暗。

模式种：*Cercosporella virgaureae*（Thüm.）Allesch.。

与近似属的区别

鞘锈寄生菌属 *Epicoleosporium* Videira & Crous 与小尾孢属近似，分生孢子梗和分生孢子均无色，区别在于其菌丝体表生；孢痕疤及分生孢子基脐明显加厚而暗；分生孢子单生或呈短链。

霍克斯沃思菌属 *Hawksworthina* U. Braun 的分生孢子梗和分生孢子也无色，与小尾孢属的区别在于其分生孢子梗通常退化成产孢细胞；孢痕疤及分生孢子基脐明显加厚而暗；分生孢子无隔膜或 1 个隔膜。

假小尾孢属 *Pseudocercosporella* Deighton 的分生孢子梗和分生孢子也无色，与小尾孢属的区别在于其孢痕疤及分生孢子基脐不明显，不加厚，不变暗。

柱隔孢属 *Ramularia* Unger 与小尾孢属非常相似，分生孢子梗和分生孢子均无色，但其孢痕疤突出；分生孢子通常链生并具分枝的链。

拟柱隔孢属 *Ramulariopsis* Speg. 的菌丝体内生；分生孢子梗和分生孢子均无色，与小尾孢属相似，但其产孢细胞合生，顶生，间生和侧生（作为突起的短结节或圆柱形分枝），孢痕疤及分生孢子基脐明显加厚；分生孢子链生并具分枝的链。

卫矛科 CELASTRACEAE

卫矛小尾孢　图 24

Cercosporella euonymi Erikss., Fungi Paras. Scand., Fasc. 8, No. 392, Stockholm 1892, and
　　Bot. Centralbl. 47(12. Jahrg., III): 299, 1891; Tai, Sylloge Fungorum Sinicorum: 909,
　　1979; Braun, A Monograph of *Cercosporella*, *Ramularia* and Allied Genera
　　(Phytopathogenic Hyphomycetes) Vol. I: 80, 1995, and A Monograph of *Cercosporella*,
　　Ramularia and Allied Genera (Phytopathogenic Hyphomycetes) Vol. II: 402, 1998;
　　Crous & Braun, *Mycosphaerella* and its Anamorphs: I. Names Published in *Cercospora*
　　and *Passalora*: 178, 2003.

Cercospora euonymi Ellis, Amer. Naturalist 16: 810, 1882.

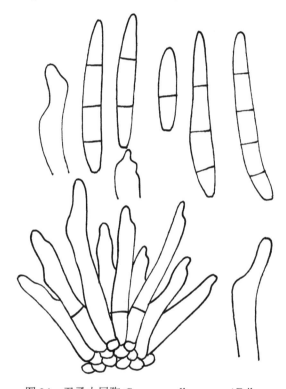

图 24　卫矛小尾孢 *Cercosporella euonymi* Erikss.

　　斑点叶两面生，近圆形至角状，直径 1~5 mm，初期中部浅绿色，后期浅黄褐色，
边缘色深，浅紫罗兰色。子实体叶两面生，多生于叶背面。菌丝体内生。子座气孔下生，
近无色至后期具色泽，直径 20~40 μm。分生孢子梗稀疏至紧密簇生，无色，光滑，不
分枝，直至稍弯曲，近屈膝状，顶部圆锥形，0~1 个隔膜，15~80 × 2.5~6 μm。孢痕疤
明显加厚、暗，宽 1.5~2 μm。分生孢子倒棍棒-圆柱形，无色，光滑，直至稍弯曲，
顶部钝至稍圆，基部短倒圆锥形平截，1~5 个隔膜，25~70 × 4~7（~8）μm；脐明显
加厚、暗。

　　卫矛属 *Euonymus* sp.：河北；河南。

世界分布：中国，格鲁吉亚，俄罗斯（亚洲部分），瑞典，美国。

无标本供研究，描述及图来自 Braun（1995a）。

菊科 COMPOSITAE

泽兰小尾孢　图 25

Cercosporella eupatorii Sawada ex Goh & W.H. Hsieh, *in* Hsieh & Goh, *Cercospora* and
Similar Fungi from Taiwan: 70, 1990.

Cercosporella eupatorii Sawada, Rep. Agric. Res. Inst. Taiwan 86: 160, 1936, *nom. inval.*

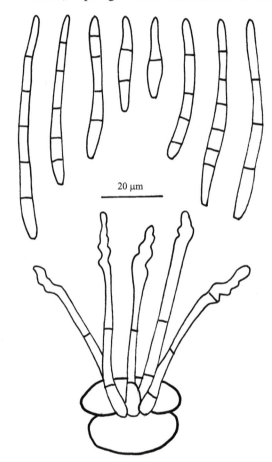

20 μm

图 25　泽兰小尾孢 *Cercosporella eupatorii* Sawada ex Goh & W.H. Hsieh

斑点圆形至角状，受叶脉所限，宽 2~4 mm，或相互愈合成达 10 mm 宽的大斑，浅黄色至灰色，边缘褐色。子实体生于叶背面。菌丝体内生。无子座。分生孢子梗 3~10 根稀疏簇生，无色，光滑，宽度不规则，顶部宽且呈微波状，直至稍弯曲，屈膝状，1~3 个隔膜，50~90 × 4~5 μm。孢痕疤明显加厚、暗，宽 1~1.5 μm。分生孢子圆柱形至倒棍棒-圆柱形，无色，光滑，近直至稍弯曲，光滑，顶部钝，基部短倒圆锥形平截，25~80 × 3~5 μm；脐加厚而暗。

台湾泽兰 *Eupatorium formosana* Hayata：台湾花莲（NTU-PPE）。

世界分布：中国。

一枝黄花小尾孢　图 26

Cercosporella virgaureae (Thüm.) Allesch., Hedwigia 34: 286, 1895; Deighton, Mycol. Pap. 133: 4, 1973; Tai, Sylloge Fungorum Sinicorum: 910, 1979; Hsieh & Goh, *Cercospora and Similar Fungi from Taiwan*: 72, 1990; Braun, A Monograph of *Cercosporella*, *Ramularia* and Allied Genera (Phytopathogenic Hyphomycetes) I: 74, 1995, and A Monograph of *Cercosporella*, *Ramularia* and Allied Genera (Phytopathogenic Hyphomycetes) II: 402, 1998; Crous & Braun, *Mycosphaerella* and its Anamorphs: I. Names Published in *Cercospo*ra and *Passalora*: 424, 2003; Zhang *et al*., Mycosystema 22(Suppl.): 88, 2003.

Ramularia virgaureae Thüm., Fungi Austr., No. 1072, 1874.

Cercospora virgaureae (Thüm.) Allesch., *in* Oudem., Ned. Kruidk. Arch., Ser. 3, 2:315, 1901.

Ovularia virgaureae (Thüm.) Sacc., Syll. Fung. 4: 142, 1886.

Cercosporella asterina Speg., Anales Mus. Nac. Hist. Nat. Buenos Aries 6: 335, 1899.

Cercospora cana Sacc., Nuovo Giorn. Bot. Ital. 8: 188, 1876; Chupp, A Monograph of the Fungus Genus *Cercospora*: 126, 1954.

Septocylindrium canum (Sacc.) J. Schröt., *in* Cohn, Kryptogamen-Flora von Schlesien 3: 493, 1897.

Cercosporella cana (Sacc.) Sacc., Michelia 2(6): 20, 1880.

Cercosporella cana var. *gracilis* J. J. Davis, Trans. Wisconsin Acad. Sci. Art. Lett. 19: 675, 1919.

Fusidium canum Pass., *in* Thüm., Mycoth. Univ., No. 378, 1876.

Cercosporella dearnessii Bubák & Sacc., Ann. Mycol. 11: 552, 1913.

Ramularia erigerontis Gonz. Frag., Bol. Acad. Ci. Exact., Fis. Nat. Madrid 5: 39, 1917.

Ramularia erigerontis-annui Sawada, Bull. Gov. Forest. Exp. Stat. Tokyo 105: 86, 1958.

Cercospora fulvescens Sacc., Nuovo Giorn. Bot. Ital. 8: 189, 1876.

Cercospora grindeliae Ellis & Everh., Proc. Acad. Nat. Sci. Philadelphia 47: 439, 1895.

Cercospora griseella Peck, Rep. N. Y. St. Mus. Nat. Hist. 33: 29, 1880.

Cercosporella ontariensis Sacc., Ann. Mycol. 11: 551, 1913.

Cercosporella reticulata Peck, Rep. New York State Mus. Nat. Hist. 34: 47, 1881.

Cercosporella reticulate (Peck) Ellis & Everh., J. Mycol. 1:61, 1885.

Cercospora viminea Tehon, Mycologia 16: 141, 1924.

　　斑点叶两面生，近圆形、角状至不规则形，受叶脉所限，无明显边缘，宽 0.5~6 mm，大斑 4~10 × 2~5 mm，常多斑愈合，叶面斑点初期浅黄色至橄榄色，后期浅黄褐色、红褐色至褐色，或灰褐色，具浅黄色晕，叶背斑点橄榄色、浅黄褐色、浅灰色至灰色。子实体叶两面生，但主要生在叶背面。菌丝体内生。子座无或小，由无色膨大菌丝纠结而成，气孔下生，直径 10~20（~35）μm。分生孢子梗少数根从气孔伸出或多根簇生在子座上，无色，宽度不规则，一般基部较宽，直至屈膝状弯曲，不分枝，光滑，0~4 个屈膝状折点，顶部圆锥形平截，0~2 个隔膜，22~66 × 5~6.7（~8）μm。孢痕疤明显加厚、暗，宽 1.2~2 μm。分生孢子圆柱形至倒棍棒形，无色，光滑，直至弯曲，顶部近尖细至钝，基部倒圆锥形平截，1~10 个隔膜，多数 3~5 个隔膜，25~110 × 3.5~5（~6.7）μm；脐加厚、暗。

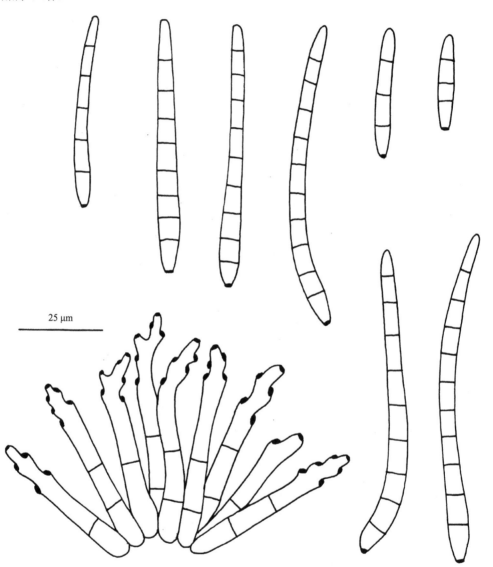

图 26　一枝黄花小尾孢 *Cercosporella virgaureae*（Thüm.）Allesch.

一年蓬 *Erigeron annuus*（L.）Pers.：湖北武汉（133789，90519）。

加拿大飞蓬 *Erigeron fricanas* L.：黑龙江哈尔滨（87289，MHYAU 06139）；辽宁沈阳（87175，MHYAU 06104）；吉林长春（MHYAU 06103）；四川（86926）。

野塘蓬 *Erigeron linifolius* Willd.：台湾台北（05230）。

世界分布：世界广布种，包括阿布哈兹，阿根廷，奥地利，比利时，巴西，保加利亚，加拿大，中国，哥伦比亚，捷克，丹麦，爱沙尼亚，芬兰，法国，德国，希腊，几内亚，匈牙利，意大利，日本，哈萨克斯坦，吉尔吉斯斯坦，韩国，拉脱维亚，荷兰，挪威，波兰，罗马尼亚，俄罗斯（亚洲部分），斯洛文尼亚，西班牙，瑞典，瑞士，土库曼斯坦，乌克兰，美国，乌兹别克斯坦，委内瑞拉，维尔京群岛。

讨论：*Cercosporella virgaureae*（Thüm.）Allesch. 是 Allescher（1895）首先描述的，之后又有许多研究者报道。Deighton（1973）在研究 *Cercosporella* 时详细描述了 *C. virgaureae* 寄生在紫菀属 *Aster* sp. 和飞蓬属 *Erigeron* sp. 植物上的形态特征：叶斑角状至不规则形，无明显边缘，浅黄色至后期褐色；子座发育不良，由膨大菌丝纠结而成，直径 20~25（~40）μm；分生孢子梗 1~2 个隔膜，15~100 × 4~5（~7.5）μm；分生孢子近圆柱形至倒棍棒-圆柱形，1~10 个隔膜，26~117 × 3~6.5 μm。Hsieh 和 Goh（1990）描述自台湾飞蓬属 *Erigeron* sp. 和一枝黄花属 *Solidago* sp. 植物上的分生孢子梗 0~2 个隔膜，15~100 × 4~5 μm；分生孢子倒棍棒-圆柱形，1~10 个隔膜，30~110 × 3.5~4.5 μm。Braun（1995a）描述自紫菀属 *Aster* sp.、白酒草属 *Conyza* sp.、飞蓬属 *Erigeron* sp.、胶苑属 *Grindelia* sp. 和一枝黄花属 *Solidago* sp. 植物上的斑点近圆形、角状至不规则形；分生孢子梗 0~2 个隔膜，15~100 × 4~8 μm；分生孢子倒棍棒-圆柱形，1~8（~10）个隔膜，20~100（~120）× 3~7 μm。我们描述自 *Erigeron* sp. 植物上的形态特征与 Deighton 等的描述非常相似，仅分生孢子梗较短。

葫芦科 CUCURBITACEAE

赤瓟小尾孢　图 27

Cercosporella thladianthae R. Kirschner, Fungal Diversity 26: 220, 2007.

斑点叶两面生，圆形、角状至不规则形，由直径 1~4 mm 的小斑聚集成直径达 10 mm 的大斑，无明显边缘，叶面斑点白色至橄榄褐色，叶背斑点灰白色。子实体生于叶背面。初生菌丝体内生：菌丝无色，光滑，宽 1.5~6 μm；次生菌丝体表生：菌丝从气孔伸出，无色，光滑，分枝，成网状，宽 2.5~4 μm。无子座。分生孢子梗单生在表生菌丝上，无色，光滑，匍匐或直，分枝，常呈结节状膨大，高达 200 μm，宽 4~5 μm。产孢细胞顶生，侧生或间生，2.5~30 × 2.5~4 μm。孢痕疤大多聚集在产孢细胞上部膨大处，顶生或平贴在产孢细胞壁上，加厚、暗，宽 1~1.5 μm。分生孢子形状多样，倒卵圆形、棍棒形、倒棍棒形、宽椭圆形，单生或链生，无色，光滑，直至稍弯曲，顶部宽圆，基部倒圆锥形至倒圆锥形平截，0~2 个隔膜，在隔膜处常缢缩，11~32 × 2.5~6（~8）μm；脐加厚、暗。

台湾赤瓟 *Thladiantha punctata* Hayata：台湾嘉义（TNM F0021274，主模式）。

世界分布：中国。

讨论：本种的分生孢子形状和孢痕疤的特征稍介于 *Cercosporella* Sacc.、*Ramularia* Unger 和 *Ramulariopsis* Speg.之间。Braun（1995a）指出，具孢痕疤不加厚的一些典型的 *Cercosporella* 种与产孢细胞常常间生的 *Ramulariopsis* 较相近。Deighton（1973）把具有间生产孢细胞的菌也作为小尾孢。

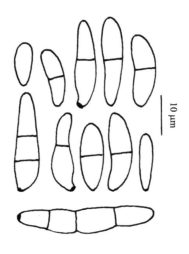

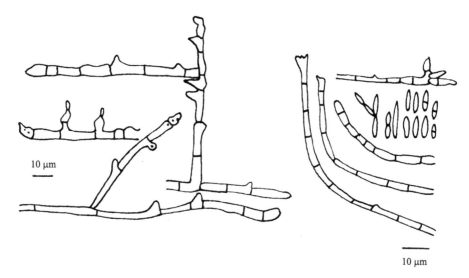

图 27　赤雹小尾孢 *Cercosporella thladianthae* R. Kirschner（来自 Kirschner，2007）

本菌产生表生菌丝。从表生菌丝上产生分生孢子梗并不是 *Cercosporella* 和 *Ramulariopsis* 的典型特征，通常 *Cercosporella* 的分生孢子梗是簇生在子座上，但是在 *Cercosporella* subgen. *Pseudovellosiella* 和 *Ramulara* 的一些种也产生表生菌丝（Braun，1995a, 1998b）。Braun（1995a）曾指出，在热带地区 *Cercosporella* 真菌也常常产生表生菌丝。

豆科 LEGUMINOSAE

木蓝小尾孢　图 28

Cercosporella indigoferae M. Miura, Flora of Manchuria and East Mongolia 3: 500, 1928; Tai, Sylloge Fungorum Sinicorum: 909, 1979; Hsieh & Goh, *Cercospora* and Similar Fungi from Taiwan: 174, 1990.

Cercosporella endecaphylla T.S. Ramakr. & Sundaram, Indian Phytopathol. 7: 147, 1954.

Cercosporella indigoferae Sawada, Spec. Publ. Coll. Agric. Taiwan Univ. 8: 192, 1959, *nom. inval.*

斑点叶两面生，圆形、近圆形至不规则形，宽 1~8 mm，中部灰色至浅灰褐色，边缘暗褐色，具浅黄褐色晕，叶背斑点浅灰褐色至浅褐色。子实体生于叶正背两面。菌丝体内生。无子座。分生孢子梗单生或 2~4 根从气孔伸出，稀疏簇生，无色，光滑，宽度不规则，常向顶变细窄，直或弯曲，不分枝，1~5 个屈膝状折点，顶部圆锥形，1~2 个隔膜，25~65 × 4~5 μm。孢痕疤明显加厚、暗，宽 1.5~2 μm。分生孢子倒棍棒形，无色，光滑，向顶变细，近直至稍弯曲，顶部宽圆，基部长倒圆锥形平截，1~10 个隔膜，35~85 × 3~5 μm；脐加厚、暗。

木蓝 *Indigofera tinctoria* L.：台湾新竹（NTU-PPE）。

据戴芳澜（1979）记载，本菌的寄主和分布还有：

花木蓝 *Indigofera kirilowii* Maxim. & Palib.：辽宁，四川。

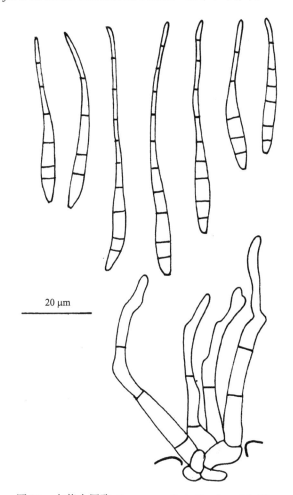

20 μm

图 28　木蓝小尾孢 *Cercosporella indigoferae* M. Miura

世界分布：中国。

讨论：Miura（1928）描述寄生在 *Indigofera endecaphylla* Jacq. 上的木蓝小尾孢 *C. indigoferae*，斑点不明显或近圆形，稍呈不规则形，直径 1~4 mm，灰白色，边缘不明显或稍隆起，暗褐色。子实体叶两面生。菌丝体内生。无子座。分生孢子梗少数根从气孔伸出或簇生，无色，屈膝状弯曲，0~2 个隔膜，20~65 × 4~6 μm。孢痕疤宽 1~2 μm。分生孢子单生，倒棍棒形，无色，3~10 个隔膜，30~85 × 3~6 μm，基脐稍加厚。

Braun（1995a）把 *Cercosporella endecaphylla* T.S. Ramakr. & Sundaram（1954）和 *C. indigoferae* Sawada（1959, *nom. inval.*）作为 *C. indigoferae* 的异名，但是该菌已无模式材料供研究。Hansford（Proc. Linn. Soc. Lond. 159: 41, 1947）报道自木蓝属 *Indigofera* sp. 植物上的 *C. indigoferae* Hansf. 为 *C. indigoferae* M. Miura（1928）的晚出同名，且已无模式材料供研究，Braun（1994a）建立一新种，木蓝生小尾孢 *C. indigofericola* Braun。Braun 描述 *C. indigofericola*：斑点不明显。子实体叶两面生。菌丝体内生。无子座。分生孢子梗簇生，6~10 根从气孔伸出，无色，3~6 个隔膜，长 80（~120）μm，宽 6~7 μm，孢痕疤明显而突出。分生孢子线形，无色，50~150 × 4.5 μm。

经研究，本菌在台湾标本上的形态特征与 Miura（1928）、Hansford（1947）和 Braun（1994a）的描述非常相似，与 *C. indigofericola* Braun 之区别在于其不具孢梗簇，分生孢子梗和分生孢子均较短而稍窄。

荨麻科 URTICACEAE

雾水葛小尾孢　图 29

Cercosporella pouzolziae Sawada, Spec. Publ. Coll. Agric. Taiwan Univ. 8: 192, 1959.

斑点叶两面生，白色，边缘褐色，散生或稀少愈合。菌丝体内生。分生孢子梗圆柱形，紧密簇生，无色，光滑，顶部圆锥形，2~4 个隔膜，28~45 × 3~4 μm。分生孢子圆柱形或线形，无色，光滑，顶部圆，基部长倒圆锥形平截，3~6 个隔膜，76~116 × 3~4 μm。

雾水葛 *Pouzolzia zeylanica*（L.）Benn.：台湾台北乌来。

世界分布：中国。

讨论：*Cercosporella pouzolziae* Sawada 是 Sawada（1959）作为新种描述的，但报道时未提供拉丁文简介，因此为无效名称。Braun（1995a）在他的 *A Monograph of Cercosporella, Ramularia and Allied Genera*（*Phytopathogenic Hyphomycetes*）*Vol. I.* [小尾孢属，柱隔孢属及其近似属（植物病原丝孢菌）第一卷] 专著中，将其列入有疑问和与已知种不适合的名录中。

鉴于无有价值的标本供研究，仅列出 Sawada 的原始描述及图。

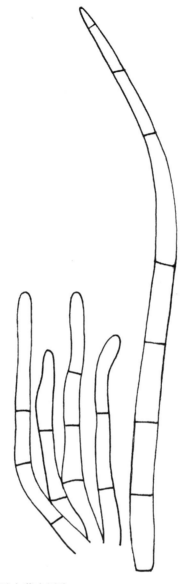

图 29 雾水葛小尾孢 *Cercosporella pouzolziae* Sawada

凸脐孢属 **Clarohilum** Videira & Crous, *in* Videira *et al*., Stud. Mycol. 87: 334, 2017.

研 究 史

凸脐孢属是 Videira 等（2017）依据多基因序列数据系统发育分析、形态特征和培养性状建立的新属，主要特征是孢痕疤和分生孢子基脐加厚、变暗；分生孢子基脐通常突出。模式种亨宁斯凸脐孢 *Clarohilum henningsii*（Allesch.）Videira & Crous 的基原异

名是寄生在木薯 *Manihot esculenta* Crantz. 上的亨宁斯尾孢 *Cercospora henningsii* Allesch.。*C. henningsii* 曾先后被组合为亨宁斯短胖孢 *Cercosporidium henningsii*（Allesch.）Deighton（1976）和亨宁斯钉孢 *Passalora henningsii*（Allesch.）R.F. Castaneda & U. Braun（1989）。

    Passalora henningsii 广泛分布在热带和亚热带地区的 *Manihot esculenta* 上。Videira 和 Crous（Videira *et al.*, 2017）研究了分离自老挝 *M. esculenta* 上的菌株，培养时的形态特征与文献上记载的非常相似（Chupp, 1954; Castañeda and Braun, 1989）。Videira 和 Crous 研究发现，*P. henningsii* 的子实体色泽较 *Passalora* 中的其他种浅，并且分生孢子基脐明显突出。系统发育分析显示，这个菌株在一个单株谱系，非常接近假钉孢属 *Nothopassalora* U. Braun, C. Nakash., Videira & Crous（Videira *et al.*, 2017），而且 *P. henningsii* 的个别分生孢子基脐较少突出、向基变窄的特征像球座假钉孢 *N. personata*（Berk. & M.A. Curtis）U. Braun, C. Nakash., Videira & Crous。然而这些菌株的形态差别和系统发育位置的不稳定显示，建立一个新属比这个种组合到 *Nothopassalora* 更好，于是 Videira 和 Crous 建立了凸脐孢属 *Clarohilum* Videira & Crous。

    凸脐孢属现仅有模式种一个种。

属 级 特 征

Clarohilum Videira & Crous, *in* Videira *et al.*, Stud. Mycol. 87: 334, 2017.

    植物病原菌，引起叶斑。子囊果球形，叶表皮下生，多数叶面生，褐色或暗褐色，具孔口，壁薄，由拟壁薄细胞组成。子囊圆柱形，向基变尖，双层壁，壁厚，8 个子囊孢子。子囊孢子无色，两端尖，两个细胞，上部细胞较下部细胞稍宽。分生孢子梗浅橄榄褐色，不分枝，稍呈屈膝状，具隔膜。产孢细胞顶生，合轴式延伸，多芽产孢，孢痕疤加厚而暗，坐落在产孢细胞顶部或侧面。分生孢子单生，浅橄榄色，光滑，倒卵形、倒棍棒形、圆柱形至长倒棍棒形，稍弯曲，具隔膜，顶部钝，基部圆或短倒圆锥形平截；脐加厚而暗，通常突出。

    模式种：*Clarohilum henningsii*（Allesch.）Videira & Crous。

与近似属的区别

    喜弯菌属 *Camptomeriphila* Crous & M.J. Wingf. 具有加厚而暗、突出的孢痕疤和分生孢子基脐，单生的分生孢子，与凸脐孢属近似，区别在于其菌丝形成厚壁、褐色、具疣的厚垣孢子；分生孢子梗常弯曲；分生孢子纺锤-椭圆形，成熟时变成倒棍棒形。

    枝孢属 *Cladosporium* Link ex Fr. 的孢痕疤和分生孢子基脐通常突出，与凸脐孢属近似，但其分生孢子链生，通常成分枝的链，壁光滑，粗糙或具有小刺。

    类菌绒孢属 *Paramycovellosiella* Videira, H.D. Shi & Crous 的分生孢子基脐也稍突出，与凸脐孢属的区别在于其分生孢子单生或链生。

    拉格脐孢属 *Ragnhildiana* Solheim 虽然分生孢子也具有突出的基脐，与凸脐孢属的区别在于其孢痕疤和分生孢子基脐稍加厚而暗；分生孢子单生或链生，成不分枝或分枝的链。

异桑德赫尼菌属 *Xenosonderhenicoides* Videira & Crous 的分生孢子基脐加厚而暗，突出，与凸脐孢属相似，区别在于其孢痕疤环状，稍加厚而暗；分生孢子单生，稀少呈单链，真隔膜或离壁隔膜。

大戟科 EUPHORBIACEAE

亨宁斯凸脐孢　图 30

Clarohilum henningsii (Allesch.) Videira & Crous, *in* Videira, Nakashima, Braun, Barreto, de Wit & Crous, Stud. Mycol. 87: 334, 2017.

Cercospora henningsii Allesch., Ingler's Planzenwelt Ost-Afrikas, Teil C, p. 35, 1895; Chupp, A Monograph of the Fungus Genus *Cercospora*: 220, 1954; Tai, Sylloge, Fungorum Sinicorum: 881, 1979.

Cercosporidium henningsii (Allesch.) Deighton, More Dematiaceous Hyphomycetes: 295, 1976; Liu & Guo, Acta Mycol. Sinica 1(2): 98, 1982; Hsieh & Goh, *Cercospora* and Similar Fungi from Taiwan: 116, 1990.

Passalora henningsii (Allesch.) R.F. Castaneda & U. Braun, Crypt. Bot. 1(1): 54, 1989; Crous & Braun, *Mycosphaerella* and its Anamorphs: I. Names Published in *Cercospora* and *Passsalor*a: 215, 2003.

Passalora henningsii (Allesch.) Poonam Srivast., J. Living Wold 1: 116, 1994, *comb. inval.*

Cercospora cassavae Ellis & Everh., Bull. Torrey Bot. Club. 22: 438, 1895.

Cercospora cearae Petch, Ann. Roy. Bot. Gard. Peradeniya 3: 10, 1906.

Cercospora manihotis Henn., Hedwigia 41: (Beiblatt) 18, 1902.

Helminthosporium manihotis Rangel, Arch. Jard. Bot. Rio, Janiero 2:71, 1917.

Septogloeum manihotis Zimm., Centralbl. F. Bakt. Abt. 2(8): 218, 1902.

Mycosphaerella henningsii Sivan., Trans. Br. Mycol. Soc. 84: 552, 1985.

Mycosphaerella manihotis Ghesq. & Henr., Rev. Zool. Bot. Africaine 12: 1, 1924, *nom. illeg.*, non *M. manihotis* Syd. & P. Syd. 1901.

斑点生于叶的正背两面，近圆形至长圆形，有时为叶脉所限，直径 4~10 mm，有时几个斑点斑愈合成大型斑块，叶面斑点灰白色至中度暗褐色，具浅褐色至黄褐色晕，叶背斑点浅灰色、灰色至浅黄褐色，叶两面斑点中央均具灰色子实层。子实体叶两面生。菌丝体内生。子座叶表皮下生，近球形至长圆形，褐色，直径 15~50 μm。分生孢子梗多根紧密簇生，浅橄榄褐色，成簇时色泽较深，色泽均匀，宽度规则或有时不规则，直至弯曲，不分枝，光滑，0~2 个屈膝状折点，多在 1/4~1/2 处，顶部圆锥形，0~1 个隔膜，不明显，17.5~55 × 3.5~5.5 μm。孢痕疤明显加厚而暗，坐落在圆锥形顶部及折点处，宽 2~2.5 μm。分生孢子圆柱形，浅橄榄褐色，光滑，直或稍弯曲，顶部钝圆，基部倒圆锥形，1~6 个隔膜，25~60 × 5~7.5 μm；脐明显加厚、暗、突出。

木薯 *Manihot esculenta* Crantz.：福建南靖（40613）；台湾台中（NCHUPP-07, 023，NCHUPP-99）；广东广州（40614, 40617）；海南兴隆（40615），万宁（240095, 42781），

海口（240098，242736），临高（242703，242704，242724，242725），澄迈（242701，242702），文昌（240094），白沙（196847），尖峰岭（196846），儋县（40616，79250，80920）；广西龙津（31522），宁明（40619，40620，40621，40622），东兴（88092）；云南景洪（40623），元阳（82483）。

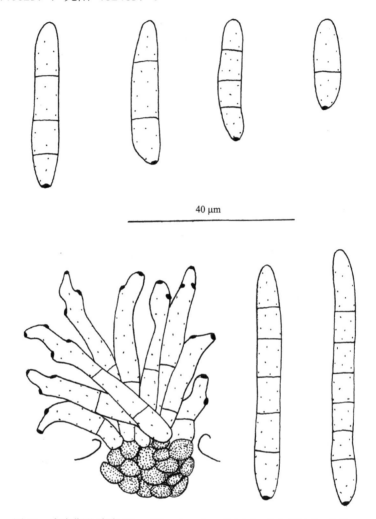

40 μm

图 30　亨宁斯凸脐孢 *Clarohilum henningsii*（Allesch.）Videira & Crous

树薯 *Manihot utilissima* Pohl.：台湾（05151，05190）；广东广州（01677）。

泽漆 *Euphorbia helioscopia* L.：河南遂平（62020）。

据戴芳澜（1979）报道，该菌（在 *Cercospora henningsii* A. Allesch.名下）的寄主和分布还有：

木薯属 *Manihot* sp.：广西。

世界分布：安哥拉，安提瓜和巴布达，澳大利亚，巴巴多斯岛，玻利维亚，巴西，文莱，柬埔寨，中国，哥伦比亚，刚果，哥斯达黎加，古巴，多米尼加，东非，萨尔瓦多，斐济，法属波利尼西亚，加蓬，加纳，几内亚，海地，洪都拉斯，印度，印度尼西亚，科特迪瓦，牙买加，肯尼亚，马达加斯加，马拉维，马来西亚，毛里求斯，新喀里多尼亚，尼日利亚，帕劳，尼加拉瓜，尼日利亚，巴拿马，秘鲁，巴布亚新几内亚，菲律宾，东非，乌干达，塞拉利昂，斯里兰卡，菲律宾，新加坡，索马里，所罗门群岛，南非，斯里兰卡，苏丹，苏里南，东帝汶，多哥，坦桑尼亚，泰国，汤加，特立尼达和多巴哥，乌干达，美国，瓦努阿图，委内瑞拉，维尔京群岛，瓦利斯和富图马群岛，赞比亚，津巴布韦。

讨论：Deighton（1976）根据 *Cercospora henningsii* 分生孢子宽的特点，将其组合为亨宁斯短胖孢 *Cercosporidium henningsii*（Allesch.）Deighton。Castañeda 和 Braun（1989）又将其组合为亨宁斯钉孢 *Passalora henningsii*（Allesch.）R.F. Castañeda & U. Braun。因 *Cercospora henningsii* 的分生孢子基脐突出，Videira 等（2017）经分子研究后归在 *Clarohilum*，作为 *Clarohilum* 的模式种 *Clarohilum henningsii*（Allesch.）Videira & Crous。Videira 等（2017）研究分离自老挝 *Manihot esculenta* 上的菌株，在 V8 培养基上的分生孢子梗（75~170 × 5~7.5 μm）较在中国标本上的长而稍宽；分生孢子基脐稍突出。

寄生在 *Manihot esculenta* 上的木薯钉孢 *Passalora manihotis*（F. Stevwns & Solheim）U. Braun & Crous（Crous and Braun, 2003）和威克萨钉孢 *P. vicosae*（A.S. Mull. & Chupp）Crous, Alfenas & R.W. Barreto ex Crous & U. Braun（Crous and Braun, 2003）与本菌的区别在于前者分生孢子梗长（50~200 × 4~6 μm）；分生孢子成分枝的链，1~3 个隔膜，稍短而宽（15~45 × 6~8 μm）；后者无斑点；子实体扩散型；分生孢子梗长（50~150 × 4~6 μm）；分生孢子长而稍窄（25~100 × 4~6μm）。

离壁隔尾孢属 Distocercospora N. Pons & B. Sutton, Mycol. Pap. 160: 60, 1988.

研 究 史

离壁隔尾孢属是 Pons 和 Sutton（1988）以厚皮离壁隔尾孢 *Distocercospora pachyderma*（Syd. & P. Syd.）N. Pons & B. Sutton 为模式建立的，其主要特征是子实体扩散型；具有丰富分枝、后期粗糙的分生孢子梗和产孢细胞；分生孢子隔膜是离壁隔膜，后期粗糙。Pons 和 Sutton 认为，在尾孢属这个复合类群中没有一个属适合这个真菌，应该从尾孢属中分出来。

Pons 和 Sutton 提供 *Distocercospora* 的属级特征描述：生叶上，引起坏死损伤。子实体叶背面生，扩散型或离生，绒毛状。菌丝体内生：菌丝分枝，具隔膜，褐色。子座当出现时发育不良，偶尔发育良好，褐色，拟薄壁组织。分生孢子梗与菌丝有明显区别，单生，簇生或丛生，长，分枝丰富，光滑或具疣，橄榄色，从菌丝或气孔内形成。产孢细胞合生，顶生，偶尔间生，直，弯曲并屈膝状，每个产孢细胞具多个孢痕疤，无限产孢，光滑或具疣，浅褐色，在顶部或肩部具有加厚的疤痕，内壁和全壁合轴式延伸产孢。分生孢子在每个孔上单生，最初形成的是全壁芽生，近无色至非常浅的褐色，圆柱形，倒棍棒形或倒棍棒-圆柱形，直或弯曲，光滑或具疣，多个离壁隔膜，基部平截至倒圆锥形平截，具一个明显的疤痕，顶部渐尖至钝。

Crous 和 Braun（2003）把 *Distocercospora* 归在地位不确定的属内，认为 *Distocercospora* 的孢痕疤和 *Passalora* 相似，但是分生孢子是真隔膜和离壁隔膜混生，可能是 *Passalora* 的异名。

Crous 和 Braun（2003）指出，具有几乎不加厚至稍加厚的孢痕疤和分生孢子基脐及有色泽的分生孢子的 *Distocercospora* 与 *Passalora* 相似，但区别在于其具有混生的真隔膜和离壁隔膜。*Distocercospora pachyderma* 的分生孢子梗常常多分枝的特征，与 *Mycovellosiella* 和 *Phaeoramularia* 的一些种也相似，但 *Distocercospora* 的分生孢子主要是离壁隔膜，因此 Crous 和 Braun 认为分生孢子具有离壁隔膜在种的水平上是重要的分类特征。

Braun 等（2013）承认了 *Distocercospora*，在文中提到 *Distocercospora* 是类似钉孢属（*Passalora*-like）的一个属（具有加厚而暗的孢痕疤和分生孢子基脐及有色泽的分生孢子），但区别在于其分生孢子具有离壁隔膜。然而离壁隔膜在尾孢类真菌这个复杂的类群中能否作为属级水平的标准还不清楚，因为离壁隔膜偶尔也可以在具有真隔膜的 *Passalora* 和 *Pseudocercospora* 的一些种（Crous and Braun, 2003）中混合出现，如柳杉生假尾孢 *Pseudocercospora cryptomeriicola* C. Nakash., Akashi & M. Akiba（Nakashima *et al.*, 2007）。Braun 等（2013）指出，也许离壁隔膜与真隔膜混合出现的现象，在尾孢类真菌中较在迄今已知常常很难辨别这种隔膜的壁薄的那些分类单位中是很常见的，但是根据 Nakashima 对来自日本的 *D. pachyderma* 和蒲葵离壁隔尾孢 *D. livistonae* U. Braun & C.F. Hill 的形态、培养性状和分子研究的结果显示，这两个种聚在 Mycosphaerellaceae 分支不同的位置上。研究结果提示，*Distocercospora* 应该作为独立的属，与 *Passalora* 的区别在于具有离壁隔膜的分生孢子。Braun 等（2013）在文中还提供了 *Distocercospora* 简要的属级特征描述。

Distocercospora 的模式种 *D. pachyderma* 的基原异名厚皮尾孢 *Cercospora pachyderma*，曾被 Sydow 和 Sydow（1914）及 Yen 和 Lim（1973）归在 *Cercospora* 及 Saccardo（in Trotter, 1931）放在 *Cercosporina*，但 Sutton 和 Pons（1980）已将 *Cercosporina* 作为 *Cercospora* 的异名。

Videira 等（2017）采纳了 Braun 等（2013）关于 *Distocercospora* 的观点及属级特征描述，并提供了 *D. pachyderma* 在 V8 培养基上的形态特征。

Distocercospora 至今全世界仅报道 4 个种：非洲离壁隔尾孢 *Distocercosporaa africana* Crous & U. Braun（1994）、印度离壁隔尾孢 *D. indica* N.K. Verma & A.N. Rai（2014）、蒲葵离壁隔尾孢 *D. livistonae* U. Braun & C.F. Hill（Braun *et al.*, 2006）和厚皮离壁隔尾孢 *D. pachyderma*（Syd. & P. Syd.）N. Pons & B. Sutton（1988），其中 *D. livistonae* 与蒲葵外生孢 *Exosporium livistonae* Crous & Summerell（Crous *et al.*, 2011）虽然分生孢子的宽度不同，但形态特征非常相似，在系统发育中两个种属于同一个属，但种不同，现已作为蒲葵生外生孢 *E. livistonicola* U. Braun, Videira & Crous（Videira *et al.*, 2017）的异名。

在中国仅分布有厚皮离壁隔尾孢一个种。

属 级 特 征

Distocercospora N. Pons & B. Sutton, Mycol. Pap. 160: 60, 1988, *emend* Braun *et al.* 2013.

生叶上，植物病原菌，叶斑型丝孢菌（无性型），有性型未知。菌丝体内生：菌丝分枝，具隔膜，近无色至有色泽，壁薄，光滑。子座缺乏至发育良好，有色泽，角胞至球形组织。分生孢子梗与菌丝有明显区别，不分枝至分枝，常常具有丰富的分枝，具隔膜，有色泽，壁薄，光滑或粗糙。产孢细胞合生，顶生，偶尔间生，合轴式延伸产孢，孢痕疤明显，稍加厚而暗。分生孢子单生，稀少成短链，线形孢，大多数倒棍棒形至圆柱形，具有 1 至多个离壁横隔膜，近无色至有色泽，壁光滑至粗糙，基脐稍加厚而暗。

模式种：*Distocercospora pachyderma*（Syd. & P. Syd.）N. Pons & B. Sutton.。

与近似属的区别

尾孢属 *Cercospora* Fresen. 与离壁隔尾孢属的区别在于其孢痕疤和分生孢子基脐明显加厚而暗；分生孢子无色，真隔膜。

拟离壁隔尾孢属 *Distocercosporaster* Videira, H.D. Shin, C. Nakash. & Crous 与离壁隔尾孢属非常相似，都具有离壁隔膜，区别在于其孢痕疤和分生孢子基脐明显加厚而暗；分生孢子单生或链生，成不分枝或分枝的链。

菌绒孢属 *Mycovellosoella* Rangel、色链隔孢属 *Phaeoramularia* Muntañola、*Gonatophragmium* Deighton 和链孢属 *Sirosporium* Bubak & Serebr. 也具有多分枝的分生孢子梗，与离壁隔尾孢属较相似，但这几个属的孢痕疤和分生孢子基脐明显加厚而暗；分生孢子为真隔膜。

新角孢属 *Neoceratosperma* Crous 也具有单生、稀少成不分枝的链、具疣、离壁隔膜的分生孢子；具疣的分生孢子梗；稍加厚而暗的孢痕疤和分生孢子基脐，与离壁隔尾孢属相似，但其菌丝也具疣；分生孢子梗不分枝。

钉孢属 *Passalora* Fr. 与离壁隔尾孢属相似，具有簇生、有色泽的分生孢子梗；稍加厚而暗的孢痕疤和分生孢子基脐；倒棍棒形或圆柱形的分生孢子，但其分生孢子是真隔膜。

假尾孢属 *Pseudocercospora* Speg. 和假短胖孢属 *Pseudocercosporidium* Deighton 也具有多分枝的分生孢子梗，与离壁隔尾孢属相似，但这两个属的孢痕疤和分生孢子基脐不明显，不加厚，不变暗；分生孢子是真隔膜。

薯蓣科 DIOSCOREACEAE

厚皮离壁隔尾孢　图 31

Distocercospora pachyderma (Syd. & P. Syd.) N. Pons & B. Sutton, Mycol. Pap. 160: 60, 1988；Crous & Braun, *Mycosphaerella* and its Anamorphs: 1. Names Published in *Cercospora* and *Passalora*: 302, 2003；Kirschner *et al.*, Fungal Diversity 17: 61, 2004；Braun *et al.*, IMA Fungus 4(2): 269, 2013, also *in* IMA Fungus 5(2): 297, 2014；Videira *et al.*, Stud. Mycol. 87: 315, 2017.

Cercospora pachyderma Syd. & P. Syd., Ann. Mycol. 12: 203, 1914；Chupp, A Monograph of the Fungus Genus *Cercospora*: 197, 1954.

Cercosporina pachyderma (Syd. & P. Syd.) Sacc., Syll. Fung. 25: 900, 1931.

Cercospora dioscoreae-bulbiferae J. M. Yen & Giles, Cah. La Maboké 9: 105, 1973.

面斑点不明显或仅为浅黄色至橄榄色褪色，叶背斑点呈点状至角状，宽 0.5~4 mm，受叶脉所限，常多斑愈合，暗褐色，具浅黄色晕。子实体生于叶背面。菌丝体内生。子座无或小，由褐色拟薄壁细胞组成，直径达 25 μm。分生孢子梗单生至多根稀疏簇生，浅橄榄褐色至橄榄褐色，色泽均匀，宽度不规则，光滑，重复分枝，直，弯曲至屈膝状，多隔膜，长达 520 μm，宽 4~6.7 μm。孢痕疤明显加厚、暗，坐落在圆锥形顶部、折点处或平贴在分生孢子梗壁上，宽 1.3~2 μm。分生孢子单生，倒棍棒形至圆柱形，近无色至浅橄榄色，光滑，后期粗糙，直，弯曲或非常弯曲，呈"S"形或钩状，顶部渐细至钝，基部长倒圆锥形平截，1~4 个离壁隔膜，16~85 × 4~5 μm；脐加厚、暗。

山薯 *Dioscorea fordii* Prain & Burkill：广西容县（15005）。

毛芋头薯蓣 *Dioscorea kamoonensis* Kunth.：贵州梵净山（15006）。

薯蓣属 *Dioscorea* sp.：台湾台北（TUM F0016573）。

世界分布：巴巴多斯岛，缅甸，中国，加蓬，印度，日本，韩国，马来西亚，密克罗尼西亚，缅甸，菲律宾，塞拉利昂，所罗门群岛，特立尼达和多巴哥，乌干达。

讨论：本菌在中国标本上的特征与 Pons 和 Sutton（1988）的描述非常相似（分生孢子梗橄榄褐色，长达 400 μm，宽 4~6 μm；分生孢子近无色至非常浅的褐色，18~82 × 2~5 μm）。Kirschner 等（2004）描述该菌在台湾薯蓣属 *Dioscorea* sp. 植物上的分生孢子梗 224~624 × 3~5 μm；分生孢子 30~94.5(~128)× 4.5~7 μm，较在山薯 *D. fordii* 和毛芋头薯蓣 *D. kamoonensis* 上的分生孢梗长而窄，分生孢子长而宽。

Videira 等（2017）描述分离自日本薯蓣属 *Dioscorea* sp. 植物上的菌株，在 V8 培养基上分生孢子梗 50~165 × 2.5~7.5 μm；分生孢子 28~56 × 2.5~7.5 μm，较在中国标本上的分生孢子梗短，分生孢子宽。

Crous 和 Braun（1994）报道自薯蓣属 *Dioscorea* sp. 植物上的非洲离壁隔尾孢 *D. fricana* 与本菌的区别在于其具大子座（子座宽 15~50 μm，高 10~40 μm）；分生孢子梗仅偶具分枝，短而宽（15~80 × 3~10 μm）；分生孢子针形至窄倒棍棒形，近无色至橄榄色，离壁隔膜多 [1~5（~6）个离壁隔膜]。

寄生在印度榆科 Ulmaceae 常绿榆 *Holoptelea integrifolia* Planch. 上的印度离壁隔尾孢 *D. indica* 和生在棕榈科 Arecaceae 蒲葵 *Livistona chinensis*（Jacq.）R. Br. 上的蒲葵离壁隔尾孢 *D. livistonae* 与厚皮离壁隔尾孢 *D. pachyderma* 的区别在于前者具大子座（直径 30~160 μm）；分生孢子梗长（80~1000 × 4~6 μm）；分生孢子单生至链生，色泽深（浅褐色至橄榄褐色）；后者分生孢子梗色泽深（浅至中度暗褐色），短（40~280 × 3~6 μm），分生孢子宽（20~85 × 4~7 μm）。

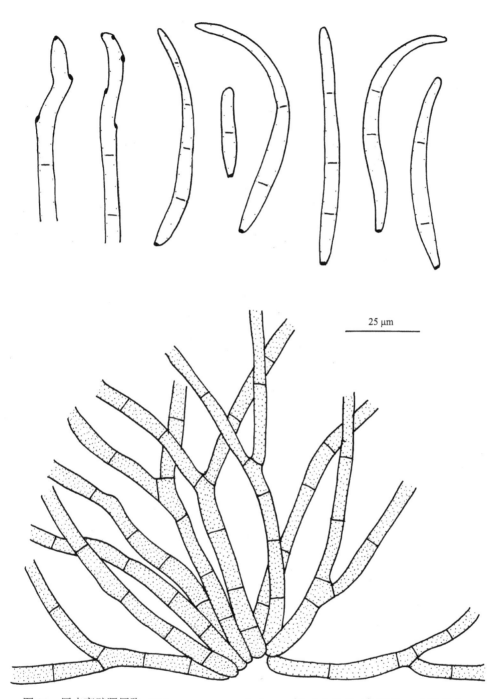

图 31 厚皮离壁隔尾孢 *Distocercospora pachyderma*（Syd. & P. Syd.）N. Pons & B. Sutton

拟离壁隔尾孢属 **Distocercosporaster** Videira, H.D. Shin, C. Nakash. & Crous, *in* Videira *et al.*, Stud. Mycol. 87: 304, 2017.

研 究 史

拟离壁隔尾孢属是 Videira 等（2017）经分子研究后，依据分生孢子同时具有真隔膜和离壁隔膜的特征建立的，与 *Distocercospora* N. Pons & B. Sutton 非常相似，区别在于其具有由近无色至褐色膨大菌丝细胞组成的子座；短分生孢子梗顶部产孢细胞上具有环状而明显加厚的孢痕疤和链生的分生孢子。

模式种薯蓣拟离壁隔尾孢 *Distocercosporaster dioscoreae*（Ellis & G. Martin）Videira, H.D. Shin, C. Nakash. & Crous 的基原异名薯蓣尾孢 *Cercospora dioscoreae* Ellis & G. Martin，因具有链生的分生孢子，曾先后被组合为薯蓣色链隔孢 *Phaeoramularia dioscoreae*（Ellis & G. Martin）Deighton（Ellis, 1976）和薯蓣钉孢 *Passalora dioscoreae*（Ellis & G. Martin）U. Braun & Crous（Crous and Braun, 2003）。

Videira 等（2017）研究的菌株虽然分离自韩国的薯蓣属 *Dioscorea* sp. 植物上，而非美国长柔毛薯蓣 *Dioscorea villosa* L.上的模式种，但形态特征和之前文献（Braun *et al.*, 2014）报道的一致，他们认为可以代表 *D. dioscoreae*（Ellis & G. Martin）Videira, H.D. Shin, C. Nakash. & Crous。

拟离壁隔尾孢属现仅含模式种一个种。

属 级 特 征

Distocercosporaster Videira, H.D. Shin, C. Nakash. & Crous, *in* Videira, Greonewald, Nakashima, Braun, Barreto, de Wit & Crous, Stud. Mycol. 87: 304, 2017.

生叶上，植物病原菌。菌丝体内生。子座气孔下生，由近无色至褐色的膨大菌丝组成。分生孢子梗成小至中等大小的孢梗簇，生子座上，从气孔伸出，直，近圆柱形至屈膝状弯曲，不分枝，浅橄榄色至橄榄褐色，壁薄，光滑，具隔膜，有时退化成产孢细胞。产孢细胞合生，顶生，孢痕疤环状、加厚而暗。分生孢子无色至浅橄榄色，壁薄，光滑至粗糙，单生或链生，呈不分枝或偶尔分枝的链，近圆柱形至倒棍棒-圆柱形，稀少近棍棒形，直至弯曲，顶部钝、近钝至平截，基部短倒圆锥形平截，真隔膜或离壁隔膜，脐加厚而暗。

模式种：*Distocercosporaster dioscoreae*（Ellis & G. Martin）Videira, H.D. Shin, C. Nakash. & Crous。

与近似属的区别

离壁隔尾孢属 *Distocercospora* N. Pons & B. Sutton 与拟离壁隔尾孢属的区别在于其分生孢子梗多分枝；孢痕疤和分生孢子基脐稍加厚而暗；分生孢子单生，偶尔成短链。

离壁隔菌绒孢属 *Distomycovellosiella* U. Braun & C. Nakash., Videira & Crous 具有加厚而暗的孢痕疤和分生孢子基脐；链生并具不分枝或分枝的链、光滑或具疣、真隔膜或离壁隔膜的分生孢子，与拟离壁隔尾孢属近似，但其菌丝体既内生又表生；分生孢子梗单生在表生菌丝上，稀疏至紧密束状簇生；孢痕疤平或突出。

异桑德赫尼菌属 *Xenosonderhenicoides* Videira & Crous 与拟离壁隔尾孢属的区别在于其分生孢子梗光滑至粗糙；孢痕疤稍加厚而暗；分生孢子单生，稀少成单链，光滑，脐加厚而暗，突出。

薯蓣科 DIOSCOREACEAE

薯蓣拟离壁隔尾孢　图 32

Distocercosporaster dioscoreae (Ellis & G. Martin) Videira, H.D. Shin, C. Nakash. & Crous, *in* Videira, Greonewald, Nakashima, Braun, Barreto, de Wit & Crous, Stud. Mycol. 87: 304, 2017.

Cercospora dioscoreae Ellis & G. Martin. Amer. Naturalist. 16. 1003, 1882; Saccardo, Syll. Fung. 4: 479, 1886; Chupp, A Monograph of the Fungus Genus *Cercospora*: 197, 1954; Tai, Sylloge Fungorum Sinicorum: 875, 1979.

Phaeoramularia dioscoreae (Ellis & G. Martin) Deighton, *in* Ellis, More Dematiaceous Hyphomycetes: 319, 1976; Liu & Guo, Acta Phytopathol. Sinica 12(4): 5, 1982; Guo, Mycosystema 6: 96, 1993, *in* Anon., Fungi of Xiaowutai Mountains in Hebei Province: 16, 1997, and Mycotaxon 72: 350, 1999, also *in* Zhuang, Higher Fungi of Tropical China: 200, 2001.

Passalora dioscoreae (Ellis & G. Martin) U. Braun & Crous, *in* Crous & Braun, *Mycosphaerella* and its Anamorphs: I. Names Published in *Cercospora* and *Passalora*: 162, 2003; Braun, Crous & Nakashima, IMA Fungus 5(2): 300, 2014.

Cercospora nubilosa Ellis & Everh., J. Mycol. 4: 115, 1888.

Cercospora tokorai Togashi, Imp. Coll. Agric. Forst. Morioka Bull. 22: 46, 1936.

斑点生于叶的正背两面，近圆形，有时呈不规则形，斑点大小在不同寄主种上而有所不同，直径 2~45 mm，叶面斑点全斑红褐色或中央浅黄褐色至红褐色，边缘常具 1~2 条暗红褐色至近黑色细轮纹圈，具浅红褐色至褐色水渍状晕圈，叶背斑点浅黄褐色、浅灰褐色、褐色至红褐色。子实体叶两面生。菌丝体内生。子座叶表皮下生，近球形至球形，褐色，直径 20~43 μm。分生孢子梗 3~12 根稀疏簇生至多根紧密簇生，浅橄榄褐色，色泽均匀，宽度不规则，通常基部较宽，直或稍弯曲，稀少分枝，光滑，上部有 1~4 个屈膝状折点，顶部圆锥形，0~1（~8）个隔膜，8.5~37.5（~147）× 4~5 μm。孢痕疤明显加厚、暗，宽 1.3~2.5 μm，坐落于陡然细窄的圆锥形顶部及折点处或平贴在产孢细胞壁上。分生孢子圆柱形至倒棍棒形，链生，浅橄榄色，光滑，近直至非常弯曲，顶部圆至圆锥形，基部倒圆锥形平截，3~8 个隔膜，30~120 × 4~5.5 μm；脐明显加厚、暗。

黄独 *Dioscorea bulbifera* L.：广西平果（42405）。

日本薯蓣 *Dioscorea japonica* Thunb.：广西宁明（42404）。

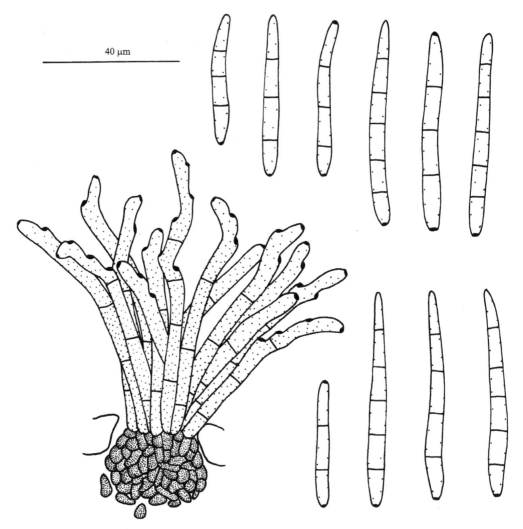

图 32　薯蓣拟离壁隔尾孢 *Distocercosporaster dioscoreae*（Ellis & G. Martin）Videira, H.D. Shin, C. Nakash. & Crous

穿龙薯蓣 *Dioscorea nipponica* Mak.：辽宁千山（62239）；河北涿鹿（65919），小五台山（65918）。

毛胶薯蓣 *Dioscorea subcalva* Prain & Bur.：云南宾川（42406）。

据戴芳澜（1979）记载，本种（在 *Cercospora dioscoreae* Ellis & G. Martin 名下）还分布在辽宁的日本薯蓣 *Dioscorea japonica* Thunb.上。

世界分布：巴西，加拿大，中国，古巴，印度，印度尼西亚，意大利，日本，韩国，巴拿马，菲律宾，斯里兰卡，多哥，特立尼达和多巴哥，乌干达，美国，委内瑞拉。

讨论：Ellis 和 Martin（Amer. Nat. 16: 1003, 1882）描述薯蓣尾孢 *Cercospora dioscoreae* Ellis & G. Martin 的分生孢子梗 7~20 根簇生，浅褐色，20~60 × 4~5.5 μm；分生孢子 40~100 × 4~5.5 μm。因具有链生和有色泽的分生孢子，Deighton（1976）把 *C. dioscoreae* 组合为薯蓣色链隔孢 *Phaeoramularia dioscoreae*（Ellis & G. Martin）Deighton，描述其分生孢子梗 35 × 4~5 μm；分生孢子 50~120 × 4~5.5 μm。Braun 和 Crous（2003）

又将其组合为薯蓣钉孢 *Passalora dioscoreae*（Ellis & G. Martin）U. Braun & Crous。

Videira 等（2017）研究了分离自韩国薯蓣属 *Dioscorea* sp. 植物上的菌株，在 SNA 培养基上分生孢子无色至浅橄榄褐色，单生或常链生，成不分枝或分枝的链，光滑，直至非常弯曲，0~5 个真隔膜或离壁隔膜，20~120 × 3~7.5 μm。分生孢子的宽度较 Ellis 和 Martin（1882）、Deighton（1976）及在中国标本上描述的宽。

本菌在中国穿龙薯蓣 *Dioscorea nipponica* Mak.（HMAS 65918）上分生孢子梗隔膜达 8 个，长达 147 μm，较 Ellis 和 Martin、Deighton 描述的长得多。Deighton（1976）和我们研究的中国标本上未观察到分生孢子的离壁隔膜。

黄褐孢属 **Fulvia** Cif., Atti Ist. Bot. Univ. Lab. Crittog. Pavia, Ser. 5, 10: 246, 1954.

研 究 史

黄褐孢属是 Ciferri（Atti Ist. bot. Univ. Lab. Crittog. Pavia, Ser. 5, 10: 245, 1954）建立的，模式种黄褐孢 *Fulvia fulva*（Cooke）Cif. 的基原异名是黄褐枝孢 *Cladosporium fulvum* Cooke（1883）。*C. fulvum* 曾先后被组合为黄褐菌绒孢 *Mycovellosiella fulva*（Cooke）Arx（1983）和黄褐钉孢 *Passalora fulva*（Cooke）U. Braun & Crous（Crous and Braun, 2003）。

Fulvia fulva 是番茄 *Lycopersicon esculentum* Mill. 重要病害"叶霉病"的病原菌，曾被多个植物病害名录收录（Anonymous, 1960, 1979; Arnold, 1986; Boughey, 1946; Cho and Shin, 2004; Giatgong, 1980; Gorter, 1977; Holevas *et al.*, 2000; Logsdon, 1955; Orieux and Felix, 1968; Simmonds, 1966; Wiehe, 1948; Williams and Liu, 1976 等）。

Ellis（1971）为 *Fulvia* 提供了详细的属级特征描述，并提供了模式种 *Fulvia fulva* 的形态特征：子实体叶背面生，扩散型，茸毛状，最初浅黄色，具白色边缘，后期褐色至浅紫色，叶面斑点最初浅黄色，后期红褐色。在叶上分生孢子梗长达 200 μm，但通常 100 μm 或更短，近基部宽 2~4 μm，宽处达 5~6 μm，或在结节处宽达 7~8 μm。分生孢子 12~47 × 4~10 μm。

Deighton（1974）指出，Muntañola（1960）认为 *Fulvia* 与 *Mycovellosiella* 相似，然而 *Fulvia* 的次生菌丝体从来不形成菌丝绳或攀缘叶毛，分生孢子梗稀疏簇生，*Fulvia* 仅有模式种 *Fulvia fulva*（Cooke）Cif. 一个种。*F. fulva* 是一个知名并且在番茄属 *Lycopersicon* sp. 植物上广泛寄生的种，已被包括 Muntañola（1960）、Batista 和 Peres（Broteria, N.S. 14: 83, 1961，作为 *Dendryphiella lycopersicifolia*）及 Ellis（1971）在内的许多作者描述并绘图，因此，Deighton（1974）承认 *Fulva* 是一个独立的属，这一观点后来被 Holliday 和 Mulder（1976）、Picard 等（1987）、Gleason 和 Parker（1995）、Latorre 和 Besoain（2002）、De Cara 等（2008）所接受，并一直把 *F. fulva* 作为番茄叶霉病的病原菌进行报道。

Muntañola（1960）和 Deighton（1974）把 *Fulvia* 从 *Mycovellosiella* 中分出来，Arx

（1974，1981）又把 *Fulvia* 和 *Mycovellosiella* 一起降为 *Cladosporium* Link 的异名，因此黄褐枝孢 *Cladosporium fulvum* Cooke（1883）这一名称仍被 Rich（1957）、Lazarovits 和 Higgins（1979）、Dugan 等（2004）及 Protto 等（2013）作为番茄叶霉病的病原菌。但是，Arx（1983）又重新提出 *Mycovellosiella* 应该是一个独立的属，并认为 *Fulvia* 是 *Mycovellosiella* 的异名。Braun（Crous and Braun, 2003）指出，Deighton（1974）提出的 *Fulvia* 与 *Mycovellosiella* 的区别是"*Fulvia* 的次生菌丝体从来不形成菌丝绳或攀缘叶毛，分生孢子梗稀疏簇生"的观点是不可支持的，因为有许多中间类型的分类单位存在。例如：短果菌绒孢 *Mycovellosiella brachycarpa*（Syd.）Deighton（1974）和毛茎菌绒孢 *M. trichostemmatis*（Henn.）U. Braun（1999b）的表生菌丝就不攀缘叶毛或仅有时攀缘叶毛。Braun（1995a）遵循 Arx（1983）的观点建立了菌绒孢属黄褐孢亚属 *Mycovellosiella* subgen. *Fulvia*（Cif.）U. Braun。

David（1993）研究了 *Fulvia* 和 *Mycovellosiella* 孢痕疤的结构，发现 *Fulvia* 的孢痕疤是疣丝孢属 *Stenella* Syd. 型（突出的 pileate），而 *Mycovellosiella* 孢痕疤是尾孢属 *Cercospora* Fresen. 型（平的 planate）。虽然很多作者已经研究了许多种的孢痕疤，然而最终讨论甚少，因此，进一步广泛研究更多的分类单位对于分析它们的孢痕疤类型是必要的。尾孢类真菌的分子研究显示，*Fulvia* 属于 *Passalora* 这个类群，暗示在尾孢类真菌中用"pileate"和 "planate"型的孢痕疤来区分属是不可靠的。

Arx（1983）在 *Mycosphaerella and its Anamorphs*（球腔菌属及其无性型）一书中，把 *Mycovellosiella* 的异名绒孢属 *Vellosiella* 去掉了，增加了 *Fulvia*，并订正了属级特征。在讨论中，Arx（1974）将 *Mycovellosiella* 作为 *Cladosporium* 的异名，然而 Deighton（1974，1979）已描述了 50 种菌绒孢。Deighton 承认 *Fulvia*，但 *Fulvia* 的模式种 *F. fulva*（Cooke）Cif. 和短果菌绒孢 *M. brachycarpa*（Syd.）Deighton 无论在哪方面都相似，这两个种都寄生在茄属 *Solanum* sp. 植物的一些种上，因此，Arx 把 *F. fulva* 组合成了黄褐菌绒孢 *Mycovellosiella fulva*（Cooke）Arx。

Pons 和 Sutton（1988）研究 *Mycovellosiella* 时，把 *Mycovellosiella* 的异名增加了沃克菌属 *Walkeromyces* Thaung，而没有采纳 Arx 的观点，即没有将 *Fulvia* 作为 *Mycovellosiella* 的异名。Pons 和 Sutton 在讨论中指出，Deighton（1974，1979）认为 *Mycovellosiella* 的特征与 *Phaeoramularia*、*Stenella* 和 *Fulvia* 明显不同。Arx（1974，1981）把 *Mycovellosiella*、*Phaeoramularia*、*Stenella* 和 *Fulvia* 均作为枝孢属 *Cladosporium* Link 的异名，而 Arx（1983）把 *Fulvia* 又作为 *Mycovellosiella* 的异名，并报道一个新组合。然而 Deighton（1974）认为 *Mycovellosiella* 与 *Fulvia* 之区别在于 *Fulvia* 的次生菌丝不成绳、不攀缘叶毛，并且稀疏簇生。实际上，*Mycovellosiella* 的许多种明显与 *Fulvia* 相似，因为 *Mycovellosiella* 有些种菌丝也不形成菌丝绳和攀缘叶毛，因此，Pons 和 Sutton 认为 Arx 把 *Fulvia fulva* 组合成黄褐菌绒孢 *Mycovellosiella fulva*（Cooke）Arx 的处理较好。

Braun（1995a）在他的 *A Monograph of Cercosporella, Ramularia and Allied Genera*（*Phytopathogenic Hyphomycetes*）*Vol. I.* [小尾孢属，柱隔孢属及其近似属专著（植物病原丝孢菌）第一卷] 中对 *Mycovellosiella* 只进行了讨论，根据 Arx 把 *Fulvia* 作为 *Mycovellosiella* 的异名和 David（1993）发现 *Mycovellosiella* 和 *Fulvia* 的孢痕疤不同

[*Mycovellosiella* 的孢痕疤是平的，属尾孢型；*Fulvia* 的孢痕疤突出，属疣丝孢型] 的观点，提出将 *Fulvia* 从 *Mycovellosiella* 中划分出来，成立一个亚属，即菌绒孢属黄褐孢亚属 *Mycovellosiella* subgen. *Fulvia*（Cif.）U. Braun。Braun（1998a）在他的 *A Monograph of Cercosporella, Ramularia and Allied Genera*（*Phytopathogenic Hyphomycetes*）*Vol. II.* [小尾孢属，柱隔孢属及其近似属专著（植物病原丝孢菌）第二卷] 中，对 *Mycovellosiella* 的属级特征进行了订正。Crous 和 Braun（2003）把 *Fulvia* 和 *Mycovellosiella* 均置于钉孢属 *Passalora* Fr. 名下。

1999 年以前，对尾孢属及其近似属的分属主要依据：① 表生菌丝的有无，壁光滑或具疣；② 分生孢子梗的着生方式（单生、簇生，或束生），色泽，孢痕疤是否明显；③ 分生孢子的形状，色泽，着生方式（单生或链生），孢脐是否明显等。短胖孢属 *Cercosporidium*、枝孢属 *Cladosporium*、黄褐孢属 *Fulvia*、菌绒孢属 *Mycovellosiella*、钉孢属 *Passalora*、色拟梗束孢属 *Phaeoisariopsis*、色链隔孢属 *Phaeoramularia*、倒棒孢属 *Prathigada* 和梗束链隔孢属 *Tandonella* 均为分别独立研究的属。

Crous 和 Braun（2003）出版的 *Mycosphaerella and Its Anamorphs: I. Names Published in Cercospora and Passalora*（球腔菌属及其无性型: I. 尾孢属和钉孢属发表的名称）一书中，对子囊菌球腔菌属的无性型属特别是 *Cercospora* 及其近似属进行了简要评述，按照新的分类观点进行了属的合并，*Cladosporium*、*Stenella* 仍是独立存在的属，并且提供了详细的属级特征描述，而 2000 年前独立研究的 *Cercosporidium*、*Fulvia*、*Mycovellosiella*、*Passalora*、*Phaeoisariopsis* 中孢痕疤明显加厚而暗的一些种，*Phaeoramularia* 和 *Tandonella* 均被置于 *Passalora* 名下。

Hernández-Gutiérrez 和 Dianese（2009）指出，*Passalora* 在钉孢组内，*Mycovellosiella*、*Phaeoramularia* 和 *Pseudophaeoisariopsis* 可以看作是非单系的类群，但与许多中间类型的种有关系。*Passalora fulva*（Cooke）U. Braun & Crous 的序列与 Mycosphaerellaceae 分支中 *Passalora* 的一些种近似（Thomma *et al.,* 2005），支持 Crous 和 Braun（2003）把 *Fulvia* 降为 *Passalora* 的异名。

为了解决在 Mycosphaerellaceae 内现在承认的属间系统发育的关系，并且澄清尾孢类真菌之间的位置，Videira 等（2017）对 297 个分类单位的 415 个分离物进行了多基因（LSU、ITS、*rpb2*）序列数据系统发育分析研究。根据这些研究结果，许多已知属显示是并系的，具有多个共形态特征，在科内一个比一个具有更多的进化。研究的结果使多个老属名包括 *Cercosporidium*、*Fulvia*、*Mycovellosiella*、*Phaeoramularia* 和 *Ragnhildiana* 得以恢复，并增加了 32 个新属。根据系统发育分析，在 Mycosphaerellaceae 新承认了 120 个属，但是许多现在承认的尾孢类属的新鲜采集物和 DNA 数据一直不清楚。Videira 等（2017）的研究为球腔菌科未来的分类工作提供了一个系统发育的构架。

至 2021 年，黄褐孢属仅报道 2 个种，但其中一种已转至钉孢属，现仅有模式种黄褐孢一个种，全世界广泛分布。

属 级 特 征

Fulvia Cif., Atti Ist. Bot. Univ. Lab. Crittog. Pavia, Ser. 5, 10: 246, 1954, *emend* Ellis 1971.

子实体扩散型，茸毛状，浅黄色至褐色或浅紫色。子座气孔下生，浅色。无刚毛和附着胞。分生孢子梗与菌丝有明显区别，单生，簇生，从气孔伸出，不分枝或偶具分枝，直或弯曲，基部窄，向顶变宽，具有作为短侧生分枝层出的单侧膨大结节，非常浅至中度浅褐色或橄榄褐色，光滑。产孢细胞合生，顶生变间生，单芽或多芽生，合轴式延伸产孢，棍棒形或圆柱形，具疤痕。分生孢子顶侧生，链生，链常分枝，圆柱形，两端圆或椭圆形，非常浅至中度浅褐色或橄榄褐色，光滑，0~3 个隔膜，脐有时稍突出。

模式种：*Fulvia fulva*（Cooke）Cif.。

与近似属的区别

枝孢属 *Cladosporium* Link 与黄褐孢属近似，具有扩散型的子实体，有时分生孢子梗结节状膨大，分生孢子链生，但其分生孢子形状多样，壁光滑，具疣或小刺。

菌绒孢属 *Mycovellosiella* Rangel 也具有扩散型的子实体，多分枝的分生孢子梗和链生的分生孢子，与黄褐孢属的区别在于其表生菌丝常形成菌丝绳并攀缘叶毛。

钉孢属 *Passalora* Fr. 的有些种虽然也具有表生菌丝体，但其孢痕疤和分生孢子基脐稍加厚而暗，且分生孢子基脐不突出；分生孢子多为双胞孢子。

扎氏疣丝孢属 *Zasmidium* Fr. 与黄褐孢属的区别在于其菌丝具疣；孢痕疤和分生孢子基脐稍加厚而暗；分生孢子是无隔孢至线形孢，无隔膜至多隔膜，壁具疣。

茄科 SOLANACEAE

黄褐孢 图 33

Fulvia fulva (Cooke) Cif., Atti Ist. Bot. Univ. Lab. Crittog. Pavia, Ser. 5, 10: 245, 1954; Ellis, Dematiaceous Hyphomycetes: 307, 1971; Videira, Groenewald, Nakashima, Braun, Barreto, de Wit & Crous, Stud. Mycol. 87: 341, 2017.

Cladosporium fulvum Cooke, Grevillea 12: 32, 1883.

Mycovellosiella fulva (Cooke) Arx, Proc. Kon. Nederl. Akad. Wet., C, 86, 1: 48, 1983.

Passalora fulva (Cooke) U. Braun & Crous, *in* Crous & Braun, *Mycosphaerella* and its Anamorphs: I. Names Published in *Cercospora* and *Passalora*: 453, 2003.

主要危害叶片，严重时可危害花、茎和果实。在叶片上，斑点生于叶的正背两面，近圆形、不规则形至角状，受叶脉所限，3~6 × 3~10 mm，有时多斑愈合，初期叶面仅为边缘不明显的浅黄绿色褪色块，叶背面密生灰白色绒毛层，后期叶面斑点黄褐色、褐色至暗灰褐色，具黄色至浅黄褐色晕，叶背斑点灰色、浅黄色、褐色至暗褐色，严重发生时叶片卷曲坏死，最终全株枯死；病花常在坐果前枯死；茎上的病斑与在叶片上的相似；感病果实表面产生圆形至不规则形黑褐色斑块，硬化凹陷。子实体叶背面生，扩散型。菌丝体内生。子座气孔下生，橄榄色，小。分生孢子梗从气孔伸出，簇生，非常浅的橄榄色至橄榄褐色，色泽不均匀，通常下部色泽浅，向上色泽加深，宽度不规则，通常下部窄，上部宽，向一侧结节状膨大并层出形成短的侧生分枝，直至弯曲，光滑，顶部圆锥形至圆形，多隔膜，长达 350.0 μm 以上，宽 2.5~5.5（~8）μm。孢痕疤明显加厚、暗，宽 1.5~2.6 μm。分生孢子圆柱形至椭圆形，浅至中度橄榄褐色，链生并具分枝的链，光滑，直至稍弯曲，顶部圆至圆锥形，基部倒圆锥形平截，有时稍突出，0~3 个隔膜，多数 0~1 个隔膜，10~45 × 4~10.7 μm；脐加厚而暗。

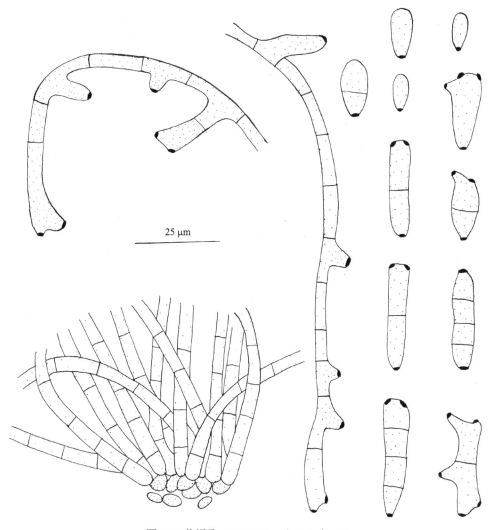

图 33 黄褐孢 *Fulvia fulva*（Cooke）Cif.

番茄 *Lycopersicon esculentum* Mill.：北京（242405），昌平南口（242911，242915，243394，244070，244071，241911），顺义（244067，244082）；内蒙古赤峰（244072）；河北廊坊（243397，243398，243399，243400，243401，243402，243403，243404，243407，243408，243409，243410，244065，244066），张家口（244063，244064，244065），承德（244077）；吉林长春（245712，245713）；山东寿光（240060，243395，243396，244069，245727，245728），沂南（244073），临沂（245731）；河南郑州（243406），安阳（243405），新乡（244885）；甘肃兰州（242914）；四川成都（244068）；新疆乌鲁木齐（244407）。

世界分布：阿拉斯加，阿根廷，澳大利亚，巴巴多斯岛，百慕大，比利时，玻利维亚，巴西，保加利亚，柬埔寨，加拿大，中亚，智利，中国，哥伦比亚，哥斯达黎加，科特迪瓦，丹麦，古巴，多米尼加，斐济，埃及，英格兰，萨尔瓦多，德国，加纳，格林纳达，希腊，危地马拉，几内亚，圭亚那，海地，洪都拉斯，韩国，印度，印度尼西亚，爱尔兰，意大利，牙买加，日本，肯尼亚，韩国，拉脱维亚，利比亚，马达加斯加，马拉维，西班牙，马来西亚，毛里求斯，墨西哥，蒙古国，莫桑比克，荷兰，新喀里多尼亚，新西兰，尼加拉瓜，尼日利亚，挪威，巴基斯坦，白俄罗斯，巴布亚新几内亚，巴拿马，菲律宾，波兰，罗马尼亚，俄罗斯，塞拉利昂，南非，南美洲，西班牙，斯里兰卡，瑞士，苏丹，坦桑尼亚，泰国，汤加，特立尼达和多巴哥，土耳其，土库曼斯坦，乌干达，英国，美国，乌兹别克斯坦，委内瑞拉，维尔京群岛，津巴布韦。

讨论：寄生在南非刺阳菊（伯希亚）属 *Berkheya* sp. 上的刺阳菊黄褐孢 *Fulvia berkheyae*（Syd. & P. Syd.）M.B. Ellis（1976），虽然分生孢子梗也具有一侧结节状膨大的短分枝，与本菌的区别在于其分生孢子（15~60 × 7~14 μm）宽，且分生孢子在隔膜处明显缢缩，已被组合为刺阳菊钉孢 *Passalora berkheyae*（Syd. & P. Syd.）U. Braun & Crous（Crous and Braun, 2003）。

由 *Fulvia fulva* 引起的番茄叶霉病在全世界番茄种植区都有发生。在我国，随着设施农业的发展，番茄种植面积的扩大，品种的增加及连作栽培，致使番茄叶霉病的发生呈逐年上升趋势，影响越来越大，给菜农造成一定的经济损失。发病严重时，致使整个蔬菜大棚的番茄全部染病，给菜农造成重大经济损失。番茄叶霉病主要危害番茄叶片，严重时也可危害花、茎和果实，在叶片上形成近圆形、不规则形至角状的斑点，严重发生时叶片卷曲坏死，最终全株枯死；病花常在坐果前枯死；茎上的病斑与在叶片上的相似；感病果实表面产生圆形至不规则形黑褐色斑块，硬化凹陷，失去食用价值。

小梭孢属 Fusoidiella Videira & Crous, *in* Videira *et al*., Stud. Mycol. 83: 87, 2016.

研 究 史

小梭孢属是 Videira 和 Crous（Videira *et al*., 2016）经分子研究后建立的，主要特征是孢痕疤和分生孢子基脐加厚而暗；分生孢子典型的梭形（纺锤形），光滑，壁薄。Videira 和 Crous 提供的属级特征描述：植物病原菌，引起黄色至橄榄绿色的小叶斑。菌丝体内生。分生孢子梗紧密簇生，从气孔伸出，无隔膜，即通常退化成产孢细胞，光滑，褐色，近圆柱形至棍棒形，直至因一侧壁加厚而弯曲，无屈膝状折点，侧生或顶生1 至多个孢痕疤，孢痕疤明显加厚而宽，网状，变暗。分生孢子单生，光滑，浅褐色，壁薄，纺锤形至倒棍棒-纺锤形，直至稍弯曲，具隔膜，在隔膜处不缢缩，顶部钝，基部平截，脐平，加厚而暗。

模式种：扁平小梭孢 *Fusoidiella depressa*（Berk. & Broome）Videira & Crous。

Videira 和 Crous（Videira *et al*., 2016）仅描述了模式种 *F. depressa* 一个种。*F. depressa* 的基原异名扁平枝孢 *Cladosporium depressum* Berk. & Broome（Berk. & Broome,

Ann. Mag. Nat. Hist. 11, 7: 99, 1851），曾先后被组合为扁平钉孢 *Passalora depressa*（Berk. & Broome）Sacc.（1876）、扁平黑星孢 *Fusicladium depressum*（Berk. & Broome）Roum.（Fungi gall. Exs., No. 86, 1879）和扁平短胖孢 *Cercosporidium depressum*（Berk. & Broome）Deighton（1967）等。

Videira 等（2017）经多基因（LSU、ITS、*rpb*2 DNA）序列数据系统发育分析后，承认了 *Fusoidiella*，订正了属级特征，描述分生孢子无色至浅褐色，壁光滑至粗糙，薄至厚，并列出了莳萝小梭孢 *Fusoidiella anethi*（Pers.）Videira & Crous 和扁平小梭孢 *F. depressa*（Berk. & Broome）Videira & Crous 两个种。

小梭孢属现仅含莳萝小梭孢和扁平小梭孢 2 个种。

属 级 特 征

Fusoidiella Videira & Crous, *in* Videira, Groenewald, Braun, Shin & Crous, Stud. Mycol. 83: 87, 2016.

植物病原菌，在叶上引起小黄色至橄榄绿色的斑点。菌丝体内生。分生孢子梗紧密簇生，从气孔伸出，无隔膜，即通常退化成产孢细胞，光滑，褐色，近圆柱形至棍棒形，直至因一侧壁加厚而弯曲，无屈膝状折点，侧生或顶生 1 至多个孢痕疤，孢痕疤明显、加厚而宽、网状、变暗。分生孢子单生，无色至浅褐色，光滑至粗糙，壁薄至厚，纺锤形至倒棍棒-纺锤形，直至稍弯曲，具隔膜，在隔膜处不缢缩，顶部钝，基部平截，脐平、加厚而暗。

模式种：*Fusoidiella depressa*（Berk. & Broome）Videira & Crous。

与近似属的区别

糙孢属 *Asperisporium* Maublane 具有单生，纺锤形，光滑或粗糙，0~3 个隔膜的分生孢子，与小梭孢属相似，但其分生孢子梗生在分生孢子座上；孢痕疤突出，分生孢子有时形成 1 或多个纵隔膜或斜隔膜。

短胖孢属 *Cercosporidium* Earle 的孢痕疤和分生孢子基脐加厚而暗；分生孢子壁厚，与小梭孢属的区别在于其分生孢子单生，稀少链生，壁光滑至具疣，圆柱形、卵圆形、倒卵圆形至棍棒形，基部平截或短倒圆锥形平截。

黑星孢属 *Fusicladium* Bonorden 也具有明显加厚而暗的孢痕疤和纺锤形、常 0~1 个隔膜、基部平截的分生孢子，与小梭孢属非常相似，区别在于其老孢痕疤通常加厚而突出；分生孢子单生或偶尔成短链，常具小疣，顶部尖。

类短胖孢属 *Paracercosporidium* Videira & Crous 与小梭孢属相似，菌丝体内生；孢痕疤和分生孢子基脐暗；分生孢子单生，近无色至浅橄榄褐色，壁厚，但其孢痕疤和分生孢子基脐环状；分生孢子圆柱形至倒棍棒形。

钉孢属 *Passalora* Fr. 虽然也具有单生，纺锤-倒棍棒形，有色泽的分生孢子，与小梭孢属的区别在于其孢痕疤和分生孢子基脐稍加厚而暗；分生孢子光滑，多为双胞孢子。

伞形科 UMBELLIFERAE

蒔萝小梭孢　图 34

Fusoidiella anethi (Pers.) Videira & Crous, *in* Videira *et al.*, Stud. Mycol. 87: 294, 2017.

Sphaeria anethi Pers., Observ. Mycologia 1: 67, 1796, and Syn. Meth. Fung.: 30, 1801.

Sphaeria anethi Pers., Syst. Mycol. 2: 429, 1823.

Dothidea anethi (Pers.) Fr., Summa Veg. Scnd., Sectio Post. 2: 389, 1849.

Sphaeropsis anethi (Pers.) Fuckel, Symbol. Mycol.: 396, 1870.

Mycosphaerella anethi (Pers.) Petr., Ann. Mycol. 25: 229, 1927.

Carlia anethi (Pers.) Höhn., Mitt. Bot. Inst. Tech. Hochsch. Wien 7(3): 88, 1930.

Azosma punctum Lacroix, Pl. Crypt. Nord France, Ed. 2 Fasc. XVI, No. 757, 1860.

Cercosporidium punctum (Lacroix) Deighton, Mycol. Pap. 112: 47, 1967; Liu & Guo, Acta Mycol. Sinica 1(2): 99, 1982.

Passalora punctum (Lacroix) S. Petzoldt [as '*puncta*'], *in* Arx, Plant Pathogenic Fungi: 288, 1987; Crous & Braun, *Mycosphaerella* and its Anamorphs: I. Names Published in *Cercospora* and *Passalora* : 343, 2003.

Cercospora apii var. *foeniculi* Sacc., *in* Oudem., Enum. Syst. Fung. 4: 242, 1923, *nom. nud.*

Cercospora apii var. *petroselini* Sacc., Syll. Fung. 4: 442, 1886.

Fusicladium depressum (Berk. & Broome Broome) Sacc. f. *petroselini* Sacc., Rev. Mycol. 19: 53, 1897.

Cercospora petroselini Sacc., Ann. Mycol. 10: 321, 1912.

Cercospora petroselini f. *melitensis* Ferraris, Flora Italica Cryptogama, 1. Fungi, Hyphales: 894, 1912.

Cercospora foeniculi P. Magnus, Hedwigia 50: 185, 1911; Chupp, A Monograph of the Fungus Genus *Cercospora*: 573, 195; Tai, Sylloge Fungorum Sinicorum: 878, 1979.

Ramularia foeniculi C. Sibilia, Boll. Staz. Patol. Veg. Roma. N.S., 12: 233, 1932.

Passalora foeniculi M. Kamal & S.A. Khan, Biologia (Lahore) 8: 62, 1962.

Marssonina kirchneri Hegyi, Magyar Bot. Lapok 10: 317, 1911.

Passalora kirchneri (Hegyi) Petr., Ann. Mycol. 39: 295, 1941.

Cercospora anethi Sacc., Nuovo Giorn. Bot. Ital. N.S., 23: 219, 1916.

Cercosporina anethi (Sacc.) Sacc. ex Trotter, *in* Saccardo, Syll. Fung. 25: 916, 1931.

Fusicladium anethi Nevod., Griby Ross. [Russian fungi] IV, No. 191, 1917.

Cercosporella anethi Sacc. Apud Brenkle, Mycologia 10; 216, 1918, *nom. inval.*

Cercospora depressa f. *foeniculi* Komirn., Uchen. Zap. Saratovsk. Gosud. Univ. Chernyshevskogo, Ser. Boil. 1952, *nom. inval.*

Cercospora depressa f. *foeniculi* Dzhanuz., Trudy Vsesojuen. Inst. Zashch. Rast. 19: 69, 1964, *nom. inval.*

Mycosphaerella foeniculi Komirn., Uchen. Zap. Moskovsk. Gosud. Iniv. 35: 138, 1952.

　　斑点生于叶、叶柄、茎、花梗和果实上，近圆形至近椭圆形，通常长 2~4 mm，宽

1 mm，常多斑愈合，由黑色小点状子实体排列成长条形，叶面斑点中央灰色，边缘褐色，斑点上常生灰白色霉状物（即病原菌之分生孢子梗和分生孢子），叶背斑点灰褐色。子实体生于叶的正背两面，但主要生在叶背面。菌丝体内生。子座叶表皮下生和气孔下生，近球形，褐色，直径 25~87 μm。分生孢子梗多根紧密至非常紧密地簇生，浅橄榄色，向顶色泽变浅，宽度不规则，有的上部较宽，光滑，不分枝，直或稍弯曲，老的分生孢子梗因一侧壁加厚而显著向内弯曲，1~4 个屈膝状折点，多集中在 1/2 上部，顶部圆锥形平截，0~1 个隔膜，25~70 × 3.5~6.7 μm。孢痕疤明显加厚、暗，宽 2~2.5 μm。分生孢子多数倒棍棒-纺锤形，少数近圆柱形，无色或近无色，光滑，直或稍弯曲，顶部钝，基部倒圆锥形平截，一般 1 个隔膜，少数无隔膜，20~42 × 5~8 μm；脐明显加厚、暗。

　　莳萝 Anethum graveolens L.：吉林永吉（40635）。

　　茴香 Foeniculum vulgare Mill.：吉林通化（40633），永吉（40634）；云南昆明（MHYAU 06077）。

　　世界分布：澳大利亚，阿塞拜疆，比利时，保加利亚，加那利群岛，加拿大，中国，塞浦路斯，捷克，丹麦，爱沙尼亚，埃及，埃塞俄比亚，法国，格鲁吉亚，德国，希腊，印度， 意大利，伊朗，以色列，伊拉克，牙买加，日本，哈萨克斯坦，肯尼亚，吉尔吉斯斯坦，拉脱维亚，立陶宛，利比亚，马耳他，摩洛哥，缅甸，新西兰，巴基斯坦，波兰，罗马尼亚，俄罗斯（亚洲和欧洲部分），多哥，乌干达，乌克兰，美国。

　　讨论：Fusoidiella anethi 在茴香属 Foeniculum sp. 植物上引起尾孢类叶部损伤，在非洲、亚洲、欧洲、中东和北美洲地区广泛分布（Davis and Raid, 2002）。Fusicladium anethi 因具有梭形的分生孢子，其研究史较复杂，曾被多位作者（Deighton, 1967; Srivastava, 1994; Crous and Broun, 2003; 郭英兰和刘锡琏, 2003; Nakashima et al., 2011 等）作为莳萝黑星孢 Fusicladium anethi Nevod. [Griby Ross.（Russian fungi）IV, No. 191, 1917]、茴香短胖孢 Cercosporidium punctum（Lacroix）Deighton（1967）和茴香钉孢 Passalora punctum（Lacroix）S. Petzoldt（1987）等进行研究。Deighton（1967）研究了不同寄主上的许多标本，以 Azosma punctum Lacroix 为基原异名建立了 Cercosporidium punctum 新组合，并进行了详细描述。在中国标本上的形态特征与 Deighton 的描述非常相似。

　　Videira 和 Crous（Videira et al., 2017）对从新西兰 Foeniculum vulgare 上分离的菌株进行多基因序列数据系统分析后，把原鉴定的 Fusicladium anethi、Cercosporidium punctum 和 Passalora punctum 均作为 Fusoidiella anethi 的异名处理。

　　在伞形科 Umbelliferae，与本菌近似、具有叶背面生的子实体、分生孢子梗长度在 90 μm 以下、分生孢子无色至近无色、宽度在 5~7 μm 以上的钉孢还有：生于颠茄属 Physospermopsis sp.（Arracacia sp.）植物上的颠茄钉孢 Passalora arracaciae（Pat.）U. Braun & Crous（Crous and Braun, 2003）、生在欧防风 Pastinaca sativa L. 上的欧防风钉孢 P. pastinacae（Sacc.）U. Braun（1992）和寄生在泽芹 Sium suave Walt. 上的泽芹钉孢 P. sii（Ellis & Everh.）U. Braun（1992）。这几个种与本菌的区别在于它们的叶面斑点不明显；无子座；分生孢子圆柱形，且除 P. sii 仅有 1 个隔膜外，均具有多个隔膜（P. arracaciae 1~5 个隔膜，P. pastinacae 1~8 个隔膜）。

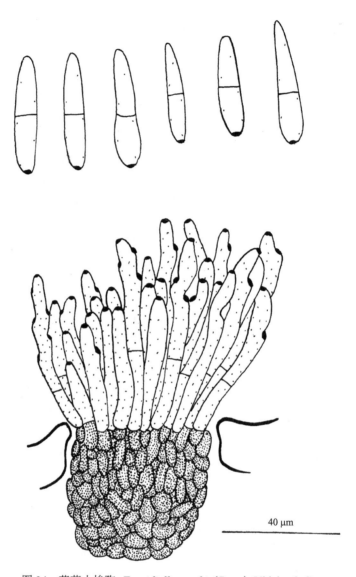

图 34　莳萝小梭孢　*Fusoidiella anethi*（Pers.）Videira & Crous

扁平小梭孢　图 35

Fusoidiella depressa (Berk. & Broome) Videira & Crous, *in* Videira *et al*., Stud. Mycol. 83: 88, 2016, also in Stud. Mycol. 87: 294, 2017.

Cladosporium depressum Berk. & Broome, Ann. Mag. Nat. Hist. II. 7: 99, 1851.

Passalora depressa (Berk. & Broome) Sacc., Nuovo G. Bot. Ital. 8:187, 1876, also *in* Syll. Fung. 2: 615, 1880; Crous & Braun, *Mycosphaerella* and its Anamorphs: I. Names Published in *Cercospora* and *Passalora*: 157, 2003.

Fusicladium depressum (Berk. & Broome) Roum., Fungi Gallici Exsiccati No. 86, 1879.

Scolecotrichum depressum (Berk. & Broome) Schroeter, *in* Cohn, Kyptogamen-Flora von Schelesien, III. Pilze 2: 497, 1897.

Cercospora depressa (Berk. & Broome) Vassiljevskiy, *in* Vassiljevskiy & Karakulin, Fungi

Imperfecti Parasitic I. Hyphomycetes: 356, 1937.

Megacladosporium depressum (Berk. & Broome) Viennot-Bourgin, Les champignons parasites des plantes cultivees II: 1488, 1949, *comb. inval.*

Cercosporidium depressum（Berk. & Broome）Deighton, Mycol. Pap. 112: 37, 1967; Guo, *in* Anon., Fungi and Lichens of Shennongjia: 349, 1989, Mycosystema 8-9: 92, 1995-1996, also *in* Mao & Zhuang, Fungi of the Qinling Mountains: 158, 1997.

Passalora depressa (Berk. & Broome) Poonam Srivast., J. living World 1:114, 1994, *comb. inval.*

Fusicladium depressum f. *depressum* (Berk. & Broome) Roum., Fungi Gallici Exsiccati No. 86, 1879.

Fusicladium depressum (Berk. & Broome) Roum., Fungi Gallici Exsiccati No. 86, 1879. var. *depressum.*

Passalora polythrincioides Fuckel, Symbolae Mycologicae: 353, 1870.

Fusicladium peucedani Ellis & Holw., Bull. Lab. Nat. Iowa State Univ. Ia., 3; 42, 1895.

Fusicladium peucedani Syd. & P. Syd., Ann. Mycol. 5: 340, 1907, *nom. illeg.*, non *F. peucedani* Ellis & Holw. 1895.

Cercospora depressum f. *angelicae* Dzhanuzakov, Trudy Inst. Zasch. Rast. Tbilisi 19: 9, (1963) 1964 , *nom. inval.*

Mycosphaerella angelicae Woron., Vestn. Tiflissk. Bot. Sada 28: 17, 1913.

Sphaerella angelicae (Woron.) Trotter, *in* Saccardo, Syll. Fung. 24: 890, 1928, *nom. illeg.*

Sphaerella angelicae Ellis & Everh., Proc. Acad. Nat. Sci. Philadelphia 42: 231, 1890.

斑点生于叶的正背两面，角状，无明显边缘，为叶脉所限，通常略呈长条形，宽 1~3 mm，常相互愈合并覆盖住叶的表面，叶面斑点最初小，单生，近黄色，后期变成褐色至暗褐色，叶背斑点灰褐色至近黑色，茸毛状。子实体生于叶背面，点状，通常深褐色，在老斑点上密集分布。菌丝体内生。子座气孔下生，近球形，暗褐色，疏丝组织，直径 25~80 μm。分生孢子梗 3~16 根稀疏簇生至多根紧密簇生，橄榄色，色泽均匀，宽度不规则，有时上部较宽，直或稍弯曲，或老的分生孢子梗因一侧壁加厚而显著向内弯曲，壁稍粗糙，不分枝，无屈膝状折点，顶部圆锥形，0~2 个隔膜，23~95 × 4~7 μm。孢痕疤明显加厚、暗，坐落在圆锥形顶部或平贴在产孢细胞壁上，宽 2~2.6 μm。分生孢子倒棍棒形至纺锤形，浅橄榄褐色至浅褐色，光滑，直或稍弯曲，偶尔明显弯曲，顶部稍尖细至钝圆，基部倒圆锥形平截，1~3 个隔膜，多数 1 个隔膜，45~105 × 5.5~11 （~13）μm；脐明显加厚而暗。

兴安独活 *Heracleum dissectum* Ledeb.：陕西武功（40605）。

前胡属 *Peucedanum* sp.：湖北神农架（54508）。

世界分布：澳大利亚，比利时，加拿大，加纳利群岛，高加索，中国，古巴，捷克，爱沙尼亚，丹麦，芬兰，法国，德国，大不列颠岛，赫布里底群岛，意大利，日本，哈萨克斯坦，吉尔吉斯斯坦，韩国，拉脱维亚，挪威，波兰，罗马尼亚，俄罗斯，瑞典，塔吉克斯坦，乌克兰，英国，美国。

讨论：扁平枝孢 *Cladosporium depressum* Berk. & Broome（Ann. Mag. Nat. Hist. II. 7:

99, 1851）因具有宽的分生孢子梗和单生、倒棍棒形、有色泽、宽的分生孢子，Saccardo（1876）把 *C. depressum* 组合为扁平钉孢 *Passalora depressa*（Berk. & Broome）Sacc.。Deighton（1967）研究了多国不同寄主上的标本后，又以 *C. depressum* 为基原异名，建立了扁平短胖孢 *Cercosporidium depressum*（Berk. & Broome）Deighton 新组合，将 *P. depressa* 列为其异名之一，描述子座宽 40~100 μm，高 10~25 μm；分生孢子梗 20~70（~120）× 4~8 μm；分生孢子 20~78 × 6.5~11 μm。郭英兰（1989）及 Guo（1996, 1997a）接受了 Deighton 的观点，把寄生在中国 *Angelica dahurica* 和 *Peucedanum* sp. 植物上的真菌定名为 *C. depressum*（Berk. & Broome）Deighton。

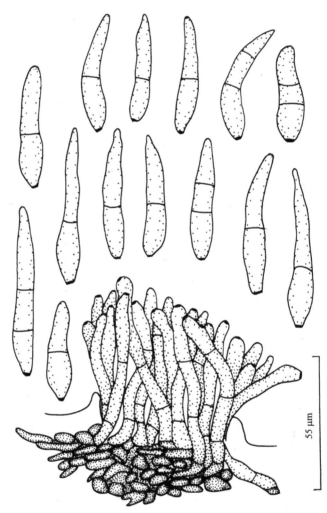

图 35　扁平小梭孢 *Fusoidiella depressa*（Berk. & Broome）Videira & Crous

Crous 和 Braun（2003）接纳了 Saccardo（1876）的观点，把包括 *C. depressum* 在内的 10 个种作为 *P. depressa* 的异名。郭英兰和刘锡琎（2003）也采纳了 Saccardo（1876）的意见，记载本菌在中国标本上的形态特征与 Deighton（1967）的描述非常相似。

Shin 和 Braun（1996）首次列出了来自韩国标本的 *P. depressa*。Kim 和 Shin（1999）对生在韩国朝鲜当归 *Angelica gigas* Nakai 上的 *P. depressa* 进行了详细的描述并绘图，

记载分生孢子梗 20~56 × 5~8 μm，分生孢子 20~60 × 7.5~12 μm。

Videira 和 Crous（Videira *et al*., 2016）组合 *Fusoidiella depressa*（Berk. & Broome）Videira & Crous 时，研究的标本是寄生在韩国的 *Angelica gigas* 上，描述的分生孢子梗 [（10.5~）20~23（~29）×（3~）4~5（~6）μm] 和分生孢子 [（17.5~）32~38（~47）×（4.5~）5~6（~8）μm] 的量度均较在模式标本上的 [分生孢子梗 20~70（~120）× 4~8 μm，分生孢子 20~78 × 6.5~11 μm] 小。

禾草钉孢属 Graminopassalora U. Braun, C. Nakash.,Videira & Crous, *in* Videira *et al*., Stud. Mycol. 87: 307, 2017.

研 究 史

禾草钉孢属是 Braun, Nakashima,Videira 和 Crous（Videira *et al*., 2017）依据多基因序列数据系统发育分析、形态特征和培养性状建立的。*Graminopassalora* 是生在禾本科 Gramineae 植物上与 *Passalora* Fr. 近似的一个属，模式种是禾草钉孢 *Graminopassalora graminis*（Fuckel）U. Braun, C. Nakash., Videira & Crous。

Graminopassalora graminis 的基原异名禾单隔孢 *Scolicotrichum graminis* Fuckel（1863），曾先后被组合为禾钉孢 *Passalora graminis*（Fuckel）Höhn.（Zentralbl. Bakteriol. Parasitenk., Abt. 2, 60: 6, 1923）、禾尾孢 *Cercospora graminis*（Fuckel）Horsfall（Mem. Cornell Univ. Agric. Exp. Sta. 130: 100, 1930）和禾短胖孢 *Cercosporidium graminis*（Fuckel）Deighton（1967）。

Passalora graminis 是具有很宽的禾草寄主范围和广泛分布的病原菌，Crous 和 Braun（2003）、郭英兰和刘锡琎（2003）、Braun 等（2015a）等均采纳了 *P. graminis* 这个名称。Braun 等（2015a）把 13 个种降为 *P. graminis* 的异名，对其进行了详细的形态特征描述，列出了寄主范围和分布，并进行了讨论。

禾草钉孢属现仅模式种一个种。

属 级 特 征

Graminopassalora U. Braun, C. Nakash.,Videira & Crous，*in* Videira *et al*., Stud. Mycol. 87: 307, 2017.

植物病原菌，引起叶斑。菌丝体内生。子座通常发育良好，形状和大小多样，气孔下生至内生，褐色。分生孢子梗成小至非常大的孢梗簇，从子座生出，从气孔伸出或突破表皮，近圆柱形，直至弯曲，波状，稍呈屈膝状，不分枝，具隔膜，浅褐色至暗褐色，壁薄，光滑至粗糙，有时退化成产孢细胞。产孢细胞合生，顶生，具有 1 或多个明显的孢痕疤，孢痕疤圆形、加厚而暗，通常几乎不突出。分生孢子单生，椭圆-卵圆形、倒卵圆形、短倒棍棒形，0~3 个隔膜，偶尔在隔膜处稍缢缩，近无色至浅褐色，壁薄，光滑至粗糙；脐圆、加厚而暗。

模式种：*Graminopassalora graminis*（Fuckel）U. Braun, C. Nakash.,Videira & Crous。

与近似属的区别

短胖孢属 *Cercosporidium* Earle 与禾草钉孢属近似，具有内生的菌丝体，发育良好的子座，光滑至粗糙的分生孢子梗和光滑至具疣的分生孢子，区别在于其产孢细胞顶生，合轴式延伸或全壁层出延伸产孢；孢痕疤和分生孢子基脐稍加厚而暗至明显加厚而暗；分生孢子单生，稀少链生。

新短胖孢属 *Neocercosporidium* Videira & Crous 具有单生、有色泽的分生孢子，与禾草钉孢属的区别在于其菌丝体内生和表生；孢痕疤和分生孢子基脐稍加厚，变暗；分生孢子光滑。

类短胖孢属 *Paracercosporidium* Videira & Crous 也具有内生的菌丝体和单生的分生孢子，与禾草钉孢属近似，但其分生孢子梗光滑；孢痕疤和分生孢子基脐环状；分生孢子壁厚，光滑，多隔膜。

钉孢属 *Passalora* Fr. 与禾草钉孢属的区别在于其子座无或小；分生孢子梗和分生孢子光滑，且分生孢子通常为双胞孢子，在隔膜处缢缩。

禾本科 Gramineae

禾草钉孢　图 36

Graminopassalora graminis (Fuckel) U. Braun, C. Nakash.,Videira & Crous, *in* Videira *et al.*, Stud. Mycol. 87: 308, 2017.

Scolicotrichum graminis Fuckel, Hedwigia 2(15): 134, 1863.

Cercospora graminis (Fuckel) Horsfall, Mem. Cornell Univ. Agric. Exp. Sta. 130: 100, 1930.

Cercosporidium graminis (Fuckel) Deighton, Mycol. Pap. 112: 62, 1967; Liu & Guo, Acta Mycol. Sinica 1(2): 97, 1982.

Passalora graminis (Fuckel) Höhn., Zentralbl. Bakteriol. Parasitenk., Abt. 2, 60: 6, 1923; Crous & Braun, *Mycosphaerella* and its Anamorphs: I. Names Published in *Cercospora* and *Passalora*: 203, 2003.

Scolecosporium compressum Allesch., *in* Sydow, Mycoth. March. 4388, 1895, and Hedwigia 35: 34, 1896.

Cercospora graminicola Tracy & Earle, Bull. Torrey Bot. Club. 22: 179, 1895; Chupp, A Monograph of the Fungus Genus *Cercospora*: 247, 1954.

Scolicotrichum graminis var. *brachypodum* Speg., Ann. Mus. Nac. Buenos Aires, Ser. 3, 13: 436, 1911.

Scolicotrichum graminis var. *narum* Sacc. Ann. Mycol. 3: 515, 1905.

Passalora hordei G.H. Otth, Mith. Naturf. Ges. Bern 1868: 66, 1868.

Passalora punctiformis G.H. Otth, Mitth. Naturf. Ges. Bern 1868: 67, 1868.

Sphaeria recutita Fr., Syst. Mycol. (Lundae) 2(2): 524, 1928.

Mycosphaerella recutita (Fr. : Fr.) Johans., Öfvers. K. Svensk. Vetensk.-Akad. Förhandl. 41(no. 9): 166, 1884.

Heterosporium secalis Dippen., South African J. Sci. 28: 286, 1931.

Cladosporium sphaeroideum Cooke, Grevillea 8(46): 60, 1879.

Passalora compressa (Allesch.) Petr., *in* Reliquiae Petrakianae, Fasc. 1, 50（No. 192）, 1977, *comb. inval.*

Passalora graminis (Fuckel) Poonam Srivast., J. Living World 1: 116, 1994, *comb. inval.*

斑点生于叶的正背两面，椭圆形，2~11 × 1~3 mm，甚至呈长条形，19 × 2 mm，有时几个斑点相互愈合形成更长的条形斑，叶面斑点佛手黄色，中央色泽稍浅至灰白色，叶背斑点浅橄榄褐色，正背两面斑点中央均具有灰黑色子实层。子实体生于叶的正背两面。菌丝体内生。子座叶表皮下生，近球形，褐色，直径 35~95 μm。分生孢子梗极紧密地簇生在子座上，中度褐色至暗褐色，色泽均匀，宽度规则，直至弯曲，后期因分生孢子梗壁一侧加厚而明显向内弯曲，不分枝，光滑，1~3 个屈膝状折点，多集中在 1/4 处至近顶部，顶部圆锥形至圆锥形平截，无隔膜，20~105 × 3.5~8 μm。孢痕疤明显加厚、暗，宽 2.5~3.5 μm。分生孢子单生，倒棍棒形，有时小孢子呈棍棒形，浅橄榄褐色，光滑，直或稍弯曲，顶部钝圆，基部倒圆锥形平截，1~3 个隔膜，30~45 × 7~12 μm；脐加厚而暗。

看麦娘属 *Alopecurus* sp.: 江苏昆山（150206）。

世界分布：阿根廷，亚美尼亚，亚洲，澳大利亚，比利时，保加利亚，加纳利群岛，加拿大，智利，中国，古巴，芬兰，法国，德国，伊朗，意大利，日本，韩国，冰岛，新西兰，波兰，俄罗斯，瑞典，泰国，美国，英国，乌克兰，维尔京群岛。

讨论：Fuckel（1863）报道的禾单隔孢 *Scolicotrichum graminis* Fuckel，因具有宽的分生孢子，Höhnel（Zentralbl. Bakteriol. Parasitenk., Abt. 2, 60: 6, 1923）将其组合为禾钉孢 *Passalora graminis*（Fuckel）Höhn.。Deighton（1967）又将 *S. graminis* 组合为禾短胖孢 *Cercosporidium graminis*（Fuckel）Deighton，把 *P. graminis* 亦作为其异名，但 Deighton 没有为 *C. graminis* 提供形态特征描述。在讨论中 Deighton 指出，*Scolicotrichum graminis* 发生在许多种禾草上，并且在不同的寄主属上已发表了多个不同的菌名，Sprague（Diseases of Cereals and Grasses in North America: 424-429, 1950）在 *S. graminis* 名下引证了很宽的寄主属范围，并把多个菌名作为异名处理。Deighton（1967）认为 *P. graminis* 可能是由多个分类单位组成的，但是在不同的寄主上的形态特征是一致的。Deighton 指出，他发表的 *C. graminis* 组合是作为一个集合种处理，意在更适合在 IMI 标本馆保存的许多份标本。

Braun 等（2015a）对 *P. graminis* 进行了详细的形态特征描述；列出了 *P. graminis* 的寄主范围和分布，并进行了讨论。在中国标本上的形态特征与 Braun 等的描述非常相似，仅后者子座较大（直径 20~130 μm），分生孢子稍长而宽 [15~50（~60）× 5~12（~14）μm]。

在禾本科（Gramineae）植物上，分生孢子梗和分生孢子宽的钉孢还有：生于软条青篱竹 *Arundinaria tecta* Muhl. 上的紧密钉孢 *Passalora compacta*（Berk. & M.A. Curtis）U. Braun & Crous（Crous and Braun, 2003）、寄生在白茅属 *Imperata* sp. 植物上的白茅

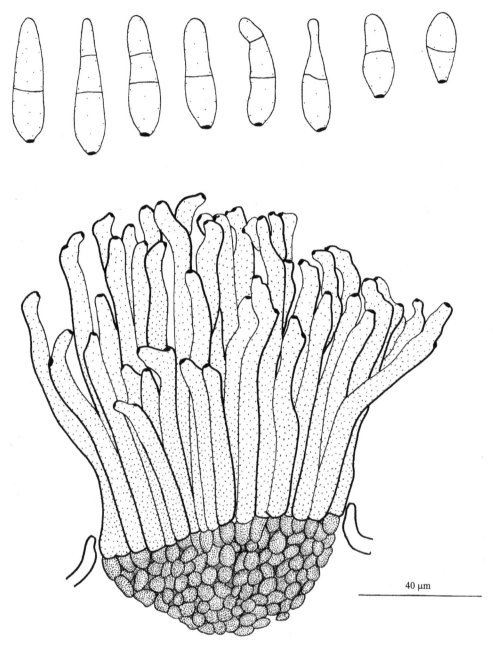

图 36　禾草钉孢 *Graminopassalora graminis*（Fuckel）U. Braun, C. Nakash.,Videira & Crous

钉孢 *P. impetatae*（Syd. & P. Syd.）U. Braun & Crous（Crous and Braun, 2003）和生于 *Pennisetum bombusifoeme* Hemsl. 上的通古拉瓦钉孢 *P. tungurahuensis*（Petr.）U. Braun & Crous（Crous and Braun, 2003）。*P. compacta* 与本种近似，都具有叶两面生的子实体，大子座，宽的分生孢子梗和分生孢子，区别在于其子座特别大（直径 60~150 μm），暗褐色；分生孢子梗长而窄（50~300 × 3~6.5 μm）；分生孢子有时具喙，窄（22~53 × 5.5~8 μm）。*P. impetatae* 和 *P. tungurahuensis* 与本菌的区别在于前者子实体生于叶背面；有表生菌丝；分生孢子梗短（15~75 × 4.5~7 μm）；分生孢子圆柱形至圆柱-倒棍棒形，

无色，较窄（30~65 × 4~7.5 μm）；后者分生孢子梗较长（90~160 × 4~7 μm）；分生孢子倒棍棒-圆柱形，色泽浅（无色至近无色），窄（20~60 × 3.5~7 μm）。

假钉孢属 Nothopassalora U. Braun, C. Nakash.,Videira & Crous, *in* Videira *et al.*, Stud. Mycol. 87: 333, 2017.

研 究 史

假钉孢属是 Braun, Nakashima, Videira 和 Crous（Videira *et al.*, 2017）经分子研究后建立的与 *Passalora* Fr. 相似的属，具有大子座，短而宽的分生孢子梗，明显加厚、变暗的孢痕疤和分生孢子基脐，宽的分生孢子。与 *Passalora* 的明显区别是孢痕疤和分生孢子基脐加厚而暗，分生孢子多隔膜，基脐有时突出。模式种是球座假钉孢 *Nothopassalora personata*（Berk. & M.A. Curtis）U. Braun, C. Nakash., Videira & Crous。

Nothopassalora personata 的基原异名球座枝孢 *Cladosporium personatum* Berk. & M. A. Curtis（Grevillea 3: 106, 1875），曾先后被组合为球座尾孢 *Cercospora personata*（Berk. & M. A. Curtis）Ellis & Everh.（1885）、球座短胖孢 *Cercosporidium personatum*（Berk. & M. A. Curtis）Deighton（1967）和球座钉孢 *Passalora personata*（Berk. & M. A. Curtis）S.A. Khan & Kamal（Pakistan J. Sci. Res. 13: 188, 1961）。刘锡琎和郭英兰（1982a）、Hsieh 和 Goh（1990）都使用了 *Cercosporidium personatum* 这个名称，描述了在中国标本上的形态特征。Guo（1999）、Shin 和 Kim（2001b）、Crous 和 Braun（2003）、郭英兰和刘锡琎（2003）承认了 *Passalora personata*，将 *C. personatum* 作为 *P. personata* 的异名。

假钉孢属现仅有模式种一个种。

属 级 特 征

Nothopassalora U. Braun, C. Nakash., Videira & Crous, *in* Videira *et al.*, Stud. Mycol. 87: 333, 2017.

丝孢菌，植物病原菌。菌丝体内生：菌丝无色至浅褐色，分枝，具隔膜。子座暗色，表皮下生，气孔下生，近球形。分生孢子梗成簇从子座上生出，从气孔伸出，浅至中度褐色，光滑至具疣，不分枝，直至弯曲，在顶部屈膝状弯曲，多隔膜，但有时仅在基部有 1 个隔膜或退化成产孢细胞。产孢细胞合生，顶生，合轴式延伸，单芽生或多芽生产孢，孢痕疤环状、加厚、变暗。分生孢子单生，浅褐色至橄榄色，光滑，壁薄，圆柱形至长倒棍棒形，直或稍弯曲，顶部圆，有时变窄呈喙状，基部圆或倒圆锥形平截，多隔膜；脐加厚而暗，有时突出。

模式种：*Nothopassalora personata*（Berk. & M.A. Curtis）U. Braun, C. Nakash., Videira & Crous。

与近似属的区别

短胖孢属 *Cercosporidium* Earle 具有内生的菌丝体；加厚而暗的孢痕疤和分生孢子基脐；光滑至具疣的分生孢子梗，与假钉孢属近似，但其分生孢子单生，偶尔链生，光滑至具疣。

类短胖孢属 *Paracercosporidium* Videira & Crous 也具有内生的菌丝体，光滑的分生孢子梗和分生孢子及环状的孢痕疤，与假钉孢属的区别在于其分生孢子壁厚，脐不突出。

钉孢属 *Passalora* Fr. 与假钉孢属的区别在于其孢痕疤和分生孢子基脐稍加厚，变暗，孢痕疤平；分生孢子梗和分生孢子光滑；分生孢子多为双胞孢子。

侧钉孢属 *Pleuropassalora* U. Braun, C. Nakash., Videira & Crous 与假钉孢属近似，具有内生的菌丝体；加厚而暗的孢痕疤和分生孢子基脐；分生孢子单生，但其产孢细胞和分生孢子具油滴，后期具疣。

多隔钉孢属 *Pluripassalora* Videira & Crous 与假钉孢属非常相似，分生孢子多隔膜，区别在于其分生孢子多倒棍棒形，壁厚，有时在隔膜处缢缩。

豆科 LEGUMINOSAE

球座假钉孢　图 37

Nothopassalora personata (Berk. & M.A. Curtis) U. Braun, C. Nakash., Videira & Crous, *in* Videira *et al.*, Stud. Mycol. 87: 333, 2017.

Cladosporium personatum Berk. & M.A. Curtis, Grevillea 3: 106, 1875.

Cercospora personata (Berk. & M.A. Curtis) Ellis & Everh., J. Mycol. 1: 63, 1885; Chupp, A Monograph of the Fungus Genus *Cercospora*: 323, 1954; Tai, Sylloge Fungorum Sinicorum: 895, 1979.

Cercosporiopsis personata (Berk. & M.A. Curtis) M. Miura, Flora of Manchuria and East Mongolia. Part III. Cryptogams, fungi 3: 529, 1928.

Passalora personata (Berk. & M.A. Curtis) S.A. Khan & M. Kamal, Pakistan J. Sci. Res. 13: 188, 1961; Guo, Mycotaxon 72: 350, 1999; Shin & Kim, *Cercospora* and Allied Genera from Korea: 144, 2001; Crous & Braun, *Mycosphaerella* and its Anamorphs: I. Names Published in *Cercospora* and *Passalora*: 317, 2003.

Cercosporidium personatum (Berk. & M. A. Curtis) Deighton, Mycol. Pap. 112: 71, 1967; Liu & Guo, Acta Mycol. Sinica 1(2): 91, 1982; Hsieh & Goh, *Cercospora* and Similar Fungi from Taiwan: 175, 1990.

Passalora personata (Berk. & M.A. Curtis) Poonam Srivast., J. Living World 1(2): 117, 1994, *nom. inval.*

Phaeoisariopsis personata (Berk. & M.A. Curtis) Arx, Proc. K. Ned. Akad. Wet., Ser. C, Biol. Med. Sci. 86(1): 43, 1983.

Septogloeum arachidis Racib., Z. Pflanzenkrankh. 8: 66, 1898.

Cercospora arachidis Henn., Hedwigia 41: 18, 1902.

Mycosphaerella berkeleyi Jenkins, J. Agric. Res. 56: 330, 1938.

斑点生于叶的正背两面，圆形至近圆形，直径 0.5~10 mm，有时几个斑点斑愈合成不规则形斑块，后期斑点布满整个叶片；斑点发生在花轴、叶柄及茎上时呈椭圆形或线形，叶面斑点深褐色至黑褐色，具浅黄色水渍状晕，叶背斑点灰褐色至污褐色。子实体叶两面生，但主要生在叶背面。菌丝体内生。子座叶表皮下生，近球形至球形，褐色至黑色，直径 75~200 μm。分生孢子梗极紧密地簇生在子座上，橄榄褐色至浅黑褐色，色泽均匀，宽度规则，直至稍弯曲，光滑，不分枝，1~3 个屈膝状折点，顶部圆至圆锥形平截，0~1 个隔膜，16~60（~100）× 4.5~8 μm。孢痕疤明显加厚、暗，坐落在圆至圆锥形平截顶部及折点处，宽 2~3 μm。分生孢子圆柱形、倒棍棒形或稍呈纺锤形，中度暗橄榄褐色，光滑，直或稍弯曲，顶部钝至钝圆形，基部倒圆锥形平截，1~9 个隔膜，多数 3~5 个隔膜，18~77.5 × 5~9 μm；脐明显加厚，暗。

落花生 *Arachis hypogaea* L.：北京（07305，10594，34101，40648）；河北宣化（07825）；辽宁大连（62218），沈阳（62219），熊岳（62220）；吉林怀德（24356）；山东黄县（03559），蓬莱（03644）；江苏南京（62217）；安徽九华山（15013）；江西庐山（15012）；福建同安（15016）；台湾台中（NCHUPP-17，79034），台湾（04938，05158）；河南（61067），郑州（247126），开封（15008）；湖南龙山（34925）；湖北崇阳（15010）；广东广州（02321，15017），梅县（15015），汕头（15014）；海南吊罗山（79251，80921），定安（242765）；广西容县（15011），柳州（01989），广西（15009）；四川射洪（11009）；云南宾川（01925），蒙自（01987）。

据戴芳澜（1979）报道，本种[在 *Cercospora personata*（Berk. & M.A. Curtis）Ellis & Everh. 名下]的分布还有：

落花生 *Arachis hypogaea* L.：山西，内蒙古，浙江，甘肃，新疆。

据葛起新（1991）报道，本种[在 *Cercospora personata*（Berk. & M.A. Curtis）Ellis & Everh. 名下]的分布还有：

落花生 *Arachis hypogaea* L.：浙江仙居，天台，临海等。

世界分布：阿富汗，安哥拉，阿根廷，澳大利亚，阿塞拜疆，孟加拉国，巴巴多斯岛，贝宁，百慕大，不丹，玻利维亚，巴西，文莱，布基纳法索，柬埔寨，喀麦隆，加拿大，扎特，中国，哥伦比亚，刚果，古巴，多米尼加，埃及，萨尔瓦多，埃塞俄比亚，斐济，法国，波利尼西亚，加蓬，冈比亚，格鲁吉亚，加纳，希腊，关岛，危地马拉，几内亚，圭亚那，海地，洪都拉斯，印度，印度尼西亚，伊朗，伊拉克，以色列，科特迪瓦，牙买加，约旦，肯尼亚，韩国，老挝，利比里亚，利比亚，马达加斯加，马拉维，马来西亚，马里，毛里求斯，墨西哥，摩洛哥，莫桑比克，尼泊尔，新喀里多尼亚，尼加拉瓜，尼日尔，尼日利亚，巴基斯坦，巴拿马，巴布亚新几内亚，巴拉圭，秘鲁，菲律宾，俄罗斯，塞内加尔，塞拉利昂，新加坡，所罗门群岛，索马里，南非，西班牙，斯里兰卡，苏丹，苏里南，坦桑尼亚，泰国，多哥，汤加，特立尼达和多巴哥，土库曼斯坦，土耳其，乌干达，乌拉圭，美国，乌兹别克斯坦，委内瑞拉，越南，维尔京群岛，赞比亚，津巴布韦。

讨论：Ellis 和 Everhart（1885a）把球座枝孢 *Cladosporium personatum*（1875）组

合为球座尾孢 *Cercospora personata*（Berk. & M. A. Curtis）Ellis & Everh.，Khan 和 Kamal（Pakistan J. Sci. Res. 13: 88, 1961）把 *C. personata* 组合为球座钉孢 *Passalora personata*（Berk. & M.A. Curtis）Khan & M. Kamal。Deighton（1967）研究 *Cercosporodium* 时，因 *C. personata* 的分生孢子短而宽，又将 *C. personata* 组合为 *Cercosporodium personatum*（Berk. & M.A. Curtis）Deighton，并且把 *Passalora personata* 作为 *Cercosporodium personatum* 的异名之一，刘锡琏和郭英兰（1982a）、Hsieh 和 Goh（1990）均接纳了 *P. personata*（Berk. & M.A. Curtis）Khan & M. Kamal 这个名称。

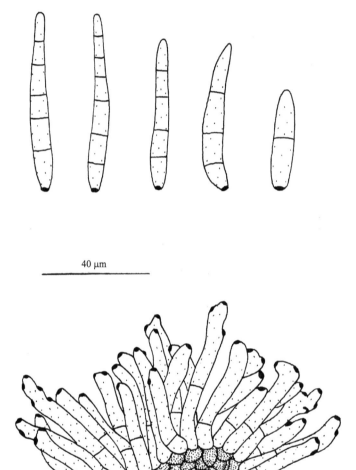

40 μm

图 37　球座假钉孢 *Nothopassalora personata*（Berk. & M.A. Curtis）U. Braun, C. Nakash., Videira & Crous

　　随着分子生物学技术在尾孢类真菌中的应用，Crous 和 Braun（2003）把 *Cercosporodium* 作为 *Passalora* 的异名之一，承认了 *Passalora personata* 之名称，把 *Cercosporodium personatum* 降为 *P. personata* 的异名。

Videira 等（2017）经多基因序列数据系统发育分析、结合形态特征和培养性状，以 *Nothopassalora personata* 为模式种建立了 *Nothopassalora* U. Braun, C. Nakash., Videira & Crous，把 *Passalora personata* 置于 *N. personata* 名下。

Videira 等（2017）描述 *Nothopassalora personata* 在澳大利亚 *Arachis hypogaea* L. 上的分生孢子梗 28~63 × 5~7.3 μm，分生孢子 38~85 × 5~8 μm，2~7 个隔膜，与在中国标本上的特征非常相似；而分离自澳大利亚花生上的菌株，在 V8 培养基上的分生孢子梗 50~100 × 3~5 μm，分生孢子 45~110 × 5~7 μm，2~10 个隔膜，均较在中国标本上长而稍窄，分生孢子隔膜较多。

落花生尾孢 *Cercospora arachidicola* Hori（Nishigahara Agri. Expt. Sta. Tokyo. Ann. Rep. p. 26, 1917）也可引起落花生黑斑病，与 *Nothopassalora personata* 引起的症状相似，区别在于其分生孢子梗（15~45 × 3~5 μm）和分生孢子（35~110 × 3~5 μm）均窄，且分生孢子近无色。

类尾孢属 Paracercospora Deighton, Mycol. Pap. 144: 47, 1979.

研 究 史

类尾孢属是 Deighton（1979）建立的，模式种茄类尾孢 *Paracercospora egenula*（Syd.）Deighton 的基原异名是茄针尾孢 *Cercoseptoria egenula* Syd.（1935）[≡ *Cercospora egenula*（Syd.）Chupp & Doidge（1948）]。Deighton 提供了简要的属级特征描述：丝孢菌。叶生真菌，寄生并引起叶斑。菌丝体内生。子座无或发育良好。分生孢子梗淡色，光滑。产孢细胞合生，顶生，合轴式延伸，多芽产孢，孢痕疤中度明显，具一窄而稍加厚的边。分生孢子淡色，近圆柱形或倒棍棒-圆柱形，光滑，基脐具一窄而稍加厚的边，多隔膜，不链生。并描述了 3 个种：*Paracercospora egenula*（Syd.）Deighton、斐济类尾孢 *P. fijiensis*（M. Morelet）Deighton 和斐济类尾孢不整变种 *P. fijiensis* var. *difformis*（Mulder & Stover）Deighton。Deighton 在讨论中指出，*Paracercospora* 与 *Cercospora* 的区别在于 *Cercospora* 的孢痕疤除中孔外全部加厚，而 *Paracercospora* 的孢痕疤中度明显，并且具有一个窄而稍加厚的边，分生孢子的基脐也具有一个窄而稍加厚的边。

Deighton（1979）在研究了不同国家的标本后，提供了模式种茄类尾孢 *P. egenula* 详细的形态描述：叶斑近圆形，直径达 5 mm，褐色，随着斑点的发展，中部色泽变浅，通常具一窄而暗褐色的边缘，叶背斑点色泽浅。子实体叶两面生，但多生在叶面，暗褐色，点状，紧密分布在斑点上，在叶背面较少，当分生孢子大量形成时斑点上覆盖一橄榄色孢子层。菌丝体内生：菌丝几乎无色，宽 2.5~7 μm。子座气孔下生，突破气孔，宽 20~50 μm，高 10~25 μm，由稀疏、非常浅的橄榄色膨大菌丝组成，有时相互愈合，宽度超过 100 μm。分生孢子梗非常多，紧密簇生，非常浅的橄榄色，近圆柱形，近直或波状，有时弯曲，不分枝，光滑，无隔膜，顶部平截，向孢痕疤处渐窄，长达 28 μm，但通常仅长 8~12 μm，宽 4~4.5 μm。孢痕疤直径 2~3 μm，明显，具一非常窄而加厚的边，呈暗色。分生孢子非常浅的橄榄色，近圆柱形，有时稍呈倒棍棒形，顶部宽圆，向基脐变平截并且脐具非常窄而加厚的边，直或稍弯曲，光滑，1~8 个隔膜，不缢缩，23~85 × 3~5.5 μm。

Deighton 在讨论中提到，茄尾孢 Cercospora egenula（Syd.）Chupp & Doidge（1948）的子座发育良好，分生孢子梗紧密簇生在子座上，然而 C. fijiensis 无子座，分生孢子梗从气孔伸出，少数根簇生；C. fijiensis var. difformis 也无子座，分生孢子梗从气孔伸出，少数根簇生或多根从子座发生。Deighton 认为，子座是否产生对于区分种是非常重要的特征，但对于区分属就不那么重要了。虽然 C. fijiensis 曾被 Deighton（1976）转到 Pseudocercospora，但根据其孢痕疤的特征，依然归在类尾孢属。

Stewart 等（1999）根据 Mycosphaerellaceae 系统发育分析的结果，认为 Paracercospora 是 Pseudocercospora 的一个异名，得此结论的理由是 Paracercospora 的产孢孔（孢痕疤）仅沿边缘稍加厚而暗是不足以用作属级水平的区别特征来与不加厚的孢痕疤相区分的，这一观点得到了 Crous 等（2000a，2001c）rDNA ITS 研究结果的支持。因此，Crous 和 Braun（2003）根据以上结论，把 Paracercospora egenula 作为 Pseudocercospora egenula 的异名。但是 Crous 和 Braun 对 Paracercospora 的这种处理不是依据 Paracercospora 的模式种 P. egenula 的资料，主要是依据 P. fijiensis 和 Pseudocercospora basiramifera Crous（Crous, 1998; Arzanlou et al., 2008）的资料，分子研究的结果显示这两个种是聚在 Pseudocercospora 的大分支上。

Crous 等（2013 a）及 Vaghefl 等（2016）经分子研究后，提供了 Paracercospora 不是 Pseudocercospora 的异名的新证据，但是从形态上 Paracercospora 不能与 Pseudocercospora 区分开。Paracercospora egenula 的分生孢子近无色至浅橄榄色，孢痕疤具稍加厚的边，有别于 Pseudocercospora。Paracercospora 的孢痕疤边缘稍加厚，分生孢子近无色，而 P. fijiensis 因具有浅至中度褐色的分生孢子而属于 Pseudocercospora（Arzanlou et al., 2008），即斐济假尾孢 Pseudocercospora fijiensis（M. Morelet）Deighton（1976）。

Crous 等（2013a）通过分子研究后提供了 Paracercospora 的属级特征： 生叶上，植物病原菌，引起叶斑。菌丝体内生，菌丝无色至浅橄榄色。子座无或发育不良。分生孢子梗簇生，光滑，近无色至浅橄榄色。产孢细胞合生，顶生，单芽或通常多芽生，合轴式延伸产孢；孢痕疤中度明显，沿边缘加厚。分生孢子单生，近圆柱形至倒棍棒-圆柱形，光滑，近无色至浅橄榄色，具一窄而沿边缘加厚的基脐。

Braun 等（2013）指出 Paracercospora 的模式种 P. egenula 最近已经包含在了分子序列数据系统发育分析中，但是和一个具有链生分生孢子的种短果钉孢 Passalora brachycarpa（Syd.）U. Braun & Crous（Crous and Braun, 2003）和与真正的 Pseudocercospora 的种形态上无区别的 Pseudocercospora tibouchinigens Crous & U. Braun（2012）以及一些 Mycosphaerella 的种（Crous et al., 2012）聚在至今尚不全部了解的假尾孢属一支上。因此，Paracercospora 现在界定模式种的特征是具有圆、加厚、暗色边的孢痕疤和色泽非常浅的分生孢子。因为具有这种 Paracercospora 样的孢痕疤和近无色或浅色分生孢子的特征在一些真正的 Pseudocercospora 种中也存在，因此仅根据形态特征是无法区分这两个属的。Paracercospora 现在是一个具有系统发育差异的单型属。Braun 等还提供了简单的属级特征描述：暗色丝孢菌属，形态上难于与假尾孢属区分开，但系统发育不同，球腔菌科。菌丝体内生。分生孢子梗与菌丝有明显区别，簇生，具色泽。产孢细胞合生，顶生或分生孢子梗退化成产孢细胞，孢痕疤近明显、圆、沿边缘非常不明显地加厚和变暗。分生孢子单生，线形孢，近无色至非常浅的橄榄色，基脐沿边缘非常不明显地加厚和变暗。

Videira 等（2017）利用多基因序列数据系统发育分析研究 Mycosphaerellaceae，承认了 Paracercospora，并采纳了 Braun 等（2013）提供的属级特征描述：菌丝体内生。分生孢子梗簇生，有色泽。产孢细胞合生，顶生或分生孢子梗退化成产孢细胞，孢痕疤圆、近明显、具稍稍加厚而暗的边。分生孢子单生，线形孢，近无色至非常浅的橄榄色，脐沿边稍稍加厚而暗。

至 2021 年，Paracercospora 已报道 7 个名称：白鲜生类尾孢 Paracercospora dictamnicola Y.H. Ou & R.J. Zhou（Ou et al., 2015）、茄类尾孢 P. egenula（Syd.）Deighton（1979）、泡桐类尾孢 P. paulowniae（J.M. Yen & S.K. Sun）Deighton（1990）、斐济类尾孢 P. fijiensis（M. Morelet）Deighton（1979）、斐济类尾孢不整变种 P. fijiensis var. difformis（J.L. Mulder & R.H. Stover）Deighton（1979）、斐济类尾孢原变种 P. fijiensis（M. Morelet）Deighton var. fijiensis（1979）和莿柊类尾孢 P. scolopiae Crous & U. Braun（1995）。其中 P. fijiensis、P. fijiensis var. difformis 和 P. fijiensis var. fijiensis 的现用名称为斐济假尾孢 Pseudocercospora fijiensis（M. Morelet）Deighton（1976）。

类尾孢属是个小属，本卷册描述 Paracercospora egenula、P. dictamnicola 和 P. paulowniae 3 个种。

属 级 特 征

Paracercospora Deighton, Mycol. Pap. 144: 47, 1979, *emend.* Braun *et al.* 2013.

暗色丝孢菌，形态上难于与假尾孢属区分开，但系统发育不同，球腔菌科。菌丝体内生。分生孢子梗与菌丝有明显区别，簇生，有色泽。产孢细胞合生，顶生或分生孢子梗退化成产孢细胞，孢痕疤近明显、圆、沿边缘非常不明显地加厚和变暗。分生孢子单生，线形孢，近无色至非常浅的橄榄色，基脐沿边缘非常不明显地加厚和变暗。

模式种：Paracercospora egenula（Syd.）Deighton。

与近似属的区别

尾孢属 *Cercospora* Fresen. 与类尾孢属的区别在于其孢痕疤和分生孢子基脐明显加厚而暗；分生孢子无色，真隔膜。

离壁隔菌绒孢属 *Distomycovellosiella* U. Braun, C. Nakash., Videira & Crous 与类尾孢属相似，分生孢子亦具有真隔膜或离壁隔膜，但其孢痕疤和分生孢子基脐加厚而暗，且分生孢子链生。

钉孢属 *Passalora* Fr. 虽然也具有内生的菌丝体和单生的分生孢子，与类尾孢属稍近似，但其孢痕疤和分生孢子基脐稍加厚而暗，平；分生孢子多为双胞孢子，真隔膜，在隔膜处缢缩。

假尾孢属 *Pseudocercospora* Speg. 与类尾孢属的区别在于其孢痕疤和分生孢子基脐不明显，不加厚，不变暗；分生孢子真隔膜。

芸香科 RUTACEAE

白鲜生类尾孢　图 38

Paracercospora dictamnicola Y.H. Ou & R.J. Zhou, Mycol. Progress 14(15): 2, 2015.

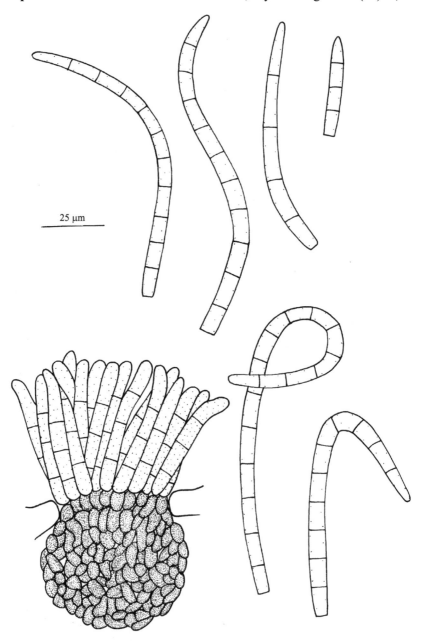

25 μm

图 38　白鲜生类尾孢 *Paracercospora dictamnicola* Y.H. Ou & R.J. Zhou

斑点生于叶的正背两面，近圆形、角状至不规则形，直径 2~15 mm，常多斑愈合成大型斑块，达 5×3 cm，叶面斑点初期仅为褐色小点，后期灰色、暗灰褐色至红褐色，边缘围以暗褐色至暗红褐色细线圈，具黄色至浅黄褐色晕，叶背斑点灰褐色或深红褐色，具黄色晕。子实体生在叶面，散生，点状，灰褐色。菌丝体内生：菌丝近无色至浅橄榄色，壁薄，光滑，具隔膜，宽 2~4 μm。子座气孔下生，单生或聚生，球形或近球形，暗褐色，直径 50~125 μm。分生孢子梗非常紧密地簇生，橄榄色至浅橄榄褐色，光滑，直或中度弯曲，稀少屈膝状，0~4 个隔膜，顶部圆至平截，25~75 × 3.5~6 μm。产孢细胞合生，顶生或分生孢子梗退化成产孢细胞，孢痕疤不加厚、不变暗，具一暗色、非常窄而加厚的边，宽 2~2.8 μm。分生孢子单生，圆柱形至倒棍棒-圆柱形，浅橄榄色至非常浅的橄榄褐色，光滑，直，稍弯曲至非常弯曲，呈钩状，"S"形、宽"V"字形，甚至上部呈旋卷状，顶部钝至钝圆，基部平截，3~16 个隔膜，40~225 × 3.5~6.5 μm；基脐不加厚、不变暗，具一非常窄而加厚的边。

在 PDA 培养基上 25℃培养 14 天，菌落致密，橄榄色至灰褐色，直径达 17.3 mm，仅有少数分生孢子产生，产生浅紫罗兰红色色素。在 V8 培养基上 25℃培养 14 天，菌落生长慢，致密，直径达 7.4 mm，白色至灰色，产生分生孢子，浅紫罗兰红色色素不明显。

白鲜 *Dictamnus dasycarpus* Turcz.：辽宁沈阳（SYAU 120822，主模式，HMAS 247108等模式）。

世界分布：中国。

讨论：寄生在吉林 *Dictamnus dasycarpus* Turcz.上的白鲜假尾孢 *Pseudocercospora dictamni*（Fuckel）U. Braun & Crous（2002），虽然斑点及菌的形态特征与本菌非常相似，但区别在于其孢痕疤不明显、不加厚、不变暗；分生孢子梗短而色泽稍浅 [12~27（~40）× 3~5 μm，橄榄色至浅橄榄褐色]；分生孢子为圆柱形，短而色泽稍浅（长达 150 μm，宽 4~5.3 μm，橄榄色）。

玄参科 SCROPHULARIACEAE

泡桐类尾孢　图 39

Paracercospora paulowniae (J.M. Yen & S.K. Sun) Deighton, Mycol. Res. 94(8): 1101, 1990.

Phaeoisariopsis paulowniae J.M. Yen & S.K. Sun, Cryptog. Mycol. 4(2): 196, 1983.

叶面斑点不明显或稍可见，不规则圆形，直径 1~8 mm，非常浅的褐色，具褐色、宽的边缘，散生或有时愈合。子实体叶两面生，在叶面点状，暗色，在叶背面呈扩散型，暗灰色。菌丝体内生：菌丝近无色，光滑，具隔膜，分枝，宽 3~4 μm。子座球形或近球形，褐色，直径 18~35 μm。分生孢子梗多根紧密成束，或少数根从气孔伸出，单根梗棍棒形，浅橄榄色，长 40~135 μm，上部宽 6~6.5 μm，基部宽 3.5~4 μm，通常直，不分枝，光滑，无屈膝状折点，顶部圆或近平截，1~8 个隔膜；孢痕疤明显，褐色，直径 2~2.5 μm。分生孢子倒棍棒-圆柱形，浅橄榄色，常稍弯曲，光滑，顶部圆，基部倒圆锥形-近平截，3~8 个隔膜，在隔膜处不缢缩，30~92 × 5~7 μm；脐明显。

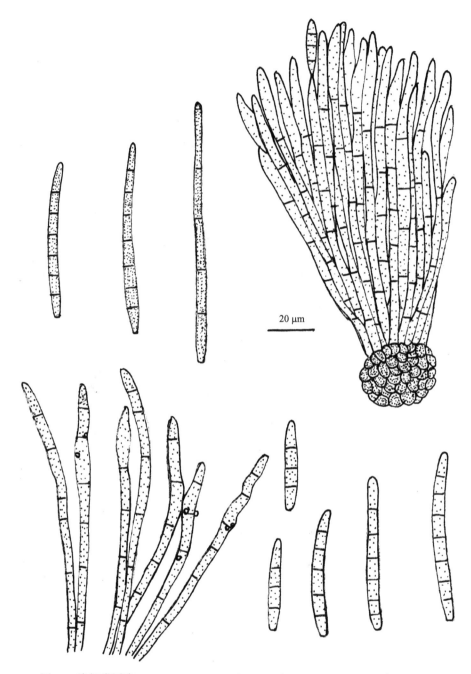

图 39 泡桐类尾孢 *Paracercospora paulowniae*（J.M. Yen & S.K. Sun）Deighton

泡桐 *Paulownia taiwaniana* Hu & Cheng：台湾南投（LAM Yen 10622）。

世界分布：中国。

无标本供研究，描述及图来自 Yen 和 Sun（1983）。

茄科 SOLANACEAE

茄类尾孢　图 40

Paracercospora egenula (Syd.)Deighton, Mycol. Pap. 144: 48, 1979; Videira, Groenewald, Nakashima, Braun, Barreto, de Wit & Crous, Stud. Mycol. 87: 333, 2017.

Cercoseptoria egenula Syd., Ann. Mycol. 33: 235, 1935.

Cercospora egenula (Syd.) Chupp & Doidge, Bothalia 4(4): 885, 1948; Chupp, A Monograph of the Fungus Genus *Cercospora*: 540, 1954; Ellis, More Dematiaceous Hyphomycetes: 288, 1976.

Pseudocercospora egenula (Syd.) U. Braun & Crous, *in* Crous & Braun, *Mycosphaerella* and its Anamorphs. I. Names Published in *Cercospora* and *Passaolora*: 171, 2003.

Cercospora solani-melongenae Chupp, Bothalia 4(4): 892, 1948, and A Monograph of the Fungus Genus *Cercospora*: 551, 1954 .

斑点生于叶的正背两面，圆形、近圆形或长椭圆形，直径 1~8 mm，散生或多斑愈合，有时全斑脱落，形成穿孔，有时具 1~2 条轮纹，叶面斑点最初仅为褐色小点，后发展成白色、浅橄榄褐色、浅褐色、浅灰褐色或灰黑色，边缘围以褐色至暗褐色细线圈，具浅黄褐色或宽的红褐色晕，叶背斑点浅橄榄褐色或浅灰黑色，具浅黄褐色晕。子实体叶两面生，但多生在叶面，在叶背面较少。菌丝体内生：菌丝几乎无色，宽 2.5~7 μm。子座气孔下生，突破气孔，直径 20~68 μm，由非常稀疏的橄榄色至浅橄榄褐色膨大菌丝组成，有时多个子座相互愈合，宽度达 95 μm。分生孢子梗非常紧密地簇生，浅橄榄色至非常浅的橄榄褐色，近圆柱形，直或波状，有时弯曲，不分枝，光滑，无隔膜，顶部平截，孢痕疤处稍窄，8~27 × 4~5 μm。孢痕疤明显，具一暗色、非常窄而加厚的边，直径 2~2.8 μm。分生孢子非常浅的橄榄色至橄榄色，圆柱形至圆柱-倒棍棒形，有时稍呈倒棍棒形，顶部宽圆，直或稍弯曲，光滑，基部稍窄至平截，2~9 个隔膜，不缢缩，25~80 × 3.5~5.5 μm；脐稍暗且具非常窄而加厚的边。

欧白英 *Solanum dulcamara* L.：江苏南京（148596，148597，148603）；海南万宁（148613，148615）；四川成都（148605，149607）。

茄 *Solanum melongena* Linn.：北京（148570，148575，148590，148591，148641，148643，148659，148672，163094）；吉林长春（148681，148682）；黑龙江哈尔滨（148691，148694）；广东（148709）；四川成都（148678，148679），峨眉山（148700，148701，148708）；云南元江（148585，148586）。

茄属 *Solanum* sp.：云南景洪（148890，148895，148896）。

世界分布：中国，埃塞俄比亚，斐济，印度，印度尼西亚，日本，肯尼亚，韩国，马拉维，马来西亚，莫桑比克，毛里求斯，新喀里多尼亚，沙特阿拉伯，塞舌尔，索马里，南非，苏丹，坦桑尼亚，汤加，美国。

讨论：Sydow（Ann. Mycol. 33: 235, 1935）报道自 *Solanum panduraeforme* Drege 上的茄针尾孢 *Cercoseptoria egenula* Syd.，Chupp 和 Doidge（1948）将其组合为茄尾孢 *Cercospora egenula*（Syd.）Chupp & Doidge。Chupp [Bothalia 4（4）: 892, 1948] 又报道了生于 *S. melongena* 上的茄尾孢 *Cercospora solani-melongenae* Chupp 新种。因 *C.*

solani-melongenae（子座直径 20~60 μm，分生孢子梗 5~30 × 3~5 μm，分生孢子无色至浅橄榄色，3~7 个隔膜，30~80 × 3~5 μm）和 *Cercoseptoria egenula*（子座直径 20~80 μm，分生孢子梗 5~35 × 2.5~4.5 μm，分生孢子无色至近无色，1~5 个隔膜，20~85 × 3~6 μm）的形态特征非常相似，Deighton（1979）把这两个种均列为 *Paracercospora egenula* 的异名。

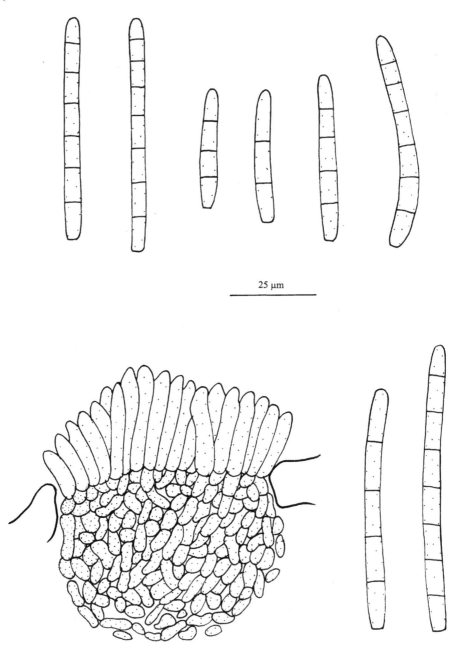

图 40　茄类尾孢 *Paracercospora egenula*（Syd.）Deighton

Crous 和 Braun（2003）依据 *Cercoseptoria egenula* 的孢痕疤不明显、不加厚的特征，将其组合为茄假尾孢 *Pseudocercospora egenula*（Syd.）U. Braun & Crous，并把 *C.*

egenula、*C. solani-melongenae* 和 *P. egenula* 均作为其异名处理。

Videira 等（2017）经分子研究后，同意 Deighton（1979）的处理，并把 *Pseudocercospora egenula* 降为 *Paracercospora egenula* 的异名。

本菌在中国标本上的形态特征与 Sydow（1935）、Chupp 和 Doidge（1948）及 Deighton [1979，子座直径 20~50μm，分生孢子梗 8~12（~23）× 4~4.5 μm，分生孢子非常浅的橄榄色，1~8 个隔膜，23~85 × 3~5.5 μm] 的描述非常相似。

类短胖孢属 Paracercosporidium Videira & Crous, *in* Videira *et al.*, Stud. Mycol. 87: 319, 2017.

研 究 史

类短胖孢属是 Videira 和 Crous（Videira *et al.*, 2017）经多基因序列数据系统发育分析后建立的与 *Cercosporidium* Earle 形态相似的属，模式种是小丘类短胖孢 *Paracercosporidium microsorum*（Sacc.）U. Braun, C. Nakash., Videira & Crous，生在椴属 *Tilia* sp. 植物上。

Paracercosporidium microsorum 的基原异名小丘尾孢 *Cercospora microsora* Sacc.（1880），是 Saccardo 研究了欧洲椴 *Tilia europea* L. 和美洲椴 *T. americana* L. 标本后报道的新种，但未指出模式标本。Braun（1995b）根据 *C. microsora* 具有明显加厚而暗的孢痕疤、分生孢子有色泽的特征，把 *C. microsora* 组合为小丘钉孢 *Passalora microsora*（Sacc.）U. Braun。

Paracercosporidium 现在仅包含寄生在椴属 *Tilia* sp. 植物上的 2 个种，即小丘类短胖孢 *P. microsorum*（Sacc.）U. Braun, C. Nakash., Videira & Crous 和椴类短胖孢 *P. tiliae*（Peck）U. Braun, C. Nakash., Videira & Crous。

在中国仅报道有小丘类短胖孢一种。

属 级 特 征

Paracercosporidium Videira & Crous, *in* Videira *et al.*, Stud. Mycol. 87: 319, 2017.

植物病原菌。菌丝体内生：菌丝无色，光滑。子座小，由少数暗褐色细胞组成，或中等大小，主要生于叶背面，气孔下生，暗褐色。分生孢子梗稀疏簇生，从子座上生出，浅褐色至暗褐色，向顶变浅，壁薄至厚，圆柱形，中度至显著地屈膝状，不分枝或分枝。产孢细胞合生，顶生或间生，合轴式延伸，多芽生产孢，孢痕疤环状、加厚而暗，坐落在肩部和顶部。分生孢子单生，无色至浅橄榄褐色，壁厚，圆柱形至倒棍棒形，顶部圆，通常向基部渐窄，有时基部膨大或平截，脐环状、暗。

模式种：*Paracercosporidium microsorum*（Sacc.）U. Braun, C. Nakash., Videira & Crous.

与近似属的区别

短胖孢属 *Cercosporidium* Earle 与类短胖孢属非常相似,具有加厚而暗的孢痕疤和分生孢子基脐;单生,浅色,圆柱形至倒棍棒形的分生孢子,区别在于其分生孢子呈棍棒形或宽纺锤形,光滑至粗糙或有的种明显具疣,通常宽。

无色短胖孢属 *Hyalocercosporidum* Videira & Crous 与类短胖孢属的区别在于其孢痕疤和分生孢子基脐稍加厚;分生孢子无色。

新短胖孢属 *Neocercosporidium* Videira & Crous 菌丝体既内生又表生;孢痕疤小,稍加厚,暗;分生孢子基脐稍加厚,暗,有别于类短胖孢属。

新小戴顿属 *Neodeightoniella* Crous & W.J. Swart 具有加厚而暗的孢痕疤和分生孢子基脐;分生孢子单生,与类短胖孢属近似,区别在于其分生孢子梗和产孢细胞后期粗糙;分生孢子纺锤-椭圆形,后期粗糙,1 个隔膜,顶细胞球形,具明显的黏液帽,基细胞漏斗状。钉孢属 *Passalora* Fr. 与类短胖孢属的区别在于其孢痕疤平,稍加厚而暗;分生孢子多数 1 个隔膜,在隔膜处缢缩,脐稍加厚而暗。

假短胖孢属 *Pseudocercosporidium* Deighton 也具有单生、有色泽的分生孢子,与类短胖孢属的区别在于其分生孢子梗长而宽;老孢痕疤后期着生在分生孢子梗的一侧,无色,加厚,突出;分生孢子基脐平,不加厚。

椴树科 TILIACEAE

小丘类短胖孢   图 41

Paracercosporidium microsorum (Sacc.) U. Braun, C. Nakash., Videira & Crous, *in* Videira, Groenewald, Nakashima, Braun, Barreto, de Wit & Crous, Stud. Mycol. 87: 319, 2017.

Cercospora microsora Sacc., Michelia 2: 128, 1880, and Syll. Fung. 4: 459, 1886; Chupp, A Monograph of the Fungus Genus *Cercospora*: 564, 1954; Tai, Sylloge Fungorum Sinicorum: 890, 1979.

Passalora microsora (Sacc.) U. Braun, Mycotaxon 55: 233, 1995; Braun & Mel'nik, Cercosporoid Fungi from Russia and Adjacent Countries: 73, 1997; Crous & Braun, *Mycosphaerella* and its Anamorphs I. Names Published in *Cercospora* and *Passalora* : 274, 2003.

Cercospora microsora var. *tiliae-platyphyllae* Roum., Rev. Mycol. 16: 109, 1894.

Cercospora exitiosa Syd. & P. Syd., Ann. Mycol. 4: 485, 1906.

Cercospora zahriadii Sãvul. & Sandu, Hedwigia 75: 226, 1935.

Mycosphaerella microsora Syd., Ann. Mmycol. 38: 465, 1940.

Sphaerella microsora (Syd.) Sandu [as '*microspora*'], Ciuperci Pyrenomycetes-Sphaeriales din Romdnia (Bucureşti): 135, 1971.

斑点生于叶的正背两面,圆形、近圆形至不规则形状,直径 1~4 mm,常多斑愈合,其扩展受叶脉所限,褐色至红褐色,边缘围以暗褐色至近黑色细线圈,具非常浅的红褐色晕，叶背斑点褐色至浅红褐色，具非常浅的红褐色晕。子实体叶两面生。菌丝体内生。子座无或小，气孔下生，仅由少数浅褐色球形细胞组成至球形，暗褐色，直径 15~30 μm。分生孢子梗稀疏簇生，浅至中度橄榄褐色，上部色泽较浅，宽度不规则，下部或局部较宽，不分枝，光滑，直或稍弯曲，0~2 个屈膝状折点，顶部圆锥形平截，无隔膜，8~35 × 4~5 μm。孢痕疤明显加厚、暗，宽 1.3~2.6 μm。分生孢子单生，倒棍棒形至倒棍棒-圆柱形，橄榄色至非常浅的橄榄褐色，光滑，直或弯曲，顶部钝，基部倒圆锥形平截，1~5 个隔膜，20~66 × 4~5 μm；脐加厚而暗。

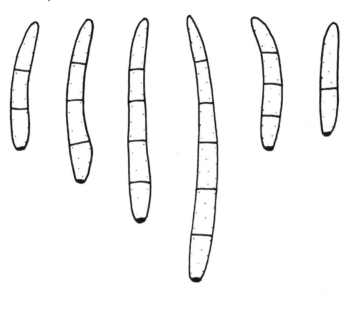

25 μm

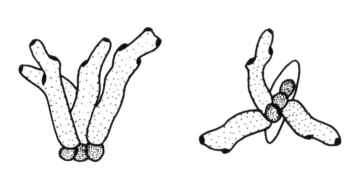

图 41 小丘类短胖孢 *Paracercosporidium microsorum*（Sacc.）U. Braun, C. Nakash., Videira & Crous

　　紫椴 *Tilia amurensis* Rapr.：黑龙江哈尔滨（164999）。

　　据戴芳澜（1979）记载，本种（在 *Cercospora microsora* Sacc. 名下）还分布在陕西的华椴 *Tilia chinensis* Maxim. 上。

　　世界分布：亚美尼亚，澳大利亚，奥地利，阿塞拜疆，白俄罗斯，保加利亚，加拿大，中国，智利，哥伦比亚，捷克，丹麦，爱沙尼亚，法国，格鲁吉亚，德国，大不列颠岛，伊朗，意大利，日本，哈萨克斯坦，拉脱维亚，立陶宛，摩尔多瓦，挪威，波兰，罗马尼亚，俄罗斯（亚洲和欧洲部分），塞拉利昂，斯洛文尼亚，西班牙，瑞典，瑞士，乌克兰，美国，西印度群岛。

讨论：Chupp（1954）记载生在椴属 *Tilia* sp. 植物上的 *Cercospora microsora* Sacc.，分生孢子梗浅橄榄褐色，后期中度暗褐色，10~40 × 2~3.5 μm，基部宽达 5 μm；分生孢子倒棍棒-圆柱形，近无色至非常浅的橄榄色，20~60 × 2.5~4 μm，稀少 80 × 5 μm，也报道有 100 × 6 μm。在中国 *Tilia amurensis* Rapr. 上的形态特征与 Chupp（1954）记载的非常相似。

Braun（1995b）把 *C. microsora* 组合为小丘钉孢 *Passalora microsora*（Sacc.）U. Braun。在椴属 *Tilia* sp. 植物上仅报道有 2 种钉孢：小丘钉孢 *P. microsora*（Sacc.）U. Braun 和椴钉孢 *P. tiliae*（Y.L. Guo & X.J. Liu）U. Braun & Crous（Crous and Braun, 2003）。*P. tiliae* 的分生孢子梗紧密成束，长；分生孢子链生，与 *P. microsora* 明显不同。

Videira 等（2017）研究了来自捷克、荷兰、罗马尼亚和乌克兰的椴属 *Tilia* sp. 植物的标本，描述分生孢子梗 20~98 × 5~6.5 μm，分生孢子 24~60 × 5~7.5 μm，1~5 个隔膜，较在中国 *T. amurensis* 上的分生孢子梗长，分生孢子宽；但分离的菌株在 SNA 培养基上的分生孢子梗（25~90 × 3~5 μm）和分生孢子（10~53 × 3~5 μm，1~6 个隔膜）的量度与在中国标本上近似，仅分生孢子梗较长。

寄生在美洲椴 *Tilia americana* L.上的椴类短胖孢 *Paracercosporidium tiliae*（Peck）U. Braun, C. Nakash., Videira & Crous（Videira *et al*., 2017）与本菌的区别在于其分生孢子梗（35~85 × 3~4 μm）和分生孢子（15.5~54 × 2~4 μm）均窄，且培养时（在 SNA 培养基上）的分生孢子梗（35~87 × 2.5~3.5 μm）和分生孢子（15~40 × 2~3 μm）更窄。

类菌绒孢属 Paramycovellosiella Videira, H.D. Shin & Crous, *in* Videira *et al*., Stud. Mycol. 87: 327, 2017.

研 究 史

类菌绒孢属是 Videira 等（2017）根据分离自韩国的紫穗槐 *Amorpha fruticosa* Linn. 上的菌，经多基因序列数据系统发育分析后建立的，模式种是紫穗槐类菌绒孢 *Paramycovellosiella passaloroides*（G. Winter）Videira, H.D. Shin & Crous。

Paramycovellosiella 的形态特征与 *Mycovellosiella* 几乎没有区别，但 *Mycovellosiella* 的模式种木豆菌绒孢 *Mycovellosiella cajani*（Henn.）Rangel ex Trotter（Saccardo, 1931）生在巴西的木豆 *Cajanus cajan*（L.）Millsp.上。因模式标本未被保存，Videira 等（2017）将 Barreto 2016 年采自巴西、与模式标本不同产地的木豆标本作为 *Mycovellosiella cajani* 的新模式（neotype），并研究了分离自南非木豆上的菌株，其形态特征符合 Deighton（1974）和 Braun（1998a）的描述。分子研究显示，*Paramycovellosiella passaloroides* 与 *Mycovellosiella cajani* 是不同的属。

Paramycovellosiella passaloroides 的基原异名紫穗槐尾孢 *Cercospora passaloroides*

G. Winter（1883），曾先后被组合为紫穗槐柱孢 *Cylindrosporium passaloroides*（G. Winter）Gilman & W.A. Archer（Iowa State Coll. J. Sci. 3: 334, 1929）、紫穗槐菌绒孢 *Mycovellosiella passaloroides*（G. Winter）J.K. Bai & M.Y. Cheng（1992）和紫穗槐钉孢 *Passalora passaloroides*（G. Winter）U. Braun & Crous（Crous and Braun, 2003）。但 *Cercospora passaloroides* 的模式标本（USA, Illinois, Amorpha canascens, A.B. Seymour）没有被保存。Bai 和 Cheng（1992）依据 *Cercospora passaloroides* 具有表生菌丝和链生分生孢子的特征将其组合为 *M. passaloroides* 后，Shin 和 Kim（2001a）、郭英兰和刘锡琎（2003）均予以承认。

Paramycovellosiella 与其近似的 *Cercosporidium*、*Neocercosporidium* Videira & Crous 和 *Paracercosporidium* 的主要区别在于其产生链生的分生孢子。

目前类菌绒孢属仅含模式种紫穗槐类菌绒孢一个种。

属 级 特 征

Paramycovellosiella Videira, H.D. Shin & Crous, *in* Videira *et al.*, Stud. Mycol. 87: 327, 2017.

植物病原菌。子实体叶背面生，偶尔叶面生。菌丝体内生和表生：菌丝橄榄色至橄榄褐色，具隔膜，分枝。子座无或发育不良，仅由少数褐色膨大菌丝细胞组成。分生孢子梗稀疏簇生，从气孔伸出或作为侧生分枝单生在表生菌丝上，浅橄榄褐色，色泽均匀或向顶变浅，无隔膜或具隔膜，直至屈膝状。产孢细胞合生，顶生或间生，浅橄榄褐色，光滑，单芽或多芽生产孢，有限生长或合轴式延伸，孢痕疤小、加厚而暗，坐落在顶部或肩部。分生孢子单生或链生，圆柱形、棍棒形、倒棍棒形，直至中度弯曲，近无色至浅橄榄褐色，无隔膜至多隔膜，在隔膜处不缢缩，脐小、加厚、暗并且在基部（顶生分生孢子）或两端（间生的分生孢子或分枝分生孢子）稍突出。

模式种：*Paramycovellosiella passaloroides*（G. Winter）Videira, H.D. Shin & Crous。

与近似属的区别

凸脐孢属 *Clarohilum* Videira & Crous 也具有加厚而暗的孢痕疤和分生孢子基脐，脐通常突出，与类菌绒孢属的区别在于其分生孢子单生。

离壁隔菌绒孢属 *Distomycovellosiella* U. Braun, C. Nakash., Videira & Crous 的孢痕疤和分生孢子基脐加厚而暗；分生孢子链生并具不分枝或分枝的链，与类菌绒孢属近似，但其分生孢子为真隔膜或离壁隔膜。

菌绒孢属 *Mycovellosiella* Rangel 与类菌绒孢属的区别在于其表生菌丝常形成菌丝绳，攀缘叶毛；分生孢子梗通常作为侧生分枝单生在表生菌丝上；孢痕疤常突出；分生孢子椭圆-卵圆形、近圆柱-纺锤形、倒棍棒形。

新短胖孢属 *Neocercosporidium* Videira & Crous 虽然也具有内生和表生的菌丝体，与类菌绒孢属的区别在于其孢痕疤和分生孢子基脐稍加厚而暗；分生孢子单生。

拉格脐孢属 *Ragnhildiana* Solheim 与类菌绒孢属相似，具有内生和表生的菌丝体；

单生或链生的分生孢子及脐突出，但其分生孢子梗簇生，有时成束；孢痕疤和分生孢子基脐稍加厚而暗。

豆科 LEGUMINOSAE

紫穗槐类菌绒孢　图 42

Paramycovellosiella passaloroides (G. Winter) Videira, H.D. Shin & Crous, *in* Videira *et al.*, Stud. Mycol. 87: 327, 2017.

Cercospora passaloroides G. Winter, Hedwigia 22: 71, 1883; Saccardo, Syll. Fung. 4: 463, 1886; Chupp, A Monograph of the Fungus Genus *Cercopora*: 323, 1954.

Cylindrosporium passaloroides (G. Winter) Gilman & W.A. Archer, Iowa State Coll. J. Sci. 3: 334, 1929.

Mycovellosiella passaloroides (G. Winter) J.K. Bai & M.Y. Cheng, Acta Mycol. Sinica 11(2): 120, 1992; Shin & Kim, *Cercospora* and Allied Genera from Korea: 129, 2001.

Passalora passaloroides (G. Winter) U. Braun & Crous, *in* Crous & Braun, *Mycosphaerella* and its Anamorphs: I. Names Published in *Cercospora* and *Passalora*: 309, 2003.

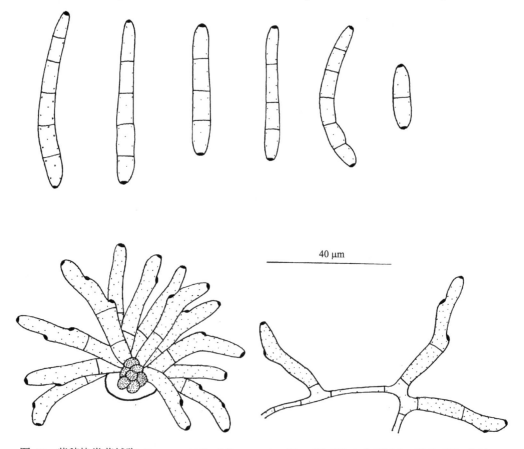

40 μm

图 42　紫穗槐类菌绒孢 *Paramycovellosiella passaloroides*（G. Winter）Videira, H.D. Shin & Crous

斑点生于叶的正背两面，点状、近圆形、角状至不规则形，无明显边缘，宽 0.5~5 mm，常多斑愈合，叶面斑点褐色至红褐色，具黄色至浅黄褐色晕，叶背斑点褐色至暗灰褐色。子实体叶背面生。初生菌丝体内生；次生菌丝体表生：菌丝从气孔伸出，浅橄榄色至橄榄色，分枝，光滑，具隔膜，宽 1.5~3.5 μm，有时攀缘叶毛。子座无至球形，气孔下生，暗褐色，直径 15~30 μm。分生孢子梗 2~12 根从气孔伸出，多根簇生在子座上，顶生或作为侧生分枝单生于表生菌丝上，橄榄色至浅橄榄褐色，色泽均匀，宽度不规则，直至弯曲，分枝，光滑，0~2 个屈膝状折点，顶部圆锥形，0~3 个隔膜，12~45 × 4~6.5 μm。孢痕疤明显加厚、暗，宽 1.5~2.2 μm。分生孢子倒棍棒形、倒棍棒-圆柱形至圆柱形，浅橄榄色至橄榄色，后期有时下部呈橄榄褐色，链生并具分枝的链，光滑，直或稍弯曲，顶部钝圆至圆锥形，基部倒圆锥形平截，1~6 个隔膜，在隔膜处缢缩，15~70 × 3.5~6.5 μm；脐加厚而暗。

紫穗槐 *Amorpha fruticosa* Linn.：吉林蛟河前进林场石门岭（HMJAU 31942）；辽宁千山（69464）。

世界分布：加拿大，中国，韩国，美国。

讨论：本菌在中国的紫穗槐 *Amorpha fruticosa* Linn. 上的形态特征与 Chupp（1954）记载的紫穗槐尾孢 *Cercospora passaloroides* G. Winter 非常相似，仅后者的分生孢子梗 [10~35（~70）× 2~4 μm] 窄而稍长。Shin 和 Kim（2001a）描述自韩国 *A. fruticosa* 上的 *Mycovellosiella passaloroides*（G. Winter）J.K. Bai & M.Y. Cheng，分生孢子梗（28~90 × 3~5.5 μm）和分生孢子（20~128 × 4~6 μm）均较在中国标本上长。

Videira 等（2017）描述分离自韩国 *A. fruticosa* 上的菌株，在 V8 培养基上的菌丝无色至浅色；分生孢子梗与菌丝没有区别，浅橄榄色，（30~）79~110（~230）×（2.5~）3~4（~5）μm；分生孢子链生，成单链或双链，浅橄榄色，光滑至具疣，（11.5~）20~27（~43.5）×（3.5~）4.5~5（~6）μm，较在中国标本上的分生孢子梗长，分生孢子短。

钉孢属 Passalora Fr., Summa Veg Scand. 2: 500, 1849.

研 究 史

Fries（1849）建立的钉孢属 *Passalora* Fr. 是尾孢类丝孢菌中最早报道的一个属，模式种棒钉孢 *Passalora bacilligera*（Mont. & Fr.）Mont. & Fr.（Montagne, Sylloge generum specierumque cryptogamarum: 305, 1856）的基原异名是棒枝孢 *Cladosporium bacilligera* Mont. & Fr.（Montagne, Ann. Sci. Nat. Sér. 2, Bot. 6: 31, 1836）。*Passalora* 的主要特征是产生有色泽的分生孢子梗和椭圆-纺锤形、倒棍棒-近圆柱形，（0~）1~3 个隔膜，有色泽，单生的分生孢子。因 *Passalora* 的模式种 *P. bacilligera* 1856 年才被正式发表，直到 Deighton（1967）研究钉孢属时才订正了属级特征，详细讨论了该属的研究史，承认并描述了生于桤木属 *Alnus* sp. 植物上的 3 种钉孢：棒钉孢 *Passalora bacilligera*（Mont. & Fr.）Mont. & Fr.（1856）、小孢钉孢 *P. microsperma* Fuckel（Jahrb. Nassauischen Ver. Naturk. 27-28: 73）和桤木钉孢 *P. alni*（Chupp & Greene）Deighton（1967），而

1849~1967 年报道的一些钉孢均由 Deighton 等学者转到短胖孢属 Cercosporidium Esrle 作为异名了。Earle（1901）建立了短胖孢属 Cercosporidium，模式种是大戟单隔孢 Scolecotrichum euphorbiae Tracy & Earle [= Cercosporidium chaetomium（Cooke）Deighton；≡ Cladosporidium chaetomium Cooke]。据 Saccardo（1906）记载，当时 Earle 提供 Cercosporidum 的属级特征简介是：分生孢子梗长，近光滑或具疣，成簇丛生。分生孢子顶生或侧生，长椭圆形、卵圆形或近卵圆形，多数 3 至多个横隔膜。Cercosporidium 与 Cercospora 的区别在于其分生孢子梗长，分生孢子较短而较宽；与 Passalora 的不同之处在于其分生孢子具 3 至多个横隔膜。

Shear（Bull. Torrey Bot. Club 29:449, 1902）认为簇生黑星孢 Fusicladium fasciculatum Cooke & Ellis 和大戟单隔孢 S. euphorbiae 是同一个种，因此报道了一个新组合，簇生单隔孢 S. fasciculatum（Cooke & Ellis）Shear。在 Shear 的影响下，Earle（1902）重新研究了 Passalora 的模式种棒钉孢 P. bacilligera 和欧洲的一些标本后，认为 Cercosporidium 和 Passalora 区别不大，提出将 Cercosporidium 作为 Passalora 的异名。据此，Earle 将 F. fasciculatum 组合为簇生钉孢 Passalora fasciculata（Cooke & Ellis）Earle，而将 S. euphorbiae、大戟梨孢 Piricularia euphorbiae（Tracy & Earle）Atk.、大戟短胖孢 Cercosporidium euphorbiae Earle 和簇生单隔孢 S. fasciculatum 等均列为 Passalora 的异名，并将赫勒短胖孢 Cercosporidium helleri Earle 重组为赫勒钉孢 Passalora helleri（Earle）Earle。

长期以来，Fusicladium fasciculatum 和 Scolecotrichum fasciculatum 在鉴定上一直存在着混乱状态，直到 1967 年，Deighton 研究了有关标本后，将 Fusicladium fasciculatum、Scolecotrichum fasciculatum 和 Passalora fasciculata 均列为簇生黑星孢簇生黑星孢变种 F. fasciculatum Deighton var. fasciculatum 的异名，将 Scolecotrichum euphorbiae 和 Piricularia euphorbiae 作为毛壳短胖孢 Cercosporidium chaetomium（Cooke）Deighton 的异名，并将 Cercosporidium Earle、Fusicladium Bonord. 和 Passalora Fr. 作为 3 个独立的属进行了研究。

Deighton（1967）提供了 Cercosporidium 和 Passalora 的属级特征，对 Fusicladium fasciculatum 和 Scolecotrichum fasciculatum 在鉴定上存在的混乱现象进行了讨论，并报道了寄生在大戟属 Euphorbia sp. 等植物上的 17 种短胖孢，但没有给 Fusicladium 提供一个完整的属级特征描述。

Deighton（1967）提供钉孢属的属级特征：

Passalora Fr., Summma Veg. Scand.: 500, 1849.

菌丝体内生，不产生次生表生菌丝。无子座。分生孢子梗成簇从气孔伸出，发育良好，褐色，具隔膜或（在 P. alni）多数无隔膜，不分枝或分枝。孢痕疤小但明显加厚、不突出或稍突出。分生孢子浅褐色，多数 1 个隔膜，基部细胞膨大呈长椭圆形，顶部细胞窄，近圆柱形至非常长的椭圆形，稀少无隔膜或 2~3 个隔膜。

模式种：Passalora bacilligera（Mont. & Fr.）Mont. & Fr.。

Braun（1995a）列出了钉孢属的异名并订正了属级特征：

Passalora Fr., Summa Veg. Scand.: 500, 1849, *emend.* U. Braun 1995.

Cercosporidium Earle, Muhlenbergia 1（2）：16, 1901.

Berteromyces Cif., Sydowia 8: 267, 1954.

植物病原菌，引起叶斑，有时几乎无症状。菌丝体内生：菌丝无色至有色泽，具隔膜，分枝，光滑。子座无至发育良好，气孔下生或表皮内生，有色泽。子实体多数明显，点状至近扩散型，有时紧密，灰白色至褐色。分生孢子梗单生至簇生，成小至大的孢梗簇，稀疏至紧密，有时几乎成分生孢子座型的载孢体，稀少单生，从内生菌丝或子座生出，从气孔伸出或突破表皮，直，近圆柱形至屈膝状弯曲，不分枝，稀少分枝，无隔膜至多隔膜，近无色至有色泽，光滑，壁薄。产孢细胞合生，顶生，多芽生产孢，合轴式延伸，具疤痕；老孢痕疤几乎不加厚至稍加厚、稍暗。分生孢子单生，椭圆-卵圆形、倒卵圆形、倒棍棒形、宽近圆柱-纺锤形，无色至有色泽，通常宽达 4~15μm，偶尔窄倒棍棒形的分生孢子 3~5μm 宽，但在这种情况下明显有色泽，通常 0~4 个真隔膜，有时多隔膜，具 3~8 个或更多隔膜，这种情况的分生孢子是宽倒棍棒形，并且有色泽，光滑至粗糙，基脐几乎不加厚至稍加厚，有时暗。

模式种：*Passalora bacilligera*（Mont. & Fr.）Mont. & Fr.。

有性型：*Mycosphaerella*。

Braun（1998a）再次列出了他 1995 年提供的属级特征，并在讨论中指出，Deighton（1967）认为 *Passalora* 和 *Cercosporidium* 的区别在于 *Cercosporidium* 具有发育良好的子座。其实在 *Cercospora* 及其近似属中，子座的特征通常不能用来区分属，况且 *Passalora* 的模式种棒钉孢 *P. bacilligera* 并不是不出现子座，其子座小但明显，气孔下生。因此 Arx（1983）将 *Cercosporidium* 作为 *Passalora* 的异名处理，并且这一观点后来被 Castañeda 和 Braun（1989）、Deighton（1990）和 Braun（1995a，1995b）所采纳。*Passalora* 与 *Cercospora* 的明显区别在于其孢痕疤和分生孢子基脐几乎不加厚至稍加厚、稍暗（Deighton, 1990; Braun, 1992），而真正的尾孢的孢痕疤明显加厚并且暗，其大小依孢脐的宽度而变化。

在 1999 年以前，尾孢属及其近似属分属的主要依据：①表生菌丝的有无，壁光滑或具疣；②分生孢子梗的着生方式（单生、簇生，或束生），色泽，孢痕疤是否明显；③分生孢子的形状，色泽，着生方式（单生或链生），孢脐是否明显等。短胖孢属 *Cercosporidium*、枝孢属 *Cladosporium*、黄褐孢属 *Fulvia*、菌绒孢属 *Mycovellosiella*、钉孢属 *Passalora*、色拟梗束孢属 *Phaeoisariopsis*、色链隔孢属 *Phaeoramularia*、倒棒孢属 *Prathigada* 和梗束链隔孢属 *Tandonella* 均为分别独立研究的属。

Crous 等（2000a）利用分子生物学技术对子囊菌球腔菌属 *Mycosphaerella* Jahansen 及其无性型属进行系统发育研究。Crous 等（2001b，2001c）对 *Mycosphaerella* 已报道的 27 个无性型属中的 19 个属根据 ITS1、5.8S 和 ITS2 rDNA 序列数据和形态进行系统发育分析，对各个属做了评价；重点列出了 *Passalora* 和 *Pseudocercospora* 的异名，并对属级区分特征进行了总结，他们认为对区分属无用的特征是：①表生菌丝；②子座；③载孢体结构（分生孢子梗单生、簇生至成束，分生孢子座、分生孢子器和分生孢子盘）；④分生孢子的形状，大小，单生或链生和隔膜（真隔膜或离隔）；⑤腐生，重寄生，植物病原菌。而属级水平的区分特征应主要包括：①孢痕疤（孢痕疤）和分生孢子基脐的结构、色泽和孢痕疤的厚度；②分生孢子梗和分生孢子有无色泽。

Crous 和 Braun（2003）出版的 *Mycosphaerella and Its Anamorphs: I. Names*

Published in Cercospora and Passalora（球腔菌属及其无性型: I. 尾孢属和钉孢属发表的名称）一书中，对 *Mycosphaerella* 的无性型属特别是 *Cercospora* 及其近似属进行了简要评述，按照新的分类观点进行了属的合并，*Cladosporium*、*Stenella* 仍是独立存在的属，并且提供了详细的属级特征描述，而 2000 年前独立研究的 *Cercosporidium*、*Fulvia*、*Mycovellosiella*、*Passalora*、*Phaeoisariopsis* 中孢痕疤明显加厚而暗的一些种，*Phaeoramularia* 和 *Tandoinella* 均被置于 *Passalora* 名下，致使 *Passalora* 具有 12 个异名；列出了订正在 *Passalora*（包括原定名为 *Mycovellosiella*、*Phaeoisariopsis*、*Phaeoramularia* 和 *Tandonella* 等属的种）的 550 个名称，并订正了 *Passalora* 的属级特征：

Passalora Fr., Summa Veg Scand. 2: 500, 1849.

Cercosporidium E. Earle, Muhlenbergia 1（2）: 16, 1901.

Vellosiella Rangel, Bol. Agric.（S. Paulo）, Ser. 16A, 2: 151, 1915, *nom. illeg.*

Mycovellosiella Rangel, Arch. Jard. Bot. Rio de Janeiro 2: 71, 1917.

Ragnhildiana Solheim, Mycologia 23: 365, 1931.

Cercodeuterospora Curzi, Boll. Staz. Patol. Veg. Roma, Ser. 2, 12: 149, 1932.

Fulvia Cif., Atti Ist. Bot. Univ. Lab. Crittog. Pavia, Ser. 5, 10: 246, 1954.

Mycovellosiella subgen. *Fulvia*（Cif.）U. Braun, A Monograph of *Cercosporella*, *Ramularia* and Allied Genera（Phytopathogenic Hyphomycetes）Vol. I: 39, 1995.

Berteromyces Cif., Sydowia 8: 267, 1954.

Oreophylla Cif., Sydowia 8: 253, 1954.

Phaeoramularia Munt.-Cvetk., Lilloa 30: 182, 1960.

Tandonella S.S. Prasad & R.A.B. Verma, Indian Phytopathol. 23: 111, 1970.

Phaeoramulariopsis p.p.

球腔菌属的无性型生寄主叶上，植物病原菌，常引起叶斑，稀少腐生。初生菌丝体内生；次生菌丝体缺乏至发育良好，表生：菌丝分枝，具隔膜，光滑，无色至有色泽。子座无至发育良好，气孔下生至叶表皮内生，稀少深度内生，近球形至扁平，近无色至有色泽，由膨大的菌丝细胞稀疏至紧密聚集而成。分生孢子梗单生，稀疏至紧密簇生，或成束，从内生菌丝或表生菌丝上生出，或从气孔下至叶表皮内生的子座上产生，从气孔伸出，突破角质层或从匍匐菌丝属产生，顶生或作为分枝侧生，与营养菌丝有明显区别，不分枝或分枝，无隔膜至多隔膜，近无色至有色泽，光滑至稍粗糙。产孢细胞合生，顶生，间生至侧生，或分生孢子梗退化成产孢细胞，孢痕疤明显、稍加厚而变暗、或多或少平。 分生孢子单生或链生，成单链或分枝的链，无隔孢至线形孢，无隔膜至多隔膜，真隔膜，稀少具有少数离壁隔膜，浅色至明显有颜色（如果无色，分生孢子不是线形，宽，直径 4.0~15.0 μm，并且具有少数隔膜，通常 0~4 个隔膜），光滑至稍具疣，基脐稍加厚并且变暗、或多或少平。

模式种：*Passalora bacilligera*（Mont. & Fr.）Mont. & Fr.。

Braun 等（2013）再次讨论了 *Passalora* 的研究简史、分子研究结果和分类观点，指出 Crous 和 Braun（2003）新订正的 *Passalora* 的属级概念，包含具有内生和表生或仅内生的菌丝体，单生、簇生或成束的分生孢子梗以及单生或链生的分生孢子的尾孢类种，但是这些种都具有明显（加厚和变暗）的孢痕疤和大多数不是线形孢、有色泽的分生孢子。这种新概念也最先得到了分子序列数据系统发育分析（Crous *et al.*, 2000a，2001b, 2001c）的支持。Braun 等在 *Passalora* 下列出了 16 个异名，并提供了详细的属级特征描述：

Passalora Fr., Summa Veg Scand. 2: 500, 1849.

Cercosporidium E. Earle, Muhlenbergia 1: 16, 1901.

Vellosiella Rangel, Bol. Agric.（S. Paulo），Ser. 16A, 2: 151, 1915, *nom. illeg.*

Mycovellosiella Rangel, Arch. Jard. Bot. Rio de Janeiro 2: 71, 1917.

Passalora sect. *Mycovellosiela*（Rangel）A. Hern.-Gut. & Dianese, Mycotaxon l08: 3, 2009.

Ormathodium Syd., Ann. Mycol. 26: 138, 1928.

Ragnhildiana Solheim, Mycologia 23: 365, 1931.

Cercodeuterospora Curzi, Boll. Staz. Patol. Veg. Roma, Ser. 2, 12: 149, 1932.

Fulvia Cif., Atti Ist. Bot. Univ. Lab. Crittog. Pavia, Ser. 5, 10: 246, 1954.

Mycovellosiella subgen. *Fulvia*（Cif.）U. Braun, A Monograph of *Cercosporella*, *Ramularia* and Allied Genera（Phytopathogenic Hyphomycetes）Vol. I: 39, 1995.

Berteromyces Cif., Sydowia 8: 267, 1954.

Oreophylla Cif., Sydowia 8: 253, 1954.

Phaeoramularia Munt.-Cvetk., Lilloa 30: 182, 1960.

Passalora sect. *Phaeoramularia*（Munt.-Cvetk.）A. Hern.-Gut. & Dianese, Mycotaxon l08: 3, 2009.

Passalora sect. *Pseudophaeoisariopsis* U. Braun, Dianese & A. Hern.-Gut., Mycotaxon 108: 3, 2009.

Tandonella S.S. Prasad & R.A.B.Verma, Indian Phytopathol. 23: 111, 1970.

Walkeromyces Thaung, Trans. Br. Mycol. Soc. 66: 213, 1976.

Phaeoramulariopsis p.p.

丝孢菌，球腔菌科的无性型。通常生叶上，偶尔也生在茎或果实上，通常是植物病原菌，引起叶斑或其他损伤，偶尔无症状，稀少重寄生或腐生。初生菌丝体内生，次生菌丝体缺乏至发育良好，表生：菌丝分枝，具隔膜，无色至有色泽，壁薄，光滑至近光滑。子座无至发育良好，气孔下生，叶表皮内生至深度内生，扁平至近球形，近无色至通常有色泽。分生孢子梗单生，从表生菌丝上生出，侧生，偶尔顶生，或稀疏至紧密簇生，从内生菌丝或子座上发生，有时呈分生孢子座型或成束，与营养菌丝有明显区别，圆柱形、线形至明显屈膝状弯曲，不分枝或分枝，浅色至明显有色泽，橄榄色至中度暗褐色，无隔膜至多隔膜，壁薄至稍加厚，光滑，偶尔稍具疣。产孢细胞合生，顶生，偶尔间生或侧生，或分生孢子梗无隔膜，即分生孢子梗退化成产孢细胞，单芽或通常多芽生，合轴式延伸，层出产孢，偶尔全壁芽生，具有一个或多个明显的孢痕疤，不突出或明显突出，稍加厚且暗，多少呈尾孢型，即平的。分生孢子单生或链生，成单链或向顶的枝链，无隔孢至线形孢，无隔膜至多隔膜，真隔膜，稀少具有少数离壁隔膜，浅橄榄色至明显有颜色，壁薄至稍加厚，光滑至稍具疣，基脐明显、稍加厚并且暗。

模式种：*Passalora bacilligera*（Mont. & Fr.）Mont. & Fr.。

有性型：Mycosphaerellaceae。

Hernández-Gutiérrez 和 Dianese（2009）指出，*Passalora* 在钉孢组内，*Mycovellosiella*、*Phaeoramularia* 和 *Pseudophaeoisariopsis* 可以看作是非单系的类群，但与许多中间类型的种有关系。*Passalora fulva* 的序列与 Mycosphaerellaceae 分支中 *Passalora* 的一些种近似（Thomma *et al.*, 2005），支持 Crous 和 Braun（2003）把 *Fulvia* 作为 *Passalora* 异名的处理。

在 *Passalora* 这个广义概念中，有些种具有无色的分生孢子（非线形孢，宽，仅具少数隔膜），这些种与 *Cercospora* 聚在一支（Groenewald *et al.*, 2013），说明分生孢子的色泽比形状更重要。*Passalora* 的系统发育结构是复杂的并且引起了严重问题，许多基于 rDNA ITS 序列数据系统发育研究及应用人员指出，*Passalora* 不是单系的（Crous *et al.*, 2000a，2001b，2001c，2009b，2009c，2013a; Thomma *et al.*, 2005），在 Mycosphaerellaceae 内的分类单元如果不是多系的，至少也是并系的。根据大量样品包括 *Passalora* 的模式种和它的异名属在内的系统发育分析，*Passalora* 属需进一步研究。然而一个严重问题是，在 Mycosphaerellaceae 分支和亚支展开不能清楚地与具有 *Passalora* 形态的类群，即菌绒孢类（mycovellosiella-like）、色链隔孢类（phaeoramularia-like）类群的种和其他形态型相连接，不反映在系统发育的分支中。因此，根据现在有效的数据对 *Passalora* 的系统发育作出进一步的再评价并接受 *Passalora* 是一个并系或多系属至少目前是不可能的。

为了解决在 Mycosphaerellaceae 内现在承认的属之间系统发育的关系，并且澄清尾孢类真菌它们之间的位置，Videira 等（2017）对 297 个分类单位的 415 个分离物进行了多基因（LSU、ITS、*rpb2*）序列数据系统发育分析研究。根据这些研究结果许多已知属显示是并系的，具有多个共形态特征，在科内具有比一个更多的进化。研究的结果，使多个老属名包括 *Cercosporidium*、*Fulvia*、*Mycovellosiella*、*Phaeoramularia* 和 *Ragnhildiana* 得以恢复，并增加了 32 个新属。根据系统发育分析，在 Mycosphaerellaceae 新承认了 120 个属，但是许多现在承认的尾孢类属的新鲜采集物和 DNA 数据一直不清楚。Videira 等（2017）的研究为 Mycosphaerellaceae 未来的分类研究提供了一个系统发育的构架。

Videira 等（2017）依据分子研究的结果，在 Mycosphaerellaceae 报道了大量新属、新种和新名称，在对尾孢类真菌特别是 *Passalora* 进行研究后，把 *Passalora* 的属级特征界定在模式种和生于榿木属 *Alnus* sp. 植物上的少数近似种的特征，在属下没有设异名。因为 *Passalora* 的分支有别于原归在 *Passalora* 下的其他属（Crous and Braun, 2003），而且与 *Passalora* 相似的那些属的种需要重新研究。Videira 等订正了 *Passalora* 的属级特征，为 *Passalora* 的模式种棒钉孢 *P. bacilligera* 提供了详细的形态特征描述：叶斑无或黄绿色，角状，宽 1~2 mm，受叶脉所限。子实体生于叶背面，橄榄色至浅褐色。菌丝体内生，由无色、分枝、具隔膜、直径 1~2 μm 的菌丝组成。子座无或仅由气孔下少数膨大菌丝细胞聚集而成。分生孢子梗中度褐色，达 12 根簇生在子座上，不分枝或偶具分枝，直至弯曲，上部屈膝状，通常达 3 个隔膜，40~180 × 3~3.5 μm。产孢细胞合生，顶生，稍膨大，多芽，合轴式层出，产孢孔平，稍加厚而暗，直径 1~2 μm。分生孢子单生，倒棍棒形，橄榄色至浅褐色，壁薄，光滑，直或稍弯曲，基部细胞椭圆-桶形且倒圆锥形平截，突出，顶部细胞窄长椭圆形至近圆柱形，0~3 个隔膜，基部隔膜处缢缩，21~68 × 4.5~8.5 μm，基脐稍加厚而暗，直径 1.5~2 μm。分离自波兰的支撑模式菌株在 V8 培养基上的形态特征：菌丝体由无色至浅橄榄褐色、直径 2~2.5 μm 的菌丝组成。分生孢子梗浅橄榄褐色至褐色，向顶色泽变浅，不分枝或分枝，直至弯曲，光滑，25~300 × 2.5~3.3 μm。产孢细胞合生，顶生，合轴式层出，多芽，产孢孔坐落在顶部及肩部，稍加厚而暗，直径 2~5 μm。分生孢子单生，浅橄榄褐色至褐色，圆柱形至倒棍棒形，基部倒圆锥形平截，顶部圆至尖，0~1 个隔膜，在隔膜处缢缩，13~37.5 × 2.5~5 μm，基脐稍加厚而暗，直径 2.5 μm；并从 *Passalora* 中分出 7 个近似的属：侧钉孢属 *Pleuropassalora* U. Braun, C. Nakashi., Videira & Crous、禾草钉孢属 *Graminopassalora* U. Braun, C. Nakashi., Videira & Crous、束梗钉孢属 *Coremiopassalora* U. Braun, C. Nakashi., Videira & Crous、假钉孢属 *Nothopassalora* Braun, C. Nakashi., Videira & Crous、多隔钉孢属 *Pluripassalora* Videira & Crous、多形钉孢属 *Pleopassalora* Videira & Crous 和外钉孢属 *Exopassalora* Videira & Crous；订正了各属的属级特征，将许多原定名为 *Passalora* 的种转到了其他属内。至 2020 年，全世界已报道 725 种钉孢，其中 70 多种已转至其他属。

在中国，*Passalora* 最早仅 Miura（1928）报道过生于蔓假繁缕 *Krascheninikovia davidii* Franch. 上的假繁缕钉孢 *Passalora krascheninnikovii* Miura 和邓叔群（1938，1963）报道过生在箭竹属 *Bambusa* sp. 植物上的深黑钉孢 *P. aterrima* Bres.（1920），之后没有人对钉孢属进行过系统研究。刘锡琎和郭英兰（1982a）研究中国的 *Cercosporidium* 时，报道了中国的 18 种短胖孢，其中有 1 个新种和 9 个新组合。刘锡进和郭英兰（1982b）研究中国的 *Phaeoramularia* 时，报道了 14 种色链隔孢，其中有 4 个新种，5 个新组合和 1 个中国新记录种。Liu 和 Guo（1988）按照 Deighton 的分类观点对中国的 *Mycovellosiella* 进行了研究，报道了 21 种菌绒孢，其中有 1 个新种、4 个新组合和 2 个中国新记录种。1983~2002 年，郭英兰在继续对中国尾孢属及其近似属的研究过程中，又陆续报道了 *Mycovellosiella*、*Phaeoramularia* 和 *Passalora* 的一些新种、新组合和中国新记录种。Hsieh 和 Goh（1990）在他们的 *Cercospora and similar fungi from Taiwan*（台湾尾孢属及其近似属）专著中，总结了产自台湾的 *Mycovellosiella*、*Passalora*、*Phaeoramularia*、*Tandinella*、*Pseudocercospora* 和 *Stenella* 等属的种。白金铠和程明渊（1992）、戚佩坤（1994）也零星报道了一些中国的菌绒孢和色链隔孢。郭英兰和刘锡琎（2003）把 1982 年以来对中国 *Cercosporidium*、*Mycovellosiella*、*Passalora* 和 *Phaeoraularia* 属的研究进行了总结，出版了《中国真菌志 第二十卷 菌绒孢属 色链隔孢属 钉孢属》，描述了 42 种菌绒孢、39 种钉孢和 21 种色链隔孢。郭英兰在 2002 年完成本卷册书稿时，Crous 和 Braun（2003）的 *Mycosphaerella and Its Anamorphs: I. Names Published in Cercospora and Passalora*（球腔菌属及其无性型：I. 尾孢属和钉孢属发表的名称）一书尚未出版，因此没有参照 Crous 和 Braun（2003）的分类观点编写。

Crous 和 Braun（2003）按照 Braun（1995a）的分类观点，在 *Passalora* 的名录中把郭英兰等报道的 *Mycovellosiella* 和 *Phaeoraularia* 属的一些种已经组合为钉孢；Groenewald 等（2013）经分子研究后，将已经归在 *Passalora* 属的几个种又重新恢复了其尾孢的名称；2003 年以来，郭英兰和翟凤艳等又发现并陆续报道了一些钉孢新种和中国新记录种。根据最新文献资料，参照 Braun（1995a）、Crous 和 Braun（2003）、Braun 等（2013）对钉孢属属级特征的描述和 Crous 等（2000a，2001b，2001c，2009c，2013a）、Thomma 等（2005）、Groenewald 等（2013）、Braun 等（2014，2015a，2016）、Videira 等（2016，2017）等分子研究的结果和形态特征，本卷册全面总结和描述了 2003 年以来报道和订正的中国钉孢，也是对《中国真菌志 第二十卷 菌绒孢属 色链隔孢属 钉孢属》中钉孢属的补充和完善。

属 级 特 征

Passalora Fr., Summa Veg Scand. 2: 500, 1849, *emend.* Videira *et al.* 2017.

　　丝孢菌，植物病原菌。菌丝体内生，由无色、分枝、具隔膜的菌丝组成。子座无或小。分生孢子梗从气孔伸出，簇生，不分枝或分枝，直至弯曲，有时基部具 1 个隔膜，通常达 3 个隔膜，中度褐色，产孢区稍膨大。产孢细胞合生，顶生，具平、稍加厚而暗的孢痕疤。分生孢子单生，倒棍棒形，橄榄色至浅褐色，壁薄，光滑，直或稍弯曲，多数为双胞孢子，在隔膜处缢缩，具稍加厚而暗的基脐。

　　模式种：*Passalora bacilligera*（Mont. & Fr.）Mont. & Fr.。

与近似属的区别

　　短胖孢属 *Cercosporidium* Earle 具有内生的菌丝体和单生的分生孢子，与钉孢属相似，区别在于其分生孢子梗和分生孢子光滑至粗糙；孢痕疤和分生孢子基脐稍加厚至明显加厚，暗；分生孢子光滑至具疣。

　　束梗钉孢属 *Coremiopassalora* U. Braun, C. Nakash., Videira & Crous 与钉孢属的主要区别在于其分生孢子梗成束；分生孢子链生。

　　戴顿菌属 *Deightonomyces* Videira & Crous 与钉孢属非常相似，主要区别在于其分生孢子光滑至具疣，脐几乎不加厚，稍暗。

　　外钉孢属 *Exopassalora* Videira & Crous 与钉孢属的区别在于其菌丝光滑至粗糙；产孢孔明显，变暗；分生孢子链生，具不分枝或分枝的链。

　　黑星孢属 *Fusicladium* Bonorden 与钉孢属近似，具有内生的菌丝体和 0~3 个隔膜的分生孢子，但其孢痕疤加厚而暗，突出；分生孢子多宽纺锤形，常具小疣。

　　小梭孢属 *Fusoidiella* Videira & Crous 具有内生的菌丝体；加厚的孢痕疤和分生孢子基脐；单生的分生孢子，与钉孢属近似，但其分生孢子光滑至粗糙。

　　禾草钉孢属 *Graminopassalora* U. Braun, C. Nakshi., Videira & Crous 与钉孢属的区别在于其分生孢子梗光滑至后期粗糙；孢痕疤和分生孢子基脐加厚而暗；分生孢子光滑至粗糙。无色短胖孢属 *Hyalocercosporidium* Videira & Crous 与钉孢属非常相似，区别在于其分生孢子梗单生；产孢细胞单芽生；分生孢子无色。

　　菌绒孢属 *Mycovellosiella* Rangel 与钉孢属的区别在于其菌丝体内生和表生，表生菌丝常形成绳和攀缘叶毛；分生孢子梗簇生，顶生或作为侧生分枝单生在表生菌丝上；

孢痕疤和分生孢子基脐加厚而暗，常突出；分生孢子单生和链生，成分枝的链，光滑至稍具疣。

新短胖孢属 *Neocercosporidium* Videira & Crous 与钉孢属非常相似，但其菌丝体内生和表生；孢痕疤和分生孢子基脐加厚而暗。

新小戴顿属 *Neodeightoniella* Crous & W.J. Swart 具有单生，1 个隔膜的分生孢子，与钉孢属相似，区别在于其分生孢子梗和分生孢子后期粗糙；孢痕疤和分生孢子基脐加厚而暗。

假钉孢属 *Nothopassalora* U. Braun, C. Nakshi., Videira & Crous 与钉孢属的区别在于其分生孢子梗光滑至具疣；产孢细胞环状，加厚而暗；分生孢子基脐加厚而暗，稍突出。

类短胖孢属 *Paracercosporidium* Videira & Crous 与钉孢属近似，具有内生的菌丝体；小子座和单生的分生孢子，但其孢痕疤和分生孢子基脐加厚而暗，环状。

类菌绒孢属 *Paramycovellosiella* Videira, H.D. Shin & Crous 与钉孢属的区别在于其菌丝体内生和表生；孢痕疤小，加厚而暗；分生孢子单生和链生，基脐加厚而暗，稍突出。

色链隔孢属 *Phaeoramularia* Munt.-Cvetk. 具有内生的菌丝体；加厚的孢痕疤和分生孢子基脐，与钉孢属的区别在于其分生孢子链生。

多形钉孢属 *Pleopassalora* Videira & Crous 与钉孢属的区别在于其具有两种类型的分生孢子梗和分生孢子：类型 I 分生孢子梗光滑至粗糙；孢痕疤稍加厚而暗，平或突出；分生孢子光滑，稀少具疣，脐明显加厚而暗。类型 II 分生孢子梗无色至近无色，1 个隔膜；分生孢子基脐宽，平至突出，不加厚不变暗。

侧钉孢属 *Pleuropassalora* U. Braun, C. Nakshi., Videira & Crous 与钉孢属不同，其产孢细胞后期具疣，孢痕疤加厚而暗；分生孢子光滑至后期具疣，脐加厚而暗。

多隔钉孢属 *Pluripassalora* Videira & Crous 与钉孢属的区别在于其分生孢子梗光滑至后期具疣；孢痕疤加厚而暗；分生孢子椭圆形至倒卵形、倒梨形，光滑至后期具疣，多隔膜，基部细胞宽，顶部细胞延长成喙，脐加厚而暗。

槭树科 ACERACEAE

槭生钉孢　图 43

Passalora acericola (X.J. Liu & Y.L. Guo) U. Braun & Crous, *in* Crous & Braun, *Mycosphaerella* and its Anamorphs: I. Names Published in *Cercospora* and *Passalora*: 436, 2003.

Phaeoramularia acericola X.J. Liu & Y.L. Guo, Acta Phytopathol. Sinica 12(4): 3, 1982.

Mycovellosiella acericola (X.J. Liu & Y.L. Guo) X.J. Liu & Y.L. Guo, Mycosystema 1: 242, 1988; Guo, Mycosystema 8-9: 92, 1995-1996.

斑点生于叶的正背两面，坏死型，圆形至近圆形，无明显边缘，直径 0.5~4 mm，叶面斑点灰白色，具较宽的黄褐色晕，叶背斑点黄褐色。子实体叶两面生，但主要生于叶背面，大多集中在中央坏死部分。初生菌丝体内生；次生菌丝体表生：菌丝无色，分枝，具隔膜，宽 1.3~2.5 μm。子座仅为几个褐色球形细胞或小，气孔下生，褐色。分生孢子梗 2~12 根稀疏簇生在小子座上，顶生或作为侧生分枝单生在表生菌丝上，或 2~5 根聚生在表生菌丝上，浅橄榄褐色，色泽均匀，宽度不规则，常基部较宽，向顶变细窄，直或稍弯曲，不分枝，光滑，近顶部稍呈屈膝状，顶部圆锥形至圆锥形平截，0~2 个隔膜，欠明显，15~45 × 3.8~6μm。孢痕疤明显加厚、暗，宽 1.8~2.5 μm。分生孢子倒棍棒形至圆柱形，无色至近无色，光滑，链生并具分枝的链，直或稍弯曲，顶部近钝至圆锥形平截，基部倒圆锥形平截至近平截，3~11 个隔膜，32~130 × 3~5 μm；脐加厚而暗。

槭 *Acer truncatum* Bunge：陕西太白山（HMAS 42402，*Phaeoramularia acericola* X.J. Liu & Y. Guo 的主模式）。

世界分布：中国。

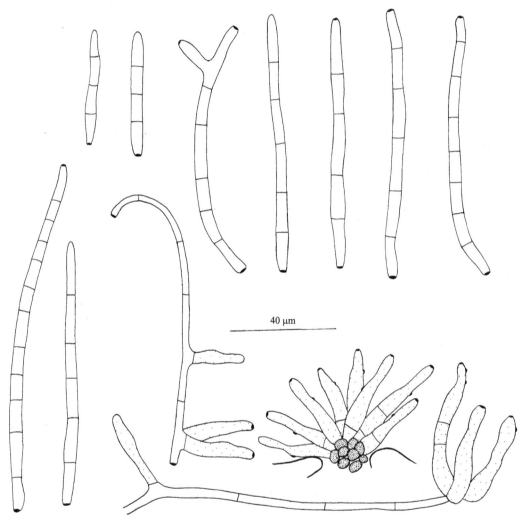

图 43　槭生钉孢 *Passalora acericola*（X.J. Liu & Y.L. Guo）U. Braun & Crous

讨论：寄生在槭属 *Acer* sp. 植物上的槭生尾孢 *Cercospora acericola* Woreon.（Trav. Mus. Bot. Acad. Sc. U. R. S. S. 21: 231, 1927）也具有圆形斑点，短的分生孢子梗（15~

45 × 4~6 μm）和长的分生孢子（30~120 × 3~5.5 μm），与本种近似，区别在于其孢痕疤不明显，分生孢子单生，Guo 和 Liu（1992）已将其组合为槭生假尾孢 *Pseudocercospora acericola*（Woreon.）Y.L. Guo & X.J. Liu。

漆树科 ANACARDIACEAE

漆树科钉孢属分种检索表

1. 菌丝体内生和表生 ···2
   菌丝体内生；子座直径 18~50 μm；分生孢子梗 9~27（~45）× 3~4.5 μm；分生孢子圆柱形至倒棍棒形，浅橄榄色，22~108 × 3.8~5 μm ·· 漆树钉孢 *P. rhois*
2. 子座直径达 65 μm；分生孢子梗长达 700 μm，宽 4~5 μm；分生孢子圆柱形，近无色至非常浅的橄榄褐色，20~100 × 4~5 μm····································· 盐肤木钉孢 *P. rhoina*
   无子座；分生孢子梗 13~65 × 4~7.5 μm；分生孢子倒棍棒形，无色，25~117（~138）× 4~6.5 μm··
   ·· 郭氏钉孢 *P. guoana*

郭氏钉孢 图 44

Passalora guoana U. Braun, *in* Braun, Crous & Nakashima, IMA Fungus 7(1): 168, 2016.

Mycovellosiella rhois Y.L. Guo [as '*rhoidis*'], *in* Guo & Jiang, Mycotaxon 74: 264, 2000, *nom. illeg.*, non *M. rhois* Goh & W.H. Hsieh, 1987.

Passalora rhois (Y.L. Guo) Y.L. Guo [as '*rhoidis*'], Mycosystema 30(6): 867, 2011, *nom. illeg.*, non *P. rhois* (E. Castell.) U. Braun & Crous, 2003.

斑点叶两面生，近圆形、角状至不规则形，直径 1~4 mm，常多斑愈合，叶面斑点中部褐色至深褐色，边缘黑褐色，叶背斑点灰色至浅灰褐色。子实体生于叶背面。初生菌丝体内生；次生菌丝体表生：菌丝从气孔伸出或直接由分生孢子梗顶端萌发产生，近无色，分枝，具隔膜，光滑，宽 1.7~3 μm。无子座。分生孢子梗从气孔伸出，2~8 根稀疏簇生，顶生或作为侧生分枝单生在表生菌丝上，无色至非常浅的橄榄色，色泽均匀，宽度不规则，直或稍弯曲，不分枝，光滑，0~1 个屈膝状折点，顶部圆锥形，0~1 个隔膜，13~65 × 4~7.5 μm。孢痕疤明显加厚、暗，有时非常突出，宽 1.7~2 μm。分生孢子倒棍棒形，无色，光滑，单生或偶尔链生，直或弯曲，顶部近尖细至钝或圆锥形平截，基部倒圆锥形平截，2~11 个隔膜，25~117（~138）× 4~6.5 μm；脐加厚而暗。

漆树属 *Rhus* sp.：湖北神农架小龙潭（HMAS 77433，*Mycovellosiella rhoidis* Y.L. Guo 的主模式）。

世界分布：中国。

讨论：Goh 和 Hsieh（1987d）就使用了漆树菌绒孢 *Mycovellosiella rhois* Goh & W.H. Hsieh，Crous 和 Braun（2003）使用了漆树钉孢 *Passalora rhois*（E. Castell.）U. Braun & Crous 之名称，因此，*Mycovellosiella rhoidis* Y.L. Guo（2000）和 *Passalora rhoidis*（Y.L. Guo）Y.L. Guo（2011）均为晚出同名的无效名称，故 Braun 等（2016）建立郭氏钉孢 *Passalora guoana* U. Braun 新名称。

寄生在漆树属 *Rhus* sp. 植物上的巴托钉孢 *Passalora bartholomei*（Ellis & Kellerm.）

U. Braun & Crous（Crous and Braun, 2003）和 *Passalora marmorata*（W. Tranz.）U. Braun & Crous（Crous and Braun, 2003）与本菌的区别在于前者叶面无明显斑点,菌丝体内生,分生孢子梗色泽深（中度暗褐色）,稍窄（15~50 × 3~6 μm）,分生孢子单生,圆柱形,色泽稍深（近无色至非常浅的橄榄色）；后者分生孢子梗紧密簇生,色泽深（浅至非常浅的橄榄褐色）,稍短而窄（10~40 × 3~5 μm）,分生孢子单生,圆柱形,色泽稍深（近无色至浅橄榄色）,短而窄（20~50 × 2.5~4 μm）。

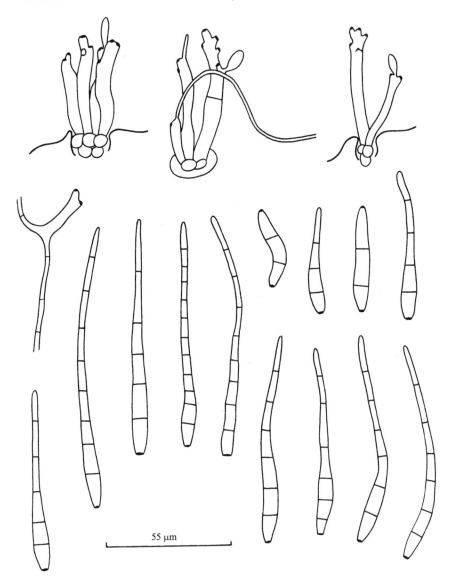

55 μm

图 44　郭氏钉孢 *Passalora guoana* U. Braun

盐肤木钉孢　图 45

Passalora rhoina U. Braun & Crous, *in* Crous & Braun, *Mycosphaerella* and its Anamorphs:
　　I. Names Published in *Cercospora* and *Passalora*: 352, 2003.

Mycovellosiella rhois Goh & W.H. Hsieh (*nom. nov.*), Trans. Mycol. Soc. R.O.C. 2(2): 135, 1987 [as '(Sawada & Katsuki) Goh & W.H. Hsieh'], non *Passalora rhois* (E. Cast.) U. Braun & Crous, 2003.

Cercospora rhois Sawada & Katsuki, Spec. Publ. Coll. Agric. Taiwan Univ. 8: 225, 1959, *nom. illeg.*, non *C. rhois* E. Cast., 1942.

Cercospora rhoina Sivan. (*nom. nov.*), The Bitunicate Ascomycetes and their Anamorphs: 192, 1984, *nom. illeg.*, non *C. rhoina* Cooke & Ellis, 1878.

Mycosphaerella rhois C.C. Chen, Bot. Bull. Acad. Sin. 8: 140, 1967 [as '(Sawada & Katsuki) C.C. Chen'].

Venturia rhois Sawada, Spec. Publ. Coll. Agric. Taiwan Univ. 8: 73, 1959., *nom. illeg.*

Mycosphaerella rhois Sivan., Biblioth. Mycol. 59: 117, 1977 [as '(Sawada) Sivan.'], *nom. illeg.*, non *M. rhois* C.C. Chen, 1967.

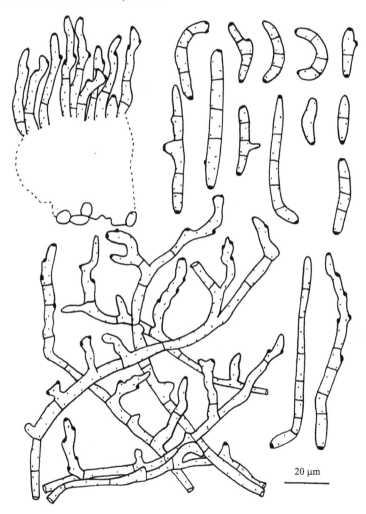

20 μm

图 45　盐肤木钉孢 *Passalora rhoina* U. Braun & Crous

叶面斑点不明显，仅为浅褐色褪色块，叶背斑点角状，灰褐色，宽 2~7 mm。子实体生于叶的正背两面。初生菌丝体内生；次生菌丝体表生：菌丝生于叶背面，浅橄榄色，分枝，具隔膜，宽 2.5~4 μm。子座生于叶面，不规则形，暗褐色，直径达 65 μm。分生孢子梗多根簇生在子座上，但主要是顶生或作为侧生分枝单生在表生菌丝上，浅橄榄褐色，色泽均匀，宽度不规则，直或弯曲，不分枝或偶具分枝，光滑，屈膝状，顶部圆锥形，0~3 个隔膜，长达 700 μm，宽 4~5 μm。孢痕疤明显加厚、暗，宽 1~2 μm。分生孢子圆柱形，近无色至非常浅的橄榄褐色，光滑，链生并具分枝的链，直或弯曲，顶部圆至钝，基部圆至倒圆锥形，1~7 个隔膜，在隔膜处稍缢缩，20~100 × 4~5 μm；脐加厚而暗。

滨盐肤木 *Rhus chinensis* var. *roxburghii*（DC.）Rehd.（*R. semialata* var. *roxburghii* DC.）：台湾南投（NTU-PPE）。

世界分布：中国。

讨论：Castellani（Nuovo Giorn. Bot. Ital. 49: 29, 1942）使用了漆树尾孢 *Cercospora rhois* E. Cast. 这个名称，Sawada（1959）报道的 *C. rhois* Sawada & Katsuki 为 *C. rhois* 的晚出同名，且未提供拉丁文简介，因此是无效名称。Goh 和 Hsieh（1987d）组合的漆树菌绒孢 *Mycovellosiella rhois*（Sawada & Katsuki）Goh & W.H. Hsieh 也为无效名称，并且该菌与漆树钉孢 *Passalora rhois*（E. Cast.）U. Braun & Crous（Crous and Braun, 2003）特征不同，所以 Braun 和 Crous（2003）建立了盐肤木钉孢 *Passalora rhoina* U. Braun & Crous 新名称。

Sivanesan（1984）报道的盐肤木尾孢 *C. rhoina* Sivan. 因是 *C. rhoina* Cooke & Ellis （Grevillea 6: 89, 1878）的晚出同名，亦为无效名称。*C. rhoina* Cooke & Ellis 因孢痕疤不明显、不加厚，Deighton（1976）已将其组合为盐肤木假尾孢 *Pseudocercospora rhoina* （Cooke & Ellis）Deighton。

漆树钉孢 图 46

Passalora rhois (E. Castell.) U. Braun & Crous, *in* Crous & Braun, *Mycosphaerella* and its Anamorphs: I. Names Published in *Cercospora* and *Passalora*: 353, 2003; Braun, Crous & Nakashima, IMA Fungus 7(1): 173, 2016.

Cercospora rhois E. Castell., Nuovo Giorn. Bot. Ital. 49: 29, 1942.

Phaeoramularia rhois (E. Castell.) Deighton, *in* Ellis, More Dematiaceous Hyphomycetes: 317, 1976, also *in* Mycol. Pap. 144: 36, 1979; Liu & Guo, Acta Phytopathol. Sinica 12(4): 14, 1982.

斑点生于叶的正背两面，近圆形至角状，宽 1~4 mm，叶面斑点灰白色至黄褐色，或中央黄褐色，边缘围以暗褐色细线圈，叶背斑点浅黄褐色至黄褐色，边缘围以暗褐色细线圈。子实体叶两面生。菌丝体内生。子座叶表皮下生，近球形，褐色，直径 18~50 μm。分生孢子梗多根紧密簇生，浅橄榄色至橄榄色，向顶色泽变浅，宽度不规则，直或稍弯曲，不分枝，光滑，有时近顶部具 1 个屈膝状折点，顶部宽圆至圆锥形，0~1 个隔膜，9~27（~45）× 3~4.5 μm。孢痕疤明显加厚、暗，宽 1.3~2 μm。分生孢子圆柱形至倒棍棒形，浅橄榄色，光滑，链生，直或稍弯曲，顶部圆至圆锥形平截，基部倒圆锥形平截至近平截，1~7 个隔膜，22~108 × 3.8~5 μm；脐加厚而暗。

盐肤木 *Rhus chinensis* Mill.：安徽琅琊山（42417）；广东广州（42419, 42420）；广西凭祥（42421）；四川大巴山（42422），城口（42423），峨眉山（42424）。

滨盐肤木 *Rhus chinensis* Mill. var. *roxburghii*（DC.）Rehd. & Wils.：台湾台中（05209）。

白背麸杨 *Rhus hypoleuca* Champ. ex Benth.：湖北来凤（42418）。

世界分布：中国，埃塞俄比亚。

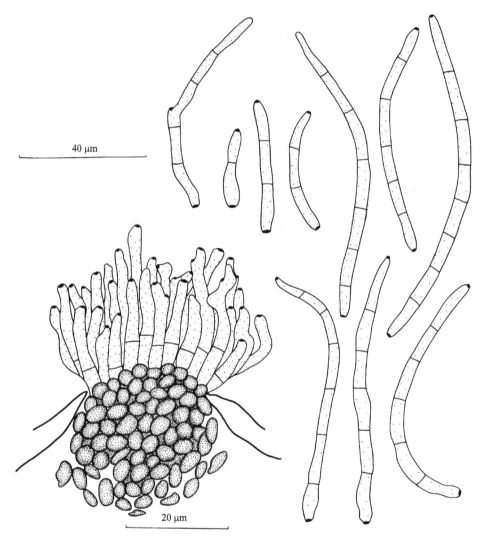

40 μm

20 μm

图 46　漆树钉孢 *Passalora rhois*（E. Castell.）U. Braun & Crous

讨论：Deighton（Ellis, 1976）把漆树尾孢 *Cercospora rhois* E. Castell.（Nuovo Giorn. Bot. Ital. 49: 29, 1942）组合为漆树色链隔孢 *Phaeoramularia rhois*（E. Cast.）Deighton 时，描述分生孢子梗中度浅金黄褐色，50 × 4~6 μm；分生孢子中度浅金黄褐色，0~5 个隔膜，20~90 × 3~4.5 μm。Deighton（1979）又描述为：子实体叶两面生；分生孢子梗中度橄榄色，0~1 个隔膜，40 × 3.5~5 μm；分生孢子圆柱形，链生，中度橄榄色，1~7 个隔膜，30~120 × 4~5 μm。本种在中国标本上分生孢子梗和分生孢子色泽均较浅，分生孢子梗短。

寄生在漆树属 *Rhus* sp. 植物上的 *Passalora marmorata*（Tranz.）U. Braun & Crous（Crous and Braun, 2003）也具有角状斑点和短、不分枝的分生孢子梗，与本种的区别在于其无子座；分生孢子梗色泽深（非常浅的橄榄褐色）；分生孢子 0~1 个隔膜，短而稍窄（15~50 × 2.5~4 μm）。

本种与寄生在美国生香漆 *Rhus aromatica* 上的生香漆钉孢 *Passalora rhois-aromaticae* U. Braun（Braun *et al*., 2016）的区别在于后者斑点圆形至不规则形，褐色至暗褐色；分生孢子梗色泽深（中度橄榄色至褐色），长而宽（10~90 × 3~6 μm）；分生孢子色泽深（中度橄榄色至橄榄褐色或褐色）。

凤仙花科 BALSAMINACEAE

水金凤钉孢　图 47

Passalora campi-silii (Speg.) U. Braun, Mycotaxon 55: 228, 1995; Braun & Mel'nik, Cercosporoid Fungi from Russia and Adjacent Countries: 46, 1997; Crous & Braun, *Mycosphaerella* and its Anamorphs: I. Names Published in *Cercospora* and *Passalora*: 97, 2003.

Cercospora campi-silii Speg., Michelia 2: 171, 1880; Saccardo, Syll. Fung. 4: 440, 1886; Chupp, A Monograph of the Fungus Genus *Cercospora*: 77, 1954; Katsuki, Trans. Mycol. Soc. Japan 1: 7, 1965; Tai, Sylloge Fungorum Sinicorum: 864, 1979; Groenewald *et al*., Stud. Mycol. 75: 147, 2013.

Cercosporidium campi-silii (Speg.) X.J. Liu & Y.L. Guo, Acta Mycol. Sinica 1(2): 94, 1982.

Passalora campi-silii (Speg.) Poonam Srivast., J. Living World 1: 114, 1994, *nom. inval.*

Cercospora impatientis Bäumler, Verh. K. K. Zool.-Bot. Ges. Wien 38: 717, 1888.

斑点生于叶的正背两面，圆形至近圆形，直径 1~8 mm，叶面斑点中央灰白色、灰色、浅褐色至锈褐色，边缘紫红色，叶背斑点中央初期灰绿色，后期黄褐色、灰色至浅褐色，叶两面斑点边缘均围以褐色细线圈。子实体叶两面生。菌丝体内生。子座无或仅由几个褐色球形细胞组成。分生孢子梗单生或 2~11 根稀疏簇生，浅橄榄褐色至浅褐色，向顶色泽变浅，几乎无色，宽度不规则，常上部细窄，基部较宽，最宽处可达 6.5~8 μm，直，弯曲至扭曲，有的老分生孢子梗由于沿一侧壁加厚而向内弯曲，有时分枝，光滑，2~7（~13）个屈膝状折点，多集中在 1/2 上部，顶部圆锥形平截，0~6 个隔膜，欠明显，26.5~80（~255）× 4~6 μm。孢痕疤明显加厚、暗，宽 2~4 μm。分生孢子圆柱形、棍棒形至圆柱-倒棍棒形，无色，光滑，直或稍弯曲，顶部钝至钝圆，基部倒圆锥形平截，1~8 个隔膜，13~75 × 4~7 μm；脐明显加厚、暗。

水金凤 *Impatiens noli-tangere* L.：吉林省吉林市（40604）；湖北神农架（47825）。

世界分布：亚美尼亚，澳大利亚，阿塞拜疆，孟加拉国，巴巴多斯岛，比利时，保加利亚，巴西，中国，捷克，爱沙尼亚，格鲁吉亚，德国，匈牙利，意大利，韩国，日本，吉尔吉斯斯坦，拉脱维亚，摩洛哥，波兰，罗马尼亚，俄罗斯（亚洲和欧洲部分），斯洛文尼亚。

讨论：水金凤尾孢 *Cercospora campi-silii* Speg. 因具有宽的分生孢子梗和分生孢子，

刘锡琎和郭英兰（1982a）将其组合为水金凤短胖孢 *Cercosporidium campi-silii*（Speg.）X.J. Liu & Y.L. Guo，后因 *Cercosporidium* Earle 降为 *Passalora* Fr. 的异名，Braun（1995a）又把 *C. campi-silii* 转到钉孢属，即水金凤钉孢 *Passalora camp-silii*（Speg.）U. Braun。Srivastava（1994）组合的 *P. campi-silii*（Speg.）Poonam Srivast.，报道时未指出基原异名且漏掉了文献，故为无效名称。

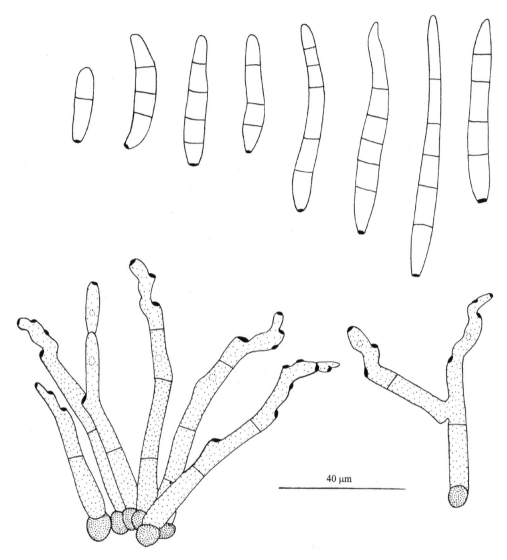

图 47　水金凤钉孢 *Passalora campi-silii*（Speg.）U. Braun

　　Groenewald 等（2013）经分子研究结合形态特征研究后，又将 *C. campi-silii* 作为尾孢属一个独立的种对待，但在 Index Fungorum 2020 中，*Passalora camp-silii*（Speg.）U. Braun 仍为现用名称。

紫葳科 BIGNONIACEAE

猫尾树钉孢　图 48

Passalora markhamiae (X.J. Liu & Y.L. Guo) U. Braun & Crous, *in* Crous & Braun,
Mycosphaerella and its Anamorphs: I. Names Published in *Cercospora* and *Passalora*:
459, 2003.

Phaeoramularia markhamiae X.J. Liu & Y.L. Guo, Acta Phytopathol. Sinica 12(4): 11, 1982;
Guo, Mycosystema 17: 100, 1998.

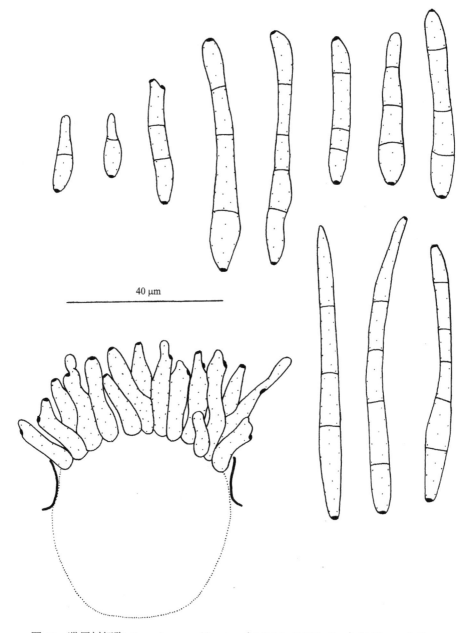

40 μm

图 48　猫尾树钉孢 *Passalora markhamiae*（X.J. Liu & Y.L. Guo）U. Braun & Crous

斑点生于叶的正背两面，近圆形至不规则形，宽 2~15 mm，有时几个斑点愈合成较大型不规则的斑块，叶面斑点初期淡黄褐色至近黑色，后期中央黄褐色至浅红褐色，边缘褐色至暗褐色，具黄褐色至黑褐色水渍状晕圈，叶背斑点黄褐色至灰褐色。子实体生于叶正背两面，主要生在叶背面。菌丝体内生。子座叶表皮下生，近球形，褐色，直径 15~60 μm。分生孢子梗多根稀疏至非常紧密地簇生，浅黄褐色至褐色，色泽均匀，宽度不规则，直或稍弯曲，不分枝，光滑，近顶部偶有 1 个屈膝状折点，顶部圆至圆锥形，隔膜不明显，5~26.5 × 2.5~4.5 μm。孢痕疤明显加厚、暗，宽 1.5~2 μm。分生孢子圆柱形至倒棍棒形，浅橄榄色，光滑，链生并具分枝的链，直或稍弯曲，顶部圆至圆锥形平截，基部倒圆锥形平截，1~7 个隔膜，稍缢缩，15~92.5 × 2.5~5 μm；脐加厚而暗。

猫尾树 Markhamia cauda-felina（Hce.）Craib.：广东广州（HMAS 42412，*Phaeoramularia markhamiae* X.J. Liu & Y.L. Guo 的主模式）。

毛叶猫尾木 *Markhamia stipulata*（Rroxb.）Seen var. *kerrii* Sprague：云南元江（42413）。

世界分布：中国。

讨论：Chupp（1954）在 *Dolichandrone platycalyx* Baker（*Markhamia platycalyx* Sprag.）上报道了 2 种尾孢：猫尾木尾孢 *Cercospora dolichandrones* Chupp 和汉斯福德尾孢 *C. hansfordii* Chupp，二者与本菌的区别在于前者子实体生于叶面，无子座，分生孢子梗和分生孢子色泽浅（近无色至非常浅的浅黄色），且分生孢子窄（40~100 × 1.5~3 μm）；后者子实体扩散型，无子座，分生孢子梗长而宽（60~300 × 5~6.5 μm），这两个种因孢痕疤和分生孢子基脐不明显、不加厚、不变暗，分别被组合为猫尾木假尾孢 *Pseudocercospora dolichandrones*（Chupp）Deighton（1976）和汉斯福德假尾孢 *P. hansfordii*（Chupp）Deighton（1987）。

桔梗科 CAMPANULACEAE

党参钉孢 图 49

Passalora codonopsis (Y.L. Guo) U. Braun & Crous, *in* Crous & Braun, *Mycosphaerella* and its Anamorphs: I. Names Published in *Cercospora* and *Passalora*: 448, 2003.

Mycovellosiella codonopsis Y.L. Guo, Mycotaxon 76: 369, 2000.

斑点叶两面生，圆形至不规则形，直径 1~5 mm，有时多斑愈合，叶面斑点仅为黄褐色褪色或中央灰褐色，边缘暗灰褐色，具浅黄褐色晕，叶背斑点黄褐色、灰褐色至深灰褐色。子实体生于叶背面。初生菌丝体内生；次生菌丝体表生：菌丝从气孔伸出或由分生孢子萌发产生，浅橄榄色，分枝，具隔膜，宽 2.2~3.7 μm。子座无或由少数褐色球形细胞组成，气孔下生。分生孢子梗 2~16 根从气孔伸出，稀疏簇生，顶生或作为侧生分枝单生在表生菌丝上，橄榄色至橄榄褐色，色泽均匀，宽度不规则，直或稍弯曲，不分枝或分枝，光滑，屈膝状，顶部圆至圆锥形，0~4 个隔膜，在隔膜处缢缩，4~86.5 × 4~8.7 μm。孢痕疤明显加厚、暗，宽 2~3 μm。分生孢子倒棍棒形至圆柱形，橄榄色，光滑，单生或链生并具分枝的链，直或弯曲，顶部钝，钝圆至圆锥形，基部倒圆锥形平截，1~7 个隔膜，有时在隔膜处缢缩，22~90 × 4.8~7.6 μm；脐加厚而暗。

党参属 *Codonopsis* sp.：四川峨眉山（HMAS 79137, *Mycovellosiella codonopsis* Y.L.

Guo 的主模式）。

世界分布：中国。

讨论：寄生在 *Isotoma longiflora*（L.）Presl. 上的 *Passalora isotomae*（Cif.）U. Braun & Crous（Crous and Braun, 2003）与本种非常相似，但区别在于其分生孢子梗短而窄（15~60 × 2.5~6 μm）；分生孢子近圆柱形、纺锤形至倒棍棒形，色泽稍浅（近无色、浅黄绿色至橄榄色），短而窄（15~55 × 2~5 μm）。

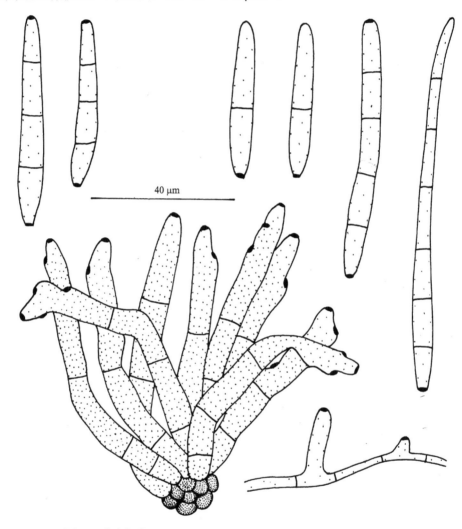

40 μm

图 49　党参钉孢 *Passalora codonopsis*（Y.L. Guo）U. Braun & Crous

忍冬科 CAPRIFOLIACEAE

忍冬科钉孢属分种检索表

1. 子实体叶两面生 ·· 2

　　子实体生于叶背面；分生孢子梗单生或 3~7 根稀疏簇生，浅至中度褐色，1~7 个屈膝状折点，0~2 个隔膜，10~100 × 4~6.5（~7.5）μm；分生孢子圆柱形至倒棍棒形，近无色至浅橄榄色，1~3 个隔膜，22~58 × 4~6.5（~7.5）μm ·· 锦带花钉孢　*P. weigelae*
2. 有子座 ··· 3
　子座无或小；分生孢子梗单生或 3~15 根簇生，橄榄色至浅褐色，1~2 个屈膝状折点，1~2 个隔膜，
　10~40 × 2.5~4 μm；分生孢子倒棍棒形至圆柱形，浅橄榄褐色，1~5 个隔膜，22~55 × 2.5~4（~4.8）μm
　·· 忍冬钉孢　*P. antipus*
3. 子座直径 10~35 μm；分生孢子梗多近无色至浅橄榄褐色，无隔膜，150~35 × 2.8~4.5 μm；分生孢
　子窄椭圆形、卵圆形、纺锤形至圆柱形，近无色至浅橄榄色，0~4 个隔膜，14~31.8× 2.5~3.5μm ··
　·· 荚蒾钉孢　*P. viburni*
　子座直径 15~65 μm；分生孢子梗浅橄榄褐色至橄榄褐色，0~3 个隔膜，欠明显，13~65 × 2.5~6.5 μm；
　分生孢子圆柱形至倒棍棒形，无色至近无色，1~10 个隔膜，22.5~145.5 × 4.5~6.5 μm ·······················
　··· 天目琼花钉孢　*P. viburni-sargentii*

忍冬钉孢　图 50

Passalora antipus (Ellis & Holw.) U. Braun & Crous, *in* Crous & Braun, *Mycosphaerella*
　and its Anamorphs: I. Names Published in *Cercospora* and *Passalora*: 60, 2003.

Cercospora antipus Ellis & Holw., J. Mycol. 1: 5, 1885; Saccardo, Syll. Fung. 4: 469, 1886;
　Chupp, A Monograph of the Fungus Genus *Cercospora*: 99, 1954.

Phaeoramularia antipus (Ellis & Holw.) Deighton, *in* Ellis, More Dematiaceous
　Hyphomycetes: 317, 1976; Guo, Acta Mycol. Sinica Suppl. 1: 342, 1986, also *in* Anon.,
　Fungi and Lichens of Shennongjia: 362, 1989.

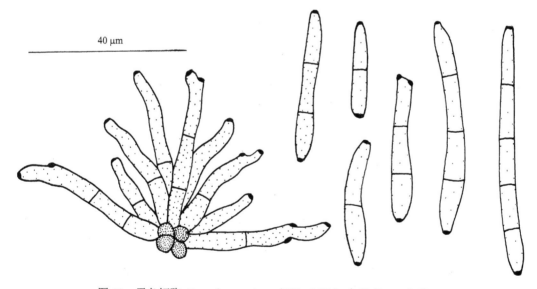

图 50　忍冬钉孢 *Passalora antipus*（Ellis & Holw.）U. Braun & Crous

　　斑点生于叶的正背两面，椭圆形、近圆形至稍呈角状，其扩展有时受叶脉所限，直
径 1~6 mm，有时多斑愈合，叶面斑点灰色至黑灰色，边缘围以暗褐色至近黑色细线圈，
具浅黄绿色至浅黄色晕，叶背斑点浅灰褐色至暗褐色。子实体叶两面生。菌丝体内生。
子座小或仅由几个褐色球形细胞组成。分生孢子梗单生或 3~15 根簇生，橄榄褐色至浅
褐色，色泽均匀，宽度不规则，有时向顶变窄，直或稍弯曲，不分枝，光滑，1~2 个屈

膝状折点，顶部圆至圆锥形，1~2 个隔膜，10~40 × 2.5~4 μm。孢痕疤明显加厚、暗，宽 1.5~2 μm。分生孢子倒棍棒形至圆柱形，浅橄榄褐色，光滑，链生并具分枝的链，直或稍弯曲，顶部钝至圆锥形平截，基部倒圆锥形平截，1~5 个隔膜，22~55 × 2.5~4（~4.8）μm；脐加厚而暗。

忍冬属 *Lonicera* sp.：湖北神农架（47827）。

世界分布：加拿大，中国，英国，美国。

讨论：Ellis 和 Holway（1885）描述的忍冬尾孢 *Cercospora antipus* Ellis & Holw. 子实体叶背面生；分生孢子梗中度暗橄榄褐色，多隔膜，20~120 × 3~4 μm；分生孢子近无色，20~55 × 2~3.5 μm。Deighton（Ellis, 1976）将 *C. antipus* 组合为忍冬色链隔孢 *Phaeoramularia antipus*（Ellis & Holway）Deighton 时指出，该菌分生孢子梗 60 × 3~4 μm；分生孢子 1~5 个隔膜，18~47 × 2.5~3.5 μm。本种在中国标本上较 Ellis 和 Holway（1885）及 Deighton（Ellis, 1976）描述的分生孢子梗短，分生孢子稍宽。

荚蒾钉孢　图 51

Passalora viburni (Ellis & Everh.) U. Braun & Crous, *in* Crous & Braun, *Mycosphaerella* and its Anamorphs: I. Names Published in *Cercospora* and *Passalora*: 474, 2003.

Ramularia viburni Ellis & Everh., J. Mycol. 5: 69, 1889; Saccardo, Syll. Fung. 10: 554, 1892.

Phaeoramularia viburni (Ellis & Everh.) U. Braun, Mycotaxon 48: 293, 1993; Zhang, Flora Fungorum Sinicorum 26: 206, 2006.

斑点生于叶的正背两面，近圆形至不规则形，直径 3~10 mm，常多斑愈合，叶面斑点中央灰白色，边缘褐色，叶背斑点灰褐色，边缘围以褐色细线圈。子实体生于叶正背两面，点状。菌丝体内生。子座叶表皮下生，近球形，褐色，直径 10~35 μm。分生孢子梗多根稀疏至紧密簇生，近无色至浅橄榄褐色，光滑，不分枝，直至屈膝状弯曲，顶部圆锥形，无隔膜，15~35 × 2.8~4.5 μm。孢痕疤小，稍加厚、暗，宽 0.8~1.3 μm。分生孢子窄椭圆-卵圆形、纺锤形至圆柱形，近无色至浅黄色或浅绿色，单生或链生，光滑或后期粗糙，直或稍弯曲，顶部钝至圆锥形，基部倒圆锥形，0~4 个隔膜，14~30 × 2.5~3.5 μm；脐稍加厚、暗。

鸡条树荚蒾（天目琼花）*Viburnum sargentii* Koehne：黑龙江尚志（MHYAU 06153）。

世界分布：中国，美国。

讨论：Ellis 和 Everhart（1889）报道生于美国细枝荚蒾 *Viburnum lentago* L. 上的荚蒾柱隔孢 *Ramularia viburni* Elis. & Everh.，因具有褐色的子座，近无色至浅橄榄褐色的分生孢子梗，Crous 和 Braun（2003）将其组合为荚蒾钉孢 *Passalora viburni*（Ellis & Everh.）U. Braun & Crous，描述子座直径达 50 μm，分生孢子梗 5~25 × 2~4 μm，分生孢子 8~45 × 1.5~4 μm。

本菌在中国 *Viburnum sargentii* 上与 Braun 和 Crous 的描述非常相似。

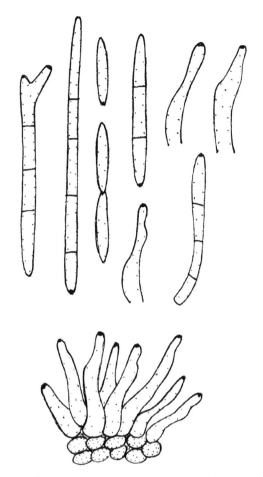

图 51　荚蒾钉孢　*Passalora viburni*（Ellis & Everh.）U. Braun & Crous

天目琼花钉孢　图 52

Passalora viburni-sargentii Y.L. Guo, Mycosystema 31(2): 161, 2012.

　　斑点生于叶的正背两面，圆形至近圆形，直径 1~7 mm，常多斑愈合，叶面斑点中央灰白色、橄榄褐色、浅褐色至灰褐色，边缘围以深褐色、暗褐色至黑色细线圈，具黄褐色至浅褐色晕，叶背斑点中央浅灰褐色，边缘黄褐色至灰褐色，具浅黄褐色晕。子实体叶两面生。菌丝体内生。子座气孔下生，近球形至球形，褐色至暗褐色，直径 15~65 μm。分生孢子梗多根稀疏至非常紧密地簇生，浅橄榄褐色至橄榄褐色，色泽均匀，宽度稍不规则，偶尔向顶部逐渐变尖，基部膨大，直或稍弯曲，不分枝，光滑，无屈膝状折点，顶部宽圆锥形平截，0~3 个隔膜，欠明显，13~65 × 2.5~6.5 μm。孢痕疤明显加厚、暗，宽 1.3~2 μm。分生孢子圆柱形至倒棍棒形，无色至近无色，链生，光滑，直或稍弯曲，顶部近钝至圆锥形平截，基部倒圆锥形平截，1~10 个隔膜，22.5~145.5 × 4.5~6.5 μm；脐明显加厚、暗。

　　欧洲荚蒾 *Viburnum opulus* L.：新疆巩留（42416）。

　　毛鸡条树荚蒾 *Viburnum sargentii* Koehne f. *puberulum*（Kom.）Kitag：吉林长白山

（42415）。

　　少毛鸡条树荚蒾 *Viburnum sargentii* Koehne var. *calvescens* Rehd.：湖北神农架（HMAS 47828，主模式）。

　　荚蒾属 *Viburnum* sp.：四川成都（15310）。

　　世界分布：中国。

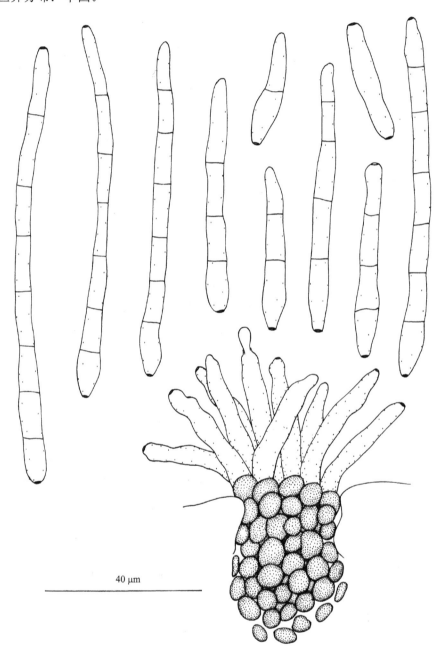

40 μm

图 52　天目琼花钉孢 *Passalora viburni-sargentii* Y.L. Guo

　　讨论：寄生在 *Viburnum opulus* L. 上的画笔钉孢 *Passalora penicillata* Ces.（Herb. Viv. Mycol. no. 587, 1857），Fresenius（1863）将其组合为画笔尾孢 *Cercospora penicillata*

（Ces.）Fresen. 时没有提供形态特征描述。Chupp（1954）研究了模式标本后，对 *C. penicillata* 进行了描述，但描述中没有指出分生孢子是否链生。

刘锡琎和郭英兰（1982b）在研究中国的 *Phaeoramularia* Munt.-Cvetk. 时，寄生在荚蒾属 *Viburnum* sp. 植物上的真菌与 Chupp（1954）描述的 *C. penicillata* 的形态特征非常相似，并且具有明显加厚的孢痕疤和分生孢子基脐，分生孢子链生，符合色链隔孢属的特征，以 *Passalora penicillata* 为基原异名建立了画笔色链隔孢 *Phaeoramularia penicillata*（Ces.）X.J. Liu & Y.L. Guo 新组合。

Crous 和 Braun（2003）把 *P. penicillata* Ces. 和 *C. penicillata*（Ces.）Fresen. 均作为接骨木尾孢 *C. depazeoides*（Desm.）Sacc.（1876）的异名，并指出 *Phaeoramularia penicillata* 为错用名称，但 *C. depazeoides* 现已被组合为接骨木假尾孢 *Pseudocercospora depazeoides*（Des.）U. Braun & Crous（Braun *et al.*, 2015b）。鉴于在中国荚蒾属 *Viburnum* sp. 植物上的真菌孢痕疤和分生孢子基脐明显加厚而暗，且分生孢子链生，郭英兰（2012）报道了天目琼花钉孢 *Passalora viburni-sargentii* Y.L. Guo 新种。

Braun 等（2015b）在报道欧洲绣球假尾孢 *Pseudocercospora opuli*（Höhn.）U. Braun & Crous 时，虽然把 *P. viburni-sargentii* 作为其异名，但因 *P. viburni-sargentii* 的孢痕疤和分生孢子基脐明显加厚而暗，与 *Pseudocercospora* 属的孢痕疤和分生孢子基脐不明显、不加厚、不变暗完全不同，且在 Index Fungorum 2020 中，*P. viburni-sargentii* Y.L. Guo 仍为现用名称，因此 Braun 等（2015b）的处理不予采纳。

寄生在美国细枝荚蒾 *Viburnum lentago* L. 上的荚蒾钉孢 *Passalora viburni*（Ellis & Everh.）U. Braun & Crous（Crous and Braun, 2003）与本菌的区别在于其分生孢子梗色泽浅（近无色，浅黄绿色、浅橄榄色或黄褐色），短而窄（5~25 × 2~4 μm）；分生孢子窄椭圆-卵圆形、纺锤形至近圆柱形，近无色至非常浅的黄绿色，单生或链生，后期粗糙，短而窄（8~45 × 1.5~4μm）。

锦带花钉孢 图 53

Passalora weigelae (Y.L. Guo & X.J. Liu) U. Braun & Crous, *in* Crous & Braun, *Mycosphaerella* and its Anamorphs: I. Names Published in *Cercospora* and *Passalora*: 475, 2003.

Phaeoramularia weigelae Y.L. Guo & X.J. Liu, *in* Guo, Acta Mycol. Sinica Suppl. 1: 342, 1986, also *in* Anon., Fungi and Lichens of Shennongjia: 363, 1989.

斑点生于叶的正背两面，圆形至近圆形，直径 2~18 mm，叶面斑点初期白色，具有宽而褐色至暗褐色的边缘，后期灰白色、褐色至暗褐色，呈轮纹状，具浅褐色晕圈，叶背斑点浅褐色。子实体生于叶背面。菌丝体内生。子座小或仅由几个褐色球形细胞组成。分生孢子梗单生或 3~7 根稀疏簇生，浅褐色至中度褐色，色泽均匀，宽度不规则，光滑，不分枝，直立或稍弯曲，1~7 个屈膝状折点，顶部宽圆至圆锥形，0~2 个隔膜，10~100 × 4~6.5（~7.5）μm。孢痕疤明显加厚、暗，宽 2~2.5 μm。分生孢子圆柱形至倒棍棒形，近无色至浅橄榄色，光滑，链生并具分枝的链，直或稍弯曲，顶部钝至圆锥形平截，基部倒圆锥形平截，1~3 个隔膜，22~58 × 4~6.5（~7.5）μm；脐加厚、暗。

日本锦带花 *Weigela japonica* Thunb. var. *sinica*（Rehd.）Beiley：湖北神农架小坪

（HMAS 47829, *Phaeoramularia weigelae* Y.L. Guo & X.J. Liu 的主模式），徐家庄
（47830）。

世界分布：中国。

讨论：寄生在韩国锦带花 *Weigela florida*（Bunge）A. DC. 上的锦带花生钉孢
Passalora weigelicola（H.D Shin & U. Braun）U. Braun & Crous（Crous and Braun, 2003）
与本种的区别在于其分生孢子梗（10~50 × 2.5~3.5 µm）和分生孢子（8~25 × 2~4 µm）
均短而窄。

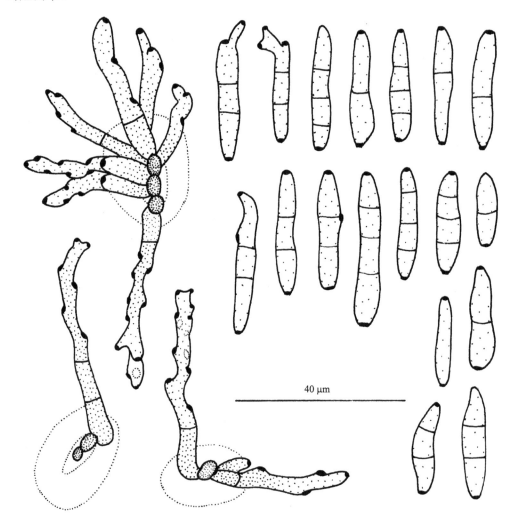

40 µm

图 53　锦带花钉孢 *Passalora weigelae*（Y.L. Guo & X.J. Liu）U. Braun & Crous

藜科 CHENOPODIACEAE

藜钉孢　图 54

Passalora dubia (Riess) U. Braun, Mycotaxon 55: 231, 1995; Crous & Braun,
Mycosphaerella and its Anamorphs: I. Names Published in *Cercospora* and *Passalora*:

166, 2003.

Ramularia dubia Riess, Hedwigia 1: Pl.4, Fig. 9. 1854.

Cercospora dubia (Riess) G. Winter, Fungi Eur. Exs., Ed. nov., Cent. 28, No. 2780, 1882, and Hedwigia 22: 10, 1883, *nom. illeg.*, non *C. dubia* Speg., 1880; Saccardo, Syll. Fung. 4: 450, 1886; Chupp, A Monograph of the Fungus Genus *Cercospora*: 112, 1954; Tai, Sylloge Fungorum Sinicorum: 875, 1979; Hsieh & Goh, *Cercospora* and Similar Fungi from Taiwan: 56, 1990.

Cercospora dubia (Riess) Bubák, Ann. Mycol. 6: 29, 1908, *nom. illeg.*, non *C. dubia* Speg., 1880.

Cercosporidium dubia (Riess) X.J. Liu & Y.L. Guo, Acta Mycol. Sinica 1(2): 95, 1982; Guo, Mycosystema 6: 993, 1993, and Mycosystema 8-9: 92, 1995-1996, also *in* Mao & zhuang, Fungi of Qinling Mountains: 159, 1997, and *in* Anon., Fungi of Xiaowutai Mountains in Hebei Province: 7, 1997.

Passalora dubia (Riess) Poonam Srivast., J. Living World 1: 115, 1994, *comb. inval.*

Cercospora dubia var. *urbica* Roum., Rev. Mycol. 15: 15, 1893.

Cercospora dubia var. *atriplicis* Bondartsev, Trudy Glavn. Bot. Sada 26: 51, 1910.

Cercospora chenopodii Fresen., Beitr. Mykol.: 92, 1863; Groenewald *et al.*, Stud. Mycol. 75: 148, 2013.

Cercospora chenopodii Cooke, Grevillea 12: 22, 1883, *nom. illeg.*, non *C. chenopodii* Fresen., 1863.

Cercospora atriplicis Lobik, Mat. po Fl. Faun. Obsled Terskogo Okruga: 52, 1928.

Cercospora chenopodii var. *micromaculata* Dearn., Mycologia 21: 329, 1929.

Cercospora penicillata f. *chenopodii* Fuckel, Fungi Rhen. Exs., Fasc. ll, No. 119, 1863, *nom. nud.*

Cercospora chenopodii var. Thüm., *in herb.*

Cercospora bondarzevii Henn., *in herb.* B.

斑点生于叶的正背两面，圆形至近圆形，直径 2~12 mm，有时几个斑点愈合成大型斑块，叶面斑点中央灰白色、灰色至暗褐色，边缘围以 1~6 条橄榄褐色至暗褐色隆起的细轮纹圈，具浅黄色至黄绿色晕，有时初期斑点呈灰绿色，叶背斑点浅橄榄色至浅灰褐色，一般叶两面斑点上均簇生灰黑色茸毛状子实层，而以叶背面最多。子实体叶两面生。菌丝体内生。子座气孔下生或叶表皮下生，球形，橄榄色至褐色，直径 20~50 μm。分生孢子梗 3~20 根稀疏簇生至多根紧密簇生，浅橄榄色至橄榄褐色，向顶色泽变浅至近无色，宽度规则，直至弯曲，光滑，不分枝，0~5 个屈膝状折点，顶部圆锥形平截至近平截，1~4 个隔膜，10~150 × 4~7 μm。孢痕疤明显加厚、暗，宽 2~3.8 μm。分生孢子圆柱形至倒棍棒形，无色，光滑，直或稍弯曲，顶部钝至钝圆，基部倒圆锥形平截至近平截，1~6 个隔膜，35~62.5 × 5~8.5 μm；脐明显加厚、暗。

鞑靼滨藜 *Atriplex tatarica* L.：吉林集安（40607，78804）。

藜 *Chenopodium album* L.：河北涿鹿（65905），承德（78805）；内蒙古四号山（151512），伊敏岗（151417~151429）；辽宁千山（62206），沈阳（62208）；黑龙江哈尔滨（62207），

漠河（81553），抚远（81554），佳木斯（81555）；陕西留坝（69439）；宁夏贺兰山（152688~152700），沙坡头（152701~152710）。

台湾藜 *Chenopodium formosanum* Koidz.：台湾台东（NTU-PPE）。

灰绿藜 *Chenopodium glaucum* L.：吉林长春（76381，245710，245711）；陕西佛坪（40606）。

藜麦 *Chenopodium quinoa* Willd.：山西静乐（247131）。

小藜 *Chenopodium serotinum* L.：吉林怀德（40608）。

据戴芳澜（1979）记载，本种在我国的寄主和分布还有：

鞑靼滨藜 *Atriplex tatarica* L.：台湾。

藜 *Chenopodium album* L.：山东，江苏，台湾，四川。

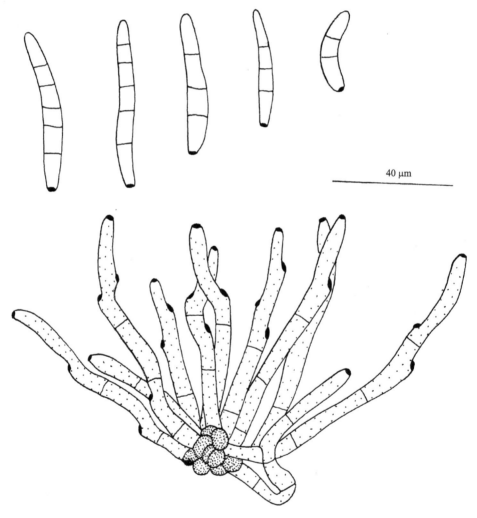

图 54 藜钉孢 *Passalora dubia*（Riess）U. Braun

世界分布：阿根廷，亚美尼亚，澳大利亚，阿塞拜疆，白俄罗斯，比利时，加拿大，中国，丹麦，多米尼加，爱沙尼亚，法国，格鲁吉亚，德国，匈牙利，印度，伊朗，意大利，日本，哈萨克斯坦，肯尼亚，韩国，拉脱维亚，尼泊尔，荷兰，新西兰，巴基斯坦，波兰，罗马尼亚，俄罗斯，斯洛文尼亚，南非，西班牙，瑞典，瑞士，塔吉克斯坦，土库曼斯坦，乌克兰，英国，美国。

讨论：Winter（Fungi eur., Ed. nov. Cent. 28, No. 2780, 1882）把 Riess（Hedwigia 1: Pl. 4, Fig. 9. 1854）报道的藜柱隔孢 *Ramularia dubia* Riess 组合为藜尾孢 *Cercospora dubia* （Riess）G. Winter。Chupp（1954）把包括 Fresenius（1863）报道的 *Cercospora chenopodii* Fresen. 在内的 10 种尾孢均列为 *C. dubia* 的异名，并提供了描述，主要特征是分生孢子梗紧密簇生，近无色至浅橄榄褐色，近平截的顶部具大孢痕疤，30~100 × 4.5~6.5 μm；分生孢子圆柱形至倒棍棒形，无色，1~7 个隔膜，大多数 3 个隔膜，30~80 × 4~7 μm。刘锡琎和郭英兰（1982a）在研究中国 *Cercosporidium* 属时，依据 *R. dubia* 具有大的孢痕疤及圆柱形至倒棍棒形、短而宽的分生孢子的特征，将其组合为藜短胖孢 *Cercosporidium dubium*（Riess）X.J. Liu & Y.L. Guo。Srivastava（1994）把 *R. dubia* 组合为 *Passalora dubia*（Riess）Poonam Srivast. 时，因未提供基原异名及文献，因此为无效名称。Braun（1995b）又把 *R. dubia* 组合为藜钉孢 *Passalora dubia*（Riess）U. Braun。

Groenewald 等（2013）经分子研究证实，*C. chenopodii* 孢痕疤属尾孢型，分生孢子无色，因此恢复 *C. chenopodii* 之名称，但在 Index Fungorum 2020 中，藜钉孢 *Passalora dubia*（Riess）U. Braun 仍为现用名称。

菊科 COMPOSITAE

菊科钉孢属分种检索表

8. 分生孢子梗簇生在子座上或单生在表生菌丝上，15~75 × 3~5 μm；分生孢子圆柱形至倒棍棒形，近无色至橄榄色，15~62.5 × 2.5~5 μm ································· 阿萨姆钉孢 *P. assamensis*

分生孢子倒棍棒形至圆柱形，无色，15~115 × 3~5.6 μm；分生孢子梗近无色至浅橄榄色，15~105 × 2.5~4.5 μm ································· 向日葵生钉孢 *P. helianthicola*

阿萨姆钉孢 图 55

Passalora assamensis (S. Chowdhury) U. Braun & Crous, *in* Crous & Braun, *Mycosphaerella* and its Anamorphs: I. Names Published in *Cercospora* and *Passalora*: 69, 2003.

Cercospora assamensis S. Chowdhury, Lloydia 20: 134, 1957; Vasudeva, Indian Cercosporae: 44, 1963.

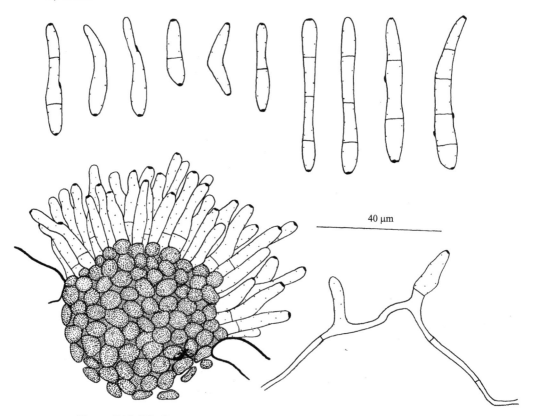

40 μm

图 55 阿萨姆钉孢 *Passalora assamensis*（S. Chowdhury）U. Braun & Crous

斑点生于叶的正背两面，近圆形至角状，宽 1~5 mm，叶面斑点近赭褐色至灰褐色，边缘围以暗褐色细线圈，叶背斑点灰褐色，有时呈绿色或稍褪色。子实体叶两面生。初生菌丝体内生；次生菌丝体表生：菌丝无色，分枝，具隔膜，宽 1.3~2 μm。子座气孔下生，近球形，褐色，直径 17.5~50 μm。分生孢子梗 2 至多根（达 50 根）稀疏至紧密簇生在子座上，或作为侧生分枝单生在表生菌丝上，浅橄榄褐色，向顶色泽变浅，宽度不规则，常基部较宽，直或稍弯曲，不分枝或偶具分枝，光滑，0~1 个屈膝状折点，顶部圆锥形平截，0~2 个隔膜，欠明显，初生分生孢子梗 15~75 × 3~5 μm，次生分生孢子梗 15~20 × 3.8~5 μm。孢痕疤明显加厚、暗，宽 1.3~2.5 μm。分生孢子圆柱形至倒棍棒形，近无色至橄榄色，光滑，链生并具分枝的链，直或稍弯曲，顶部圆至圆锥形平截，基部倒圆锥形平截，0~4 个隔膜，15~62.5 × 2.5~5 μm；脐加厚、暗。

紫茎泽兰（破坏草）*Ageratina adenophora* (Spreng.) R.M. King & H. Rob.：云南禄劝（133418）。

世界分布：中国，印度，马来西亚，尼泊尔，新西兰，美国，维尔京群岛。

讨论：Chowdhury（1957）报道了寄生在印度香泽兰 *Eupatorium odoratum* L. 上的阿萨姆尾孢 *Cercospora assamensis* S. Chowdhury，Crous 和 Braun（2003）将其组合为阿萨姆钉孢 *Passalora assamensis*（S. Chowdhury）U. Braun & Crouuus 时指出，虽然 *C. assamensis* 的模式标本无法再研究，但他们研究了采自印度和尼泊尔的紫茎泽兰 *Eupatorium adenophorum* L. 标本，这个菌具有表生菌丝，单生的分生孢子梗和加厚而暗的孢痕疤，为典型的菌绒孢型真菌，与香泽兰尾孢 *C. eupatorii-odorati* J.M. Yen（1968）无区别，因此将香泽兰尾孢 *C. eupatorii-odorati* J.M. Yen、香泽兰菌绒孢 *Mycovellosiella eupatorii-odorati*（J.M. Yen）J.M. Yen 和香泽兰色链隔孢 *Phaeoramularia eupatorii-odorati*（J.M. Yen）X.J. Liu & Y.L. Guo 均列为其异名。

Videira 等（2017）用多基因研究 Mycosphaerellaceae 及其无性型属时，在尾孢类无性型属中恢复了一些包括 *Cercosporidium* Earle、*Fulvia* Cif.、*Mycovellosiella* Rangel、*Phaeoramularia* Munt.-Cvetk. 和 *Ragnhildiana* Solheim 在内的老属名。在 Index Fungorum 2020 中，*Phaeoramularia eupatorii-odorati* 仍为现用名称。

哥斯达黎加钉孢　图 56

Passalora costaricensis (Syd.) U. Braun & Crous, *in* Crous & Braun, *Mycosphaerella* and its
　　Anamorphs: I. Names Published in *Cercospora* and *Passalora*: 140, 2003.

Cercospora costaricensis Syd., Ann. Mycol. 23: 423, 1925; Chupp, A Monograph of the
　　Fungus Genus *Cercospora*: 132, 1954; Tai, Sylloge Fungorum Sinicorum: 871, 1979.

Mycovellosiella costaricensis (Syd.) Deighton, Mycol. Pap. 137: 70, 1974.

最初无斑点，后期叶面为不明显的褐色，叶背相应部分为暗褐色，扩展至 2~20 mm 宽。子实体生于叶背面。初生菌丝体内生；次生菌丝体表生；菌丝形成菌丝绳。无子座。分生孢子梗顶生或作为侧生分枝单生在表生菌丝上，浅至中度暗橄榄色或煤烟色，宽度不规则，常弯曲，分枝，光滑，0~2 个屈膝状折点，顶部圆至圆锥形，多个隔膜，10~60 × 3.5~5 μm，少数长达 100 μm。孢痕疤明显、暗，多个小疤痕集中在产孢细胞顶部或近顶部，宽 1.3~2 μm。分生孢子倒棍棒-圆柱形，浅橄榄色，光滑，链生，直或稍弯曲，顶部钝，基部长倒圆锥形至近平截，1~7 个隔膜，多数 1~3 个隔膜，25~100 × 3.5~5.5 μm；脐明显、暗。

泽兰属 *Eupatorium* sp.：中国。

世界分布：中国，哥斯达黎加，科特迪瓦。

讨论：寄生在泽兰属 *Eupatorium* sp. 植物上的针形尾孢 *Cercospora aciculina* Chupp（1954）和藿香蓟尾孢 *C. ageratoides* Ellis & Everh.（1889）与本种近似，都具有不明显的斑点，叶背面生、扩散型的子实体，区别在于前者有子座（直径达 50 μm），分生孢子梗紧密簇生，稍短而窄（10~35 × 3~4 μm），分生孢子窄倒棍棒形，无色，窄

（40~100 × 1.5~3 μm）；后者分生孢子梗长（40~150 × 4~5.5 μm），孢痕疤不明显，分生孢子 1 个隔膜，二者均已转到假尾孢属，即针形假尾孢 *Pseudocercospora aciculina*（Chupp）U. Braun & Crous（Crous and Braun, 2003）和藿香蓟假尾孢 *P. ageratoides*（Ellis & Everh.）Y.L Guo（1993）。

无标本供研究，描述及图来自 Chupp（1954）。

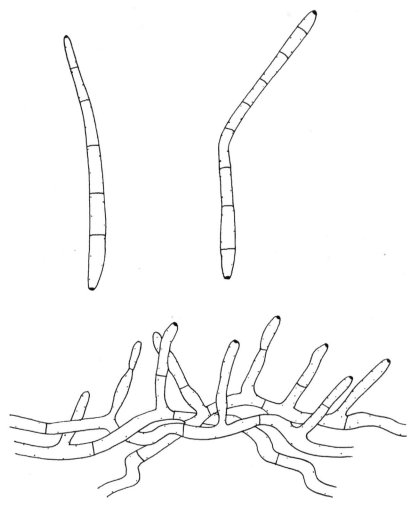

图 56　哥斯达黎加钉孢 *Passalora costaricensis*（Syd.）U. Braun & Crous

向日葵生钉孢　图 57

Passalora helianthicola U. Braun & Crous, *in* Crous & Braun, *Mycosphaerella* and its Anamorphs: I. Names Published in *Cercospora* and *Passalora*: 455, 2003.

Phaeoramularia helianthi X.J. Liu & Y.L. Guo, Acta Phytopathol. Sinica 12(4): 10, 1982; Guo, Mycosystema 17: 100, 1998, non *Passalora helianthi* (Ellis & Everh.) U. Braun & Crous, 2003.

斑点叶两面生，近圆形至不规则形，直径 2~7 mm，叶面斑点中央黄褐色、浅褐色至暗褐色，边缘围以暗褐色细线圈，具黄褐色水渍状晕圈，叶背斑点灰绿色至浅黄褐色。

子实体生于叶正背两面。菌丝体内生。子座气孔下生，近球形，暗褐色，直径 10~37.5 μm。分生孢子梗稀疏簇生至多根紧密簇生，近无色至浅橄榄色，色泽均匀，宽度较规则，直或稍弯曲，不分枝，光滑，1~2（~6）个屈膝状折点，顶部圆锥形至圆锥形平截，1~4 个隔膜，15~105 × 2.5~4.5 μm。孢痕疤明显加厚、暗，宽 1.3~2.5 μm。分生孢子倒棍棒形至圆柱形，无色，光滑，链生，直或稍弯曲，顶部圆锥形平截，基部倒圆锥形平截，0~8 个隔膜，15~115 × 3~5.6 μm；脐明显加厚、暗。

小花葵 *Helianthus debilis* Nutt.：云南思茅（HMAS 42411，*Phaeoramularia helianthi* X.J. Liu & Y.L. Guo 的主模式）。

世界分布：中国。

讨论：Ellis 和 Everhart（1887）报道的向日葵尾孢 *Cercospora helianthi* Ellis & Everh.，Braun （1999a） 将其组合为向日葵菌绒孢 *Mycovellosiella helianthi*（Ellis & Everh.）U. Braun, Crous 和 Braun（2003）又将其组合为向日葵钉孢 *Passalora helianthi*（Ellis & Everh.）U. Braun & Crous。刘锡琎和郭英兰 （1982b） 报道的向日葵色链隔孢 *Phaeoramularia helianthi* X.J. Liu & Y.L. Guo，按照新的分类观点应组合为向日葵钉孢，但组合后与 *Passalora helianthi* 同名，因此，Crous 和 Braun（2003）建立了向日葵生钉孢 *P. helianthicola* U. Braun & Crous 新名称。

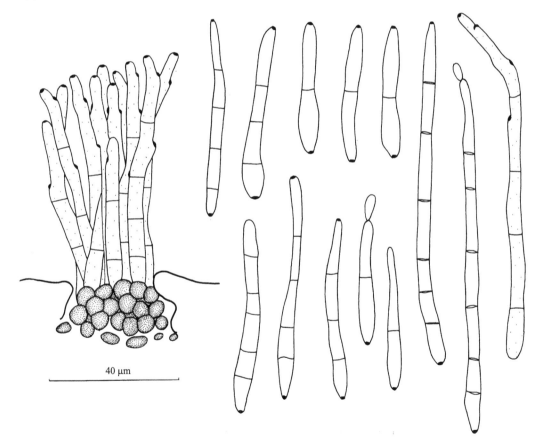

图 57 向日葵生钉孢 *Passalora helianthicola* U. Braun & Crous

Passalora helianthi 与本菌的区别在于其无斑点或有时仅叶面呈黄色至浅褐色；分生孢子梗色泽深（暗煤烟色或橄榄褐色），短而宽（20~50 × 4~6 μm）；分生孢子单生，色泽深（浅至中度煤烟色或橄榄褐色），稍长而宽（40~125 × 4~6 μm）。

莴苣钉孢　图 58

Passalora lactucae (Henn.) U. Braun & Crous, *in* Crous & Braun, *Mycosphaerella* and its Anamorphs: I. Names Published in *Cercospora* and *Passalora*: 240, 2003.

Cercospora lactucae Henn., Bot. Jahrb. Syst. 31: 742, 1902; Chupp, A Monograph of the Fungus Genus *Cercospora*: 143, 1954.

Mycovellosiella lactucae (Henn.) U. Braun, Cryptog. Mycol. 20(3): 162, 1999.

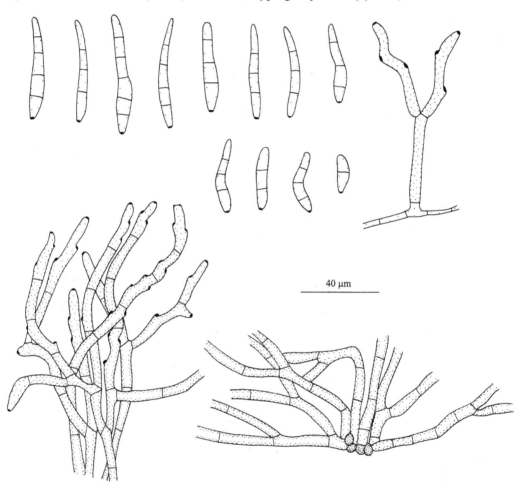

40 μm

图 58　莴苣钉孢　*Passalora lactucae*（Henn.）U. Braun & Crous

　　叶面无明显斑点，仅为黄色褪色，叶背相应部分暗褐色。子实体主要生在叶背面，扩散型。初生菌丝体内生；次生菌丝体表生：菌丝浅橄榄色至橄榄色，分枝，具隔膜，宽 2. 5~3 μm。子座无或仅为几个褐色球形细胞。分生孢子梗单根或 2~12 根从气孔伸出，稀疏簇生，顶生或作为侧生分枝单生于表生菌丝上，浅至中度褐色，向顶色泽变浅，宽度不规则，直至弯曲，多分枝，光滑，上部屈膝状，顶部钝圆至圆锥形，多个隔膜，在隔膜处缢缩，86.5~430 × 3~5.5 μm。孢痕疤明显加厚、暗，宽 1.5~2.5 μm。分生孢子单生，倒棍棒形、棍棒形至圆柱形，浅橄榄色至浅橄榄褐色，光滑，直或弯曲，顶部钝至钝圆，基部倒圆锥形，1~5 个隔膜，多数 3 个隔膜，有时在隔膜处缢缩，15~65 × 4~6.5（~8）μm；脐明显加厚、暗。

    莴苣属 *Lactuca* sp.：湖南张家界（62123）。

    世界分布：巴巴多斯岛，中国，古巴，圭亚那，安的列斯群岛，牙买加，日本，菲律宾，波多黎各，特立尼达和多巴哥，委内瑞拉，津巴布韦。

    讨论：Chupp（1954）记载莴苣尾孢 *Cercospora lacatucae* Henn（Bot. Jahrb. Syst. 31: 742, 1902）的分生孢子梗 20~500 × 3.5~5 μm；分生孢子倒棍棒-圆柱形，20~55 × 3.5~5 μm，较在中国标本上的分生孢子窄。

莴苣生钉孢　　图 59

Passalora lactucicola (Y. Cui & Z.Y. Zhang) K. Schub. & U. Braun, Mycol. Progress 4(2): 105, 2005.

Cladosporium lactucicola Y. Cui & Z.Y. Zhang, Mycosystema 21(1): 22, 2002; Bensch, Braun, Groenewald & Crous, The Genus *Cladosporium*: 317, 2012.

Cladosporium lactucicola Z.Y. Zhang & Y. Cui, *in* Zhang, Flora Fungorum Sinicorum Vol. 14: 114, 2003.

Cladosporium lactucae Sawada, Rep. Agric. Res. Inst. Taiwan 85: 92, 1943, *nom inval.*

    斑点叶两面生，圆形至不规则形，无明显边缘，直径 0.3~5 mm，常多斑愈合，叶面斑点褐色，叶背斑点浅褐色。子实体生于叶的正背两面，但主要生于叶背面。菌丝体内生。子座无或仅为少数褐色球形细胞。分生孢子梗 3~8 根从气孔伸出，稀疏簇生，浅褐色至褐色，色泽均匀，宽度不规则，常在产孢部分较宽，多分枝，光滑，直至弯曲，屈膝状，顶部钝圆至圆锥形，3~8 个隔膜，在隔膜处缢缩，50~150 × 4.8~6.7 μm。孢痕疤多，明显加厚而暗，着生在分生孢子梗顶部、折点处及平贴在分生孢子梗壁上，宽1.3~2.5 μm。分生孢子椭圆形、长椭圆形或倒棍棒-圆柱形，长孢子稍呈圆柱形，暗橄榄褐色至浅褐色，单生，光滑，直至弯曲，顶部宽圆至钝，基部倒圆锥形，0~2 个隔膜，大多数 0~1 个隔膜，在隔膜处缢缩，长孢子的上部细胞较窄，而下部细胞明显宽，8~20（~29）× 5~9 μm；脐明显加厚、暗、突出。

    山莴苣 *Lagedium sibiricum*（L.）Sojak（*Lactuca indica* L.）：台湾花莲（05235）；广西宁明（148907）；四川成都（MHYAU 03881，*Cladosporium lactucicola* Y. Cui & Z.Y. Zhang 的主模式）。

    世界分布：中国。

    讨论：Sawada（1943）采自台湾台北的山莴苣 *Lactuca indica* L. 上的真菌定名为莴苣枝孢 *Cladosporium lactucae* Sawada，描述斑点角状，受叶脉所限，宽 3~4 mm，叶面斑点常多斑愈合，浅褐色至暗黑色，后期部分枯死。分生孢子梗圆柱形，5~6 根簇生，暗褐色，多分枝，3~5 个隔膜，86~148 × 5~7 μm，孢痕疤明显。分生孢子椭圆形至长椭圆形，浅褐色，顶部圆，脐部突出，0~2 个隔膜，在隔膜处缢缩，11~28 × 5~9 μm。因该菌发表时未提供拉丁文简介而成为无效名称。

何永红和张忠义（2002）以采自四川成都的 *Lactuca indica* 为模式标本建立了莴苣生枝孢 *Cladosporium lactucicola* Y. Cui & Z.Y. Zhang 新种，描述斑点圆形，偶呈角状；分生孢子梗 4~8 根簇生，褐色，分枝或不分枝，86~122 × 4.1~5.4 μm，孢痕疤明显；分生孢子单生或链生，椭圆形，浅褐色，0~1 个隔膜，5.4~17.2 × 3.2~6.7 μm。Schubert 和 Braun（2005a）将其组合为莴苣生钉孢 *Passalora lactucicola*（Y. Cui & Z.Y. Zhang）K. Schub. & U. Braun。

本菌在广西 *Lagedium sibiricum*（L.）Sojak 上的形态特征与 Sawada（1943）的描述非常相似，较何永红和张忠义（2002）描述的分生孢子梗和分生孢子均长而宽。

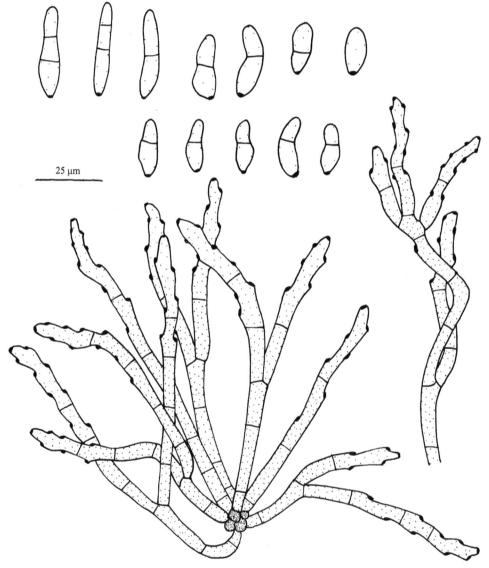

25 μm

图 59　莴苣生钉孢 *Passalora lactucicola*（Y. Cui & Z.Y. Zhang）K. Schub. & U. Braun

米甘草生钉孢　图 60

Passalora mikaniigena U. Braun & Crous, *in* Crous & Braun, *Mycosphaerella* and its
　　Anamorphs: I. Names Published in *Cercospora* and *Passalora*: 275, 2003; Guo,
　　Mycosystema 31(2): 163, 2012.

Cercospora mikaniae Ellis & Everh., Proc. Acad. Nat. Sci. Philadelphia 43: 90, 1891;
　　Saccardo, Syll. Fung. 10: 629, 1892; Chupp, A Monograph of the Fungus Genus
　　Cercospora: 147, 1954.

Asperisporium mikaniae (Ellis & Everh.) R.W. Barreto, Mycol. Res. 99: 344, 1995.

Cercospora lemnischea Cif., Ann. Mycol. 36: 235, 1938.

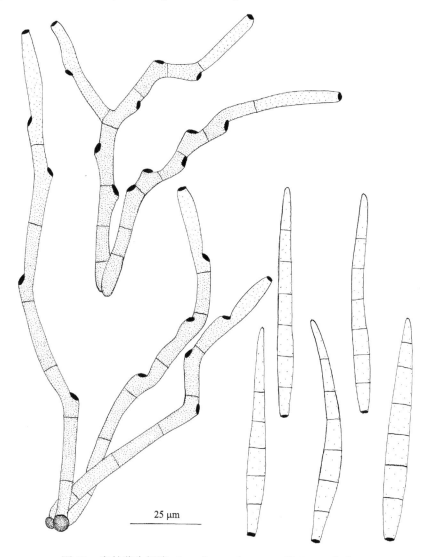

25 μm

图 60　米甘草生钉孢 *Passalora mikaniigena* U. Braun & Crous

　　斑点叶两面生，圆形至不规则形，直径 0.5~3 mm，常多斑愈合，叶面斑点中央白
色至浅灰白色，边缘围以褐色、暗褐色至近黑色细线圈，具浅至中度褐色晕，叶背斑点

白色至浅橄榄褐色，具浅褐色晕。子实体生于叶的正背两面。菌丝体内生。子座无或仅为少数褐色球形细胞。分生孢子梗单生至 2~10 根稀疏簇生，中度褐色至褐色，色泽均匀，宽度规则，不分枝或分枝，光滑，直或弯曲，1~6 个屈膝状折点，顶部圆锥形平截至近平截，2~6 个隔膜，不缢缩或有时下部隔膜处有缢缩，70~200 × 4.5~6.5 μm。孢痕疤明显加厚、暗，宽 2.5~4 μm。分生孢子单生，倒棍棒-圆柱形，近无色，浅橄榄色至中度橄榄色，光滑直至弯曲，顶部钝，基部长倒圆锥形，平截，1~6 个隔膜，40~90 × 6.5~9 μm；脐明显加厚、暗。

假泽兰 *Mikania cordata*（Burm. F.）Rob.：海南五指山（242418）。

世界分布：巴西，多米尼加，中国，印度，美国，维尔京群岛。

讨论：在米甘草属（假泽兰属）*Mikania* sp. 植物上已报道的尾孢有：米甘草生尾孢 *Cercospora mikaniicola* F. Stevebs（1917）、米甘草尾孢 *C. mikaniae* Ellis & Everh.（Proc. Acad. Nat. Sci. Phila. Part I. 43: 90, 1891）、普伦基特尾孢 *C. plunkettii* Chupp（1954）和维氏尾孢 *C. viegasii* Chupp（Bol. da Soc. Brasil. de Agron. 8: 57, 1945）。*C. mikaniicola* 和 *C. viegasii* 具有无色、针形的分生孢子，仍为尾孢。*C. mikaniae* 具有钉孢属明显加厚的孢痕疤和宽而有色泽的分生孢子的典型特征，因此，Crous 和 Braun（2003）建立一个新名称，即米甘草生钉孢 *Passalora mikaniigena* U. Braun & Crous。在中国 *Mikania cordata* 上的形态特征与 Ellis 和 Everhart 的原始描述非常相似（分生孢子梗 75~200 × 4~5.5μm，分生孢子 25~85 × 4.5~8 μm），仅具有明显的斑点，分生孢子梗不紧密簇生，且分生孢子梗和分生孢子均稍宽。

寄生在 *Mikania coedifolia*（L. F.）Willd. 上的普伦基特尾孢 *Cercospora plunkettii* Chupp（1954）也具有近圆形至不规则形的斑点，近无色至非常浅的橄榄色，倒棍棒形至圆柱形的分生孢子，但具子座（直径 20~40 μm）；分生孢子梗色泽浅（浅橄榄褐色），短而窄（10~30 × 2.5~4 μm）；孢痕疤不明显、不加厚、不变暗；分生孢子长而窄（40~150 × 2~3.5 μm），已转至假尾孢属，即普伦基特假尾孢 *Pseudocercospora plunkettii*（Chupp）R.F. Castañeda & U. Braun（Braun and Castañeda, 1991）。

雀苣钉孢 图 61

Passalora scariolae Syd., Ann. Mycol. 34: 401, 1936; Xu & Guo, Mycosystema 32(4): 749, 2013.

Cercosporidium scariolae (Syd.) Deighton, Mycol. Pap. 112: 74, 1967.

Passalora scariolae (Syd.) Poonam Srivast., J. Living World 1: 118, 1994, *comb. superfl.*

Scolecotrichum lactucae Munjal & Karpoor, Indian Phytopathol. 16: 91, 1963.

斑点叶两面生，近圆形至不规则形，常角状，受叶脉所限，3~13 × 2~8 mm，常多斑愈合，叶面斑点初期仅为黄绿色褪色，后期黄褐色至暗灰褐色，叶背斑点暗灰褐色至黑褐色。子实体生于叶的正背两面，大多数生于叶背面，小点状的分生孢子梗簇紧密覆盖在整个斑点上。菌丝体内生。子座小，由橄榄色菌丝纠结组成。分生孢子梗 12~25 根稀疏簇生，初期橄榄色，后期从基部第一个隔膜以上色泽变深，暗橄榄褐色至浅褐色，宽度不规则，有时局部膨大，膨大处直径达 9 μm，直至微波状弯曲，不分枝或分枝，光滑，上部稍呈屈膝状，顶部钝至圆锥形，0~3 个隔膜，26.5~80（~110）× 4.5~6.7 μm。

孢痕疤明显加厚、暗，坐落在分生孢子梗顶部，大部分平贴在分生孢子梗壁上，宽 1.5~2.5 μm。分生孢子单生，宽椭圆形、棍棒形，长孢子呈圆柱形，浅橄榄褐色，具疣，直或稍弯曲，顶部宽圆，基部倒圆锥形，0~1 个隔膜，多数 1 个隔膜，在隔膜处稍缢缩，13~19（~31）× 8~10.7 μm；脐明显加厚，暗。

乳苣 *Mulgedium tataricum*（L.）DC.：新疆阿拉尔（242916）。

世界分布：中国，德国，印度，伊朗。

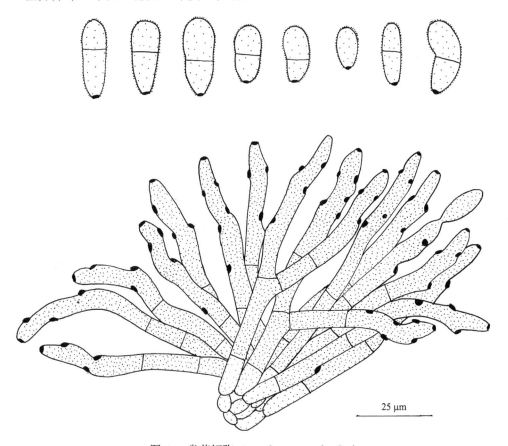

图 61　雀苣钉孢 *Passalora scariolae* Syd.

讨论：寄生在莴苣属 *Lactuca* sp. 植物上的莴苣钉孢 *Passalora lactucae*（Henn.）U. Braun & Crous（Crous and Braun, 2003）与本菌的区别在于其具有表生菌丝；分生孢子梗长而窄（86.5~430 × 3~5.5 μm）；分生孢子倒棍棒形至圆柱形，1~5 个隔膜，壁光滑，长而窄 [15~65 × 4~6.5（~8）μm]。

肿柄菊钉孢　图 62

Passalora tithoniae (R.E.D. Baker & W.T. Dale) U. Braun & Crous, *in* Crous & Braun, *Mycosphaerella* and its Anamorphs: I. Names Published in *Cercospora* and *Passalora*: 404, 2003.

Cercospora tithoniae R.E.D. Baker & W.T. Dale, Mycol. Pap. 33: 106, 1951; Chupp, A Monograph of the Fungus Genus *Cercospora*: 162, 1954.

Phaeoramularia tithoniae (R.E.D. Baker & W.T. Dale) Deighton, *in* Ellis, More Dematiaceous Hyphomycetes: 319, 1976; Hsieh & Goh, *Cercospora* and Similar Fungi from Taiwan: 76, 1990.

Cercospora tithoniae Chidd., Mycopathol. Mycol. Appl. 17: 80, 1962, *nom. illeg.*, non *C. tithoniae* R.E.D. Baker & W.T. Dale, 1951.

Cercospora tithoniicola J.M. Yen [as '*tithonicola*'], Rev. Mycol. 31: 144, 1966; Yen & Lim, Gard. Bull. Singapore 33: 165, 1980.

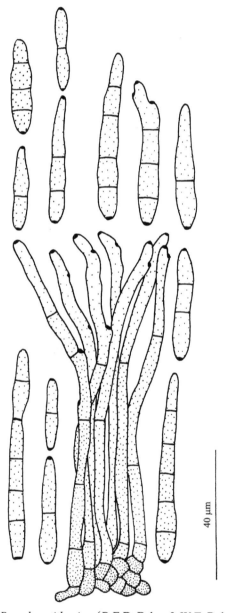

图 62　肿柄菊钉孢 *Passalora tithoniae*（R.E.D. Baker & W.T. Dale）U. Braun & Crous

斑点生于叶的正背两面，近圆形、角状至不规则形，受叶脉所限，宽 2~8 mm，严重时可扩展至整个叶片，叶面斑点黄褐色、褐色至暗褐色，具黄褐色晕，叶背斑点浅至中度黄褐色，具浅黄褐色晕。子实体叶两面生，扩散型。菌丝体内生。子座小至发育良好，由少数褐色球形细胞组成至球形，直径达 45 μm。分生孢子梗 2~10 根稀疏簇生至多根紧密簇生，浅橄榄褐色，色泽均匀，宽度较规则，直至弯曲，不分枝，光滑，屈膝状，顶部圆锥形，3~6 个隔膜，有时在隔膜处稍缢缩，30~110 × 3~4 μm。孢痕疤明显加厚、暗，宽 2~3 μm。分生孢子倒棍棒形至倒棍棒-圆柱形，近无色至浅橄榄色，链生并具分枝的链，光滑，直或稍弯曲，顶部钝，钝圆至圆锥形，基部倒圆锥形平截，1~8 个隔膜，25~60 × 3.5~5.5 μm；脐明显加厚、暗。

异叶肿柄菊 *Tithonia diversifolia* A. Gray：台湾南投（NCHUPP-120，79035）；海南东方（242764），琼中（196848），尖峰岭（196949）；云南河口（81551），思茅（82484），勐海（82485）。

世界分布：巴巴多斯岛，中国，古巴，圭亚那，印度，科特迪瓦，毛里求斯，巴布亚新几内亚，新加坡，特立尼达和多巴哥。

讨论：假肿柄菊钉孢 *Passalora pseudotithoniae* Crous & Cheew.（Crous *et al*., 2013b）与本菌近似，也寄生在 *Tithonia diversifolia* 上，斑点角状；有子座（高 60 μm，宽 50 μm）；孢痕疤和分生孢子基脐加厚而暗；分生孢子梗（40~100 × 3~4 μm）和分生孢子[（30~）40~65（~130）×（4~）5~5.5 μm] 的量度近似；分生孢子链生并具分枝的链，但区别在于其分生孢子梗后期具疣；产孢细胞光滑至具疣；分生孢子色泽深（褐色）。

寄生在向日葵属 *Helianthus* sp. 和圆叶肿柄菊 *Tithonia rotundifolia*（Mill.）S.F. Blake 上的褐柄钉孢 *Passalora pachypus*（Ellis & Kellerm.）U. Braun（1999a）与本菌的区别在于其无子座；分生孢子梗色泽深（中度暗褐色），短而宽（10~45 × 5~7 μm，基部细胞宽达 10 μm）；分生孢子圆柱形至圆柱-倒棍棒形，多数 1 个隔膜，宽（25~70 × 5~7 μm）。

王氏钉孢 图 63

Passalora wangii (F.Y. Zhai, Y.L. Guo & Y. Li) F.Y. Zhai, Y.L. Guo & Y. Li, *in* Zhai, Guo, Liu & Li, Mycotaxon 117: 365, 2011.

Tandonella wangii F.Y. Zhai, Y.L. Guo & Y. Li, Mycosystema 25(3): 374, 2006a.

斑点生于叶的正背两面，角状至不规则形，其扩展受叶脉所限，宽 1.5~11 mm，叶面斑点暗褐色或中部黄褐色，边缘褐色，外具浅黄色至黄褐色晕，叶背斑点灰绿色、灰褐色至褐色。子实体叶两面生。初生菌丝体内生；次生菌丝体表生；菌丝近无色至橄榄褐色，光滑，具隔膜，分枝，宽 2~4 μm。子座近球形，暗褐色，直径 25~60 μm。分生孢子梗束状，孢梗束单生，圆柱形，由 15~50 根分生孢子梗组成，下部排列紧密，向上渐稀疏且顶部向外散生，直或弯曲，褐色至暗褐色，高 50~320 μm，球形的基部宽 25~60 μm，单根分生孢子梗橄榄褐色，色泽不均匀，常基部浅褐色，上部橄榄色，有时顶部稍宽，偶具分枝，光滑，直或弯曲，顶部圆锥形平截，多隔膜，宽 2.5~3.5 μm。孢痕疤明显加厚、暗，宽 1.5~2 μm。分生孢子倒棍棒-圆柱形至圆柱形，橄榄色，链生并具分枝的链，光滑，直或稍弯曲，顶圆锥形平截，基部倒圆锥形平截，0~3 个隔膜，有时在隔膜处缢缩，10~40 × 2.5~4 μm；脐明显加厚、暗。

橐吾属 *Ligularia* sp.：内蒙古新干摩天岭（140514，王氏梗束链隔孢 *Tandonella*

wangii F.Y. Zhai, Y.L. Guo & Y. Li 的主模式，HMJAU 30001，等模式）。

世界分布：中国。

讨论：本菌与寄生在 *Olearia lirata*（Sims）Hutchinson 上的 *Passalora oleariae*（Sutton & Pasoe）U. Braun & Crous（Crous and Braun, 2003）的区别在于后者孢梗束单生或 2~3 个在基部相互接连，色泽深（基部暗褐色，上部浅褐色），高（300~950 μm）；单根分生孢子梗宽（达 5 μm）；分生孢子圆柱形至纺锤形，色泽深（浅褐色），壁具疣。

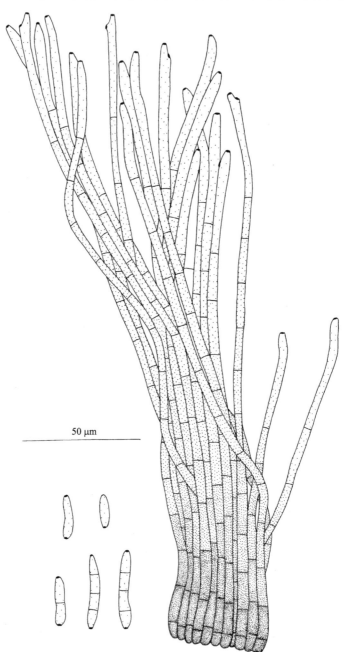

50 μm

图 63　王氏钉孢 *Passalora wangii*（F.Y. Zhai, Y.L. Guo & Y. Li）F.Y. Zhai, Y.L. Guo & Y. Li

旋花科 CONVOLVULACEAE

甘薯生钉孢　图 64

Passalora bataticola (Cif. & Bruner) U. Braun & Crous, *in* Crous & Braun, *Mycosphaerella and its Anamorphs*: I. Nmes Published in *Cercospora* and *Passalora*: 77, 2003.

Cercospora bataticola Cif. & Bruner, Phytopathology 21: 93, 1931; Chupp, A Monograph of the Fungus Genus *Cercospora*: 169, 1954.

Phaeoisariopsis bataticola (Cif. & Bruner) M.B. Ellis, More Dematiaceous Hyphomycetes: 230, 1976; Hsieh & Goh, *Cercospora* and Similar Fungi from Taiwan: 91, 1990.

Cercospora batatas Zimm. [as '*batatae*'], Ber. über Land. und Forstwirth. Deutsch-Ostafrica 2: 28, 1904.

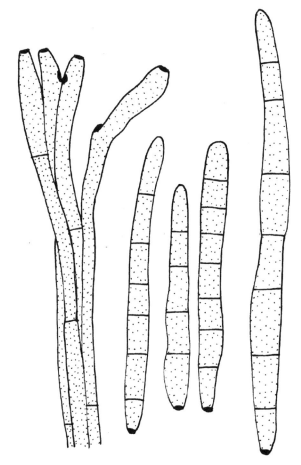

图 64　甘薯生钉孢 *Passalora bataticola*（Cif. & Bruner）U. Braun & Crous

斑点圆形至不规则形，宽 2~8 mm，中部浅褐色至暗灰色，边缘暗紫色。子实体主要生在叶背面。菌丝体内生。子座不显著。分生孢子梗形成稀疏的孢梗束，橄榄褐色，色泽均匀，窄棍棒形，大多数直，近顶部稍弯曲，不分枝，光滑，顶部钝圆至圆锥形，多隔膜，长达 150 μm，近顶部宽 5~7 μm，基部宽 2~3 μm。孢痕疤明显加厚、暗。分生孢子圆柱形至倒棍棒形，浅橄榄褐色，光滑，直至稍弯曲，顶部钝至钝圆形，基部倒圆锥形平截，4~8 个隔膜，有时在隔膜处稍缢缩，20~160 × 4~8 μm；脐明显加厚、暗。

甘薯（番薯、地瓜、红薯）*Ipomoea batatas*（L.）Lam.：台湾。

世界分布：亚美尼亚，阿塞拜疆，巴西，中国，哥斯达黎加，古巴，多米尼加，安的列斯群岛，格鲁吉亚，圭亚那，海地，印度，荷兰，新喀里多尼亚，尼日尔，巴拿马，美国，委内瑞拉，维尔京群岛。

无标本供研究，描述来自 Chupp（1954）和 Ellis（1976），图来自 Ellis（1976）。

鳞蕊藤钉孢 图 65

Passalora lepistemonis L. Xia, Y.L. Guo & Y. Li, Mycotaxon 126: 51, 2013.

斑点生于叶的正背两面，角状，无明显边缘，受叶脉所限，宽 1.5~5 mm，常多斑愈合，叶面斑点初期仅为淡绿色，后期浅至中度黄褐色，叶背斑点浅绿色至浅黄褐色。子实体叶背面生，扩散型。初生菌丝体内生；次生菌丝体表生：菌丝浅橄榄色至橄榄色，分枝，具隔膜，光滑，宽 2~2.5 μm。无子座。分生孢子梗少数根从气孔伸出，顶生或作为侧生分枝单生在表生菌丝上，橄榄色至非常浅的橄榄褐色，色泽均匀，宽度不规则，基部较宽，直至稍弯曲，不分枝，光滑，0~1 个屈膝状折点，顶部钝圆至圆锥形，通常无隔膜，2.5~10 × 4~5 μm，有时长分生孢子梗具 1 个隔膜，长达 25 μm。孢痕疤明显加厚、暗，宽 1.5~2.8 μm。分生孢子圆柱形，短孢子有时呈倒棍棒形，橄榄色至非常浅的橄榄褐色，链生并具分枝的链，光滑，直至弯曲，顶部圆锥形、宽圆形至平截，基部倒圆锥形平截，短孢子 0~2 个隔膜，长孢子 3~7 个隔膜，在隔膜处缢缩，25~110 × 4~6.7 μm；脐明显加厚、暗。

鳞蕊藤 *Lepistemon binectariferum*（Wall. & Roxb.）Kuntze：海南霸王岭（HMAS 244085，主模式）。

世界分布：中国。

讨论：在旋花科（Convolvulaceae）植物上已报道 10 多种钉孢，与本种近似，即斑点呈角状或不明显，子实体生于叶背面，扩散型的有 5 个种：生于旋花属 *Convolvulus* sp. 植物上的巴兰萨钉孢 *Passalora balansae*（Speg.）U. Braun（2000a）、生于 *Convolvulus acetosaefolia* Steud. 上的旋花钉孢 *P. convolvuli*（Tracy & Earle）U. Braun & Crous（Crous and Braun, 2003）、生于 *Lettsomia elliptica* Wight. 上的 *P. lettsomiae*（Thrium. & Chupp）Crous & U. Braun（2001）、生于伞花鱼黄草 *Merremia umbellata*（L.）Hall. f. sp. *orientalis*（Hall. f.）v. Ooststr. 上的鱼黄草钉孢 *P. merremiae*（X.J. Liu & Y.L. Guo）U. Braun & Crous（Crous and Braun, 2003）和生于 *Ipomoea burmanni* Choisy 上的 *P. turbinae*（Chupp）U. Braun & Crous（Crous and Braun, 2003）。这些种与本菌的区别在于：*P. balansae* 斑点不明显或无，分生孢子梗色泽深（中度褐色），长（50~300 × 4~5 μm），分生孢子色泽浅（非常浅的橄榄色），短而宽（25~60 × 5~8 μm）；*P. convolvuli* 斑点不明显或无，具深色大子座（暗褐色至几乎黑色，直径 20~50 μm），分生孢子梗紧密簇生，色泽较深（浅至中度橄榄褐色），较长（10~50 × 4~6 μm），分生孢子倒棍棒-圆柱形，色泽浅（无色至近无色），较窄（30~70 × 3~4 μm）；*P. lettsomiae* 也具角状斑点，但斑点色泽深（煤烟色至几乎黑色），分生孢子梗 5~20 根簇生，分生孢子圆柱-倒棍棒形，

较短而窄（15~75 × 3~4.5 µm）；*P. merremiae* 斑点近圆形至不规则形，色泽深（污褐色、巧克力色至黑褐色），分生孢子梗及分生孢子的色泽均深且长而宽（分生孢子梗浅褐色至褐色，12.5~100 × 5~9 µm；分生孢子浅褐色，32.5~112.5 × 5.5~10 µm）；*P. turbinae* 叶面斑点为不明显的浅黄色斑块，具小子座（红褐色，直径达 25.0 µm），分生孢子梗紧密簇生，长（15~55 × 3~5.5 µm），分生孢子色泽较浅（近无色至浅橄榄色），隔膜少（0~4 个隔膜），短而窄（15~60 × 3~5 µm）。

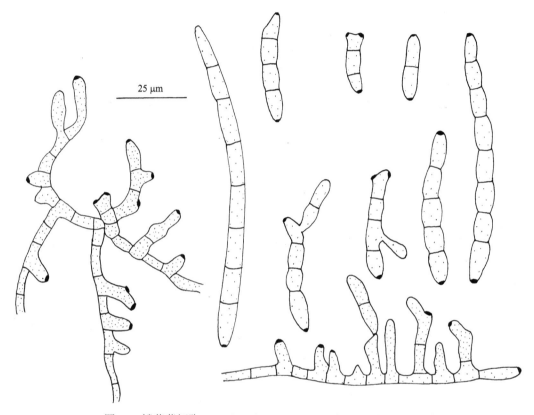

25 µm

图 65　鳞蕊藤钉孢 *Passalora lepistemonis* L. Xia, Y.L. Guo & Y. Li

鱼黄草钉孢　图 66

Passalora merremiae (X.J. Liu & Y.L. Guo) U. Braun & Crous, *in* Crous & Braun, *Mycosphaerella* and its Anamorphs: I. Names Published in *Cercospora* and *Passalora*: 459, 2003.

Mycovellosiella merremiae X.J. Liu & Y.L. Guo, Mycosystema 1: 253, 1988; Guo, Mycosystema 17(2): 253, 1998.

斑点生于叶的正背两面，近圆形至不规则形，宽 0.5~11 mm，叶面斑点污褐色、巧克力色至黑褐色，叶背相应部分被污黑色茸毛层所覆盖。子实体叶背面生，扩散型。初生菌丝体内生；次生菌丝体表生：菌丝匍匐扩展于叶背面，浅褐色，分枝，光滑，具隔膜，宽 2.8~3.8 µm，常形成菌丝绳。无子座。分生孢子梗顶生或作为侧生分枝单生在表生菌丝上，浅褐色至褐色，色泽均匀，宽度不规则，直至弯曲或呈微波状，偶有分枝，光滑，0~3 个屈膝状折点，顶部圆锥形至圆锥形平截，0~4 个隔膜，有时在隔膜处缢缩，

12~100 × 5~9 μm。孢痕疤明显加厚、暗，宽 1.3~2.5 μm。分生孢子圆柱形至倒棍棒形，浅褐色，链生并具分枝的链，光滑，直或稍弯曲，顶部圆至圆锥形，基部倒圆锥形平截，3~14 个隔膜，有时在隔膜处缢缩，32~113× 5.5~10 μm；脐明显加厚、暗。

伞花鱼黄草 *Merremia umbellata*（L.）Hall. f. sp. *orientalis*（Hall. f.）v. Ooststr.：云南元江（HMAS 51944，*Mycovellosiella merremiae* X.J. Liu & Y.L. Guo 的主模式）。

世界分布：中国。

讨论：寄生在 *Merremia gemella*（Burm. f.）Hallier. 上的鱼黄草尾孢 *Cercospora merremiae* Mendoza（Philipp J. Sci. 75: 172, 1941）也具有不规则形、暗褐色至非常暗的褐色斑点，但区别在于其有子座；分生孢子梗紧密簇生，色泽浅（浅橄榄色），短而窄（15~35 × 3~3.6 μm）；分生孢子倒棍棒形，无色，短而窄（30~80 × 3~4.5 μm）。

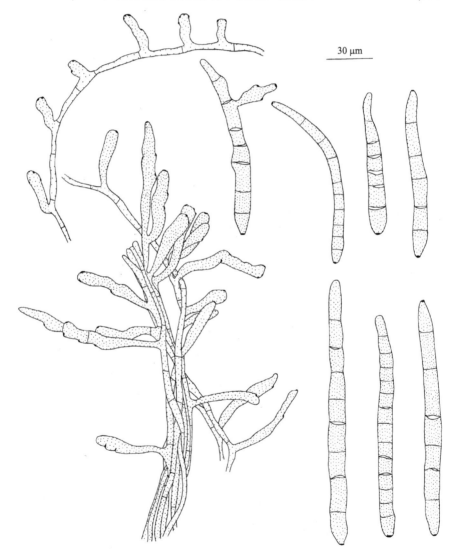

图 66 鱼黄草钉孢 *Passalora merremiae*（X.J. Liu & Y.L. Guo）U. Braun & Crous

寄生在土丁桂属 *Evolvulus* sp. 植物上的 *Passalora balansae*（Speg.）U. Braun（2000a）

与本菌的区别在于其分生孢子梗长而窄（50.5~300 × 4~5 μm）；分生孢子短而窄（25~60 × 5~8 μm）。

山茱萸科 CORNACEAE

楝木生钉孢　图 67

Passalora cornicola Y.L. Guo, Mycosystema 30(6): 868, 2011.

Mycovellosiella corni Y.L. Guo, Mycosystema 6: 94, 1993, non *Passalora corni* Y.L. Guo, 2001.

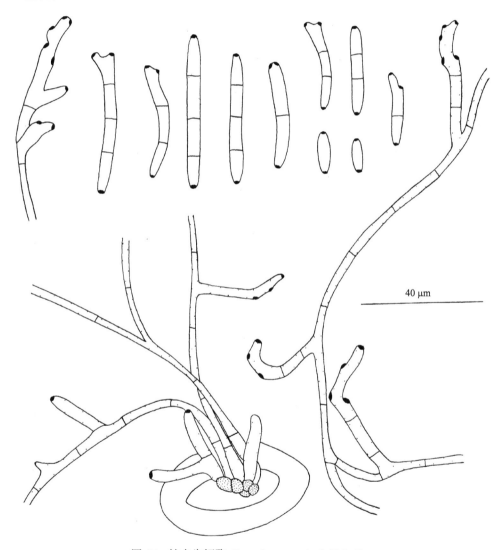

图 67　楝木生钉孢 *Passalora cornicola* Y.L. Guo

斑点生于叶的正背两面，近圆形至不规则形，直径 0.5~5 mm，常多斑愈合，叶面斑点中央浅灰色至褐色，边缘褐色至暗褐色，具黄色晕，叶背斑点浅灰褐色。子实体生于叶背面。初生菌丝体内生；次生菌丝体表生：菌丝从气孔伸出或从分生孢子梗顶端产生，无色，分枝，具隔膜，宽 1.5~3 μm。无子座。分生孢子梗 1~3 根从气孔伸出，顶生或作为侧生分枝单生在表生菌丝上，近无色，色泽均匀，宽度不规则，直至弯曲，分枝，光滑，1~3 个屈膝状折点，顶部圆锥形，0~3 个隔膜，有时在隔膜处缢缩，5~85 × 2.5~4 μm。孢痕疤明显加厚、暗，宽 1.2~2 μm。分生孢子圆柱形，无色，链生并具分枝的链，光滑，直或稍弯曲，顶部圆锥形平截，基部倒圆锥形平截，0~4 个隔膜，6.5~45 × 2.5~4 μm；脐明显加厚、暗。

沙梾 *Cornus bretschneideri* L.：河北小五台山西台（HMAS 65912, *Mycovellosiella corni* Guo 的主模式）。

毛梾 *Cornus walteri* Wanger.：河北小五台山南台（65913）。

世界分布：中国。

讨论：按照新的分类观点，梾木菌绒孢 *Mycovellosiella corni* Y.L. Guo（1993）应组合为梾木钉孢，但组合后的名称与梾木钉孢 *Passalora corni* Y.L. Guo（2001a）同名，因此建立一新名称。

Passalora corni 与本菌近似，都具有近圆形至不规则形的斑点，子实体生于叶背面，无子座，区别在于其无表生菌丝；分生孢子梗长而宽（25~160 × 4.3~6.5 μm）；分生孢子单生，倒棍棒形，色泽稍深（浅橄榄色），宽（6~8.5 μm）。

薯蓣科 DIOSCOREACEAE

穿龙薯蓣钉孢 图 68

Passalora dioscoreae-nipponicae Y.L. Guo, Mycosystema 36: 868, 2011.

Ragnhildiana dioscoreae Vassiljevsky, *in* Vassiljevsky & Karakulin, Fungi Imperfecti Parasitici Hyphomycetes 1: 379, 1937.

Mycovellosiella dioscoreae (Vassiljevsky) N. Pons & B. Sutton, Mycol. Pap. 160: 49, 1988.

Passalora tranzschelii (Vassiljevsky) U. Braun & Crous var. *chinensis* Y.L. Guo, *in* Braun, Crous & Nakashima, IMA Fungus 5(2): 303, 2014.

斑点生于叶的正背两面，近圆形至不规则形，直径 2~15 mm，叶面斑点中央浅褐色至褐色，边缘围以暗褐色细线圈，具黄色至浅黄褐色晕，叶背斑点灰褐色至褐色。子实体生于叶背面，扩散型。初生菌丝体内生；次生菌丝体表生：菌丝浅橄榄色，分枝，光滑，具隔膜，宽 2~4 μm，常攀缘叶毛。无子座。分生孢子梗 2~5 根从气孔伸出，顶生或作为侧生分枝单生在表生菌丝上，浅橄榄褐色，色泽均匀，宽度不规则，直至弯曲，稀少分枝，光滑，0~3 个屈膝状折点，顶部圆锥形至圆锥形平截，0~3 个隔膜，有时在隔膜处缢缩，10~70 × 4~7 μm。孢痕疤明显加厚、暗，宽 1.5~3 μm。分生孢子圆柱形至圆柱-倒棍棒形，近无色至浅橄榄色，光滑，链生并具分枝的链，直或稍弯曲，顶部钝圆至圆锥形平截，基部倒圆锥形平截，3~10 个隔膜，30~125 × 4~6.5 μm；脐明显加厚、暗。

穿龙薯蓣 *Dioscorea nipponica* Makino：河北小五台山南台（HMAS 65914，主模式），杨家坪（65915）。

世界分布：中国，日本，俄罗斯。

讨论：Guo（1993）将生于 *Dioscorea nipponica* Makino 上的真菌定名为薯蓣菌绒孢 *Mycovellosiella dioscoreae*（Vassiljevsiky）N. Pons & B. Sutton（1988）。按照 Crous 和 Braun（2003）的分类观点，*Mycovellosiella* 已降为 *Passalora* 的异名，因此，该菌也应组合到 *Passalora*。但组合后的名称与薯蓣钉孢 *Passalora dioscoreae*（Ellis & Martin）U. Braun & Crous（Crous and Braun, 2003）同名，并且 *P. dioscoreae* 的分生孢子梗色泽较深（浅至中度金黄褐色），短而窄（达 35.0 × 4.0~5.0 μm）；分生孢子色泽较深（浅橄榄褐色），稍窄（4.0~5.0 μm），与本菌明显不同。郭英兰（2011）报道了穿龙薯蓣钉孢 *Passalora dioscoreae-nipponicae* Y.L. Guo 新名称。

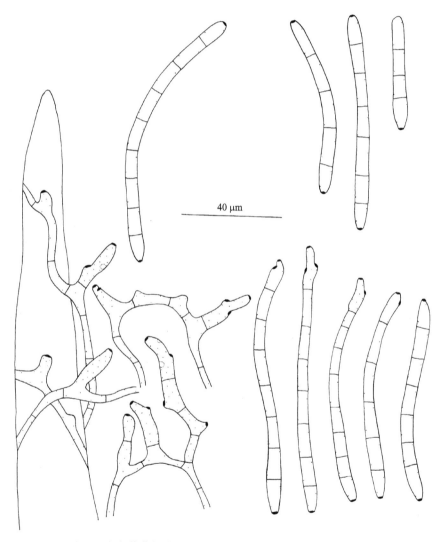

图 68　穿龙薯蓣钉孢 *Passalora dioscoreae-nipponicae* Y.L. Guo

Crous 和 Braun（2003）把薯蓣拉格脐孢 *Ragnhildiana dioscoreae* Vassiljevsiky（1937）、薯蓣菌绒孢 *Mycovellosiella dioscoreae*（Vassiljevsiky）N. Pons & B. Sutton（1988）均作为特兰斯切尔钉孢 *Passalora tranzschelii*（Vassiljevsky）U. Braun & Crous

（Crous and Braun, 2003）的异名。Braun 等（2014）又把 *R. Dioscoreae*、*M. dioscoreae* 和 *P. dioscoreae-nipponicae* 均作为特兰斯切尔钉孢原变种 *P. tranzschelii* var. *tranzschelii* 的异名，并且以在中国 *Dioscorea nipponica* 上的形态特征报道了特兰斯切尔钉孢中国变种 *P. tranzschelii*（Vassiljevsky）U. Braun & Crous var. *chinensis* Y.L. Guo。在 Index Fungorum 2020 中，*P. dioscoreae-nipponicae* Y.L. Guo 仍为现用名称，我们接受这样的处理，因此将 *P. tranzschelii* var. *chinensis* 作为 *P. dioscoreae-nipponicae* Y.L. Guo 的异名。

特兰斯切尔钉孢 *P. tranzschelii* 和原变种 *P. tranzschelii* var. *tranzschelii* 也寄生在日本和俄罗斯的 *D. nipponica* Makino 上，形态特征与在中国标本上的非常相似，但其孢痕疤小（1~2 μm）；分生孢子隔膜少（0~3 个），短而窄（15~90 × 2~5 μm）。

参薯生钉孢 图 69

Passalora dioscoreigena U. Braun & Crous, *in* Crous & Braun, *Mycosphaerella* and its Anamorphs: I. Names Published in *Cercospora* and *Passalora*: 451, 2003; Braun, Crous & Nakashima, IMA Fungus 5(2): 302, 2014.

Mycovellosiella dioscoreicola Y.L. Guo, Mycosystema 21(1): 18, 2002, non *Passalora dioscoreicola* Y.L. Guo, 2001.

斑点叶两面生，圆形至不规则形，无明显边缘，直径 1~5 mm，常多斑愈合，叶面斑点黄褐色至红褐色，具浅黄褐色晕，叶背斑点扩散型，灰色、灰褐色至暗褐色。子实体生于叶背面。初生菌丝体内生；次生菌丝体表生：菌丝从气孔伸出，浅橄榄色，光滑，分枝，具隔膜，宽 2.5~4 μm。子座无或小，气孔下生，褐色。分生孢子梗从气孔伸出，多根稀疏簇生在小子座上，顶生或作为侧生分枝单生在表生菌丝上，浅橄榄褐色至橄榄褐色，色泽均匀，宽度不规则，直至弯曲，稀少分枝，光滑，1~5 个屈膝状折点，顶部圆至圆锥形，1~5 个隔膜，常在隔膜处缢缩，40~120 × 5~8.5 μm。孢痕疤明显加厚、暗，宽 2~3 μm。分生孢子倒棍棒形、倒棍棒-圆柱形至圆柱形，浅橄榄色至浅橄榄褐色，链生并具分枝的链，光滑，直至弯曲，顶部圆锥形，基部倒圆锥形至倒圆锥形平截，1~6 个隔膜，在隔膜处缢缩，25~110 × 4.5~6.5 μm；脐明显加厚、暗。

参薯 *Dioscorea alata* L.：四川峨眉山（HMAS 79139，*Mycovellosiella dioscoreicola* Y.L. Guo 的主模式）。

云南薯蓣 *Dioscorea yunnanensis* Prain & Burkill：云南昆明（246868）。

世界分布：中国。

讨论：薯蓣生菌绒孢 *Mycovellosiella dioscoreicola* Y.L. Guo 组合到钉孢属后与薯蓣生钉孢 *Passalora dioscoreicola* Y.L. Guo 同名，因此 Crous 和 Braun（2003）建立了一个新名称参薯生钉孢 *P. dioscoreigena*。

Passalora dioscoreicola 与本种的区别在于其无表生菌丝；分生孢子梗长而窄（35~175 × 3.8~6 μm）；分生孢子倒棍棒形、棍棒形、纺锤形至椭圆形，色泽浅（橄榄色），1~2 个隔膜，短而宽（10~55 × 7.5~10 μm）。

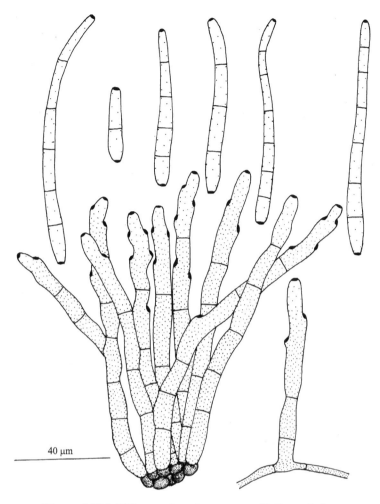

图 69　参薯生钉孢 *Passalora dioscoreigena* U. Braun & Crous

胡颓子科 ELAEAGNACEAE

曼尼托巴钉孢　图 70

Passalora manitobana (Davis) U. Braun & Crous, *in* Crou & Braun, *Mycosphaerella* and its
　　Anamorphs: I. Names Published in *Cercospora* and *Passalora*: 266, 2003.

Cercospora manitobana Davis [as '*manitoba*'], Trans. Br. Mycol. Soc. 8: 96, 1922; Chupp,
　　A Monograph of the Fungus Genus *Cercospora*: 204, 1954.

Cercosporidium manitobanum (Davis) B. Sutton, Mycol. Pap. 132: 25, 1973; Ellis, More
　　Dematiaceous Hyphomycetes: 295, 1976.

Passalora manitobana (Davis) Poonam Srivast., J. Living Wold 1: 117, 1994, *nom. inval.*

　　斑点圆形至椭圆形或不规则形，直径 1.5~3 mm，有时受叶脉所限，中部长灰色，
边缘围以浅褐色稍隆起的线状边缘，散生或愈合成浅褐色扩散型的大坏死斑块。子实体
叶背面生。菌丝体内生。子座叶表皮或叶表皮下生，中度褐色，拟薄壁组织，高 20 μm，
宽 80 μm。分生孢子梗紧密至非常紧密地簇生，浅褐色，色泽均匀，宽度规则，仅基部

分枝，光滑或具疣，向顶屈膝状，顶部圆至近平截，无隔膜，长达 100 μm，宽 3~4 μm。孢痕疤明显、加厚而暗，中等大小。分生孢子圆柱形、倒卵圆形或舟形，浅褐色，具疣，直或稍弯曲，顶部钝，基部圆至倒圆锥形，0~3 个隔膜，21~64 × 5~6 μm；脐明显加厚、暗。

沙枣（桂香柳、刺柳、七里香）*Elaeagnus angustifolia* L.：宁夏。

世界分布：加拿大，中国，美国。

讨论：Chupp（1954）记载的曼尼特巴尾孢 *Cercospora manitobana* Davis（1922）的形态特征，较在中国标本上的分生孢子梗色泽浅（浅橄榄褐色），稍长而宽（40~135 × 3~5 μm）；分生孢子倒棍棒形，色泽浅（近无色至浅橄榄色），稍宽（20~80 × 4~7 μm）。

无标本供研究，描述及图来自 Sutton（1973）。

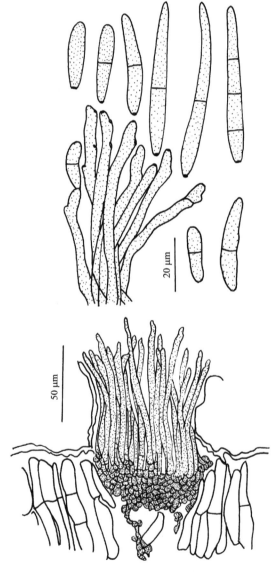

图 70　曼尼托巴钉孢 *Passalora manitobana*（Davis）U. Braun & Crous

大戟科 EUPHORBIACEAE

大戟生钉孢 图 71

Passalora euphorbiicola U. Braun & Crous, *in* Crous & Braun, *Mycosphaerella* and its Anamorphs: I. Names Published in *Cercospora* and *Passalora*: 452, 2003.

Phaeoramularia euphorbiae Q.X. Ge, X.J. Liu, T. Xu & Y.L. Guo, *in* Liu & Guo, Acta Phytopathol. Sinica 12(4): 9, 1982, non *Passalora euphorbiae* (Karak.) Arx, 1983.

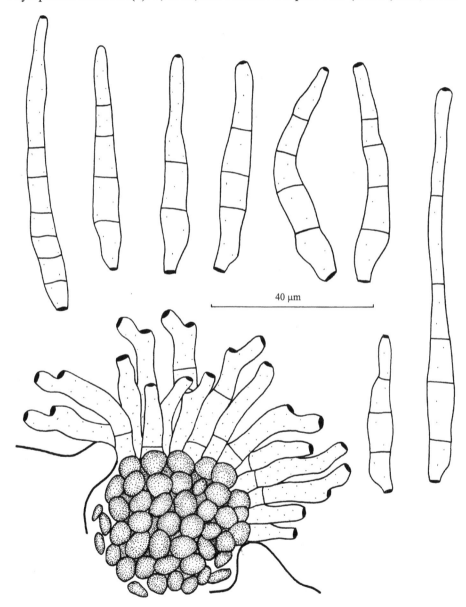

40 μm

图 71　大戟生钉孢 *Passalora euphorbiicola* U. Braun & Crous

斑点生于叶的正背两面，扩散型，无明显边缘，在霸王鞭（*Euphorbia nerifolia* L.）

茎上斑点圆形至近圆形，直径 4~14 mm，叶面斑点初期黑色，点状，外围以极宽的褐色至灰绿色晕圈，后期许多黑色小点散乱分布于整个斑点上，或斑点呈黄褐色至灰褐色，叶背斑点灰绿色至灰黑色。子实体叶两面生，但主要生于叶背面。菌丝体内生。子座气孔下生，近球形，褐色，直径 20~65 μm。分生孢子梗多根紧密簇生，浅橄榄色，色泽均匀，宽度不规则，近基部稍膨大，直或稍弯曲，不分枝，光滑，近顶部具 1 个，偶尔 2 个屈膝状折点，顶部圆锥形平截至近平截，0~2 个隔膜，10~50 × 3.8~6 μm。孢痕疤明显加厚、暗，宽 2.5~3 μm。分生孢子倒棍棒形至圆柱形，无色至近无色，光滑，链生，直至弯曲，顶部圆锥形平截至近平截，基部陡然细窄平截至倒圆锥形平截，1~6 个隔膜，20~90 × 3.8~7.5 μm；脐明显加厚，暗。

续随子 *Euphorbia lathyris* L.：浙江杭州（HMAS 42409, *Phaeoramularia euphorbiae* Q.X. Ge, X.J. Liu, T. Xu & Y.L. Guo 的主模式）。

霸王鞭 *Euphorbia nerifolia* L.：云南元江（42410）。

世界分布：中国。

讨论：大戟色链隔孢 *Phaeoramularia euphorbiae* Q.X. Ge, X.J. Liu, T. Xu & Y.L. Guo（1982b）组合到 *Passsalora* 后与大戟钉孢 *Passsalora euphorbiae*（Karak.）Arx（1983）同名，因此 Crous 和 Braun（2003）建立大戟生钉孢 *P. euphorbiicola* U. Braun & Crous 新名称。

寄生在大戟属 *Euphorbia* sp. 植物上的毛壳钉孢 *Passalora chaetomium*（Cooke）Arx（1983）与本菌的区别在于其无斑点；具大子座（直径 40~90 μm）；分生孢子梗长（260 × 2.5~6.5 μm）；分生孢子单生，棍棒形或圆柱-棍棒形，短而宽（14.5~28.5 × 5~8.5 μm）。

威克萨钉孢 图 72

Passalora vicosae Crous, Alfenas & R.W. Barreto ex Crous & U. Braun, *in* Crous & Braun, *Mycosphaerella* and its Anamorphs: I: Names Published in *Cercospora* and *Passalora*: 422, 2003; Xu & Guo, Mycosystema 32(4): 749, 2013.

Cercospora vicosae A.S. Mull. & Chupp, Arq. Inst. Biol. Veg. Rio de Janeiro I: 220, 1935, *nom. inval.*; Chupp, A Monograph of the Fungus Genus *Cercospora*: 233, 1954.

Passalora vicosae (A.S. Mull. & Chupp) Crous, Alfenas & R.W. Barreto, Mycotaxon 64: 414, 1997, *comb. inval.*

斑点生于叶的正背两面，最初在叶面仅呈不规则形黄色褐色，后期角状至不规则形，无明显边缘，4~12 × 2~8 mm，叶面斑点黄褐色、灰褐色至暗紫褐色，具黄色晕，叶背斑点浅紫灰色。子实体叶背面生。菌丝体内生。子座无或小，叶表皮下生，仅由少数橄榄褐色球形细胞组成至小，球形，直径达 25 μm。分生孢子梗圆柱形，8~10 根稀疏簇生至多根紧密簇生，浅至中度橄榄褐色，向顶色泽变浅，宽度不规则，基部或顶部稍宽，直或弯曲，不分枝或偶具分枝，光滑，0~1 个屈膝状折点，顶部圆至圆锥形，1~8 个隔膜，15~110 × 4~5.5 μm。孢痕疤明显加厚、暗，宽 1.8~2.5 μm。分生孢子单生，圆柱形至倒棍棒-圆柱形，近无色至橄榄色，光滑，直或弯曲，顶部钝至宽圆形，基部倒圆锥形平截，1~9 个隔膜，多数 3~6 个隔膜，25~70 × 4~6.5 μm；脐明显加厚、暗。

木薯 *Manihot esculenta* Crantz.：海南澄迈（243378）。

世界分布：巴西，中国，坦桑尼亚。

讨论：Muller 和 Chupp（1935）报道威克萨尾孢 *Cercospora vicosae* A.S. Mull. & Chupp 时，因未提供拉丁文描述而为无效名称，因此 Crous 等（1997）组合的威克萨钉孢 *Passalora vicosae*（A.S. Mull. & Chupp）Crous, Alfenas & R.W. Barreto 亦为无效组合。Crous 等（Crous and Braun, 2003）研究了 1933 年采自巴西木薯属 *Manihot* sp. 植物上的模式标本后，为其增补了拉丁文描述，并报道为威克萨钉孢 *Passalora vicosae* Crous, Alfenas & R.W. Barreto ex Crous & U. Braun 新种。本菌在中国 *Manihot esculenta* Crantz. 上的形态特征与 Muller 和 Chupp（1935）的描述（分生孢子梗 50~150 × 4~6 μm；分生孢子圆柱-倒棍棒形，浅至中度橄榄褐色，3~11 个隔膜，25~100 × 4~6 μm）和 Crous 等（Crous and Braun, 2003）的描述（分生孢子梗 60~180 × 5~6 μm；分生孢子圆柱形至窄倒棍棒形，浅至中度橄榄色或橄榄褐色，1~10 个隔膜，25~100 × 4~6 μm）非常相似，仅分生孢子梗和分生孢子较短。

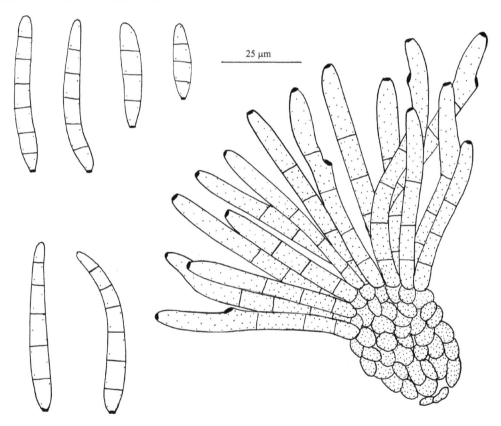

25 μm

图 72　威克萨钉孢 *Passalora vicosae* Crous, Alfenas & R.W. Barreto ex Crous & U. Braun

寄生在 *M. esculenta* 上的亨宁斯钉孢 *Passalora henningsii*（Allesch.）R.F. Castaneda & U. Braun（1989）和木薯钉孢 *P. manihotis*（F. Stev. & Solh.）U. Braun & Crous（Crous and Braun, 2003）与本菌的区别在于前者斑点圆形，有子座，分生孢子色泽较深（浅橄榄褐色）且较宽（5~7.5 μm），因其孢痕疤和分生孢子基脐突出，现已组合为亨宁斯凸

脐孢 *Clarohilum henningsii*（Allesch.）Videira & Crous（Videira *et al.*, 2017）；后者分生孢子梗橄榄褐色至红褐色，长（40~200 × 3.5~5 μm）；分生孢子链生，1~3 个隔膜，短而宽（15~45 × 6~8 μm）。

牻牛儿苗科 GERANIACEAE

老鹳草钉孢　图 73

Passalora geranii Y.L.Guo, Mycosystema 31(2): 160, 2012.

　　斑点生于叶的正背两面，近圆形至不规则形，直径 1~7 mm，叶面斑点黄褐色、灰褐色至暗褐色，叶背斑点浅褐色至灰褐色。子实体叶两面生。菌丝体内生。子座无或小，气孔下生，近球形，浅褐色，直径达 25 μm。分生孢子梗 2 至多根从气孔伸出或稀疏至紧密簇生在小子座上，浅橄榄色，色泽均匀，宽度稍不规则或规则，直或稍弯曲，不分枝，光滑，近顶部具 1 个屈膝状折点，顶部圆至圆锥形，0~1（~2）个隔膜，6.5~28 × 3~5.5 μm。孢痕疤小而明显加厚、变暗，宽 1.2~2 μm。分生孢子圆柱形至圆柱-倒棍棒形，近无色，链生并具分枝的链，光滑，直或弯曲，顶部钝至圆锥形，基部倒圆锥形，1~5 个隔膜，15~70 × 3~4.5 μm；脐小而明显加厚、暗。

　　老鹳草属 *Geranium* sp.：新疆塔城（HMAS 79150，主模式）。

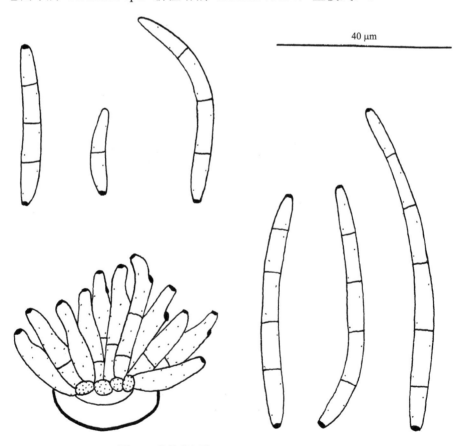

40 μm

图 73　老鹳草钉孢 *Passalora geranii* Y.L. Guo

世界分布：中国。

讨论：Braun（1993a）将老鹳草小尾孢 *Cercosporella geranii* W.B. Cooke & C.G. Shaw（Lloydia 15: 126, 1952）组合为老鹳草色链隔孢 *Phaeoramularia geranii*（W.B. Cooke & C.G. Shaw）U. Braun，Braun（Braun and Mel'nik, 1997），又以 *C. geranii* 为基原异名建立了假色链隔属 *Pseudophaeoramularia* U. Braun，模式种是老鹳草假色链隔孢 *Pseudophaeoramularia gerani*（W.B. Cooke & C.G. Shaw）U. Braun。

寄生在中国 *Geranium* sp. 植物上的真菌形态特征与 *Phaeoramularia geranii* 非常相似，Guo（2002）在没有研究 *C. geranii* 模式标本的情况下接受了 Braun（1993b）的观点。经查，Braun（1991）已经把 *C. geranii* 转到了假尾孢属，即老鹳草假尾孢 *Pseudocercospora geranii*（W.B. Cooke & C.G. Shaw）U. Braun。Crous 和 Braun（2003）将 *C. geranii*、*Phaeoramularia geranii* 和 *Pseudophaeoramularia geranii* 都降为 *Pseudocercospora geranii*（W.B. Cooke & C.G. Shaw）U. Braun 的异名，但在 Index Fungorum 2020 中，*Pseudophaeoramularia geranii* 仍为现用名称。

寄生在中国 *Geranium* sp. 植物上的真菌，孢痕疤明显加厚、变暗；分生孢子链生，多数 1~3 个隔膜，符合钉孢属的形态特征，所以建立老鹳草钉孢 *Passalora geranii* Y.L. Guo 新种。

Pseudophaeoramularia geranii 与本种的区别在于其孢痕疤近明显，不加厚或几乎不加厚，无色或稍暗，偶尔稍突出；分生孢子基脐平截或稍呈倒圆锥形平截，平，无色或稍暗。

本种与寄生在 *Geranium sanguineum* L. 上的极小钉孢 *Passalora minutissima*（Desm.）U. Braun & Crous（Crous and Braun, 2003）都具有链生的分生孢子，但区别在于后者分生孢子梗色泽较深（浅橄榄褐色）而长（15~125 × 3~6 μm）；分生孢子宽（20~60 × 4~6 μm）。

禾本科 GRAMINEAE

禾本科钉孢属分种检索表

无色至近无色，30~80 × 4~6.5 µm ···································· 白茅钉孢 *P. imperatae*

分生孢子梗中度橄榄色，30~210 × 6~7.5 µm；分生孢子倒棍棒形至纺锤形，短孢子呈圆柱形，无色，

18~65 × 4~6.5 µm ·································· 甘蔗钉孢 *P. koepkei*

荩草钉孢 图 74

Passalora arthraxonis (Y.L. Guo) U. Braun & Crous, *in* Crous & Braun, *Mycosphaerella*

and its Anamorphs: I. Names Published in *Cercospora* and *Passalora*: 438, 2003.

Mycovellosiella arthraxonis Y.L. Guo, Mycosystema 21(4): 497, 2002.

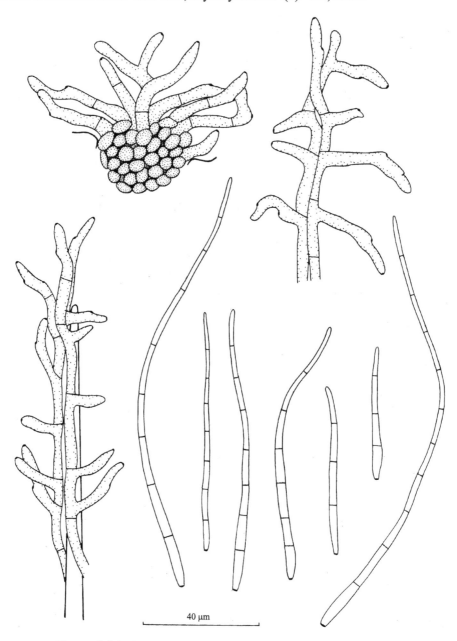

图 74　荩草钉孢 *Passalora arthraxonis*（Y.L. Guo）U. Braun & Crous

斑点生于叶的正背两面，近圆形至椭圆形，无明显边缘，直径 0.5~1.5 mm，常多斑愈合，叶面斑点初期橄榄褐色，后期褐色至暗褐色，具黄褐色晕，叶背斑点褐色至灰褐色。子实体叶两面生。初生菌丝体内生；次生菌丝体表生：菌丝近无色，分枝，光滑，具隔膜，宽 1.5~3 μm，有时形成菌丝绳，常攀缘叶毛。子座无或生在叶面，气孔下生，近球形，浅橄榄褐色，直径 15~35 μm。分生孢子梗在叶面 5~10 根从气孔伸出或多根簇生在子座上，在叶背面多顶生或作为侧生分枝单生在表生菌丝上，浅橄榄色至橄榄色，或在基部呈浅橄榄褐色，宽度不规则，直至弯曲，不分枝或偶具分枝，光滑，0~3 个屈膝状折点，顶部圆锥形，1~2 个隔膜，8.8~37 × 3~5 μm。孢痕疤明显加厚、暗，宽 1.5~2 μm。分生孢子单生，倒棍棒形至针形，无色，光滑，直或弯曲，顶部尖细至钝，基部倒圆锥形平截，3~12 个隔膜，30~120 × 2.5~4 μm；脐加厚而变暗。

荩草 *Arthraxon hespidus*（Thunb.）Makino：浙江杭州（HMAS 51952，*Mycovellosiella arthraxonis* Y.L. Guo 的主模式）。

世界分布：中国。

讨论：台湾尾孢 *Cercospora taiwanensis* T. Matsumoto & W. Yamom.（Matsushima and Yamamoto, 1934）也寄生在 *Arthraxon hespidus* 上，分生孢子梗（7~55 × 2.5~4 μm）和分生孢子（20~150 × 2.5~4 μm）的量度与本菌近似，但其斑点生于叶面，浅黄色至红褐色；无子座；孢痕疤不明显、不加厚、不变暗，Yen（1981）已组合为台湾假尾孢 *Pseudocercospora taiwanensis*（T. Matsumoto & W. Yamom.）J.M. Yen。

藤仓钉孢　图 75

Passalora fujikuroi (N. Pons) U. Braun & Crous, *in* Crous & Braun, *Mycosphaerella* and its Anamorphs: I. Names Published in *Cercospora* and *Passalora*: 190, 2003; Braun, Crous & Nakashima, IMA Fungus 6(1): 74, 2015.

Mycovellosiella fujikuroi N. Pons, Ernstia 6: 42, 1996.

Cercospora andropogonis Sawada, Spec. Publ. Coll. Agric. Taiwan Univ. 8: 226, 1959, *nom. inval.*

斑点不明显。子实体生于叶面。初生菌丝体内生；次生菌丝体表生：菌丝从气孔伸出，近无色，分枝，光滑，具隔膜，宽 1.5~3 μm。子座无或小，气孔下生。分生孢子梗单生，作为侧生分枝单生在表生菌丝上或从气孔下的小子座上生出，稀疏簇生，浅褐色至暗褐色，色泽均匀，宽度不规则，向顶变细窄，直或弯曲，光滑，不分枝，顶部圆锥形，1~2 个隔膜，15~50 × 3~5 μm。孢痕疤明显、不加厚至稍加厚。分生孢子单生，近圆柱形至短倒棍棒形，近无色至浅橄榄色，光滑，直至弯曲，顶部钝，基部倒圆锥形平截，0~4 个隔膜，10~45 × 3~5 μm；基脐加厚而暗。

两色蜀黍 *Sorghum bicolor*（L.）Moench：台湾台北（NTU-PPE 主模式，TNS-F-218232 等模式）。

世界分布：中国。

讨论：Fujikuro（藤仓）1909 年采自台湾台北 *Sorghum bicolor* 上的标本，Sawada（1959）定名为须芒草尾孢 *Cercospora andropogonis* Sawada，但该名称因缺乏拉丁文简介而为无效名称。Sawada 曾把定名为 *C. andropogonis* 的部分标本保存在 Mycological

Herbarium of U.S. Bureau of Plant Industry，Chupp（1954）研究 Sawada 的标本后认为
C. andropogonis 与高粱尾孢 *C. sorghi* Ellis & Everh.（1887）是相同的种，因此在他的 *A Monograph of the Fungus Genus Cercspora*（尾孢属专著）中，*C. andropogonis* 是作为 *C. sorghi* 的异名处理。Sawada 描述 *C. andropogonis*：在叶鞘上斑点圆形或椭圆形，中部红灰色，边缘浅红色或灰色。分生孢子梗生于叶面，褐色，0~6 个隔膜，不分枝，10~73 × 4~5 μm。分生孢子直或稍弯曲，长椭圆形或圆柱形，顶部钝，基部平截，无色，17~56 × 3~5 μm。

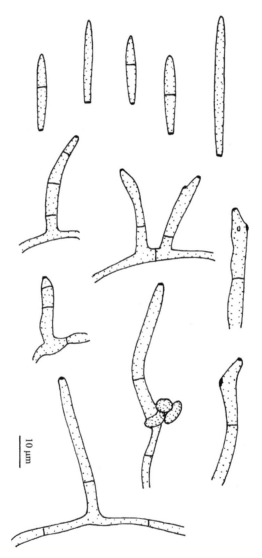

图 75　藤仓钉孢 *Passalora fujikuroi*（N. Pons）U. Braun & Crous

　　Hsieh 和 Goh（1990）研究了 Sawada 1908 年采自台北高粱 *Sorghum vulgare* Pers. 上的标本，定名为 *C. sorghi* Ellis & Everh.，并把 *C. andropogonis* 作为 *C. sorghi* 的异名处理。但 Hsieh 和 Goh 的描述与 Sawada 的不同，他们描述 *C. sorghi* 有子座（直径达 50.0 μm），分生孢子针形至倒棍棒形，无色，长（40~120 × 3~5 μm），是典型的尾孢。

Pons（1996）研究 Sawada 标本室（NTU-PPE）的 *Sorghum vulgare* 标本后，报道了藤仓菌绒孢 *Mycovellosiella fujikuroi* N. Pons 新种，描述该菌具有表生菌丝和近无色至浅橄榄色的分生孢子，于是 Crous 和 Braun（2003）将 *M. fujikuroi* 组合为藤仓钉孢 *Passalora fujikuroi*（N. Pons）U. Braun & Crous。

Braun 等（2015a）在讨论中指出，分生孢子梗单生在表生菌丝上不是 *Cercospora s. str.* 的典型特征，根据等模式标本研究的结果，定名为 *Passalora fujikuroi*（N. Pons）U. Braun & Crous 是正确的。Sawada（1959）、Hsieh 和 Goh（1990）把 *C. andropogonis* 作为 *C. sorghi* 的异名，与 Pons（1996）的研究是相冲突的，可能鉴定为 *C. andropogonis* 的分生孢子梗和分生孢子原来就包含两种尾孢类真菌。

未研究标本，描述和图来自 Braun 等（2015a）。

白茅钉孢　图 76

Passalora imperatae (Syd. & P. Syd.) U. Braun & Crous, *in* Crous & Braun, *Mycosphaerella and its Anamorphs*: I. Names Published in *Cercospora* and *Passalora*: 225, 2003; Braun, Crous & Nakashima, IMA Fungus 6(1): 77, 2015.

Cercosporina imperatae Syd. & P. Syd., Ann. Mycol. 14: 372, 1916; Chupp, A Monograph of the Fungus Genus *Cercospora*: 247, 1954; Vasudeva, Indian Cercosporae: 123, 1963.

Cercospora imperatae (Syd. & P. Syd.) Vassiljevsky, *in* Vassiljevsky & Karakulin, Fungi Imperfecti Parasitici 1. Hyphomycetes: 270, 1937.

Cercospora imperatae (Syd. & P. Syd.) Sawada, Rep. Agric. Res. Inst. Taiwan 38: 697, 1942, *comb. superfl.*, also *in* Rep. Agric. Res. Inst. Taiwan 85: 109, 1943; Chupp, A Monograph of the Fungus Genus *Cercospora*: 274, 1954; Tai, Sylloge Fungorum Sinicorum: 882, 1979.

Mycovellosiella imperatae (Syd. & P. Syd.) X.J. Liu & Y.L. Guo, Mycosystema 1: 251, 1988.

Mycovellosiella imperatae (Syd. & P. Syd.) Goh & W.H. Hsieh, *in* Hsieh & Goh, *Cercospora* and Similar Fungi from Taiwan: 139, 1990.

斑点生于叶的正背两面，近圆形至椭圆形，无明显边缘，宽 0.7~1 mm，常多斑愈合成大型长条状斑块，叶面斑点稻草黄色至浅褐色，中央灰黑色，叶背斑点布满灰黑色菌绒层。子实体叶两面生，但主要生在叶背面。初生菌丝体内生；次生菌丝体表生：菌丝橄榄色至浅褐色，分枝，光滑，具隔膜，宽 2~3 μm。无子座。分生孢子梗 2~4 根从气孔伸出、顶生或作为侧生分枝单生在表生菌丝上，浅至中度褐色，向顶色泽变浅，宽度不规则，直至稍弯曲，不分枝，光滑，0~7 个屈膝状折点，顶部圆至圆锥形，0~3 个隔膜，大多数 1 个隔膜，30~75 × 6~10 μm。孢痕疤明显加厚、暗，宽 1.7~2.8 μm。分生孢子单生，圆柱形至稍呈倒棍棒形，无色至近无色，光滑，直或稍弯曲，顶部钝圆，基部倒圆锥形平截，3~9 个隔膜，30~80 × 4~6.5 μm；脐明显加厚、暗。

凯氏白茅 *Imperata cylindrica* L. var. *major*（Nees）C.E. Hubb. ex Hubb. & Vaughan：台湾台北（05186，NTU-PPE）。

世界分布：中国，印度，菲律宾。

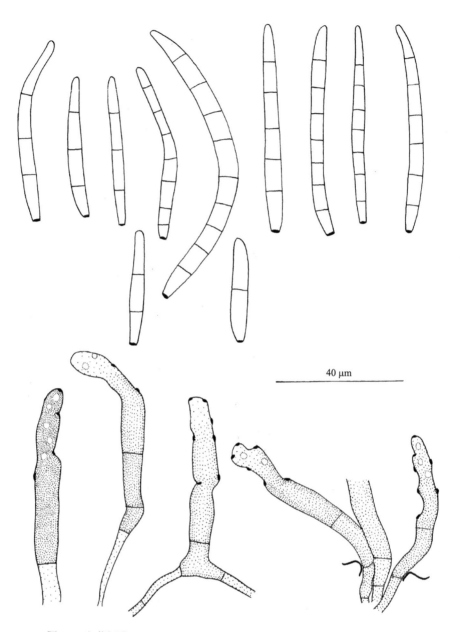

图 76　白茅钉孢 *Passalora imperatae*（Syd. & P. Syd.）U. Braun & Crous

詹森钉孢　图 77

Passalora janseana (Racib.) U. Braun, Schlechtendalia 5: 39, 2000；Crous & Braun, *Mycosphaerella* and its Anamorphs: I. Names Published in *Cercospora* and *Passalora*: 231, 2003.

Napicladium janseanum Racib., Parasitische Algen und Pilze Javas 2: 41, 1900.

Cercospora janseana (Racib.) O. Constant., Cryptog. Mycol. 3: 63, 1982; Braun, Crous & Nakashima, IMA Fungus 6(1) : 46, 2015.

Cercospora oryzae Miyake, J. Coll. Agric. Imp. Univ. Tokyo 2: 263,1910; Chupp, A

Monograph of the Fungus Genus *Cercospora*: 249, 1954; Vasudeva, Indian Cercosporae; 156, 1963; Hsieh & Goh, *Cercospora* and Similar Fungi from Taiwan: 135, 1990.

Sphaerulina oryzina Hara, Diseases of the Rice Plant, Japan: 144, 1918.

Cercospora oryzae var. *rufipogonis* R.A. Singh & Pavgi, Sydowia 21:176, 1967.

斑点生于叶的正背两面，条状，受叶脉所限，2~10 × 1~1.5 mm，常多斑愈合，叶面斑点浅褐色、灰褐色至暗褐色，叶背斑点色泽较浅；斑点也可发生在叶鞘、上部节间及颖壳上。子实体叶两面生。菌丝体内生。子座无或仅为几个褐色球形细胞。分生孢子梗单生或 2~8 根稀疏簇生，橄榄褐色、中度暗橄榄褐色至褐色，色泽均匀，宽度不规则，向顶渐狭，有时基部稍膨大，直至弯曲，不分枝，光滑，0~4 个屈膝状折点，顶部圆锥形，0~7 个隔膜，15.5~135× 4~7 μm。孢痕疤小而明显加厚、暗，宽 1~1.5 μm。分生孢子单生，倒棍棒形至圆柱形，无色，光滑，直或稍弯曲，顶部钝至宽圆形，基部倒圆锥形平截，1~8 个隔膜，15~60 × 3.5~6 μm；脐小而明显加厚、暗。

稗 *Echinochloa crusgalli*（L.）Beauv.：吉林长春（HMJAU 35034）。

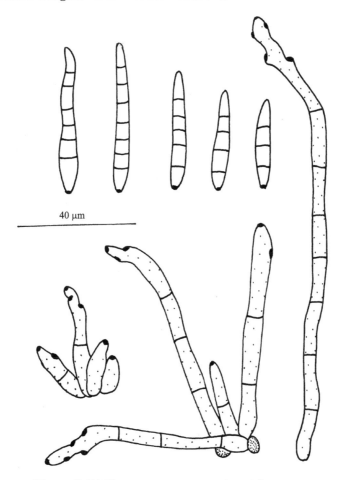

图 77　詹森钉孢 *Passalora janseana*（Racib.）U. Braun

稻 *Oryza sativa* L.：辽宁凤城（24355）；吉林集安（78806）；江苏吴江（78807）；台湾台北（NTU-PPE）；广西田林（78808），隆林（78809），宁明（78810，80314），

南宁（78811）。据戴芳澜（1979）记载，本菌（在 *Cercospora oryzae* Miyake 名下）还分布在：河北，湖南，四川，云南。

世界分布：阿富汗，安哥拉，阿根廷，澳大利亚，孟加拉国，玻利维亚，巴西，文莱，柬埔寨，乍得共和国，中国，哥伦比亚，刚果，哥斯达黎加，古巴，多米尼加，萨尔瓦多，斐济，加蓬，冈比亚，加纳，危地马拉，圭亚那，海地，洪都拉斯，印度，印度尼西亚，日本，肯尼亚，韩国，老挝，马达加斯加，马拉维，马来西亚，墨西哥，莫桑比克，尼泊尔，尼加拉瓜，尼日尔，尼日利亚，巴基斯坦，巴拿马，巴布亚新几内亚，菲律宾，所罗门群岛，索马里，南非，斯里兰卡，苏丹，苏里南，叙利亚，坦桑尼亚，泰国，多哥，特立尼达和多巴哥，美国，委内瑞拉，越南，维尔京群岛，赞比亚，津巴布韦。

讨论：Raciborski（Parasitische Algen und Pilze Javas 2: 41, 1900）报道的詹森短梗霉 *Napicladium janseanum* Racib. 是水稻病害的致病菌之一，产生褐色、窄线形的斑点，在水稻上常见，但不太严重，易培养（Ou, 1972; Mulder and Holliday, 1974; Holliday, 1980）。Miyake（1910）报道的稻尾孢 *Cercospora oryzae* Miyake 斑点卵圆形、椭圆形至线形；子座直径 15~20 μm；分生孢子梗 1~7（~15）根簇生，浅至中度褐色，10~140 × 4~6 μm；分生孢子圆柱形至圆柱-倒棍棒形，无色，稀少链生，15~60 × 3~5.5 μm。Constantinescu（1982）研究了产自印度尼西亚定名为 *N. janseanum* 的标本，认为是尾孢，因此以 *N. janseanum* 为基原异名报道了詹森尾孢 *Cercospora janseana*（Racib.）Constant. 新组合，并将 Miyake（1910）报道的 *C. oryzae* 作为其异名。

Constantinescu（1982）描述 *C. janseana* 的斑点 3~15 × 1~3 mm；子实体生于叶背面；分生孢子梗 3~5 根簇生，褐色，55~125 × 4~6 μm；孢痕疤明显加厚、暗；分生孢子倒棍棒形（幼时圆柱形），无色至非常浅的橄榄色，1~8 个隔膜（多数 3~4 个隔膜），20~65 × 4~6 μm。在描述中 Constantinescu 未指出分生孢子链生，但图中有链生的分生孢子。Constantinescu 在讨论中指出，根据 Ou（1972）的报道，*N. janseanum* 和稻柱隔孢 *Ramularia oryzae* Deighton & Shaw（1960）[现为稻菌绒孢 *Mycovellosiella oryzae*（Deighton & Shaw）Deighton] 近似，但 *M. oryzae* 有表生菌丝。

Braun（2000a）研究了有关标本后指出，*C. janseana* 具有稍加厚而暗的孢痕疤和分生孢子基脐、倒棍棒-圆柱形、多数 3~4 个隔膜、近无色至浅橄榄色的分生孢子，应为钉孢，于是以 *N. janseanum* 为基原异名建立了詹森钉孢 *Passalora janseana*（Racib.）U. Braun 新组合，并将 *C. janseana* 和 *C. oryzae* 作为异名。虽然 Braun 等（2015a）经分子研究后，恢复了具有稍加厚而暗的孢痕疤和分生孢子基脐的 *C. janseana* 之名称，但在 Index Fungorum 2020 中，*Passalora janseana*（Racib.）U. Braun 仍为现用名称。

余永年（1953）在研究水稻种子寄藏真菌时，把分离出的真菌定名为 *C. oryzae* Miyake，并指出该菌可引起水稻条斑病，描述"菌落在维生素乙培养基上呈灰白色或深灰色。菌丝体繁茂，菌丝细长，分枝，具隔膜，浅色或黄褐色。分生孢子梗单生或簇生，浅褐色至褐色，2~6 个隔膜，长 25~82 μm。分生孢子圆柱形或近圆柱形、蠕虫形或线形、倒棍棒形或鞭形，基部稍宽，向上逐渐变窄狭，顶部钝至钝圆，微曲或直，无色或浅色，顶生或侧生，2~14 个隔膜，24~106 × 3.5~7 μm，间或有 2~3 个分生孢子连接成链"。

我们研究该菌标本上的形态特征与 Raciborski（Parasitic Algen und Pilze Javas 2: 41,1900）描述的 *N. janseanum* Racib. 非常相似，但未见链生的分生孢子。

甘蔗钉孢　图 78

Passalora koepkei (W. Krüger) U. Braun & Crous, *in* Crous & Braun, *Mycosphaerella* and its Anamorphs: I. Names Published in *Cercospora* and *Passalora*: 238, 2003; Braun, Crous & Nakashima, IMA Fungus 6(1) 78, 2015.

Cercospora koepkei W. Krüger, Meded. Proefstat. Suikerried W. Java, Kagok-Tegal 1: 115, 1890; Saccardo, Syll. Fung. 20: 656, 1892; Chupp, A Monograph of the Fungus Genus *Cercospora*: 248, 1954; Vasudeva, Indian Cercosporae: 156, 1963; Ellis, More Dematiaceous Hyphomycetes: 262, 1976; Tai, Sylloge Fungorum Sinicorum: 885, 1979.

Mycovellosiella koepkei (W. Krüger) Deighton, Mycol. Pap. 144: 20, 1979; Liu & Guo, Mycosystema 1: 251, 1988; Hsieh & Goh, *Cercospora* and Similar Fungi from Taiwan: 140, 1990; Guo, Mycotaxon 72: 350, 1999.

Pseudocercospora miscanthi Katsuki, J. Japan Bot. 31: 372, 1956.

Cercospora koepkei var. *sorghi* K. Goto, K. Hirano & Fukatsu, Ann. Phytopathol. Soc. Japan 27: 52, 1962.

斑点生于叶的正背两面，卵圆形、椭圆形至不规则形，宽 1~5 mm，叶面斑点初期为浅黄色不规则形至椭圆形斑块，以后多斑愈合成不规则形大斑，黄褐色、红褐色至紫红色，或中央灰色，边缘褐色，叶背斑点黄褐色至浅红褐色，具黄色晕，后期被侵染的叶片变成稻草色，变干，过早死亡。子实体叶两面生，但主要生在叶背面。初生菌丝体内生；次生菌丝体表生：菌丝浅橄榄色，分枝，光滑，具隔膜，宽 2~4 µm。子座无或仅有几个褐色球形细胞组成，气孔下生。分生孢子梗 2~15 根从气孔伸出，稀疏簇生，顶生或作为侧生分枝单生在表生菌丝上，浅至中度橄榄色，向顶色泽变浅，宽度不规则，直至弯曲，不分枝或偶具分枝，光滑，0~8 个屈膝状折点，顶部圆锥形，1~10 个隔膜，30~210 × 6~7.5 µm。孢痕疤明显加厚、暗，宽 2~2.5 µm。分生孢子倒棍棒形至纺锤形，较短的孢子呈圆柱形，无色，光滑，单生，直或稍弯曲，顶部尖细至钝，基部长倒圆锥形至倒圆锥形平截，1~7 个隔膜，多数 3 个隔膜，18~65 × 4~6.5 µm；脐明显加厚、暗。

甘蔗 *Saccharum officinarum* L.：台湾高雄（05181, NTU-PPE）；广东广州（62238）；广西宁明（40624）。

世界分布：澳大利亚，文莱，柬埔寨，中国，哥伦比亚，古巴，多米尼加，斐济，加蓬，加纳，关岛，危地马拉，圭亚那，印度，印度尼西亚，日本，肯尼亚，马来西亚，毛里求斯，密克罗尼西亚，尼泊尔，新喀里多尼亚，巴拿马，巴布亚新几内亚，菲律宾，波多黎各，塞拉利昂，所罗门群岛，索马里，南非，斯里兰卡，苏里南，坦桑尼亚，泰国，汤加，特立尼达和多巴哥，乌干达，瓦努阿图，委内瑞拉，津巴布韦。

讨论：Chupp（1954）把长尾孢 *Cercospora longipes* E.J. Butler（Mem. Dept. Agric. India, Bot. Ser., 1: 41, 1906）作为甘蔗尾孢 *C. koepkei* W. Krüger（Meded. Proefstat. Suikerried W. Java, Kagok-Tegal 1: 115, 1890）的异名，但 *C. longipes* 是真正的尾孢，与本菌不同。对于 *C. koepkei*，不同作者有不同的描述：Krüger（Meded. Proefstat. Suikerried

W. Java, Kagok-Tegal 1: 115,1890）描述分生孢子梗 40~50 × 7 μm，分生孢子 3~4 个隔膜，
20~50 × 5~8 μm；Matsmoto 和 Yamamoto（1934）记载分生孢子梗 39~185 × 4.3~6.5 μm，
分生孢子 1~5 个隔膜（多数 3~4 个隔膜），26~ 55 × 4.3~5.7 μm；Katsuki（1965）描述
分生孢子梗 48~88 × 4~6 μm，分生孢子 3~4 个隔膜，35~56 × 4~6 μm。在中国标本上的
形态特征与 Matsmoto 和 Yamamoto（1934）的描述更接近。

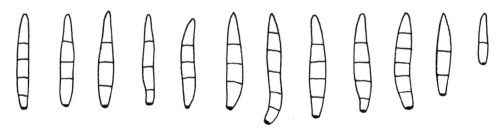

55 μm

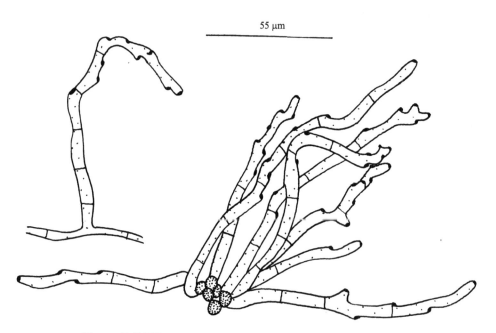

图 78 甘蔗钉孢 *Passalora koepkei*（W. Krüger）U. Braun & Crous

Deighton（1979）根据 *C. koepkei* 具有表生菌丝和短而宽的分生孢子的特征，将其
组合为甘蔗菌绒孢 *Mycovellosiella koepkei*（W. Krüger）Deighton，并且在研究了 Katsuki
（1956）报道自芒属 *Miscanthus* sp. 植物上的芒假尾孢 *Pseudocercospora miscanthi*
Katsuki 的模式标本后，认为 *P. miscanthi* 的形态特征与 *C. koepkei* 无区别，因此把 *P.
miscanthi* 作为 *M. koepkei* 的异名处理。

蔗鞘钉孢　图 79

Passalora vaginae (W. Krüger) U. Braun & Crous, *in* Crous & Braun, *Mycosphaerella* and
　　its Anamorphs: I. Names Published in *Cercospora* and *Passalora*: 417, 2003; Braun,

Crous & Nakashima, IMA Fungus 6(1): 84, 2015.

Cercospora vaginae W. Krüger, Ber. Vers. Stat. Zuckerr. West. Java 1: 64, 1890, also *in* Meded. Proefstn. Suiderriet W. Java, Kagok-Tegal 3: 29, 1896; Saccardo, Syll. Fung. 14: 1106, 1899; Sawada, Rep. Agric. Res. Inst. Taiwan 2: 161, 1922; Chupp, A Monograph of the Fungus Genus *Cercospora*: 256, 1954; Vasuderva, Indian Cercosporae: 208, 1963; Ellis, More Dematiaceous Hyphomycetes: 262, 1976; Tai, Sylloge Fungorum Sinicorum: 906, 1979.

Mycovellosiella vaginae (W. Krüger) Deighton, Mycol. Pap. 144: 26, 1979; Hsieh & Goh, *Cercospora* and Similar Fungi from Taiwan: 141, 1990.

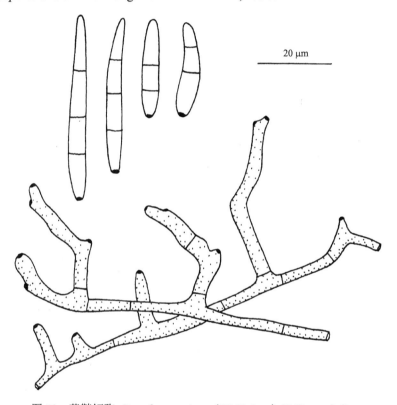

图 79　蔗鞘钉孢 *Passalora vaginae*（W. Krüger）U. Braun & Crous

斑点主要生在叶鞘上，有时也扩展至叶片上，最初小，近圆形至椭圆形，常多斑愈合，长达 6 英寸[①]，血红色，有一明显边缘，后期鞘面呈血红色，中央有黑色粉末状菌绒层，鞘背相应部分斑点也明显，黑色粉末状菌绒层更加明显而多；叶面斑点暗红褐色，叶背斑点不明显。子实体叶鞘两面生和叶面生，主要生于鞘面，扩散型，斑点中央子实体呈暗灰褐色绒毛层。初生菌丝体内生；次生菌丝体表生：菌丝橄榄色至浅橄榄褐色，分枝，光滑，具隔膜，宽 2~4 μm。子座由菌丝膨大细胞组成，近球形，暗褐色，直径 15~75 μm。分生孢子梗不着生在子座上，而是顶生或作为侧生分枝单生于表生菌丝上，浅橄榄褐色至暗褐色，向顶色泽变浅，宽度不规则，直至弯曲，常分枝，光滑，0~2 个

---

① 1 英寸=2.54 cm，下同。

屈膝状折点，顶部圆至圆锥形，1~5 个隔膜，20~200 × 3~5 μm。孢痕疤明显加厚、暗，宽 1~2 μm。分生孢子单生，圆柱形至圆柱-倒棍棒形，无色至橄榄色，光滑，直或稍弯曲，顶部钝至钝圆，基部倒圆锥形平截，0~5 个隔膜，有时在隔膜处缢缩，15~55 × 3~6.5 μm；脐明显加厚、暗。

甘蔗 Saccharum officinarum L.：台湾（NTU-PPE）。

甜根子草 Saccharum spontaneum L.：台湾（NTU-PPE）。

据戴芳澜（1979）记载，本菌（在 Cercospora vaginae W. Krüger 名下）在甘蔗 Saccharum officinarum L.上的分布还有：江西，广东，华南，四川，云南。

世界分布：阿富汗，巴巴多斯岛，中国，古巴，多米尼加，加纳，圭亚那，海地，印度，印度尼西亚，牙买加，日本，爪哇，马达加斯加，马来西亚，毛里求斯，墨西哥，莫桑比克，巴拿马，秘鲁，塞内加尔，塞拉利昂，南非，泰国，汤加，特立尼达和多巴哥，美国，委内瑞拉，津巴布韦。

唇形科 LABIATAE

石蚕钉孢　图 80

Passalora teucrii (Schwein.) U. Braun & Crous, *in* Crous & Braun, *Mycosphaerella* and its Anamorphs: I. Names Published in *Cercospora* and *Passalora*: 400, 2003.

Caeoma (*Uredo*) *teucrii* Schwein., Trans. Amer. Philos. Soc., Ser. 2, 4: 291, 1832.

Cercospora teucrii (Schwein.) Arthur & Bisby, Proc. Philos. Soc. 57: 201, 1918, *nom. illeg.*, non *C. teucrii* Ellis & Kellerm., 1884.

Mycovellosiella teucrii (Schwein.) Deighton, Mycol. Pap. 137: 28, 1974; Liu & Guo, Mycosystema 1: 264, 1988.

Cercospora racemosa Ellis & G. Martin, Amer. Naturalist 19: 76, 1885, also *in* J. Mycol. 1: 55, 1885.

斑点生于叶的正背两面，角状至不规则形，宽 2~3 mm，可相互连接成短条状，或有时多斑愈合成大型斑块，叶面斑点稍褪色至浅褐色，叶背相应部分呈棕褐色至红褐色。子实体叶背面生，扩散型，有菌绒层。初生菌丝体内生；次生菌丝体表生：菌丝浅橄榄褐色，分枝，具隔膜，宽 2~4 μm。子座无或仅由几个褐色球形细胞组成。分生孢子梗 2~8 根簇生，从气孔伸出、顶生或作为侧生分枝单生于表生菌丝上，橄榄褐色至中度褐色，色泽均匀，宽度不规则，直至弯曲，不分枝或分枝，光滑，2~11 个屈膝状折点，顶部圆锥形平截，0~7 个隔膜，15~135 × 4~6.5 μm。孢痕疤明显加厚、暗，宽 2~2.5 μm。分生孢子倒棍棒形至圆柱形，橄榄褐色，光滑，单生或链生并具分枝的链，直或稍弯曲，顶部圆至钝，基部倒圆锥形平截，1~9 个隔膜，有时在隔膜处缢缩，40~140 × 4~6.5 μm；脐明显加厚、暗。

益母草 Leonurus artemisia（Lour.）S. Y. Hu：吉林长春（HMJAU 35015），蛟河（HMJAU 31845）。

香茶菜属 Plectranthus sp.：四川峨眉山（51953）。

世界分布：中国，印度，俄罗斯（欧洲部分），美国。

讨论：Deighton（1974）把报道自加拿大石蚕 *Teucrium canadense* L.上的 *Caeoma*（*Uredo*）*teucrii* Schwein.（Trans. Amer. Philos. Soc., Ser. 2, 4: 291, 1832）组合成石蚕菌绒孢 *Mycovellosiella teucrii*（Schwein.）Deighton，描述分生孢子梗浅橄榄色，20~90 × 3.5~5.5 μm；分生孢子圆柱形，稍呈倒棍棒形，20~105 × 4.5~6.5 μm。在中国 *Leonurus artemisia* 上的分生孢子梗（10~80 × 3.5~5.5 μm）和分生孢子（30~80 × 4~6 μm）的量度与 Deighton 的描述非常相似，而在香茶菜属 *Plectranthus* sp. 植物上的分生孢子梗和分生孢子较 Deighton 描述的色泽深而长。

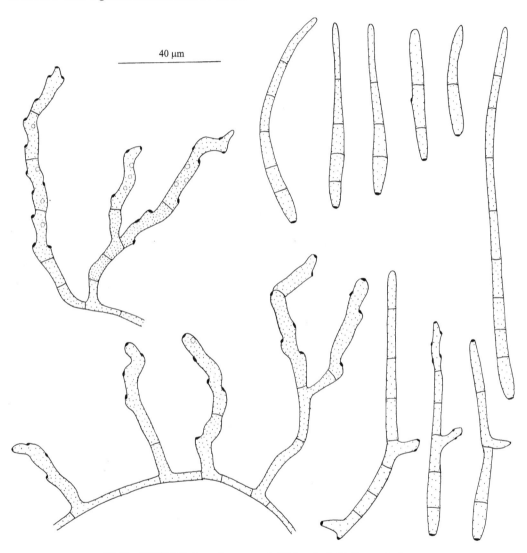

图 80　石蚕钉孢 *Passalora teucrii*（Schwein.）U. Braun & Crous

寄生在加拿大石蚕 *Teucrium canadense* 上的石蚕尾孢 *Cercospora teucrii* Ellis & Kellerm.（Bull. Torrey Bot. Club. 11: 116, 1884）和 *C. scorodeniae* Unamuno（XIV. Congr. Assoc. Espanol Progr. Cirnc. 1934: 18, 1935）与本种的区别在于前者分生孢子单生，针形，无色，为真尾孢；后者具大子座（直径 30~75 μm），分生孢子梗紧密簇生，短（25~30 ×

5~6.5 μm），分生孢子圆柱形至圆柱-倒棍棒形，浅橄榄色，稍短而窄（45~100 × 4~5 μm）。

生于印度斯托克香茶菜 *Plectramthus stockii* Hook. f. 上的香茶菜生钉孢 *Passalora plectranthicola*（Chidd.）U. Braun & Crous（Crous and Braun, 2003）与本菌相似，都具有长的分生孢子梗（46.8~128.7 × 4.1~5.1 μm）和多个屈膝状折点（2~10 个），但区别在于其子实体叶两面生；有子座（直径 13.6~34 μm）；分生孢子梗色泽较深（褐色）且稍窄（46.8~128.7 × 4.1~5.1 μm）；分生孢子单生，线形，无色，长而窄（42.9~210 × 3.0~3.4 μm）。

玉蕊科 LECYTHIDACEAE

玉蕊生钉孢　图 81

Passalora barringtoniicola (Y.L. Guo) U. Braun & Crous, *in* Crous & Braun, *Mycosphaerella* and its Anamorphs: I. Names Published in *Cercospora* and *Passalora*: 441, 2003.

Phaeoramularia barringtoniicola Y.L. Guo, Mycosystema 21: 19, 2002.

斑点生于叶的正背两面，近圆形，直径 1~8 mm，叶面斑点浅褐色，叶背相应部分污褐色，外围以巧克力色至暗褐色细线圈。子实体叶两面生。菌丝体内生。子座气孔下生，近球形，褐色，直径 15~55 μm。分生孢子梗 5~30 根稀疏簇生至多根紧密簇生，黄褐色至淡土黄色，色泽均匀，宽度在全梗上部 1/3 处多不规则，直或稍弯曲，或呈微波状起伏并向外散开，不分枝，光滑，0~5 个屈膝状折点，顶部宽圆至圆锥形平截，2~8 个隔膜，欠明显，32.5~125 × 3~5.5 μm。孢痕疤明显加厚、暗，宽 1.3~2.5 μm。分生孢子倒棍棒形至圆柱形，无色至浅橄榄色，光滑，链生，直，弯曲至非常弯曲，顶部尖细至钝，基部长倒圆锥形平截，3~8 个隔膜，在隔膜处缢缩，20~85 × 3~5.6 μm；脐加厚而暗。

云南金刀木 *Barringtonia yunnanensis* Hu：云南景洪小勐仑（HMAS 42403，*Phaeoramularia barringtoniicola* Y.L. Guo 的主模式）。

世界分布：中国。

讨论：刘锡琎和郭英兰（1982b）在研究中国的 *Phaeoramularia* 时，寄生在 *Barringtonia yunnanensis* 上的真菌分生孢子链生，且形态特征与寄生在菲律宾 *Barringtonia luzoniensis* Vidal. 上的玉蕊尾孢 *Cercospora barringtoniae* Syd. & P. Syd.（1913，子座直径 30~60 μm；分生孢子梗 25~180 × 3~4 μm；分生孢子圆柱-倒棍棒形，近无色至非常浅的橄榄色，25~85 × 2.5~4 μm）非常相似，仅分生孢子梗和分生孢子较宽。在没有研究 *C. barringtoniae* 的模式标本的情况下，将 *C. barringtoniae* 组合成了玉蕊色链隔孢 *Phaeoramularia barringtoniae*（Syd. & P. Syd.）X.J. Liu & Y.L. Guo。Braun 和 Sivapalan（1999）研究了 *C. barringtoniae* 的模式标本，描述子座直径 30~60 μm；分生孢子梗稀疏至紧密簇生，褐色，25~180 × 3~4 μm；分生孢子单生，倒棍棒-圆柱形、线形，近无色，25~120 × 2.5~4 μm，认为仍属尾孢。而寄生在中国 *B. yunnanensis* 上的真菌具有链生的分生孢子，符合色链隔孢属的特征，因此 Guo（2002）建立了金刀木生色链隔孢 *Phaeoramularia barringtoniicola* Y.L. Guo 新种，Crous 和 Braun（2003）将其

组合为金刁木生钉孢 *Passalora barringtoniicola*（Y.L. Guo）U. Braun & Crous。

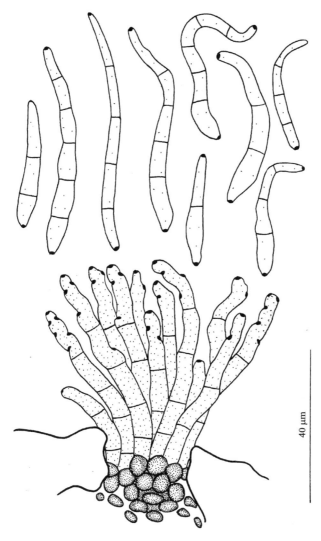

图 81　玉蕊生钉孢 *Passalora barringtoniicola*（Y.L. Guo）U. Braun & Crous

豆科 LEGUMINOSAE

豆科钉孢属分种检索表

1. 菌丝体内生和表生；分生孢子链生 ··· 2
　　菌丝体内生；子座直径 12~40 μm；分生孢子梗稀疏至紧密簇生，橄榄色至浅橄榄色，40~220 × 5~
　　6.7 μm；分生孢子单生，倒棍棒形，橄榄色至浅橄榄褐色，25~75 × 8~11 μm ···································
　　·· 葛生钉孢 *P. puerariigena*
2. 子实体叶两面生；分生孢子梗橄榄色，30~100 × 3~5.6 μm；分生孢子倒棍棒-圆柱形，近无色，15~
　　57.5 × 3.8~6 μm ·· 木豆钉孢 *P. cajani*
　　子实体生叶背面；分生孢子梗近无色至非常浅的橄榄色，3~30（~40）× 2~4 μm；分生孢子圆柱形至倒棍棒形，无色，13~65 × 3~4 μm ···································· 葛钉孢 *P. puerariae*

木豆钉孢 图 82

Passalora cajani (Henn.) U. Braun & Crous, *in* Crous & Braun, *Mycosphaerella* and its Anamorphs: I. Names Published in *Cercospora* and *Passalora*: 93, 2003.

Cercospora cajani Henn., Hedwigia 41: 309, 1902; Chupp, A Monograph of the Fungus Genus *Cercospora*: 285, 1954.

Vellosiella cajani (Henn.) Rangel, Bol. Agric. (S. Paulo), Ser. 16A, 2: 151, 1915.

Mycovellosiella cajani (Henn.) Rangel ex Trotter, *in* Saccardo, Syll. Fung. 25: 942, 1931; Deighton, Mycol. Pap. 137: 4, 1974; Liu & Guo, Mycosystema 1: 234, 1988.

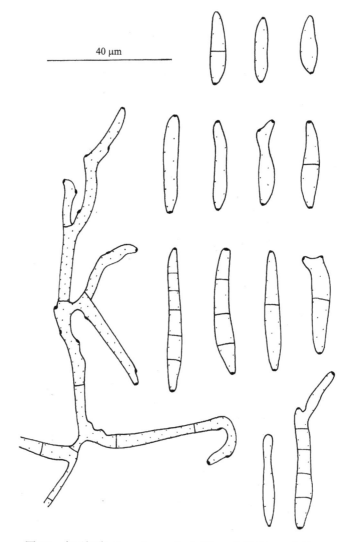

图 82 木豆钉孢 *Passalora cajani*（Henn.）U. Braun & Crous

斑点生于叶的正背两面，不规则形，无一定边缘，宽 1~4 mm，有时多斑愈合成大型斑块，叶面斑点灰黑色，叶背相应部分灰绿色至深灰色。子实体叶两面生，扩散型。

初生菌丝体内生；次生菌丝体表生：菌丝橄榄色，分枝，光滑，具隔膜，宽 1~3 μm，有时形成菌丝绳或攀缘叶毛。无子座。分生孢子梗从气孔伸出、顶生或作为侧生分枝单生在表生菌丝上，橄榄色，色泽均匀，宽度不规则，直或弯曲，分枝，光滑，0~3 个屈膝状折点，顶部圆锥形，0~3 个隔膜，30~100 × 3~5.6 μm。孢痕疤明显加厚、暗，宽 1~1.7 μm。分生孢子倒棍棒-圆柱形，近无色，光滑，链生并具分枝的链，直或稍弯曲，顶部钝圆至圆锥形平截，基部倒圆锥形平截，0~5 个隔膜，15~57.5 × 3.8~6 μm；脐明显加厚、暗。

木豆 *Cajanus cajan*（L.）Millsp.：台湾高雄（05216）。

世界分布：巴巴多斯岛，巴西，中国，古巴，多米尼加，埃塞俄比亚，危地马拉，圭亚那，印度，牙买加，肯尼亚，马拉维，毛里求斯，尼日利亚，波多黎各，苏丹，特立尼达和多巴哥，委内瑞拉，乌干达，坦桑尼亚，赞比亚。

讨论：寄生在印度木豆 *Cajanus indicus* Spreng. 上的糊隔尾孢 *Cercospora instabilis* Rangel（Bol. Agric. São Paulo, 16A, 2: 154, 1915），斑点角状；子实体主要生于叶背面；无子座，与本种特征近似，但区别在于其分生孢子梗长（40~200 × 4~6.5 μm）；分生孢子单生，针形，无色，长而窄（30~200 × 3.5~4 μm），为真尾孢。

寄生在印度 *C. indicus* 和油麻藤属 *Mucuna* sp. 植物上的油麻藤钉孢 *Passalora mucunae*（Syd. & P. Syd.）U. Braun & Mouch.（1999）与本菌之区别在于其无斑点；子实体生于叶背面；有子座；分生孢子梗色泽深（中度暗褐色），长而宽（40~400 × 5~7 μm）；分生孢子长而宽（35~115 × 4.5~8 μm）。

葛钉孢 图 83

Passalora puerariae (D.E. Shaw & Deighton) U. Braun & Crous, *in* Crous & Braun, *Mycosphaerella* and its Anamorphs: I. Names Published in *Cercospora* and *Passalora*: 467, 2003.

Mycovellosiella puerariae D.E. Shaw & Deighton, Trans. Br. Mycol. Soc. 54: 327, 1970; Liu & Guo, Mycosystema 1: 257, 1988.

Ramularia puerariae Sawada, Bull. Agric. Exp Stat. Taiwan 85: 89, 1943, *nom. inval*.

斑点生于叶的正背两面，近圆形，无明显边缘，直径 2~10 mm，叶面斑点红褐色，叶背斑点浅黄色至黄色。子实体生于叶背面，扩散型，具薄而紧密的黄色菌绒层。初生菌丝体内生；次生菌丝体表生：菌丝无色至非常浅的橄榄色，分枝，光滑，具隔膜，宽 1~2.5 μm，形成疏松的菌丝绳并攀缘叶毛。无子座。分生孢子梗少数根从气孔伸出，主要是顶生或作为侧生分枝单生在表生菌丝上，近无色至非常浅的橄榄色，色泽均匀，宽度不规则，直至弯曲，分枝，光滑，多个屈膝状折点，顶部圆锥形，0~2 个隔膜，3~30（~40）× 2~4 μm。孢痕疤明显加厚而暗，宽 1.7~2 μm。分生孢子圆柱形至倒棍棒形，无色，光滑，链生并具分枝的链，直或稍弯曲，顶部钝圆至圆锥形平截，基部倒圆锥形平截，1~5 个隔膜，多数 1~3 个隔膜，13~65 × 3~4 μm；脐加厚而暗。

野葛 *Pueraria lobata*（Willd.）Ohwi：台湾花莲（05445）。

世界分布：中国，巴布亚新几内亚。

讨论：Shaw 和 Deighton（1970）描述葛菌绒孢 *Mycovellosiella puerariae* D. Shaw &

Deighton 的分生孢子梗非常浅的黄色，2.5~8（~15）× 2.5~3（~4.5）μm；分生孢子圆柱形，非常浅的黄色，22~61（~83）× 3~5 μm。在中国标本上的形态特征与 Shaw 和 Deighton 的原始描述非常相似，仅分生孢子梗稍长，分生孢子稍短。

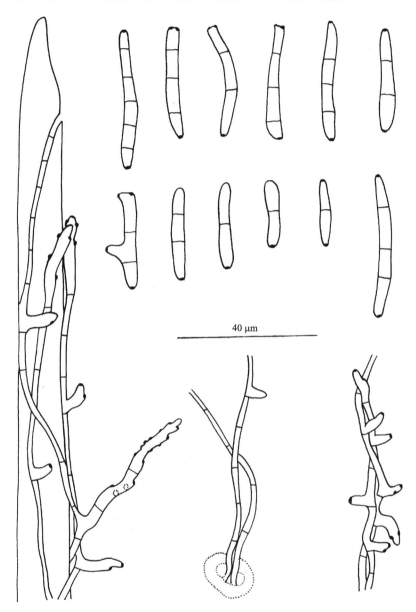

40 μm

图 83　葛钉孢 *Passalora puerariae*（D.E. Shaw & Deighton）U. Braun & Crous

葛生钉孢　图 84

Passalora puerariigena Y.L. Guo, Mycosystema 34(1): 10, 2015.

　　斑点生于叶的正背两面，角状，无明显边缘，为叶脉所限，宽 1~3 mm，常数斑愈合，叶面斑点红褐色至暗褐色，具黄色晕，叶背斑点浅褐色。子实体叶背面生。菌丝体内生。子座叶表皮下生，疏丝组织，近球形，橄榄褐色，直径 12~40 μm。分生孢子梗多根稀疏至紧密簇生，橄榄色至浅橄榄褐色，色泽均匀，宽度不规则，通常上部产孢部较宽，直或稍弯曲，不分枝，光滑，1~5 个屈膝状折点，顶部圆锥形平截至近平截，1~6 个隔膜，40~220 × 5~6.7 μm。孢痕疤明显加厚、变暗，宽 2~4 μm。分生孢子单生，幼孢子棍棒形，直，无隔膜，成熟孢子倒棍棒形，弯曲甚至呈"S"形，橄榄色至浅橄榄褐色，光滑，顶部钝圆，基部倒圆锥形平截，1~4 个隔膜，多数 1~3 个隔膜，25~75 × 8~11 μm；脐明显加厚而变暗。

野葛 *Pueraria lobata*（Willd.）Ohwi：台湾南投（HMAS 244932，主模式）。

世界分布：中国。

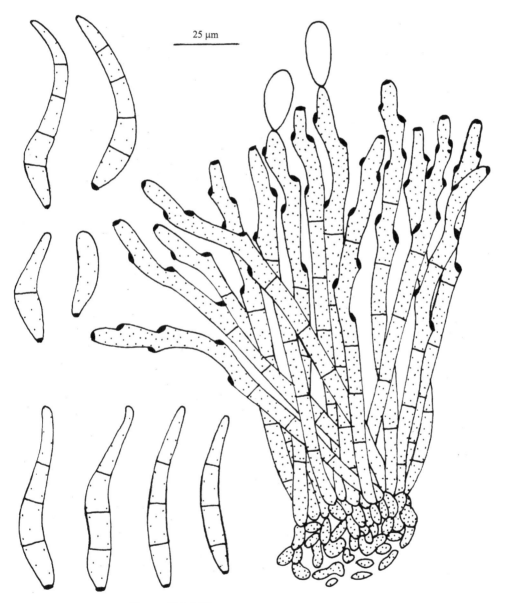

图 84　葛生钉孢 *Passalora puerariigena* Y.L. Guo

讨论：生于 *Pueraria lobata* 上的葛钉孢 *Passalora puerariae*（D.E. Shaw & Deighton）

U. Braun & Crous（Crous and Braun, 2003）与本菌的区别在于其子实体扩散型；具表生菌丝；无子座；分生孢子梗主要单生在表生菌丝上，色泽浅（近无色至非常浅的浅黄色），短而窄 [2.5~8（~15）× 2.5~3 μm]；分生孢子圆柱形，非常浅的橄榄色，窄 [22~61（~83）× 3~5 μm]。

在豆科（Leguminosae）植物上已报道 30 多种钉孢，其中生在加拿大紫荆 *Cercis canadensis* L.上的紫荆生钉孢 *Passalora cercidicola*（Ellis）U. Braun（1995b），分生孢子梗 50 ~300 × 3~4.5 μm，分生孢子圆柱-倒棍棒形，浅橄榄色，多数 3 个隔膜，20~60 × 4~7 μm；生于单籽两型豆 *Amphicarpaea monoica*（L.）Ellis 上的两型豆钉孢 *P. simulans*（Ellis & Kellerm.）U. Braun（1995b），分生孢子梗 45~300 × 3.5~5 μm，分生孢子圆柱形，无色至近无色，多数 1~5 个隔膜，10~40 × 4~6 μm；生在刺桐属 *Erythrina* sp. 植物上的毛刺桐钉孢 *P. tomentosae*（Hansf.）U. Braun & Crous（Crous and Braun, 2003），分生孢子梗 50~200 × 4~5.5 μm，分生孢子倒棍棒-圆柱形，近无色至浅橄榄褐色，1~7 个隔膜，20~90 × 4~7 μm。这 3 个种与本菌近似，子实体均为叶背面生，分生孢子梗长度在 200 μm 以上，但分生孢子均较本菌窄。生于 *Dalbergia volubilis* Roxb. 上的黄檀生钉孢 *P. dalbergiicola*（T.S. Ramakr. & K. Ramakr.）U. Braun & Crous（Crous and Braun, 2003）和生在油麻藤属 *Mucuna* sp. 植物上的油麻藤钉孢 *P. mucunae*（Syd. & P. Syd.）U. Braun & Mouch.（1999）的分生孢子宽度均达到 8 μm，与本菌的区别在于前者分生孢子梗较短（80~125 × 4~7 μm），分生孢子仅 1 个隔膜，短而窄（20~37 × 4~8 μm）；后者分生孢子梗非常紧密地簇生，色泽深（中度暗褐色），长（40~400 × 5~7 μm），分生孢子圆柱-倒棍棒形，多隔膜，长（35~115 × 4.5~8 μm）。寄生在美木蓝 *Indigofera pulchella* Roxb. 上的美木蓝钉孢 *P. pulchella*（T.S. Ramakr.）U. Braun & Crous（Crous and Braun, 2003）具有角状、小、褐色的斑点，叶表皮下生的子座和倒棍棒形、宽的分生孢子，与本菌最相似，但其分生孢子梗稍短而宽（50~167 × 5~11 μm）；分生孢子色泽深（浅褐色），1~2 个隔膜，宽（31~78 × 8~13 μm）。

海金沙科 LYGODIACEAE

海金沙钉孢 图 85

Passalora lygodii (Goh & W.H. Hsieh) R. Kirschner, *in* Kirschner & Wang, Mycol. Progress 14(65): 2, 2015.

Pseudocercospora lygodii Goh & W.H. Hsieh, Trans. Mycol. Soc. R.O.C. 2(2): 131, 1987; Hsieh & Goh, *Cercospora* and Similar Fungi from Taiwan: 305, 1990; Guo & Hsieh, The Genus *Pseudocercospora* in China: 187, 1995; Crous & Braun, *Mycosphaerella* and its Anamorphs: I. Names Published in *Cercospora* and *Passalora*: 258, 2003.

Cercospora lygodii Sawada, Rep. Agric. Res. Inst. Taiwan 87: 83, 1944, *nom. inval.*; Chupp, A Monograph of the Fungus Genus *Cercospora*: 456, 1954.

在与 *Periciniella lygodii* 混生的叶上，斑点不明显。子实体叶两面生，但主要生在叶背面。初生菌丝体内生：菌丝叶表皮内生，浅褐色，光滑，宽 1~3 μm；次生菌丝体表生：菌丝从气孔伸出，浅褐色，光滑或稀少具一些稀疏的小疣，宽 1.5~2 μm。子座

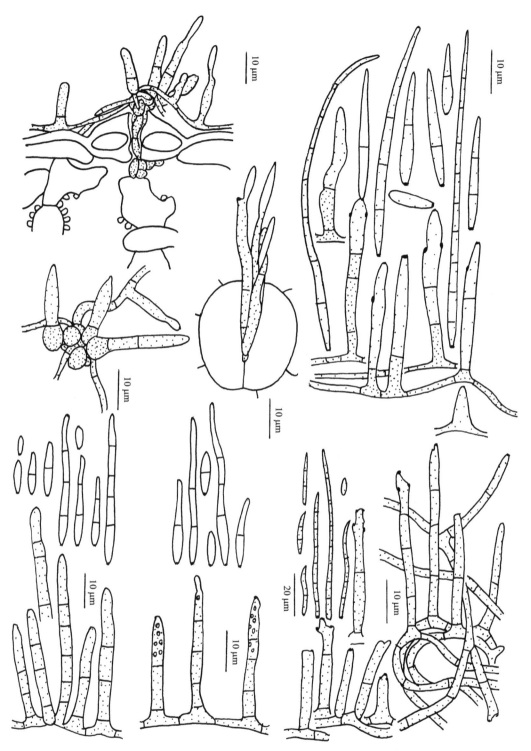

图 85　海金沙钉孢 *Passalora lygodii*（Goh & W.H. Hsieh）R. Kirschner（来自 Kirschner，2015）

无或仅由少数暗色球形细胞组成。分生孢子梗达 8 根从气孔伸出或单生在表生菌丝上，浅褐色，直或屈膝状，不分枝，光滑，顶部圆锥形，0~5 个隔膜，初生分生孢子梗 13~46

（~62）× 3~4（~5）μm，次生分生孢子梗 10~64 × 3~4 μm，在模式标本上 15~94 × 3~4 μm。孢痕疤明显加厚、暗，坐落在分生孢子梗顶部及折点处或平贴于分生孢子梗侧面，宽 1~2 μm。分生孢子单生，窄圆柱-倒棍棒形，非常浅的褐色，光滑，直至弯曲，顶部钝，基部倒圆锥形，0~14 个隔膜，16~112（~193）× 2~3（~4）μm，偶尔短，长 10 μm，在模式标本上 6~44 × 2~3.5 μm；脐明显加厚、暗。

海金沙 Lygodium japonicum（Thunb.）Sw.：福建武夷山（KUN-HKAS）；台湾新竹（NTU-PPE，*Pseudocercospora lygodii* Goh & W.H. Hsieh 的主模式），苗栗（TNM F0028808），台北（TNM F0028809）。

世界分布：中国。

讨论：Sawada（1944）报道海金沙尾孢 *Cercospora lygodii* Sawada 时，因未提供拉丁文简介而成为无效名称。Goh 和 Hsieh（1987d）为其补充了拉丁文描述并定名为海金沙假尾孢 *Pseudocercospora lygodii* Goh & W.H. Hsieh。Kirschner 和 Wang（2015）研究了 *C. lygodii* 的模式标本及采自福建和台湾的标本，并进行了菌种分离和分子研究，发现其孢痕疤明显加厚而暗，将 *P. lygodii* 组合为海金沙钉孢 *Passalora lygodii*。

防己科 MENISPERMACEAE

日本防己钉孢　图 86

Passalora cocculi-trilobi Y.L. Guo, Mycosystema 30(6): 866, 2011.

斑点生于叶的正背两面，近圆形、角状至扩散型，无明显边缘，其扩展常受叶脉所限，宽 1~4 mm，有时数斑愈合或密集于叶片一处形成更大型的斑块，叶面斑点暗褐色，叶背斑点浅褐色至褐色。子实体叶背面生。菌丝体内生。子座仅由少数暗色球形细胞组成。分生孢子梗 2~11 根稀疏簇生，中度褐色，色泽均匀，宽度稍不规则，直或稍弯曲，稀少分枝，光滑，上部有 1~2 个屈膝状折点，顶部圆锥形平截，2~7 个隔膜，20~105 × 3.8~5 μm。孢痕疤明显加厚、暗，坐落在分生孢子梗顶部及折点处或平贴于分生孢子梗侧面，宽 1.3~2.5 μm。分生孢子圆柱形至倒棍棒形，浅橄榄色，光滑，链生，直或稍弯曲，顶部钝圆至圆锥形，基部倒圆锥形平截，3~9 个隔膜，30~125 × 3.8~5.6 μm；脐明显加厚、暗。

防己 Cocculus trilobus（Thunb.）DC.：安徽六安（HMAS 42425，主模式）。

世界分布：中国。

讨论：戴芳澜（1936）研究了魏景超 1933 年采自甘肃的防己 *Cocculus trilobus*（Thunb.）DC. 上的标本（Wei, No. 878）并定名为防己尾孢 *Cercospora cocculi* Syd.（Ann. Crypt. Exot. 2: 264, 1929）。Sawada（1942）根据他 1911 年采自台湾台北的 *C. trilobus* 标本亦定名为防己尾孢 *C. cocculi* Sawada，但报道时未提供拉丁文简介，为无效名称。Chupp（1954）研究了来自中国台湾和日本的 *Cocculus trilobus* 和印度的 *C. villosus* DC. 标本，认为 *C. cocculi* Syd. 和 *C. cocculi* Sawada 都生在 *C. trilobus* 上，二者形态特征近似，于是把 *C. cocculi* Sawada 作为 *C. cocculi* Syd. 的异名处理。

Chupp（1954）研究了魏景超采自中国甘肃的 *C. trilobus* 标本，其形态特征与 *C. cocculi* Syd. 明显不同，便以魏景超采自中国甘肃的标本为模式报道了防己尾孢

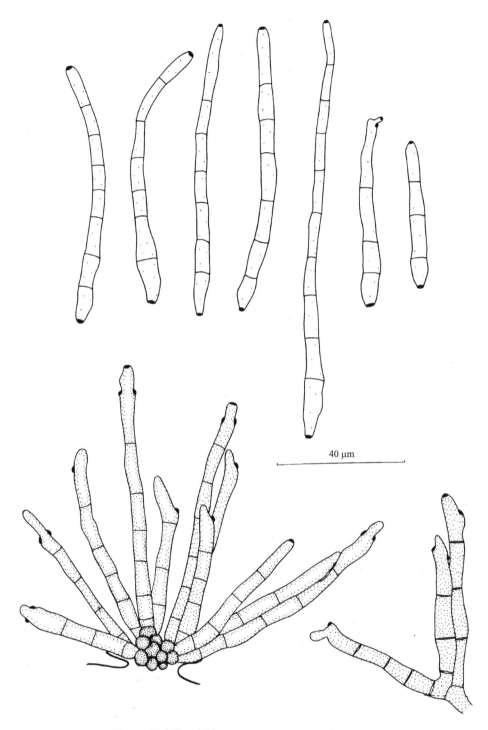

图86　日本防己钉孢 *Passalora cocculi-trilobi* Y.L.Guo

C. triloba Chupp（as 'trilobi'）新种，但在描述中并未提及孢痕疤是否明显及分生孢子是否链生。 Crous 和 Braun（2003）研究魏景超的 *C. trilobus* 标本后认为，该菌的孢痕疤不明显，分生孢子单生，是典型的假尾孢，因此将 *C. triloba* 组合为防己假尾孢 *Pseudocercospora triloba*（Chupp）U. Braun & Crous，并在讨论中指出，刘锡琎和郭英

兰（1982b）组合防己色链隔孢 *Phaeoramularia trilobi*（Chupp）X.J. Liu & Y.L. Guo 时，研究的标本 [采自中国安徽六安的 *C. trilobus*（Thunb.）DC. 标本] 是与之不同的另一种真菌。

刘锡琎和郭英兰（1982b）报道 *Phaeoramularia trilobi*（Chupp）X.J. Liu & Y.L. Guo 时没能研究魏景超采自甘肃的 *C. trilobus* 标本。在研究采自安徽的 *C. trilobus* 标本时，发现其形态特征与 Chupp 描述的 *C. trilobi* Chupp 近似，便把 *C. trilobi* Chupp 组合为 *Phaeoramularia trilobi*。而实际上我们研究的采自安徽 *C. trilobus* 标本上的真菌，孢痕疤明显加厚、暗；分生孢子链生，属典型的钉孢，与 *P. triloba*（Chupp）U. Braun & Crous 明显不同，故建立一新种。

寄生在木防己属 *Cocculus* sp. 和蝙蝠葛属 *Menispermum* sp. 等植物上的蝙蝠葛钉孢 *Passalora menispermi*（Ellis & Holw.）U. Braun & Crous（Crous and Braun, 2003）也具有无明显边缘的斑点和叶背面生的子实体，但具子座（直径达 40 μm）；分生孢子梗色泽浅（浅橄榄褐色），稍长而窄（10~135 × 3~4.5 μm）；分生孢子倒棍棒形，单生，稍短（30~80 × 4~6 μm），与本菌明显不同。

桑科 MORACEAE

桑科钉孢属分种检索表

1. 菌丝体内生和表生；分生孢子链生 ·· 2
   菌丝体内生；分生孢子单生，倒棍棒形、纺锤形，18~75.5 × 3.5~7.5 μm ····· 无花果钉孢 *P. bolleana*
2. 分生孢子梗浅褐色；分生孢子圆柱形至椭圆形，近无色至浅橄榄褐色，10~45 × 4~6 μm ············
   ·· 构树钉孢 *P. broussonetiae*
   分生孢子梗浅橄榄褐色；分生孢子倒棍棒形至圆柱形，浅橄榄色，15~70 × 5~9 μm ···················
   ·· 弯孢钉孢 *P. curvispora*

无花果钉孢 图 87

Passalora bolleana (Thüm.) U. Braun, Mycotaxon 55: 228, 1995.

Septosporium bolleanum Thüm., Oestrr. Bot. Zeitschr. 27: 12, 1877.

Cercospora bolleana (Thüm.) Speg., Michelia 1: 475, 1879; Saccardo, Syll. Fung. 4: 475, 1886; Ellis, More Dematiaceous Hyphomycetes: 277, 1976; Chupp, A Monograph of the Fungus Genus *Cercospora*: 392, 1954.

Cercosporidium bolleanum (Thüm.) X.J. Liu & Y.L. Guo, Acta Mycol. Sinica 1(2): 93, 1982.

Pseudocercospora bolleanum (Thüm.) Sivan., The Bitunicate Ascomycetes and their Anamorphs: 206, 1984.

Passalora bolleana (Thüm.) Poonam Srivast., J. Living World 1(2): 113, 1994, *nom. inval.*

Cercospora sycina Sacc., Mycotheca Veneta. 1564. 1881.

Mycosphaerella bolleana B.B. Higgins, Amer. J. Bot. 7: 443, 1920.

斑点生于叶的正背两面，近圆形、角状至不规则形，受叶脉所限，宽 0.2~7 mm，常多斑愈合，叶面斑点灰白色、红褐色至暗褐色，具浅黄褐色晕，叶背斑点红褐色至锈褐色。子实体生于叶背面。菌丝体内生。子座无或仅为几个褐色球形细胞，气孔下生。分生孢子梗单生或 2~12 根簇生，但多数为单生或 2~6 根一簇从气孔伸出，中度橄榄褐色、浅褐色至褐色，向顶色泽变浅，宽度不规则，通常向顶变窄，基部细胞较宽，直至弯曲，不分枝，光滑，近顶部稍呈屈膝状，顶部圆锥形，1~12 个隔膜，25~240 × 4~7 μm。孢痕疤小而明显、稍加厚、暗，坐落在圆锥形顶部及折点处，或平贴在分生孢子梗壁上，宽 1~2.5 μm。分生孢子倒棍棒形、纺锤形，近无色，浅橄榄色至橄榄色，光滑，直或弯曲，顶部钝圆至钝，基部倒圆锥形平截，1~7 个隔膜，多数 3~5 个隔膜，有时在隔膜处缢缩，18~75.5 × 3.5~7.5 μm；脐小、稍加厚而暗。

水同木 *Ficus fistulosa* Reinw. ex Blume：广东鼎湖山（79132）。

常绿榕 *Ficus septica* Burm. f.：台湾台北（05146）。

榕属 *Ficus* sp.：广东鼎湖山（79133）；四川（40603）。

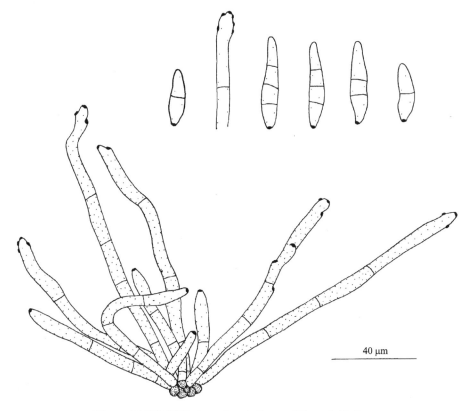

图 87　无花果钉孢 *Passalora bolleana*（Thüm.）U. Braun

世界分布：亚美尼亚，阿塞拜疆，巴西，保加利亚，中国，古巴，多米尼加，厄瓜多尔，萨尔瓦多，埃塞俄比亚，格鲁吉亚，伊朗，意大利，日本，韩国，马来西亚，墨西哥，摩洛哥，新西兰，葡萄牙，罗马尼亚，南非，西班牙，苏丹，英国，美国，乌克兰，委内瑞拉，津巴布韦。

讨论：本种在四川的 *Ficus* sp.（HMAS 40603）上，斑点小（直径 0.2~2 mm）；分生孢子梗色泽浅（中度橄榄褐色），短而宽（23~126 × 4.3~7 μm）；分生孢子色泽较深（橄榄色至橄榄褐色），有纺锤形孢子，而寄生在 *F. fistulosa* 和 *F. septica* 上则斑点大（直径 2~7 mm）；分生孢子梗单生或 2~6 根簇生，色泽深（浅褐色至褐色），长达 240 μm；分生孢子色泽浅（近无色至浅橄榄色），稍窄（3~6.5 μm）。

Passalora bolleana 的孢痕疤和分生孢子基脐有时加厚而暗，有时稍加厚而暗，或几乎不加厚，因此 Sivanesan（1984）把 *Septosporium bolleanum* Thüm. 组合为无花果假尾孢 *Pseudocercospora bolleanum*（Thüm.）Sivan.。

虽然 Srivastava（1994）报道了无花果钉孢 *Passalora bolleana*（de Thum.）Poonam Srivast.，但他在文中没有指出该种的基原异名及其文献，故为无效名称。

寄生在榕属 *Ficus* sp.（*Urostigma*）植物上的 *Passalora urostigmatis*（Henn.）Crous & M.P.S. Câmara（1998）也具有叶背面生的子实体和宽的分生孢子梗（10~40 × 4.5~7 μm），与本菌的区别在于其分生孢子梗短；分生孢子圆柱形至纺锤形，无色，短而窄（15~35 × 4~5.5 μm）。

构树钉孢　图 88

Passalora broussonetiae (Goh & W.H. Hsieh) U. Braun & Crous, *in* Crous & Braun, *Mycosphaerella* and its Anamorphs: I. Names Published in *Cercospora* and *Passalora*: 442, 2003.

Mycovellosiella broussonetiae Goh & W.H. Hsieh, Bot. Bull. Acad. Sinica 30(2): 119, 1989; Hsieh & Goh, *Cercospora* and Similar Fungi from Taiwan: 231, 1990.

斑点生于叶的正背两面，点状、角状至不规则形，无明显边缘，宽 0.5~2 mm，常多斑愈合，叶面斑点暗褐色至黑褐色，具浅黄褐色晕，叶背斑点浅褐色至灰褐色。子实体生于叶背面。初生菌丝体内生；次生菌丝体表生；菌丝从气孔伸出，近无色，分枝，光滑，具隔膜，宽 1.5~3 μm，在产生分生孢子梗的部分呈褐色，宽达 5 μm，有时形成菌丝绳。无子座。分生孢子梗顶生或作为侧生分枝单生于表生菌丝上，浅褐色，色泽均匀，宽度不规则，直或稍弯曲，分枝，光滑，近顶部稍呈屈膝状，顶部圆至圆锥形，0~2 个隔膜，3~25 × 2~7 μm。孢痕疤小而明显加厚、暗，宽 0.7~1.5 μm。分生孢子圆柱形至椭圆形，近无色至浅橄榄褐色，光滑，链生并具分枝的链，直或稍弯曲，顶部宽圆至圆锥形，基部倒圆锥形，0~3 个隔膜，多数 0~2 个隔膜，10~45 × 4~6 μm；脐小、明显加厚而暗。

构树 *Broussonetia papyrifera*（L.）L. Herif. ex Vent.：台湾南投（NCHUPP-139，*Mycovellosiella broussonetiae* Goh & W.H. Hsieh 的主模式，HMAS 79028，等模式）。

世界分布：中国。

讨论：寄生在构树属 *Broussonetia* sp. 植物上的构树尾孢 *Cercospora broussonetiae* Chupp & Linder（1937）和构树生尾孢 *C. broussoneticola* Y.L. Guo & L. Xu（2002）与本种近似，都具有暗褐色、角状至不规则形的斑点，区别在于前者孢痕疤不明显、不变暗，已组合为构树假尾孢 *Pseudocercospora broussonetiae*（Chupp & Linder）X.J. Liu & Y.L. Guo（1989）；后者分生孢子单生，无色，针形，为典型的尾孢。

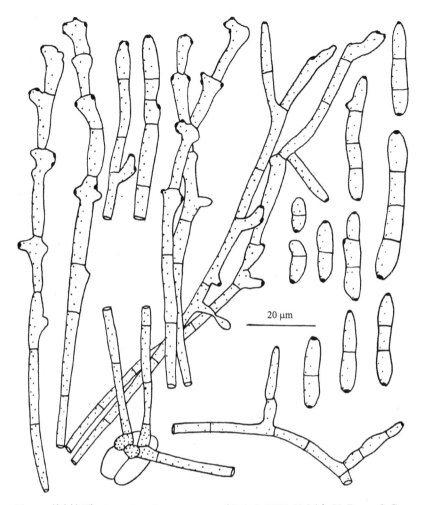

图 88　构树钉孢 *Passalora broussonetiae*（Goh & W.H. Hsieh）U. Braun & Crous

弯孢钉孢　图 89

Passalora curvispora (Goh & W. H. Hsieh) U. Braun & Crous, *in* Crous & Braun,
　　Mycosphaerella and its Anamorphs: I. Names Published in *Cercospora* and *Passalora*:
　　450, 2003.

Mycovellosiella curvispora Goh & W. H. Hsieh, Bot. Bull. Acad. Sinica 30(2): 120, 1989;
　　Hsieh & Goh, *Cercospora* and Similar Fungi from Taiwan: 232, 1990.

斑点生于叶的正背两面，点状、角状、近圆形至不规则形，宽 1~12 mm，叶面斑点黄褐色至暗褐色，具浅黄褐色晕，叶背斑点黄褐色至褐色。子实体生于叶背面。初生菌丝体内生；次生菌丝体表生；菌丝从气孔伸出，近无色至浅橄榄褐色，分枝，光滑，具隔膜，宽 3~5 μm，攀缘叶毛。无子座。分生孢子梗顶生或作为侧生分枝单生在表生菌丝上，浅橄榄褐色，色泽均匀，宽度不规则，直至弯曲，分枝，光滑，近顶部屈膝状，顶部圆锥形，0~1 个隔膜，4~45 × 4~5（~6.5）μm。孢痕疤明显加厚、暗，宽 2~3 μm。分生孢子棍棒形至圆柱形，浅橄榄色，光滑，链生并具分枝的链，直至非常弯曲，呈钩状，"V"字形或"S"形，顶部宽圆至圆锥形，基部倒圆锥形，1~6 个隔膜，在隔膜处缢缩，15~70 × 5~9 μm；脐明显加厚而暗。

小构树 Broussonetia kazinoki Sieb. & Zucc.：台湾南投（NCHUPP-33, *Mycovellosiella curvispora* Goh & W.H. Hsieh 的主模式，HMAS 79030，等模式）。

世界分布：中国。

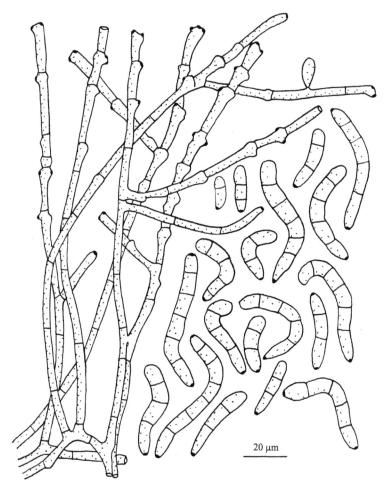

图 89　弯孢钉孢 *Passalora curvispora*（Goh & W.H. Hsieh）U. Braun & Crous

讨论：寄生在构树 *Broussonetia papyrifera*（L.）L. Herif. ex Vent. 上的构树钉孢 *P. broussonetiae*（Goh & W.H. Hsieh）U. Braun & Crous（Crous and Braun, 2003）也具有短的分生孢子梗（3~25 × 2~7 μm）和分生孢子（10~45 × 4~6 μm），与本菌的区别在于其分生孢子圆柱形至椭圆形，色泽稍深（近无色至浅橄榄褐色），直或稍弯曲，窄。

柳叶菜科 ONAGRACEAE

柳兰钉孢　图 90

Passalora montana (Speg.) U. Braun & Crous, *in* Crous & Braun, *Mycosphaerella* and its Anamorphs: I. Names Published in *Cercospora* and *Passalora*: 280, 2003.

Ramularia montana Speg., Decades Mycol. Ital., 7-12: No. 104, 1879, and Michelia 2: 169, 1880.

Cercospora montana (Speg.) Sacc., Fungi Ital. Del., Tab. 968, 1881.

Cercospora Montana (Speg.) Sacc., Syll. Fung. 4: 453, 1886.

Phaeoramularia Montana (Speg.) Y.L. Guo & X.J. Liu, *in* Guo, Anon., Fungi and Lichens of Shennongjia: 362, 1989, and Mycotaxon 61: 19, 1997, also *in* Anon., Fungi of Xiaowutai Mountains in Hebei Province: 17, 1997.

Passalora montana var. *ramosa* U. Braun, *in* Crous & Braun, *Mycosphaerella* and its Anamorphs: I. Names Published in *Cercospora* and *Passalora* : 461, 2003.

斑点叶两面生，近圆形、角状至不规则形，无明显边缘，其扩展受叶脉所限，直径 8~10 mm，常多斑愈合，叶面斑点初期浅绿色至黄褐色，后期斑点中央浅黄褐色、褐色至暗褐色，边缘紫红色至暗褐色，具浅黄褐色晕，或整个斑点呈暗褐色至灰褐色，叶背斑点黄褐色，灰褐色至褐色。子实体生于叶背面。菌丝体内生。子座无或小，气孔下生，浅褐色。分生孢子梗单生，2~10 根稀疏簇生或多根紧密簇生，橄榄褐色至浅褐色，色泽均匀，宽度不规则，向顶变窄，分枝，直至弯曲，3~15 个屈膝状折点，顶部圆锥形平截，0~3 个隔膜，10~100 × 3~5 μm。孢痕疤明显加厚、暗，宽 1.7~2 μm，坐落在圆锥形顶部，折点处或平贴在分生孢子梗壁上。分生孢子圆柱形至倒棍棒形，近无色至浅橄榄色，链生并具分枝的链，光滑，直或稍弯曲，顶部钝至圆锥形平截，基部倒圆锥形平截，1~3 个隔膜，多数 1 个隔膜，10~50 × 3~4（~5）μm；脐明显加厚、暗。

柳兰 *Chamaenerion angustifolium*（L.）Scop.（无毛柳叶菜 *Epilobium angustifolium* L.）：黑龙江呼玛（81549）；内蒙古加格达旗（81550）；河北小五台山（65921）；湖北神农架大龙潭（54531），小龙潭（54532），小九湖（54533），大神农架（54534）；青海乐都（79142）；陕西镇平（71397）。

世界分布：亚美尼亚，奥地利，阿塞拜疆，亚速尔群岛，加拿大，中国，捷克，丹麦，爱沙尼亚，芬兰，法国，德国，大不列颠岛，格鲁吉亚，意大利，日本，哈萨克斯坦，吉尔吉斯斯坦，拉脱维亚，立陶宛，荷兰，波兰，罗马尼亚，俄罗斯（亚洲和欧洲部分），斯洛文尼亚，瑞典，瑞士，土库曼斯坦，乌克兰，美国。

讨论：Saccardo（1886）把寄生在 *Chamaenerion angustifolium* 上的柳兰柱隔孢 *Ramularia montana* Speg.（Decades Mycol. Ital., 7-12: No. 104, 1879）组合成柳兰尾孢 *Cercospora montana*（Speg.）Sacc.，描述其斑点角状，常布满整个叶片，灰色至褐色；分生孢子梗浅橄榄色，上部 1~3 个屈膝状折点，无隔膜，20~25 × 2~3 μm；分生孢子圆柱形，无色，0~1 个隔膜， 20~50 × 4~5 μm。在中国标本上的形态特征与 Saccardo 描述的 *C. montana* 非常相似，仅分生孢子梗较长而宽，因其分生孢子链生，Guo 和 Liu（郭英兰，1989）把 *C. montana* 组合为柳兰色链隔孢属 *Phaeoramularia montana*（Speg.）Y.L. Guo & X.J. Liu。

Braun（1992）将寄生在德国 *Epilobium montanum* L. 上的点状梭链孢 *Fusidium puntiforme* Schledl. [Bot. Z. 10: 617, 1857, ≡ *Ramularia punctiformis*（Schltdl.）Höhn., Ann. Mycol. 6: 214, 1908] 组合为点状色链隔孢 *Phaeoramularia punctiformis*（Schltdl.）U. Braun，描述斑点圆形、角状至不规则形；子实体叶两面生；分生孢子梗初期无色，

后期橄榄色至浅褐色，5~50×2.5~6 μm；分生孢子链生，椭圆-卵圆形、近圆柱-纺锤形至圆柱形，初期无色，后期浅黄色至浅橄榄色，光滑至粗糙，0~3（~4）个隔膜，10~40（~50）×（2~）3~6（~8）μm。

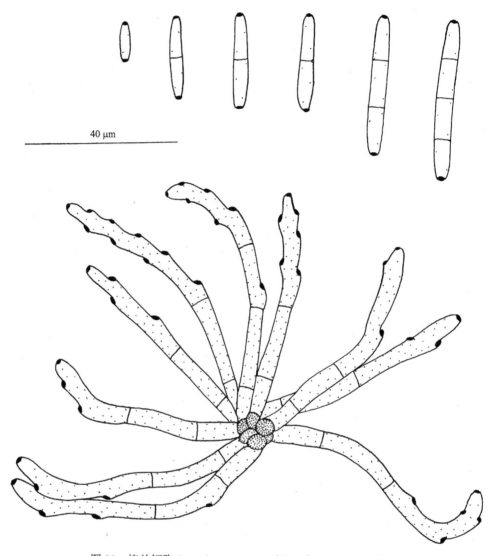

40 μm

图90　柳兰钉孢 *Passalora montana*（Speg.）U. Braun & Crous

Crous 和 Braun（2003）组合 *Passalora montana*（Speg.）U. Braun & Crous 时，把 *Phaeoramularia montana* 和 *Phaeoramularia punctiformis* 均作为 *P. montana*（Speg.）U. Braun & Crous 的异名处理。但因 *Phaeoramularia punctiformis* 的分生孢子较 *Phaeoramularia montana* 的宽，且后期光滑至粗糙，在 Index Fungorum 2020 中，*Phaeoramularia punctiformis*（Schltdl.）U. Braun 仍为现用名称。

罂粟科 PAPAVERACEAE

罂粟钉孢 图 91

Passalora papaveris (F.Y. Zhai, Y.L. Guo & Y. Li) F.Y. Zhai, Y.L. Guo & Y. Li, *in* Zhai,
  Guo, Liu & Li, Mycotaxon 116: 447, 2011.

Phaeoramularia papaveris F.Y. Zhai, Y.L. Guo & Y. Li, Mycotaxon 98: 233, 2006b.

斑点叶两面生，圆形或椭圆形，在叶子边缘呈半圆形，直径 1~6 mm，有时多斑愈合，叶面斑点中部灰褐色至褐色，边缘暗褐色，有时具黄色晕，叶背斑点色泽较浅。子实体生于叶的正背两面。菌丝体内生。子座气孔下生，小至发育良好，近球形，浅褐色，直径 18~45 μm。分生孢子梗从气孔伸出，稀疏或紧密簇生在子座上，浅橄榄色至橄榄褐色，成群时呈浅褐色，向顶色泽变浅，宽度不规则，常向顶变狭，光滑，不分枝，直至稍弯曲，0~5 个屈膝状折点，顶部圆锥形平截，0~4 个隔膜，15~60 × 2~5 μm。孢痕疤明显加厚、暗，宽 1~1.5 μm。分生孢子倒棍棒-圆柱形至圆柱形，近无色至浅橄榄色，链生并且常具分枝的链，光滑，直至稍弯曲，顶部圆锥形平截，基部倒圆锥形平截，0~4 个隔膜，偶尔在隔膜处缢缩，10~45 × 2.5~5 μm；脐明显加厚、暗。

野罂粟 *Papaver nudicaule* L.：内蒙古阿尔山（HMAS 143915，罂粟色链隔孢 *Phaeoramularia papaveris* F.Y. Zhai, Y.L. Guo & Y. Li 的主模式，HMJAU 30002，等模式）。

世界分布：中国。

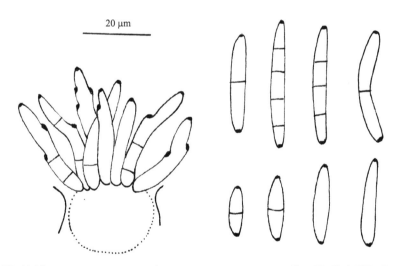

图 91　罂粟钉孢 *Passalora papaveris*（F.Y. Zhai, Y.L. Guo & Y. Li）F.Y. Zhai, Y.L. Guo & Y. Li

讨论：寄生在罂粟 *Papaver somniferum* Linn. 上的罂粟尾孢 *Cercospora papaveri* Nakata（Chosen No-Kai Ho 13: 33, 1918）和生在加拿大血根草 *Sanguinaria canadensis* L. 上的血根草尾孢 *C. sanguinariae* Peck（New York State Mus. Nat. Hist. Ann. Rept. 33: 29, 1880）与本种的区别在于前者分生孢子梗（暗褐色，60~92 × 5~9 μm）和分生孢子（黄褐色，50~115 × 5~9 μm）均色泽深且长而宽；后者分生孢子梗色泽深且长（中度暗褐色，20~150 × 4~5.5 μm），分生孢子单生，无色至近无色，稍长而宽（中度暗褐色，20~

$75 \times 3.5 \sim 6 \ \mu m$）。

寄生在委内瑞拉肖博落回 *Bocconia frutescens* L.上的肖博落回钉孢 *Passalora bocconiae*（Chupp）U. Braun & Crous（2002）与本菌的区别在于其子实体生于叶面；分生孢子梗色泽较浅（浅至非常浅的橄榄色），长而稍窄（$40 \sim 125 \times 2 \sim 4 \ \mu m$）；分生孢子倒棍棒-圆柱形，无色，稍长（$20 \sim 70 \times 3 \sim 5 \ \mu m$）。

蓼科 POLYGONACEAE

蓄蓄钉孢　图 92

Passalora avicularis (G. Winter) Crous, U. Braun & M.J. Morris, South African J. Bot. 60: 329, 1994; Crous & Braun, *Mycosphaerella* and its Anamorphs: I. Names Published in *Cercospora* and *Passalora*: 73, 2003.

Cercospora avicularis G. Winter, J. Mycol. 1: 125, 1885, and Hedwigia 24: 202, 1885; Chupp, A Monograph of the Fungus Genus *Cercospora*: 447, 1954.

Pseudocercospora avicularis (G. Winter) N. Khan & S. Shamsi, Bangladesh J. Bot. 12: 108, 1983；Guo & Hsieh, The Genus *Pseudocercospora* in China: 253, 1995.

斑点生于叶的正背两面，圆形至不规则形，在叶边缘呈半圆形，直径 $1 \sim 3$ mm，常多斑愈合，叶面斑点浅红褐色至红褐色，边缘围以暗紫褐色至近黑色细线圈，叶背斑点色泽较浅。子实体叶两面生。菌丝体内生。子座气孔下生，球形，浅褐色至褐色，直径 $15 \sim 45 \ \mu m$。分生孢子梗紧密簇生，橄榄色至浅橄榄褐色，色泽均匀，宽度不规则，通常基部较宽，光滑，不分枝，直至稍弯曲，上部稍呈屈膝状，顶部圆至圆锥形，$0 \sim 1$ 个隔膜，多数无隔膜，$5 \sim 24 \times 4 \sim 5 \ \mu m$。孢痕疤明显加厚、暗，宽 $1.3 \sim 2 \ \mu m$。分生孢子倒棍棒形至倒棍棒-圆柱形，橄榄褐色，光滑，直至弯曲，顶部钝，基部倒圆锥形平截，$3 \sim 7$ 个隔膜，$25 \sim 55$（~ 75）$\times 3 \sim 5 \ \mu m$；脐加厚而暗。

蓄蓄 *Polygonum aviculare* L.：吉林长春（HMJAU 35032，35040），延吉（245708）。

世界分布：阿塞拜疆，孟加拉国，保加利亚，加拿大，中国，格鲁吉亚，印度，吉尔吉斯斯坦，韩国，立陶宛，罗马尼亚，俄罗斯（欧洲部分），索马里，南非，美国，委内瑞拉。

讨论：Winter 和 Demetrio（1885）报道的蓄蓄尾孢 *Cercospora avicularis* G. Winter，Chupp（1954）收录在他的 *A Monograph of the Fungus Genus Cercospora*（尾孢属专著）内，描述斑点圆形至不规则形，红褐色；子实体叶两面生；分生孢子梗紧密簇生，近无色至浅橄榄褐色，$0 \sim 1$ 个隔膜，$10 \sim 65 \times 3 \sim 4 \ \mu m$，孢痕疤不明显；分生孢子倒棍棒形至倒棍棒-圆柱形，浅橄榄色，$30 \sim 75 \times 3 \sim 5 \ \mu m$。因在描述中指出其孢痕疤不明显，故 Khan 和 Shamsi（Bangladesh J. Bot. 12: 108, 1983）依据印度的标本把 *C. avicularis* 组合为蓄蓄假尾孢 *Pseudocercospora avicularis*（G. Winter）N. Khan & S. Shamsi。Guo 和 Hsieh（1995）、刘锡琎和郭英兰（1998）依据在中国黑龙江标本上的孢痕疤不明显、不加厚的特征亦把寄生在 *P. aviculare* L.上的真菌鉴定为 *P. avicularis*（G. Winter）Khan & S. Shamsi。

Crous 和 Braun（1994）研究 *C. avicularis* 的模式标本后发现，其孢痕疤明显加厚而暗，符合钉孢属的特征，因此将 *C. avicularis* 组合为萹蓄钉孢 *Passalora avicularis*（G. Winter）Crous, U. Braun & M.J. Morris。作者研究采自吉林的标本，其形态特征与 *C. avicularis* 的原始描述非常相似，仅分生孢子梗较短，分生孢子的色泽较深。

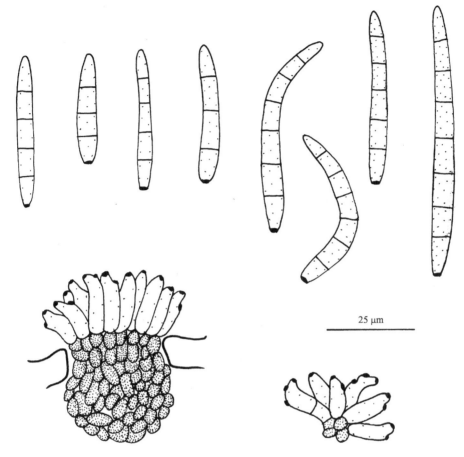

25 μm

图 92　萹蓄钉孢 *Passalora avicularis*（G. Winter）Crous, U. Braun & M.J. Morris

毛茛科 RANUNCULACEAE

毛茛科钉孢属分种检索表

1. 菌丝体内生；分生孢子链生 ·· 2
　 菌丝体内生和表生；分生孢子单生 ··· 3
2. 无子座；分生孢子梗橄榄褐色，25~90 × 4~7.8 μm；分生孢子圆柱形，浅橄榄褐色至橄榄褐色，20~ 57 × 2.5~5 μm ·· 升麻钉孢 *P. cimicifugae*
　 子座直径 18~80 μm；分生孢子梗橄榄色至中度橄榄褐色，25~70 × 2.5~5 μm；分生孢子椭圆形至圆柱形，橄榄色至中度橄榄褐色，12~37 × 3.5~8 μm ································ 翠雀钉孢 *P. delphinii*
3. 子实体叶背面生；无子座；分生孢子梗浅橄榄色，22~50 × 4~6.5 μm；分生孢子倒棍棒形，近无色，30~65（~88）× 3~4.5 μm ··· 铁线莲生钉孢 *P. clematidina*
　 子实体叶两面生；子座直径 10~47 μm；分生孢子梗橄榄色至橄榄褐色，6.5~32.5 × 3~4.7 μm；分生孢子圆柱形、圆柱-倒棍棒形至窄倒棍棒形，浅橄榄色，25~115 × 2.5~4 μm ……………………
……………………………………………………………………木通钉孢 *P. squalidula*

升麻钉孢　图 93

Passalora cimicifugae (F.Y. Zhai, Y.L. Guo & Y. Li) F.Y. Zhai, Y.L. Guo & Y. Li, Sydowia
63(2): 284, 2011.

Phaeoramularia cimicifugae F.Y. Zhai, Y.L. Guo & Y. Li, Mycotaxon 106: 203, 2008.

斑点生于叶的正背两面，点状、圆形至不规则形，直径 3~10 mm，有时多斑愈合，叶面斑点黑褐色，中部黄褐色，具黄色至黄褐色晕，叶背斑点色泽较浅。子实体叶两面生。菌丝体内生。子座无或小。分生孢子梗从气孔伸出，稀疏或紧密簇生，橄榄褐色，顶部色泽较浅，宽度规则或不规则，有时向上变狭，光滑，分枝，直至弯曲，0~7 个屈膝状折点，顶部圆锥形平截至平截，0~3 个隔膜，25~90 × 4~7.8 μm。孢痕疤明显加厚、暗，宽 2~3 μm。分生孢子圆柱形，浅橄榄褐色至橄榄褐色，链生，光滑，直或稍弯曲，顶部圆锥形平截，基部倒圆锥形平截，1~5 个隔膜，多数 1~3 个隔膜，20~57 × 2.5~5 μm；脐明显加厚、暗。

兴安升麻 *Cimicifuga dahurica*（Turcz.）Maxim.：内蒙古小兴安岭（HMAS 143916，*Phaeoramularia cimicifugae* F.Y. Zhai, Y.L. Guo & Y. Li 的主模式，HMJAU 30004，等模式，143917）。

世界分布：中国。

讨论：寄生在类叶升麻属 *Actaea* sp. 和升麻属 *Cimicifuga* sp. 植物上的类叶升麻钉孢 *Passalora actaeae*（Ellis & Holw.）U. Braun & Crous（Crous and Braun, 2003）与本菌的区别在于其有子座（直径 10~40 μm）；分生孢子梗无色，短而窄（5~30 × 2~4.5 μm）；分生孢子椭圆-卵圆形、近圆柱形、纺锤形，无色，稍短（8~35 × 2~5.5 μm）。

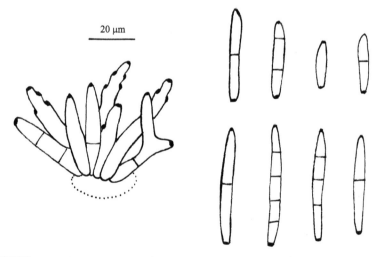

20 μm

图 93　升麻钉孢 *Passalora cimicifugae*（F.Y. Zhai, Y.L. Guo & Y. Li）F.Y. Zhai, Y.L. Guo & Y. Li

铁线莲生钉孢　图 94

Passalora clematidina U. Braun & Crous, *in* Crous & Braun, *Mycosphaerella* and its

Anamorphs: I. Names Published in *Cercospora* and *Passalora*: 448, 2003.

Mycovellosiella clematidis Y.L. Guo, Mycotaxon 76: 367, 2000, non *Passalora clematidis* (S.K. Singh & R.K. Chaudhary) U. Braun & Crous, 2003.

斑点生于叶的正背两面，角状至不规则形，宽 1~4 mm，常多斑愈合，叶面斑点深褐色至近黑色，具浅黄色至浅黄褐色晕，叶背斑点浅灰褐色至灰黑色，具浅灰褐色晕。子实体叶背面生。初生菌丝体内生；次生菌丝体表生：菌丝从气孔伸出，近无色，分枝，光滑，具隔膜，宽 2~2.5 μm。子座无或小，气孔下生，疏丝组织，橄榄褐色。分生孢子梗从气孔伸出，稀疏簇生，顶生或作为侧生分枝单生于表生菌丝上，浅橄榄色，色泽均匀，宽度不规则，向上变狭，稀少分枝，光滑，直至稍弯曲，0~2 个屈膝状折点，顶部钝圆至圆锥形，0~2 个隔膜，有时在隔膜处缢缩，22~50 × 4~6.5 μm。孢痕疤明显加厚、暗，宽 2~2.5 μm。分生孢子单生，倒棍棒形，近无色，光滑，直至弯曲，顶部钝，基部倒圆锥形平截，3~7 个隔膜，30~65（~88）× 3~4.5 μm；脐加厚而暗。

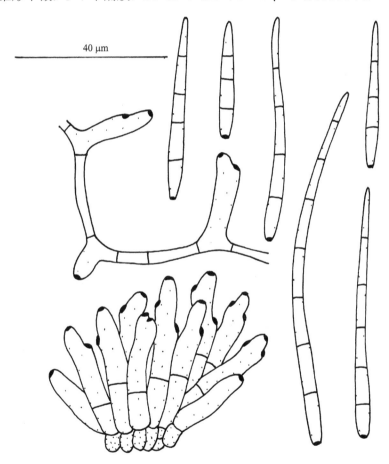

40 μm

图 94　铁线莲生钉孢 *Passalora clematidina* U. Braun & Crous

铁线莲属 *Clematis* sp.：云南丽江（HMAS 80313，*Mycovellosiella clematidis* Y.L. Guo 的主模式）。

世界分布：中国。

讨论：铁线莲菌绒孢 *Mycovellosiella clematidis* Y.L. Guo 组合到钉孢属后，与 Crous

和 Braun（2003）组合的铁线莲钉孢 *Passalora clematidis*（S.K. Singh & R.K. Chaudhary）U. Braun & Crous 同名，而二者形态特征不同，故 Crous 和 Braun（2003）建立了铁线莲生钉孢 *Passalora clematidina* U. Braun & Crous 新名称。

木通钉孢 *Passalora squalidula*（Peck）U. Braun（Braun and Mel'nik, 1997）也寄生在铁线莲属 *Clematis* sp. 植物上，与本种的区别在于其子实体叶两面生；具子座（直径 15.0~40.0 μm）；分生孢子梗稍窄（15.0~65.0 × 3.0~5.0 μm）；分生孢子色泽稍深（近无色至浅橄榄色），长而稍宽（15.0~120.0 × 4.0~5.0 μm）。

寄生在印度尼西亚铁线莲属 *Clematis* sp. 植物上的铁线莲尾孢 *C. clematidis* Boedijn（1961）与本菌非常相似，都具有几乎黑色的斑点，小子座和主要生在叶背面的子实体，但区别在于其无表生菌丝；分生孢子梗色泽深（褐色），长而窄（21.0~94.0 × 3.0~4.0 μm）；分生孢子针形，无色，稍窄（48.0~84.0 × 2.5~3.5 μm）。

翠雀钉孢　图 95

Passalora delphinii (F.Y. Zhai, Y.L. Guo & Y. Li) F.Y. Zhai, Y.L. Guo & Y. Li, *in* Zhai, Guo, Liu, Li, Sydowia 63(2): 284, 2011.

Phaeoramularia delphinii F.Y. Zhai, Y.L. Guo & Y. Li, Mycotaxon 100: 189, 2007.

斑点叶两面生，椭圆形、近圆形至不规则形，直径 3~10 mm，最初为不规则形灰黑色褪色斑块，后期叶面斑点中部橄榄色至黄褐色，边缘暗褐色，具浅黄褐色至暗褐色晕，叶背斑点色泽较浅。子实体生于叶的正背两面。菌丝体内生。子座发育良好，气孔下生，近球形，黄褐色，直径 20~80 μm。分生孢子梗从气孔伸出或稀疏至紧密簇生（大的孢梗簇多达 80 根）在子座上，橄榄色至中度橄榄褐色，成堆时橄榄褐色，向顶色泽变浅，宽度规则或不规则，有时向上变狭，光滑，不分枝，直至稍弯曲，1~4 个屈膝状折点，顶部圆锥形平截至平截，0~1 个隔膜，25~70 × 2.5~5 μm。孢痕疤明显加厚、暗，宽 1.5~2.5 μm。分生孢子椭圆形至圆柱形，橄榄色至中度橄榄褐色，链生并常具分枝的链，光滑，直，顶部圆锥形平截，基部倒圆锥形平截，0~3 个隔膜（多数 0~1 个隔膜），有时在隔膜处缢缩，12~37 × 3.5~8 μm；脐加厚而暗。

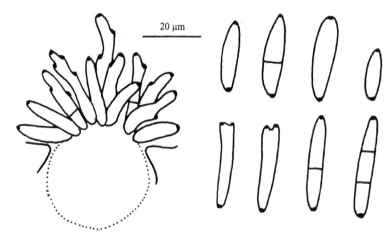

20 μm

图 95　翠雀钉孢 *Passalora delphinii*（F.Y. Zhai, Y.L. Guo & Y. Li）F.Y. Zhai, Y.L. Guo & Y. Li

翠雀属 *Delphinium* sp.：内蒙古阿尔山（HMAS 143918，*Phaeoramularia delphinii* F.Y. Zhai, Y.L. Guo & Y. Li 的主模式，HMJAU 30003，等模式）。

世界分布：中国。

讨论：寄生在 *Delphinium* sp. 植物上的翠雀尾孢 *Cercospora delphinii* de Thuemen（Hedwigia 21: 157, 1882）也具有圆形斑点，大子座（直径 30~100 μm）和明显加厚而暗的孢痕疤，但其分生孢子梗（10~40 × 2.5~3.5 μm）和分生孢子（8~30 × 2.5~5 μm）无色，短而窄，与本种明显不同。

寄生在大西洋扁果草 *Isopyrum biternatum*（Raf.）Torr. & Gray 上的梅罗氏钉孢 *Passalora merrowii*（Ellis & Everh.）U. Braun（1999a）也具有短而窄、偶尔链生的分生孢子，但其无斑点；子实体生于叶背面，扩散型；分生孢子梗宽（20~60 × 4~7 μm）；分生孢子圆柱-倒棍棒形至圆柱形，色泽稍浅（近无色至浅橄榄褐色），稍长而窄（20~60 × 4~7 μm）。

木通钉孢 图 96

Passalora squalidula (Peck) U. Braun, *in* Braun & Mel'nik, Cercosporoid Fungi from Russia and Adjacent Countries: 95, 1997; Crous & Braun, *Mycosphaerella* and its Anamorphs: I. Names Published in *Cercospora* and *Passalora*: 385, 2003.

Cercospora squalidula Peck, Rep. New York State Mus. Nat. Hist. 33: 29, 1880; Saccardo, Syll. Fung. 4: 431, 1886; Chupp, A Monograph of the Fungus Genus *Cercospora*: 464, 1954.

Pseudocercospora squalidula (Peck) Y.L. Guo & X.J. Liu, Guo, *in* Anon., Fungi and Lichens of Shennongjia: 366, 1989; Guo & Hsieh, The Genus *Psaudocercospora* in China: 260, 1995.

斑点生于叶的正背两面，近圆形、角状至不规则形，直径 1~6 mm，有时多斑愈合，叶面斑点暗褐色至近黑色，具黄色、浅褐色至灰褐色晕，多斑愈合的大斑常具有宽而扩散型的灰褐色至浅灰黑色晕，叶背斑点灰褐色、褐色至深褐色。子实体叶两面生，主要生于叶背面。初生菌丝体内生；次生菌丝体表生：菌丝从气孔伸出或从分生孢子梗顶端直接形成，近无色，分枝，具隔膜，宽 1~2.5 μm。子座无或小，气孔下生，近球形，橄榄褐色至暗褐色，直径 10~47 μm。分生孢子梗 2~8 根从气孔伸出，顶生或作为侧生分枝单生于表生菌丝上至多根紧密簇生在子座上，橄榄色至橄榄褐色，色泽均匀，宽度不规则，直或弯曲，不分枝，光滑，0~1 个屈膝状折点，顶部钝圆至圆锥形，0~3 个隔膜，有时在隔膜处缢缩，6.5~32.5 × 3~4.7 μm。孢痕疤小而明显加厚、暗，宽 1~2 μm。分生孢子单生，圆柱形、倒棍棒-圆柱形至窄倒棍棒形，浅橄榄色，光滑，直至弯曲，顶部尖细至钝，基部倒圆锥形平截至近平截，3~11 个隔膜，欠明显，25~115 × 2.5~4 μm；脐小、加厚而暗。

铁脚威灵仙 *Clematis chinensis* Osbeck.：广东广州（60018）。

绿木通 *Clematis gratopsis* W.T. Wang：湖北神农架（54536，54537，54538）。

圆锥铁线莲 *Clematis paniculata* Thunb.：山西永济（58987）。

铁线莲属 *Clematis* sp.：云南文山（60020）。

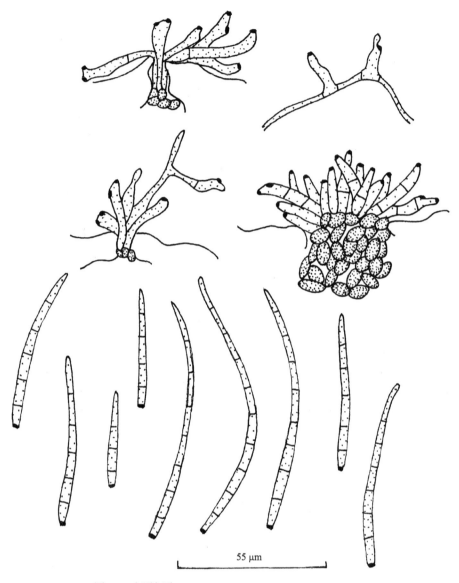

55 μm

图 96　木通钉孢 *Passalora squalidula*（Peck）U. Braun

世界分布：加拿大，中国，埃塞俄比亚，格鲁吉亚，印度，俄罗斯（欧洲部分），乌克兰，美国。

讨论：郭英兰和刘锡琎（郭英兰，1989）在研究神农架地区的假尾孢属真菌时，寄生在 *Clematis chinensis*、*C. Gratopsis*、*C. paniculata* 和 *Clematis* sp. 植物上的真菌，其形态特征与 Peck（N. Y. State Mus. Nat. Hist. Ann. Rept. 33: 29, 1880）描述的木通尾孢 *Cercospora squalidula* Peck（子座直径 15~40 μm；分生孢子梗 15~65 × 3~5 μm；分生孢子 15~120 × 4~5 μm）非常相似，在没有研究 *C. squalidula* 的模式标本，并且忽略了 Peck 描述该菌在分生孢子梗顶部具有小孢痕疤的特征的情况下，将 *C. squalidula* 组合为木通假尾孢 *Pseudocercospora squalidula*（Peck）Y.L. Guo & X.J. Liu。Braun（Braun and Mel'nik, 1997）研究 *C. squalidula* 的模式标本后把 *C. squalidula* 组合为木通钉孢

Passalora squalidula（Peck）U. Braun。

经重新研究中国的标本，发现 *C. squalidula* 的孢痕疤虽然小，但明显加厚而暗，且形态特征符合 *P. squalidula*（Peck）U. Braun，因此予以订正。

蔷薇科 ROSACEAE

蔷薇科钉孢属分种检索表

1. 菌丝体内生；有子座 ·· 2
   菌丝体内生和表生 ··· 3
2. 子实体叶两面生，主要生于叶背面；分生孢子梗橄榄褐色，9~55 × 3~5（~6.5）μm；分生孢子圆柱形至倒棍棒形，近无色至浅橄榄色，15~43 × 2~4（~4.8）μm ····················· 李钉孢 *P. pruni*
   子实体叶两面生，主要生在叶面；分生孢子梗中度灰褐色，15~86.5 × 3~4 μm；分生孢子圆柱形，近无色，8.5~30 × 2~3.5 μm ··· 草莓钉孢 *P. vexans*
3. 无子座 ··· 4
   有子座；分生孢子梗浅橄榄色至橄榄褐色，10~45（~82）× 4.5~6 μm；分生孢子圆柱形，近无色，15~75（~100）× 3~5（~7.5）μm ································· 喜梨钉孢 *P. pyrophilia*
4. 菌丝体内生和表生；分生孢子梗浅褐色至中度褐色，15~125 × 4~6.5 μm；分生孢子圆柱形至倒棍棒形，链生，近无色至非常浅的橄榄色，20~60 × 3~4.5 μm ·············· 蔷薇生钉孢 *P. rosigena*
   分生孢子梗近无色至浅橄榄褐色，15~80 × 4~6.5 μm；分生孢子圆柱形，近无色，30~75 × 3~6 μm
   ··· 白面子钉孢 *P. ariae*

白面子钉孢　图 97

Passalora ariae (Fuckel) U. Braun & Crous, *in* Crous & Braun, *Mycosphaerella* and its Anamorphs: I. Names Published in *Cercospora* and *Passalora*: 65, 2003.

Cercospora ariae Fuckel, Jahrb. Nassauischen Vereins. Naturk. 23-24: 103, 1869; Saccardo, Syll. Fung. 4: 460, 1886; Chupp, A Monograph of the Fungus Genus *Cercospora*: 471, 1954.

Mycovellosiella ariae (Fuckel) U. Braun, Nova Hedwigia 50(3-4): 518, 1990; Guo, Mycosystema 6: 94, 1993; Braun & Mel'nik, Cercosporoid Fungi from Russia and Adjacent Countries: 40, 1997; Shin & Kim, *Cercospora* and Allied Genera from Korea: 113, 2001.

Cercospora kriegeriana Bres., Hedwigia 31: 41, 1892.

Ramularia sorbi Karak., *in* Vassiljevsky & Karakulin, Fungi Imperfecti Parasitici I. Hyphomycetes: 139, 1937.

斑点生于叶的正背两面，圆形至不规则形，直径 2~8 mm，具 1~3 条轮纹圈，常多斑愈合，叶面斑点黄褐色至红褐色，或中央灰白色，边缘围以褐色至暗褐色细线圈，具浅黄色至黄褐色晕，叶背斑点黄褐色至褐色。子实体生于叶背面。初生菌丝体内生；次生菌丝体表生：菌丝从气孔伸出，近无色至浅橄榄色，分枝，具隔膜，宽 2~3 μm。子座无或仅为少数褐色球形细胞。分生孢子梗单根或 2~12 根从气孔伸出，稀疏簇生、顶生或作为侧生分枝单生于表生菌丝上，近无色至浅橄榄褐色，色泽均匀或向顶变浅，宽度不规则，直或弯曲，分枝，光滑，屈膝状，顶部圆锥形至圆锥形平截，0~4 个隔膜，有时在隔膜处缢缩，15~80 × 4~6.5 μm。孢痕疤明显加厚、暗，宽 1.5 ~2.5 μm。分生孢子圆柱形，近无色，链生并具分枝的链，光滑，直或弯曲，顶部圆锥形至圆锥形平截，基部倒圆锥形平截，1~7 个隔膜，多数 3~5 个隔膜，30~75 × 3~6 μm；脐明显加厚、暗。

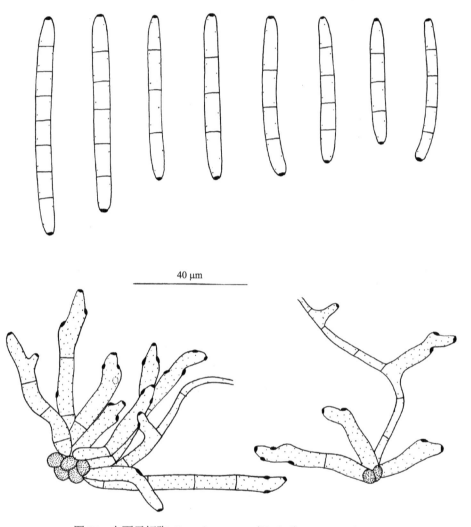

40 μm

图 97　白面子钉孢 *Passalora ariae*（Fuckel）U. Braun & Crous

山荆子 *Malus baccata*（L.）Barkh.：河北小五台山南台（65911）。

李属 *Prunus* sp.：吉林敦化（82168）。

世界分布：中国，德国，韩国，罗马尼亚，俄罗斯（欧洲部分），美国，委内瑞拉。

讨论：白面子尾孢 *Cercospora ariae* Fuckel（ Jahrb. Nassau. Ver. F. Naturk. 23~24: 103, 1869）原报道自白面子树 *Sorbus aria* Crantz 上，分生孢子梗 10~75 × 3~5 μm；分生孢子圆柱形，20~50 × 3~5.5 μm。本菌在中国 *Malus baccata* 和 *Prunus* sp. 植物上的形态特征与在 *S. aria* 上非常相似，仅分生孢子较长。

寄生在 *Rubus imperialus* Cham. & Schlecht. 上的门罗斯钉孢 *Passalora monrosii*（Munt.-Cvetk.）U. Braun & Crous（Crous and Braun, 2003）和生于梨属 *Pyrus* sp. 植物

上的喜梨钉孢 *P. pyrophila* U. Braun & Crous（Crous and Braun, 2003）与本菌相似，但区别在于前者分生孢子梗（10~30 × 3~5 μm）和分生孢子（8~40 × 3~6 μm）均短；后者分生孢子宽（3.2~7.5 μm）。

李钉孢 图 98

Passalora pruni (Y.L. Guo & X.J. Liu) U. Braun & Crous, *in* Crous & Braun, *Mycosphaerella* and its Anamorphs: I. Names Published in *Cercospora* and *Passalora*: 466, 2003.

Phaeoramularia pruni Y.L. Guo & X.J. Liu, Acta Mycol. Sinica 6: 226, 1987; Guo, *in* Anon., Fungi and Lichens of Shennongjia: 363, 1989, also *in* Mycotaxon 61: 20, 1997.

斑点生于叶的正背两面，圆形，直径 1~4 mm，叶面斑点初期为紫褐色小点，后期黄褐色至褐色，边缘紫色，具浅黄褐色晕，叶背斑点浅黄褐色至灰褐色。子实体叶两面生，主要生在叶背面。菌丝体内生。子座气孔下生，近球形，浅褐色至褐色，直径 15~40 μm。分生孢子梗少数根稀疏簇生至多根紧密簇生，橄榄褐色，色泽均匀，宽度不规则，向顶变窄，直或弯曲，分枝，光滑，1~7 个屈膝状折点，顶部圆至圆锥形，0~2 个隔膜，9~55 × 3~5（~6.5）μm。孢痕疤明显加厚、暗，宽 1.7~2 μm。分生孢子圆柱形至倒棍棒形，近无色至浅橄榄色，光滑，链生并具分枝的链，直或稍弯曲，顶部圆至圆锥形平截，基部倒圆锥形平截，0~3 个隔膜，15~43 × 2~4（~4.8）μm；脐加厚而暗。

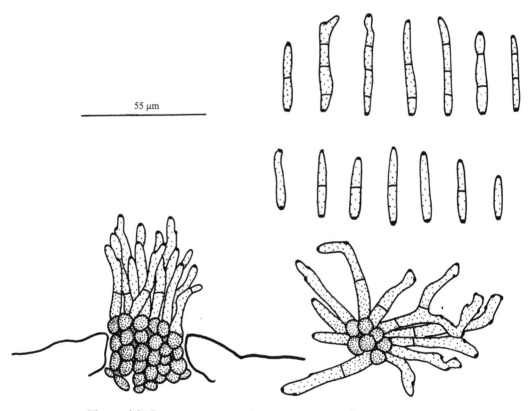

55 μm

图 98 李钉孢 *Passalora pruni*（Y.L. Guo & X.J. Liu）U. Braun & Crous

犬樱 *Prunus buergeriana* Miq.：四川大巴山（71398）。

李属 *Prunus* sp.：湖北神农架千家坪（HMAS 50588，*Phaeoramularia pruni* Y.L. Guo & X.J. Liu 的主模式）；四川巫溪（71399）。

世界分布：中国。

讨论：寄生在李属 *Prunus* sp. 植物上的红色钉孢 *Passalora rubrotincta*（Ellis & Everh.）Braun（1995b）与本菌近似，但其子实体主要生于叶面；分生孢子梗稍窄（8~55 × 2~4.5 μm）；分生孢子单生，稍宽（20~55 × 2~5.5 μm），已恢复红色尾孢 *Cercospora rubrotincta* Ellis & Everh. 之名称。

生在李属 *Prunus* sp. 多种植物上的核果钉孢 *Passalora circumscissa*（Sacc.）U. Braun 与本种非常相似，区别在于其分生孢子单生，长（30~115 × 2.5~5 μm）。

喜梨钉孢　图 99

Passalora pyrophila U. Braun & Crous, *in* Crous & Braun, *Mycosphaerella* and its Anamorphs: I. Names Published in *Cercospora* and *Passalora*: 467, 2003.

Mycovellosiella pyricola X.R. Chen, Y.L. Guo & S.L. Zhang, Mycosystema 19(3): 307, 2000, non *Passalora pyricola* (S.K. Singh & R.K. Chaudhary) U. Braun & Crous, 2003.

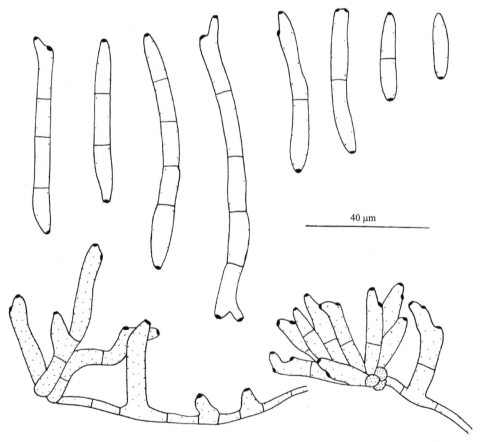

40 μm

图 99　喜梨钉孢 *Passalora pyrophila* U. Braun & Crous

斑点生于叶的正背两面，点状、近圆形至不规则形，直径 0.5~8 mm，常多斑愈合，有时受叶脉所限，叶面斑点中央浅灰白色至浅褐色，边缘围以暗褐色至近黑色细线圈，或全斑呈褐色至暗褐色，具浅黄绿色晕，叶背斑点中度褐色。子实体生于叶背面。初生菌丝体内生；次生菌丝体表生：菌丝从气孔伸出或由分生孢子萌发产生，近无色，浅橄榄色至浅橄榄褐色，分枝，光滑，具隔膜，宽 2~3.5（~5）µm。子座气孔下生，近球形，橄榄褐色至浅褐色，直径达 35 µm。分生孢子梗少数根从气孔伸出，多根稀疏簇生在小子座上，顶生或作为侧生分枝单生于表生菌丝上，近无色，浅橄榄色至橄榄褐色，色泽均匀，宽度不规则，直或弯曲，光滑，分枝，1~5 个屈膝状折点，顶部圆至圆锥形，0~3 个隔膜，10~45（~82）× 4.5~6 µm。孢痕疤明显加厚、暗，宽 1.5~2.5 µm。分生孢子圆柱形，近无色，光滑，链生并具分枝的链，直或稍弯曲，顶部圆锥形，基部倒圆锥形平截，0~3（~5）个隔膜，有时在隔膜处缢缩，15~75（~100）× 3~5（~7.5）µm；脐明显加厚、暗。

西洋梨 *Pyrus communis* L.：甘肃禾政（77866）。

梨属 *Pyrus* sp.：甘肃兰州（77858），天水（77859），临夏（HMAS 77132，*Mycovellosiella pyricola* X.R. Chen, Y.L. Guo & S.L. Zhang 的主模式，77860，77861，77862），禾政（77863，77864，77865）。

世界分布：中国。

讨论：梨生菌绒孢 *Mycovellosiella pyricola* X.R. Chen, Y.L. Guo & S.L. Zhang（2000）组合为梨生钉孢将与梨生钉孢 *Passalora pyricola*（S.K. Singh & R.K. Chaudhary）U. Braun & Crous（Crous and Braun, 2003）同名，但二者形态特征不同，因此 Crous 和 Braun（2003）建立了喜梨钉孢 *Passalora pyrophila* U. Braun & Crous 新名称。

Crous 和 Braun（2003）把寄生在尼泊尔西洋梨 *Pyrus communis* L. 上的梨生色链隔孢 *Phaeoramularia pyricola* S.K. Singh & R.K.Chaudhary（1995）组合为梨生钉孢 *P. pyricola*（S.K. Singh & R.K. Chaudhary）U. Braun & Crous，把寄生在尼泊尔川梨（棠梨刺）*Pyrus pashia* Bush.-Ham. ex D. Don 上的 *Phaeoramularia pyrigena* S.K. Singh & R.K. Chaudhary（1996）组合为 *Passalora pyrigena*（S.K. Singh & R.K. Chaudhary）U. Braun & Crous。这两个菌与本种相似，都具有叶背生的子实体和圆柱形、链生的分生孢子，区别在于这两个菌均不产生表生菌丝，并且 *P. pyricola* 的分生孢子梗色泽稍深（浅橄榄色至浅褐色），分生孢子 0~5 个隔膜，稍短而窄（15~64 × 2.5~5 µm）；*P. pyrigena* 的分生孢子梗色泽稍深（橄榄色至浅褐色），分生孢子色泽深（浅橄榄褐色），0~2 个隔膜，短而窄（10~31 × 1.5~4 µm）。

蔷薇生钉孢 图 100

Passalora rosigena U. Braun & Crous, *in* Crous & Braun, *Mycosphaerella* and its Anamorphs: I. Names Published in *Cercospora* and *Passalora*: 468, 2003.

Mycovellosiella rosae Y.L. Guo & X.J. Liu, *in* Guo, Acta Mycol. Sinica Suppl. 1: 336, 1986, non *Passalora rosae* (Fuckel) U. Braun, 1995; Liu & Guo, Mycosystema 1: 59, 1988; Guo, *in* Anon., Fungi and Lichens of Shennongjia: 358, 1989.

斑点生于叶的正背两面，圆形至近圆形，直径 0.3~3 mm，常几个斑点愈合成不规则形斑块，叶面斑点中央灰白色至红褐色，边缘暗红褐色，叶背斑点浅红褐色。子实体生于叶背面。初生菌丝体内生；次生菌丝体表生：菌丝近无色，分枝，光滑，具隔膜，宽 2~3 μm，常形成菌丝绳并攀缘叶毛。无子座。分生孢子梗顶生或作为侧生分枝单生于表生菌丝上，浅褐色至中度褐色，向顶色泽变浅，宽度不规则，直或稍弯曲，分枝，光滑，0~1 个屈膝状折点，顶部圆至圆锥形，1~7 个隔膜，15~125 × 4~6.5 μm。孢痕疤明显加厚、暗，宽 1.7~2 μm。分生孢子圆柱形至倒棍棒形，近无色至非常浅的橄榄色，光滑，链生并具分枝的链，直或稍弯曲，顶部圆至圆锥形平截，基部倒圆锥形平截，1~5 个隔膜，大多数 1~3 个隔膜，20~60 × 3~4.5 μm；脐加厚、暗。

多花蔷薇 *Rosa multiflora* Thunb.：湖北神农架大九湖（HMAS 47811，*Mycovellosiella rosae* Y.L. Guo & X.J. Liu 的主模式）。

世界分布：中国。

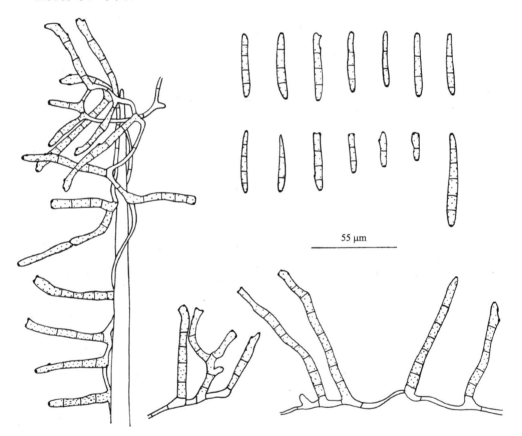

图 100　蔷薇生钉孢 *Passalora rosigena* U. Braun & Crous

讨论：蔷薇菌绒孢 *Mycovellosiella rosae* Y.L. Guo & X.J. Liu（1986a）组合到钉孢属后将与蔷薇钉孢 *Passalora rosae*（Fuckel）U. Braun（1995b）同名，因此 Crous 和 Braun（2003）建立了蔷薇生钉孢 *Passalora rosigena* U. Braun & Crous 新名称。

寄生在蔷薇属 *Rosa* sp. 植物上的蔷薇钉孢 *P. rosae*（Fuckel）U. Braun（1995b）和蔷薇生蔷薇球壳 *Rosisphaerella rosicola*（Pass.）U. Braun, C. Nakash., Videira & Crous（Videira *et al.*, 2017）与本种的区别在于前者具大子座（直径达 70 μm），分生孢子梗

紧密簇生，短而窄（5~40 × 2~4 μm），分生孢子无色至近无色，通常 1 个隔膜；后者子实体主要生于叶面；分生孢子梗长（20~195 × 4.5~6.5 μm）；分生孢子倒棍棒形，单生，色泽深（浅至中度橄榄色）。

草莓钉孢 图 101

Passalora vexans (C. Massal.) U. Braun & Crous, *in* Crous & Braun, *Mycosphaerella* and its
    Anamorphs: I. Names Published in *Cercospora* and *Passalora*: 420, 2003.

Cercospora vexans C. Massal., Ann. Mycol. 4: 494, 1906; Chupp, A Monograph of the
    Fungus Genus *Cercospora*: 490, 1954.

Cercosporina vexans (C. Massal.) Moesz., Magyar Biol. Kutatóint. Munkái 3: 115, 1930.

Phaeoramularia vexans (C. Massal.) Y.L. Guo, Mycosystema 8-9: 93, 1995-1996.

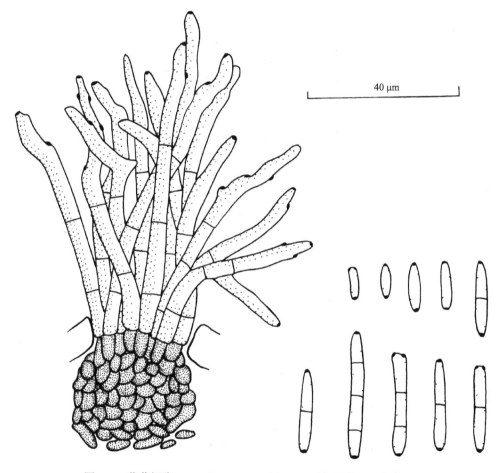

40 μm

图 101 草莓钉孢 *Passalora vexans*（C. Massal.）U. Braun & Crous

    斑点叶两面生，圆形至不规则形，宽 1~5 mm，常多斑愈合，叶面斑点褐色或中央白色、灰白色至浅黄褐色，边缘褐色至红褐色，具黄褐色至红色晕，叶背斑点不明显或浅黄褐色至灰褐色。子实体生于叶的正背两面，但主要生在叶面。菌丝体内生。子座气孔下生，近球形，暗褐色，直径 20~40（~50）μm。分生孢子梗稀疏至紧密簇生，中度灰褐色，向顶色泽变浅，宽度不规则，常向顶变窄，直或稍弯曲，不分枝，光滑，稀少具屈膝状折点，顶部圆至圆锥形，0~3 个隔膜，15~86.5 × 3~4 μm。孢痕疤小而明显加厚、暗，宽 1.5~2 μm。分生孢子圆柱形，稀少倒棍棒形，近无色，光滑，链生并具分枝的链，直或稍弯曲，顶部圆锥形，基部倒圆锥形平截，0~3 个隔膜，多数 0~1 个隔膜，8.5~30 × 2~3.5 μm；脐小、明显加厚而暗。

东方草莓 *Fragaria orientalis* Lozink.：黑龙江呼玛（81552）。

草莓属 *Fragaria* sp.：陕西佛坪（71016）。

委陵菜属 *Potentilla* sp.：山西镇平（79147）。

世界分布：中国，格鲁吉亚，匈牙利，印度尼西亚，意大利，马拉维，马来西亚，巴布亚新几内亚，波兰，俄罗斯，多哥，美国，委内瑞拉。

讨论：Massalogo（Ann. Mycol. 4: 494, 1906）报道自意大利欧洲草莓 *Fragaria vesca* L. 上的草莓尾孢 *Cercospora vexans* C. Massal.，分生孢子梗 25~130 × 3.5~5 μm；分生孢子 15~40 × 1.5~3 μm。在中国标本上的分生孢子梗短而稍窄。

寄生在草莓属 *Fragaria* sp. 植物上的 *Cercospora fragariae* Lobik（Bolezni Rast. 17: 195, 1928）具有圆形、中央白色的斑点，叶两面生的子实体和子座，与本种近似，区别在于其分生孢子梗长而宽 [25~150（~250）× 3.5~5 μm]；分生孢子单生，针形至倒棍棒形，长而宽（25~125 × 2.5~6 μm）。

芸香科 RUTACEAE

黄皮树生钉孢　图 102

Passalora phellodendricola (F.X. Chao & P.K. Chi) U. Braun & Crous, *in* Crous & Braun, *Mycosphaerella* and its Anamorphs: I. Names Published in *Cercospora* and *Passalora*: 319, 2003.

Cercospora phellodendricola F.X. Chao & P.K. Chi, *in* Chi, Flora Fungal Diseases of Cultivated Medicinal Plants in Guangdong Province: 101, 1994.

斑点叶两面生，近圆形、角状至不规则形，直径 2~8 mm，叶面斑点中部灰褐色至暗褐色，边缘黄褐色至暗褐色，具浅黄色至浅橄榄褐色晕，生灰色子实体霉层，叶背面斑点浅至中度橄榄褐色。子实体叶两面生，主要生于叶面。菌丝体内生。子座气孔下生，扁球形，黄褐色至暗褐色，直径 30~70 μm。分生孢子梗稀疏至紧密簇生在子座上，橄榄褐色，向顶色泽变浅，直或稍弯曲，不分枝，光滑，0~1 个屈膝状折点，顶部圆至圆锥形，0~1 个隔膜，10~20 × 4~6 μm。孢痕疤明显加厚、暗，宽 2~3 μm。分生孢子单生，圆柱形至倒棍棒形，近无色至浅橄榄色，光滑，直至弯曲，顶部钝，基部倒圆锥形平截，3~6 个隔膜，多数 3 个隔膜，25~60 × 2.5~4.5 μm；脐明显加厚、暗。

黄皮树 *Phellodendron chinense* Schneid.：广东曲江（Chao 008，*Cercospora phellodendricola* F.X. Chao & P.K. Chi 的主模式，HMAS 246864）。

世界分布：中国。

讨论：Crous 和 Braun（2003）根据黄皮树生尾孢 *C. phellodendricola* 具有大子座，短而宽的分生孢子梗，明显加厚的产孢孔和近无色至浅橄榄色的分生孢子的特征，认为符合钉孢属的特征，将其组合为黄皮树生钉孢 *Passalora phellodendricola*（F.X. Chao & P.K. Chi）U. Braun & Crous。

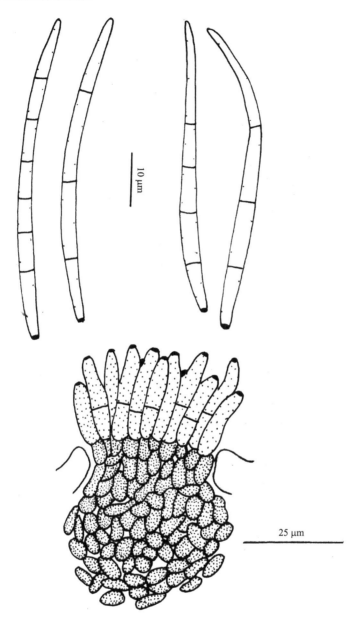

图 102 黄皮树生钉孢 *Passalora phellodendricola*（F.X. Chao & P.K. Chi）U.Braun & Crous

寄生在黄檗（黄菠萝）*Phellodendron amurense* Rupr. 上的黄檗尾孢 *C. phellodendri* P. K. Chi & C. K. Pai（1965）与本菌的区别在于其分生孢子针形、无色，为真正的尾孢。

花椒钉孢 图 103

Passalora zanthoxyli (Y.L. Guo & Z.M. Cao) U. Braun & Crous, *in* Crous & Braun, *Mycosphaerella* and its Anamorphs: I. Names Published in *Cercospora* and *Passalora*:

475, 2003.

Mycovellosiella zanthoxyli Y.L. Guo & Z.M. Cao, Mycosystema 7: 129, 1994.

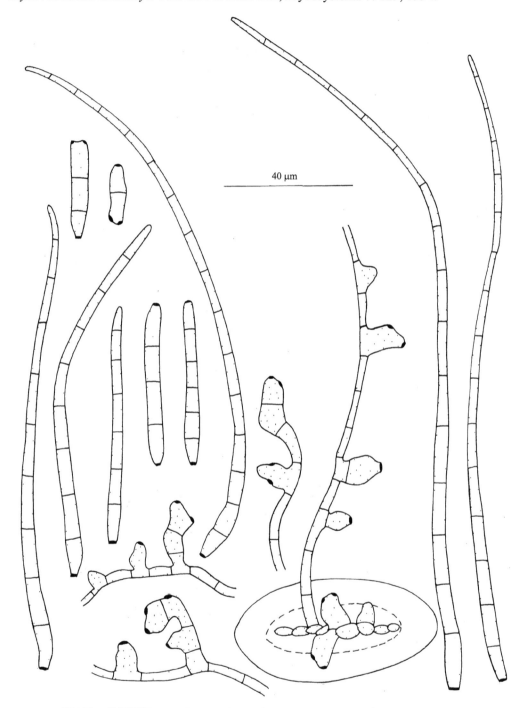

40 μm

图 103　花椒钉孢 *Passalora zanthoxyli*（Y.L. Guo & Z.M. Cao）U. Braun & Crous

　　叶面斑点角状至不规则形，宽 2~7 mm，受叶脉所限，常多斑愈合，初期仅为浅黄色至黄色褐色，后期浅黄褐色至红褐色，叶背无明显斑点，仅为不规则形的浅橄榄色至浅橄榄褐色块。子实体生于叶背面，扩散型。初生菌丝体内生；次生菌丝体表生：菌丝从气孔伸出或由分生孢子萌发产生，浅橄榄色，分枝，光滑，具隔膜，宽 2~3.5 µm。无子座。分生孢子梗少数根从气孔伸出、顶生或作为侧生分枝单生于表生菌丝上，初期浅橄榄色，后期橄榄色至浅橄榄褐色，色泽均匀，宽度不规则，直或稍弯曲，分枝，光滑，0~1 个屈膝状折点，顶部圆至圆锥形，0~3 个隔膜，5~26 × 5.4~8.7 µm。孢痕疤明显加厚、暗，宽 2~3 µm。分生孢子窄倒棍棒形至圆柱形，浅橄榄色，光滑，长孢子单生，短孢子链生并具分枝的链，直至弯曲，顶部近尖细、钝至圆锥形平截，基部倒圆锥形平截至近平截，短孢子 1~3 个隔膜，长孢子 5 至多个隔膜，17~240 × 4~6 µm；脐加厚而暗。

花椒 *Zanthoxylum bungeanum* Maxim.：陕西凤县（HMAS 67261，*Mycovellosiella zanthoxyli* Y.L. Guo & Z.M. Cao 的主模式）。

世界分布：中国。

讨论：生于乌干达花椒属 *Fragaria* sp. 植物上的花椒钉孢 *Passalora fagarina*（Chupp）Crous & U. Braun 无斑点；子实体叶背面生，扩散型；无子座，与本菌近似，区别在于其分生孢子梗色泽浅（橄榄色），长而窄（100~250 × 5 µm）；分生孢子倒棍棒形，橄榄色，短而宽（40~100 × 6~8 µm）。

寄生在花椒属 *Zanthoxylum* sp.（*Fragaria* sp.）植物上的花椒尾孢 *C. zanthoxyli* Cooke（1883）与本菌近似，都具有不规则形的斑点；叶背面生、扩散型的子实体；短的分生孢子梗；倒棍棒形至圆柱形的分生孢子，区别在于其分生孢子梗窄（10~30 × 3~4 µm）；孢痕疤不明显、不变暗；分生孢子短而窄（20~75 × 3~4 µm），已被转到假尾孢属，即花椒假尾孢 *Pseudocercospora zanthoxyli*（Cooke）Y.L. Guo & X.J. Liu（1991）。

杨柳科 SALICACEAE

柳钉孢　图 104

Passalora salicis (Deighton, R.A.B. Verma & S.S. Prasad) U. Braun & Crous, *in* Crous & Braun, *Mycosphaerella* and its Anamorphs: I. Names Published in *Cercospora* and *Passalora*: 469, 2003.

Mycovellosiella salicis Deighton, R.A.B. Verma & S.S. Prasad, Mycol. Pap. 137: 61, 1974; Guo, Mycotaxon 61: 18, 1997.

斑点生于叶正背两面，近圆形至不规则形，无明显边缘，宽 0.5~8 mm，常多斑愈合，叶面斑点初期仅为浅黄色褪色，后期浅褐色、红褐色至暗褐色，具黄色至浅黄褐色晕，叶背斑点浅灰褐色、灰褐色至浅褐色。子实体生于叶背面。初生菌丝体内生；次生菌丝体表生：菌丝从气孔伸出，浅橄榄色，分枝，光滑，具隔膜，宽 2~2.5 µm。无子座。分生孢子梗 3~8 根从气孔伸出、顶生或作为侧生分枝单生于表生菌丝上，橄榄色至浅橄榄褐色，色泽均匀，宽度不规则，直或弯曲，分枝，光滑，0~3 个屈膝状折点，顶部圆至圆锥形，0~2 个隔膜，4~45 × 3~5 µm。孢痕疤明显加厚、暗，宽 1~2 µm。分生孢子倒棍棒形至圆柱形，近无色至橄榄色，光滑，链生，直或弯曲，顶部钝至圆锥形，基部倒圆锥形平截，1~5 个隔膜，15~75 × 2~4（~5）µm；脐明显加厚、暗。

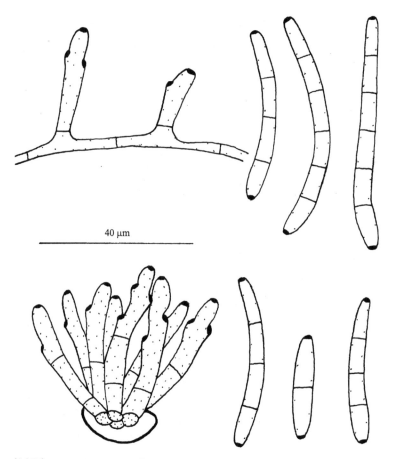

图 104　柳钉孢 *Passalora salicis*（Deighton, R.A.B. Verma & S.S. Prasad）U. Braun & Crous

旱柳 *Salix mastudana* Koidz.：山西永济（82277）。

柳属 *Salix* sp.：辽宁抚顺（82170）；陕西镇平（71390）。

世界分布：中国，印度。

讨论：寄生在柳属 *Salix* sp. 植物上的柳生尾孢 *Cercospora salicina* Ellis & Everh.（1887）和柳尾孢 *C. salicis* Chupp & H.C. Greene（The Amer. Miclland Naturalist 41: 757, 1949）与本菌相似，都具有不规则形、褐色至红褐色的斑点；倒棍棒形至圆柱形、浅橄榄色的分生孢子，区别在于前者孢痕疤不明显、不变暗，Deighton（1976）已将其转到假尾孢属，即柳生假尾孢 *Pseudocercospora salicina*（Ellis & Everh.）Deighton；后者分生孢子具疣，已组合为柳扎氏疣丝孢 *Zasmidium salicis*（Chupp & H.C. Greene）Kamal & U. Braun（Kamal 2010）。

无患子科 SAPINDACEAE

泽田钉孢　图 105

Passalora sawadae (S.C. Jong & E.F. Morris) U. Braun & Crous, *in* Crous & Braun, *Mycosphaerella* and its Anamorphs: I. Names Published in *Cercospora* and *Passalora*:

469, 2003.

Phaeoisariopsis sawadae S.C. Jong & E.F. Morris, Mycopathol. Mycol. Appl. 34: 267, 1968.

Isariopsis sapindi Sawada, Rep. Agric. Res. Inst. Taiwan 32: 249, 1943, *nom. inval.*

Phaeoisariopsis sapindi Sawada ex U. Braun, Cryptog. Bot. 3: 240, 1993, *nom. inval.*

斑点散生，角状，中央灰白色，周围黄褐色，宽 1.5~5 mm，后期多斑愈合，宽达 10 mm。分生孢子梗束状，孢梗束暗色，高达 520 μm，近基部宽达 80 μm；单根分生孢子梗褐色，向顶色泽变浅，屈膝状，130~520 × 5~7.5 μm。孢痕疤明显加厚而暗。分生孢子倒棍棒-圆柱形，无色至近无色，顶部钝，基部倒圆锥形平截，1~10 个隔膜，35~145 × 5~8 μm；脐明显加厚而暗。

无患子（木患子、油患子、苦患树）*Sapindus mukorossi* Gaertn.（*S. abuptus* Lour.）：台湾新竹 NTU-PPE，主模式。

世界分布：中国。

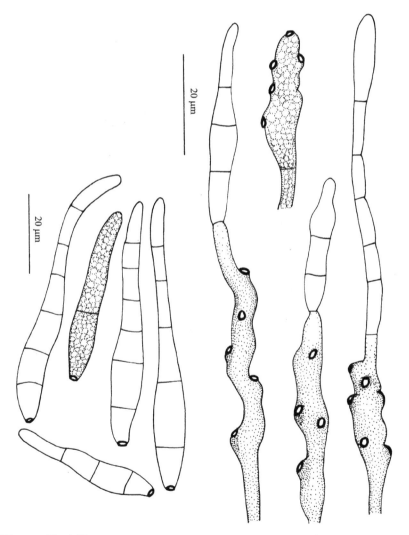

图 105　泽田钉孢 *Passalora sawadae*（S.C. Jong & E.F. Morris）U. Braun & Crous

讨论：Sawada 1931 年 5 月 11 日采自台湾嘉义 *Spindus mukorossi* Gaertn. 上的真菌，于 1943 年定名为无患子拟棒束孢 *Isariopsis sapindi* Sawada，并提供了描述和绘图：斑点角状，黄绿色，宽 2~4 mm，多斑愈合宽达 10 mm。分生孢子梗 60~100 根紧密成束，225~300 × 62~75 μm；单根分生孢子梗黄褐色，屈膝状，多隔膜，顶部宽 5~7.5 μm。分生孢子倒棍棒-圆柱形，无色，4~7 个隔膜，顶部圆，基部平截，75~145 × 7.5~8.7 μm。

Sawada（1944）又依据他 1913 年 3 月 20 日采自台湾新竹和铃木立治 1908 年 10 月 22 日采自台湾高雄的 *Sapindus mukorossi* 标本，再次描述了 *I. sapindi*：斑点散生，角状，中央灰白色，周围黄褐色，宽 1.5~5 mm，后期多斑愈合。分生孢子梗紧密成束，孢梗束暗色，78~155 × 80~115 μm；单根分生孢子梗橄榄褐色，屈膝状，多隔膜，78~155 × 5~8 μm。分生孢子倒棍棒-圆柱形，无色，直，顶部圆，基部稍窄至平截，2~9 个隔膜，44~94 × 6~8 μm。

因 Sawada（1943）报道 *I. sapindi* 时未提供拉丁文简介，为无效名称，Jong 和 Morris（1968）以 Sawada 1913 年 3 月 20 日采自台湾新竹的 *S. mukorossi* 为模式标本报道了泽田色拟棒束孢 *Phaeoisariopsis sawadae* S.C. Jong & E.F. Morris 新种，Crous 和 Braun（2003）将其组合为泽田兼吉钉孢 *Passalora sawadae*（S.C. Jong & E.F. Morris）U. Braun & Crous。

无标本供研究，描述是 Sawada 及 Jong 和 Morris 的综合，图来自 Jong 和 Morris（1968）。

虎耳草科 SAXIFRAGACEAE

山梅花钉孢　图 106

Passalora philadelphi (Y.L. Guo) U. Braun & Crous, *in* Crous & Braun, *Mycosphaerella* and its Anamorphs: I. Names Published in *Cercospora* and *Passalora*: 465, 2003.

Mycovellosiella philadelphi Y.L. Guo, Mycotaxon 61: 16, 1997.

斑点生于叶的正背两面，圆形至角状，宽 0.5~1 mm，常多个小斑点相互愈合形成近圆形的大斑，直径达 10 mm，叶面斑点灰白色，边缘围以暗褐色细线圈，具浅黄褐色晕，叶背斑点浅灰褐色。子实体生于叶背面，扩散型。初生菌丝体内生；次生菌丝体表生：菌丝从气孔伸出，浅橄榄色，分枝，光滑，具隔膜，宽 2~4 μm，常攀缘叶毛。无子座。分生孢子梗 3~5 根从气孔伸出、顶生或作为侧生分枝单生于表生菌丝上，橄榄色至浅橄榄褐色，产孢部分色泽较深并且较宽，宽达 6 μm，直或稍弯曲，分枝，光滑，0~2 个屈膝状折点，顶部圆锥形，0~2 个隔膜，4~40 × 3~6 μm。孢痕疤明显加厚、暗，宽 1~1.5 μm。分生孢子倒棍棒形至圆柱形，近无色至橄榄色，光滑，链生并具分枝的链，直或稍弯曲，顶部钝至圆锥形，基部倒圆锥形平截，0~3 个隔膜，有时在隔膜处缢缩，17~85 × 3~6 μm；脐加厚而暗。

山梅花 *Philadelphus incanus* Koehne：四川巫溪（71388，HMAS 71389，*Mycovellosiella philadelphi* Y.L. Guo 的主模式）。

世界分布：中国。

讨论：寄生在欧洲山梅花 *Philadelphus coronarius* L. 上的角斑尾孢 *Cercospora angulata* Winter（1885）虽然也具有圆形至角状的斑点，但分生孢子针形，无色，为真尾孢。

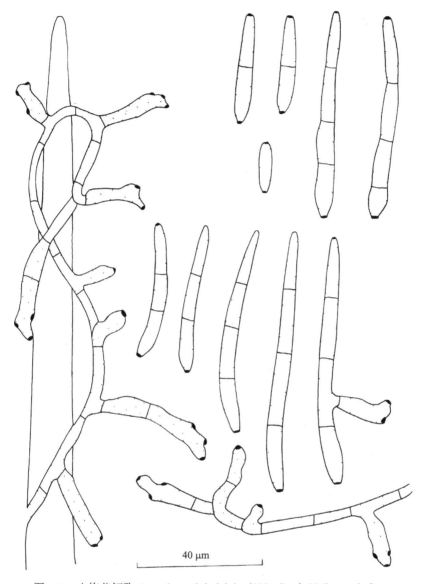

图 106　山梅花钉孢 *Passalora philadelphi*（Y.L. Guo）U. Braun & Crous

　　寄生在绣球 *Hydrangea macrophulla*（Thunb.）Seringe 上的无色线形孢尾孢 *C. hyalofilispora* J.M. Yen（1966），虽然 Yen（1981）将其组合为无色线形孢菌绒孢 *Mycovellosiella hyalofilispora*（J.M. Yen）J.M. Yen，但因其具有无色、线形的分生孢子，现仍是真尾孢。与本菌的区别在于其分生孢子梗窄（30~50 × 3~3.6 μm）；分生孢子单生，无色，线形，长而窄（28~123 × 1~1.5 μm）。

　　红醋栗钉孢 *Passalora ribis-rubri*（Săvul. & Sandu）U. Braun（Braun and Mel'nik, 1997）生在茶藨子属 *Ribes* sp. 植物上，也具有圆形斑点和叶背面生的子实体，但有子座（直径 20~40 μm）；无表生菌丝；分生孢子梗长而窄（10~80 × 2.5~4 μm）；分生孢

子圆柱形，色泽深（浅橄榄色至橄榄褐色），长（20~125×3~6 μm），有别于本菌。

五味子科 SCHISANDRACEAE

五味子钉孢　图 107

Passalora schisandrae (Y.L. Guo) U. Braun & Crous, *in* Crous & Braun, *Mycosphaerella and its Anamorphs: I. Names Published in Cercospora and Passalora*: 468, 2003.

Phaeoramularia schisandrae Y.L. Guo, Mycosystema 6: 97, 1993, also *in* Anon., Fungi of Xiaowutai Mountains in Hebei Province: 18, 1997.

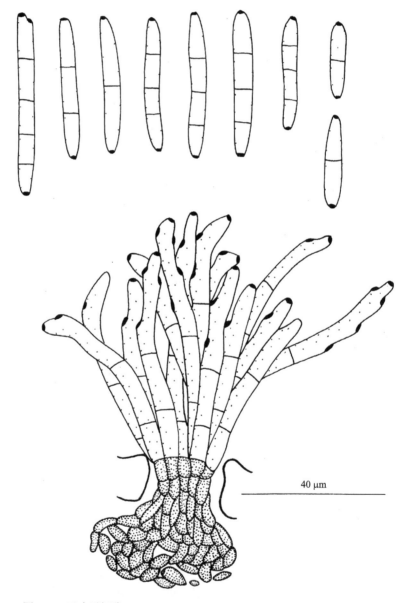

图 107　五味子钉孢 *Passalora schisandrae*（Y.L. Guo）U. Braun & Crous

斑点生于叶的正背两面，圆形，直径 2~6 mm，有时多斑愈合，叶面斑点红褐色，叶背斑点浅红褐色。子实体生于叶背面。菌丝体内生。子座气孔下生，近球形，橄榄褐色至浅褐色，直径 20~65 μm。分生孢子梗紧密簇生在子座上，浅橄榄色至橄榄色，成堆时浅橄榄褐色，色泽均匀，宽度不规则，直至弯曲，有时分枝，光滑，1~4 个屈膝状折点，顶部圆锥形至圆锥形平截，1~5 个隔膜，20~75（~100）× 4~5 μm。孢痕疤明显加厚、暗，宽 1 ~1.5 μm。分生孢子圆柱形，近无色，光滑，链生并具分枝的链，直或稍弯曲，顶部圆锥形平截，基部倒圆锥形平截，1~4 个隔膜，15~40 × 3~4 μm；脐明显加厚、暗。

五味子 *Schisandra chinensis*（Turcz.）Bail.：河北小五台山西台（HMAS 65922 *Phaeoramularia schisandrae* Y.L. Guo 的主模式）。

世界分布：中国。

玄参科 SCROPHLARIACEAE

泡桐生钉孢　图 108

Passalora paulownicola (J.M. Yen & S.H. Sun) U. Braun & Crous, *in* Crous & U. Braun, *Mycosphaerella* and its Anamorphs: I. Names Published in *Cercospora* and *Passsalora*: 463, 2003.

Mycovellosiella paulownicola J.M. Yen & S.H. Sun, Cryptog. Mycol. 4(2): 193, 1983; Hsieh & Goh, *Cercospora* and Similar Fungi from Taiwan: 306, 1990.

斑点无或不明显。子实体生于叶背面，扩散型。初生菌丝体内生；次生菌丝体表生：菌丝从气孔伸出，橄榄色，分枝，光滑，具隔膜，宽 2~4 μm，常攀缘叶毛。无子座。分生孢子梗顶生或作为侧生分枝单生于表生菌丝上，浅橄榄色至橄榄褐色，色泽均匀或有时向顶变浅，宽度不规则，直或弯曲，不分枝，光滑，无屈膝状折点，顶部圆至圆锥形，1~10 个隔膜，25~75 × 3~4 μm。孢痕疤明显加厚、暗，宽 1~2 μm。分生孢子椭圆形、卵圆形或纺锤形，浅橄榄色至橄榄色，光滑，单生或偶尔链生，直，顶部圆至圆锥形，基部倒圆锥形，0~3 个隔膜，通常 1 个隔膜，8~15（~20）× 4.5~6 μm；脐加厚而暗。

泡桐 *Paulownia taiwaniana* Hu & Cheng：台湾南投（Yen 10622）。

世界分布：中国。

讨论：本菌与寄生在毛泡桐 *Paulownia imperialis* Sieb. & Zucc.（*P. tomentosa* Stendel）上的泡桐尾孢 *Cercospora paulowniae* S. Hori（J. Plant Protection 2: 79, 1915）的区别在于后者有斑点；子实体生在叶面；分生孢子梗色泽深（中度至暗褐色）；分生孢子倒棍棒形，无色，长（50~120 × 3.5~6 μm），Crous 和 Braun（2003）已将其归在泡桐假尾孢 *Pseudocercospra paulowniae* Goh & W.H. Hsieh（Hsieh and Goh, 1990）名下。

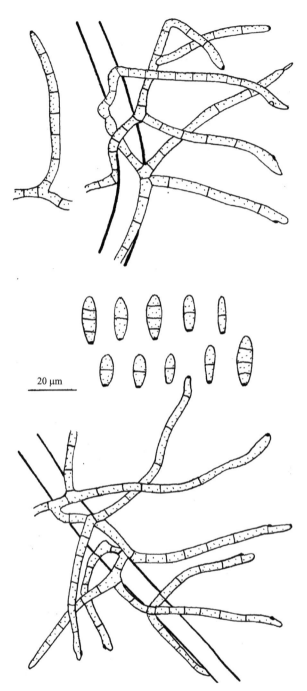

图 108　泡桐生钉孢 *Passalora paulownicola*（J.M. Yen & S.H. Sun）U. Braun & Crous

茄科 SOLANACEAE

茄科钉孢属分种检索表

1. 有子座 ·· 2

辣椒生钉孢　图 109

Passalora capsicicola (Vassiljevsky) U. Braun & F.O. Freire, Cryptog. Mycol. 23: 299, 2002; Crous & Braun, *Mycosphaerella* and its Anamorphs: I. Names Published in *Cercospora* and *Passalora*: 103, 2003.

Cercospora capsicicola Vassiljevsky, *in* Vassiljevsky & Karakulin, Fungi Imperfecti Parasitici I. Hyphomycetes: 344, 1937.

Phaeoramularia capsicicola (Vassiljevsky) Deighton, *in* Ellis, More Dematiaceous Hyphomycetes: 323, 1976.

Phaeoramularia capsicicola (Vassiljevsky) Deighton, Trans. Br. Mycol. Soc. 67: 140, 1976, *comb. superfl.*

Cercospora capsici E.J. Marchal & Steyaert, Bull. Soc. Roy. Bot. Belgique 61: 167, 1929, *nom. illeg.*, non *C. capsici* Heald & F.A. Wolf., 1911.

Cladosporium capsici Kovatsch., Z. Pflanzenkr. 48: 321, 1938, *nom. nov.*, as' (E.J. Marchal & Steyaert) Kovatsch.'.

Cercospora capsici Unamuno, Bol. Soc. Esp. Hist. Nat. 32: 161, 1932, *nom. illeg.,* non *C. capsici* Heald & F.A. Wolf, 1911.

Cercospora unamunoi Castell., Rivista Agric. Subtrop. Trop. 42: 20, 1948; Chupp, A Monograph of the Fungus Genus *Cercospora*: 552, 1954.

Phaeoramularia unamunoi (Castell.) Munt.-Cvetk., Lilloa 30: 183, 1960, *nom. inval.*

　　斑点生于叶的正背两面，近圆形、长圆形至不规则形，宽 0.2~1.2 cm，叶面斑点浅褐色至黄褐色，叶背相应部分覆盖有致密、灰黑色至近黑色绒状霉层，通常叶正背两面的斑点边缘均围以暗褐色细线圈，有时在细线圈外还围有淡黄色晕圈。子实体叶背面生。菌丝体内生。子座气孔下生，近球形，褐色，直径 25~45 μm。分生孢子梗多根紧密簇生，浅橄榄色，色泽均匀，有时上部宽度不规则，直或稍弯曲，不分枝，光滑，在 1/3 上部有 0~4 个屈膝状折点，顶部宽圆至圆锥形，0~4 个隔膜，20~70 × 3.8~6 μm。孢痕疤明显加厚，暗，宽 1.3~2 μm，坐落在圆锥形顶部、折点处或平贴在分生孢子梗壁上。分生孢子圆柱形至倒棍棒形，浅橄榄色，光滑，链生并具分枝的链，直或稍弯曲，顶部圆锥形平截至钝圆，基部倒圆锥形平截，0~6 个隔膜，通常 1~3 个隔膜，15~75 × 3.8~

6.5 μm；脐明显加厚、暗。

辣椒 *Capsicum annuum* L.：云南昆明（01950）。

世界分布：广泛分布在热带和亚热带地区国家，包括阿根廷，巴西，柬埔寨，中国，刚果，埃塞俄比亚，法国，加纳，印度，印度尼西亚，牙买加，约旦，肯尼亚，马拉维，马来西亚，毛里求斯，摩洛哥，尼泊尔，尼日利亚，巴拿马，罗马尼亚，塞内加尔，塞拉利昂，索马里，苏丹，坦桑尼亚，泰国，乌干达，美国，也门，赞比亚，津巴布韦。

讨论：Deighton（Ellis, 1976）把辣椒生尾孢 *Cercospora capsicicola* Vassiljevsky 组合为辣椒生色链隔孢 *Phaeoramularia capsicicola*（Vassiljevsky）Deighton，描述子实体生于叶背面，扩散型，常具橄榄色绒毛层；分生孢子梗中度金黄褐色或橄榄褐色，长达70 μm，宽 3~5.3 μm；分生孢子稻草色至浅橄榄褐色，多达 6 个隔膜，通常 1 个隔膜，17~80 × 3~5 μm，较在中国标本上的分生孢子梗和分生孢子均色泽较深而窄。

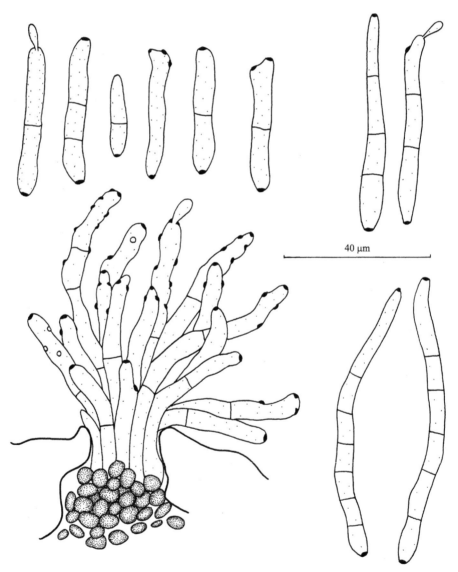

图 109　辣椒生钉孢 *Passalora capsicicola*（Vassiljevsky）U. Braun & F.O. Freire

Braun 和 Freire（2002）将 *C. capsicicola* 组合为辣椒生钉孢 *Passalora capsicicola*（Vassiljevsky）U. Braun & F.O. Freire，把 *Phaeoramularia capsicicola* 作为其异名。Videira 等（2017）经分子研究后，在球腔菌科的无性型属中仍保留 *Phaeoramulaia* Munt.-Cvetk.，也同时保留了 *Phaeoramulaia capsicicola* 这个名称。但在 Index Fungorum 2020 中，*Phaeoramulaia capsicicola* 仍为 *Passalora capsicicola*（Vassiljevsky）U. Braun & F.O. Freire 的异名。

寄生在茄科（Solanaceae）多种植物上的散生钉孢 *Passalora diffusa*（Ellis & Everh.）U. Braun & Crous（Crous and Braun, 2003）也具有橄榄色至几乎黑色的子实层，但区别在于其分生孢子梗色泽深（中度暗橄榄褐色），稍短（10~40 × 4~6.5 μm）；分生孢子稍宽（15~75 × 4~7.5 μm）。

马铃薯钉孢　图 110

Passalora concors (Casp.) U. Braun & Crous, *in* Crous & Braun, *Mycosphaerella* and its Anamorphs: I. Names Published in *Cercospora* and *Passalora*: 134, 2003.

Fusisporium concors Casp., Monatsber, Königl. Preuss. Akad. Wiss. Berlin 1855: 314, 1855.

Cercospora concors (Casp.) Sacc., Syll. Fung. 4: 449, 1886; Chupp, A Monograph of the Fungus Genus *Cercospora*: 536, 1954; Tai, Sylloge Fungorum Sinicorum: 871, 1979.

Mycovellosiella concors (Casp.) Deighton, Mycol. Pap. 137: 21, 1974; Ellis, More Dematiaceous Hyphomycetes: 306, 1976; Liu & Guo, Mycosystema 1: 244, 1988.

Mycovellosiella concors (Casp.) O. Constant., Rev. Mycol. 38: 95, 1975.

Cercospora heterosperma Bres., Ann. Mycol. 1: 129, 1903.

斑点生叶的正背两面，近圆形至不规则形，宽 1.5~20 mm，叶面斑点仅呈褪色，无明显边缘，或呈深褐色，具浅褐色晕，有时具 1~3 条轮纹圈，叶背相应部分具灰褐色绒毛层。子实体生于叶的正背两面，但主要生于叶背面，扩散型。初生菌丝体内生；次生菌丝体表生：菌丝从气孔伸出，浅橄榄色，分枝，光滑，具隔膜，宽 2.5~3.8 μm，常形成菌丝绳并攀缘叶毛。子座无或由少数褐色球形细胞组成，气孔下生。分生孢子梗 5~15 根稀疏簇生在小子座上、顶生或作为侧生分枝单生在表生菌丝上，浅橄榄色，色泽均匀或向顶变浅，宽度不规则，直或弯曲，分枝，光滑，0~3 个屈膝状折点，顶部圆锥形，0~2 个隔膜，10~100 × 5~6（~7.5）μm。孢痕疤明显加厚、暗，宽 1.3~2.5 μm。分生孢子单生，倒棍棒形，短孢子呈圆柱形，浅橄榄色，光滑，直或稍弯曲，顶部尖细至钝，基部倒圆锥形平截，0~7 个隔膜，大多数 3 个隔膜，有时在隔膜处缢缩，15~80 × 3.8~7.5 μm；脐明显加厚、暗。

马铃薯 *Solanum tuberosum* L.：河南嵩山（11874）；山西阳高（51939），五台山（51940）；重庆巫山（51941）；西藏拉萨（62029）。

世界分布：亚美尼亚，澳大利亚，阿塞拜疆，白俄罗斯，保加利亚，中国，塞浦路斯，捷克，爱沙尼亚，芬兰，格鲁吉亚，德国，印度，印度尼西亚，意大利，日本，哈萨克斯坦，肯尼亚，拉脱维亚，立陶宛，马拉维，毛里求斯，尼泊尔，挪威，巴基斯坦，波兰，罗马尼亚，俄罗斯（欧洲部分），斯洛文尼亚，苏丹，瑞典，瑞士，多哥，乌干达，乌克兰，美国，津巴布韦。

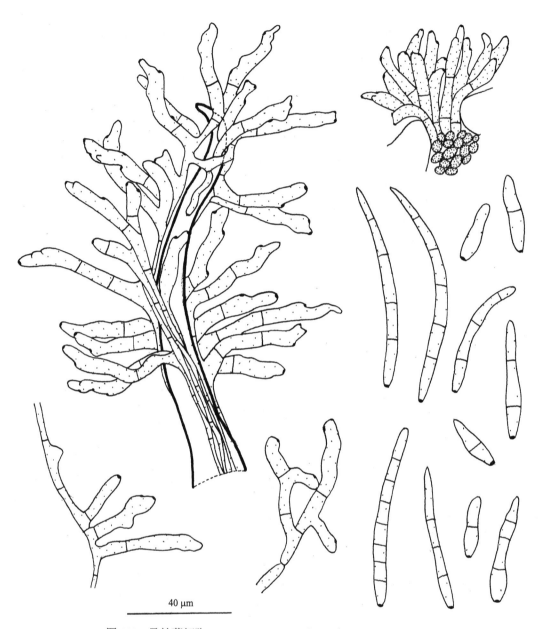

图 110　马铃薯钉孢 *Passalora concors*（Casp.）U. Braun & Crous

　　讨论：寄生在 *Solanum tuberosum* L. 上的茄生尾孢 *Cercospora solanicola* G.F. Atk（J. Elisha Mitchell Sci. Soc., 8: 53, 1892）也具有主要生在叶背面、扩散型的子实体，但其分生孢子梗长（40~200 × 3~5 μm）；分生孢子针形、无色，长而窄（75~300 × 3~5 μm），为典型的尾孢。

灰毛茄钉孢　图 111

Passalora nattrassii (Deighton) U. Braun & Crous, *in* Crous & Braun, *Mycosphaerella* and its Anamorphs: I. Names Published in *Cercospora* and *Passalora*: 461, 2003.

Mycovellosiella nattrassii Deighton, Mycol. Pap. 137: 17, 1974; Liu & Guo, Mycosystema 1:

256, 1988; Guo, Mycosystema 17(2): 99, 1998, also *in* Zhuang, Higher Fungi of Tropical China: 188, 2001.

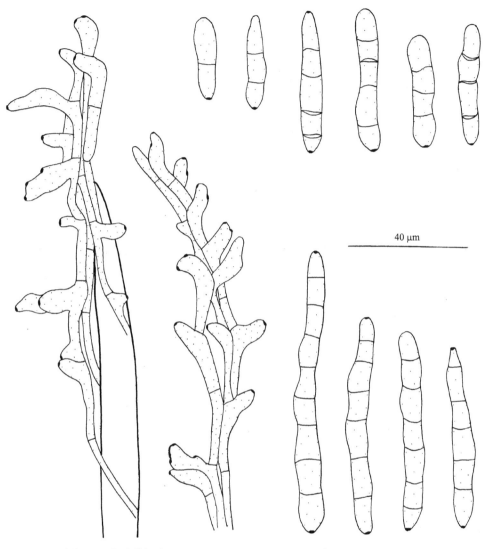

图 111　灰毛茄钉孢 *Passalora nattrassii*（Deighton）U. Braun & Crouse

叶面无斑点，仅为褐色或呈淡黄色，发生严重时也可出现霉层，形成近圆形、角状至不规则形橄榄色褐绿斑点或斑块，无明显边缘，叶背面初期产生白色霉斑，后期霉斑逐渐扩大并变为褐色，常多斑愈合成大型斑块，灰褐色至暗褐色，最后成棕黑色，直径3~10 mm。在叶柄和茎秆上产生椭圆形至不规则形褐色斑点，边缘明显。子实体生于叶的正背两面，但主要生在叶背面，扩散型，具灰褐色至暗褐色菌绒层。初生菌丝体内生；次生菌丝体表生：菌丝近无色至非常浅的橄榄色，分枝，光滑，具隔膜，宽 2.5~3.8 μm，常形成菌丝绳并攀缘叶毛。无子座。分生孢子梗顶生或作为侧生分枝单生在表生菌丝上，浅至中度橄榄色，色泽均匀，宽度不规则，直或弯曲，不分枝或稀少分枝，光滑，0~2个屈膝状折点，顶部钝圆至圆锥形，1~2 个隔膜，10~37.5 × 5~7.5 μm。孢痕疤明显加厚、暗，宽 1.3~2 μm。分生孢子圆柱形至倒棍棒形，浅橄榄色，光滑，链生并具分枝的链，直，顶部稍尖细至钝，基部倒圆锥形，1~8 个隔膜，有时在隔膜处缢缩，15~92.5 × 5.5~7.5（~8.8）μm；脐明显加厚、暗。

茄 Solanum melongena L.：广西百色（51946）；云南景洪（51947，51948，51949）；四川成都（CMI 32245）。

世界分布：中国，日本，肯尼亚，韩国，尼泊尔，利比亚。

讨论：由灰毛茄钉孢引起的病害通常称茄子绒斑病，可侵染茄子的叶片、叶柄和茎秆，常造成一定的经济损失。该菌以菌丝和分生孢子在病叶或茎秆上越冬，分生孢子还可以附着在温室的架材、塑料薄膜等物品上存活越冬，成为翌年发病的初侵染源。在春季保护地茄子生长的中后期，气温升高，浇水多易发病。随着设施农业的发展，棚内温度高，湿度大，管理跟不上易发病或引起大流行，连作栽培更易发病且严重。

水茄钉孢　图 112

Passalora solani-torvi (Gonz. Frag. & Cif.) U. Braun & Crous, *in* Crous & Braun, *Mycosphaerella* and its Anamorphs: I. Names Published in *Cercospora* and *Passalora*: 380, 2003.

Cercospora solani-torvi Gonz. Frag. & Cif., Rep. Dom. Est. Agric. Moca, Ser. B, Bot. Bull. 11: 66, 1927; Chupp, A Monograph of the Fungus Genus *Cercospora*: 552, 1954; Tai, Sylloge Fungorum Sinicorum: 902, 1979.

Chaetotrichum solani-torvi (Gonz. Frag. & Cif.) Petr., Sydowia 5(1-2): 38, 1951.

Mycovellosiella solani-torvi (Gonz. Frag. & Cif.) Deighton, Mycol. Pap. 137: 14, 1974; Liu & Guo, Mycosystema 1: 259, 1988; Guo, Mycosystema 17(2): 99, 1998, also *in* Zhuang, Higher Fungi of Tropical China: 188, 2001.

叶面无斑点，仅为褐色或呈褐色，叶背斑点长圆形、近圆形至不规则形，1.5~7 × 2~12 mm，有时多斑愈合，暗灰褐色。子实体生于叶的正背两面，但主要生在叶背面，扩散型。初生菌丝体内生；次生菌丝体表生：菌丝主要生于叶背面，浅橄榄色，分枝，光滑，具隔膜，宽 2.5~3 μm，在分生孢子梗基部菌丝宽达 4 μm，常形成松散的菌丝绳，稀少攀缘叶毛。子座叶表皮下生，近球形，褐色，直径 12.5~80 μm。分生孢子梗 5~18 根稀疏簇生至多根紧密簇生在子座上、顶生或作为侧生分枝单生在表生菌丝上，浅橄榄色，色泽均匀，宽度不规则，直或弯曲，分枝，光滑，0~1 个屈膝状折点，顶部圆锥形或圆锥形平截，0~1 个隔膜，初生分生孢子梗 7.5~37.5 × 3~5 μm，次生分生孢子梗 2.5~15 × 2.5~5.5 μm。孢痕疤明显加厚、暗，宽 1.3~2 μm。分生孢子圆柱形至倒棍棒形，浅橄榄色，链生并具分枝的链，光滑，直或稍弯曲，顶部稍尖细，钝至圆锥形，基部倒圆锥形平截，1~13 个隔膜，15~167.5 × 3.8~6 μm；脐明显加厚、暗。

水茄 Solanum torvum Swartz：云南元江（51951）。

土烟叶 Solanum verbascifolium L.：台湾（04948）；广西田林（51950）；云南墨江（02469）。

世界分布：巴巴多斯岛，中国，古巴，多米尼加，牙买加，波多黎各，苏丹，特立尼达和多巴哥，维尔京群岛。

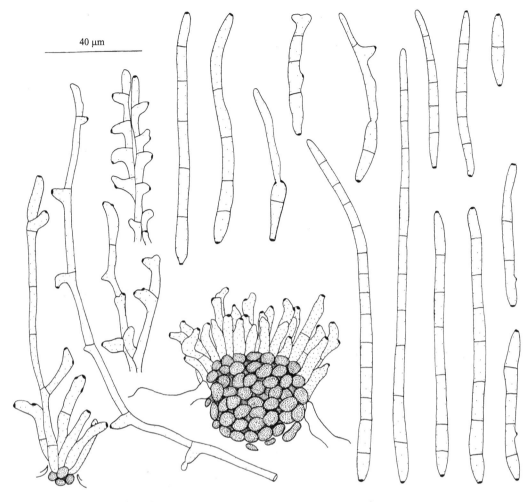

图 112　水茄钉孢 *Passalora solani-torvi*（Gonz. Frag. & Cif.）U. Braun & Crous

土烟叶钉孢　图 113

Passalora solani-verbascifolii Y.L. Guo & F.Y. Zhai, *in* Zhai & Guo, Nova Hedwigia 98(3-4): 530, 2014.

Mycovellosiella costeroana（Petr. & Cif.）X.J. Liu & Y.L. Guo, Mycosystema 1: 246, 1988.

　　斑点生于叶的正背两面，近圆形至不规则形，宽 3~14 mm，有时数斑相连成大型斑块，叶面斑点初期淡黄色，老斑点呈浅红褐色，或中央红褐色，边缘暗褐色水渍状，叶背面相应部分灰黄色、橄榄褐色至暗褐色。子实体叶两面生，但主要生在叶背面，呈扩散型的橄榄褐色菌绒层。初生菌丝体内生；次生菌丝体表生；菌丝浅橄榄色，分枝，光滑，具隔膜，宽 1.3~2.5 μm，常形成菌丝绳，有时攀缘叶毛。无子座。分生孢子梗顶生或作为侧生分枝单生在表生菌丝上，浅橄榄色，色泽均匀，宽度不规则，直或弯曲，光滑，不分枝或稀少分枝，0~2 个屈膝状折点，顶部圆锥形，0~2 个隔膜，8.8~38.8 × 4~7.5 μm。孢痕疤明显加厚、暗，宽 1.3~2 μm。分生孢子圆柱形、棍棒形至倒棍棒形，浅橄榄色，链生并具分枝的链，光滑，直或弯曲，顶部钝圆至圆锥形平截，基部倒圆锥形，1~15 个隔膜，大多数 1~5 个隔膜，有时在隔膜处缢缩，20~90（~140）× 5~10.5 μm；

脐明显加厚而暗。

土烟叶 *Solanum verbascifolium* L.：台湾台中（05204）；广西田林（HMAS 51942，主模式）。

世界分布：中国。

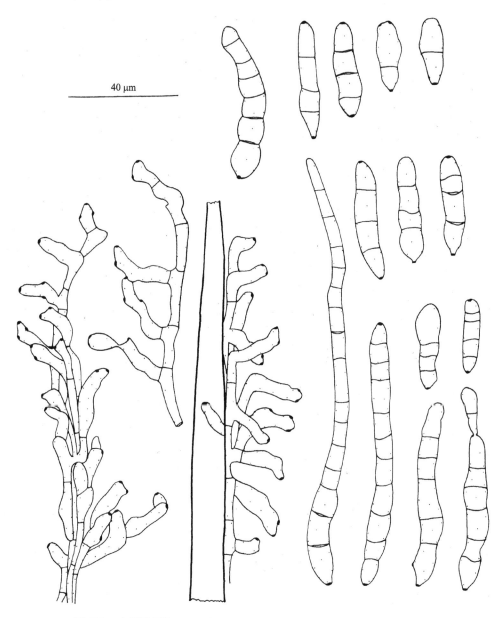

图 113　土烟叶钉孢 *Passalora solani-verbascifolii* Y.L. Guo & F.Y. Zhai

讨论：寄生在 *Solanum verbascifolium* L.上的土烟叶尾孢 *Cercospora costeroana* Petr. & Cif.（1932），因孢痕疤不明显，Deighton（1976）将其组合为毛叶茄假尾孢 *Pseudocercospora trichophila*（F.L. Stev.）Deighton。Liu 和 Guo（1988）在研究中国菌绒孢属 *Mycovellosiella* Rangel 时发现，寄生在中国 *S. verbascifolium* 上的真菌具有表生

菌丝；分生孢子梗单生在表生菌丝上；孢痕疤明显加厚、暗，且分生孢子梗及分生孢子的量度与生在 *S. verbascifolium* 上的 *C. costeroana* 都非常相似，在没有研究模式标本的情况下，将 *C. costeroana* 组合为土烟叶菌绒孢 *Mycovellosiella costeroana*（Petr. & Cif.）X.J. Liu & Y.L. Guo，而且当时没有注意到 Deighton（1976）的处理，因此，*M. costeroana* 为错误名称。但在中国 *S. verbascifolium* 上的真菌孢痕疤明显加厚、暗，符合钉孢属的特征，故建立一新种。

在茄属 *Solamum* sp. 植物上已经报道多种菌绒孢型 *Mycovellosiella*-like 钉孢，与本种的区别在于：寄生在茄 *Solanum melongene* L. 上的灰毛茄钉孢 *Passalora nattrassii*（Deighton）U. Braun & Crous（Crous and Braun, 2003）叶面无斑点，分生孢子较短而窄 [15~92.5 × 5.5~7.5（~8.8）μm]；肉红色钉孢 *P. incarnata*（Deighton）U. Braun & Crous（Crous and Braun, 2003）分生孢子梗长（达 150 μm）且色泽深（中度深橄榄色至红褐色）；生在哥斯达黎加 *Solanum umbellatum* Mill. 上的短果钉孢 *P. brachycarpa*（Syd.）U. Braun & Crous（Crous and Braun, 2003）、生在尼泊尔土烟叶 *Solanum verbascifolium* L. 上的茄科钉孢 *P. solanacearum*（K. Bhalla, S.K. Singh & A.K. Srivast.）U. Braun & Crous（Crous and Braun, 2003）、水茄钉孢 *P. solani-torvi*（Gonz. Frag. & Cif.）U. Braun & Crous（Crous and Braun, 2003）和塔尔钉孢 *P. tarrii*（Deighton）U. Braun & Crous（Crous and Braun, 2003）均具有较窄的分生孢子梗和分生孢子（宽度为 3~6.5 μm）；生在马铃薯 *Solanum tuberrosum* L. 上的马铃薯钉孢 *P. concors*（Casp.）U. Braun & Crous（Crous and Braun, 2003）和生在欧白英 *Solanum dulcamara* L. 上的欧白英钉孢 *P. dulcamarae*（Peck）U. Braun & Crous（Crous and Braun, 2003）分生孢子梗既单生又簇生，且分生孢子单生；生在多皮刺茄 *Solanum aculeatissimum* Jacq. 上的近华丽钉孢 *P. paradoxa*（Munt.-Cvetk.）U. Braun & Crous（Crous and Braun, 2003）分生孢子梗单生和簇生，分生孢子仅 1 个隔膜，窄（Chupp, 1954; Muntañola, 1960; Deighton, 1974; Braun, 1993b; Bhalla *et al.*, 1997; Crous and Braun, 2003）；生在白茄 *Solanum glaucum* Dun. 上的阿尔泰钉孢 *P. artai*（Speg.）U. Braun , R. Delhey & M. Kiehr（2001）和生在龙葵 *Solanum nigrum* L. 上的茄钉孢 *P. solani*（Seaver）U. Braun（1992）无表生菌丝，分生孢子单生。

生在茄属 *Solanum* sp. 植物上的布鲁奇阿那钉孢 *P. bruchiana*（Speg.）U. Braun & Crous（Crous and Braun, 2003）属色链隔孢型 *Phaeiramularia*-like 钉孢，无表生菌丝；分生孢子梗紧密簇生，较长而宽（60 × 7~9 μm）；分生孢子中度橄榄褐色，1~3 个隔膜，较短（20~48 × 6~10 μm），有别于本菌（Chupp, 1954; Ellis, 1976; Crous and Braun, 2003）。

梧桐科 STERCULIACEAE

南方钉孢　图 114

Passalora meridiana (Chupp) U. Braun & Crous, *in* Crous & Braun, *Mycosphaerella* and its Anamorphs: I. Names Published in *Cercospora* and *Passalora*: 273, 2003.

Cercospora meridiana Chupp, A Monograph of the Fungus Genus *Cercospora*: 557, 1954.

Phaeoramularia meridiana (Chupp) Deighton, Mycol. Pap. 144: 37, 1979.

斑点生于叶的正背两面，近圆形、角状至不规则形，宽 1~5 mm，有时数斑愈合形成大型斑块，叶面斑点中央污白色至浅黄褐色，边缘围以褐色至暗红褐色细线圈，具浅黄色至浅黄褐色晕，叶背斑点浅黄褐色至褐色。子实体生于叶面。菌丝体内生。子座由浅橄榄色膨大菌丝组成，多根菌丝聚集形成子座，呈褐色，圆柱状，宽 25~50 μm，由气孔突出外露，外露部分高达 10~20 μm。分生孢子梗 17~25 根稀疏簇生至多根紧密簇生在子座上，浅橄榄褐色，色泽均匀，宽度不规则，一般顶部较窄，直或稍弯曲，不分枝，光滑，0~1 个屈膝状折点，顶部圆至圆锥形平截，0~1 个隔膜，欠明显，10~30 × 2.5~4 μm。孢痕疤小而明显加厚，暗，宽 1.3~1.5 μm，坐落在圆锥形顶部或平贴在分生孢子梗壁上。分生孢子圆柱形、线形至倒棍棒-圆柱形，近无色至浅橄榄色，光滑，链生，直，弯曲或呈微波状，顶部尖细至圆锥形平截，基部倒圆锥形平截，3~14 个隔膜，37.5~157.5 × 2.5~4.5 μm；脐小、明显加厚而暗。

山芝麻属 *Helicteres* sp.：广西龙津（42414）。

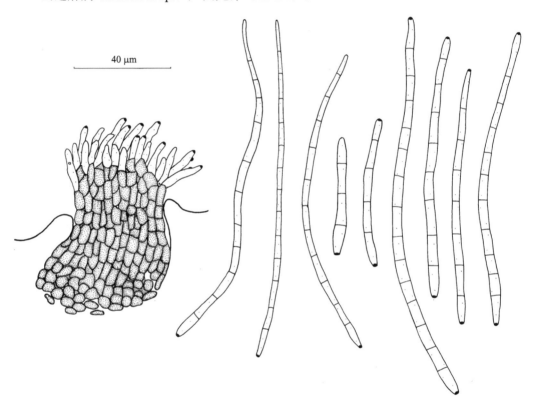

40 μm

图 114　南方钉孢 *Passalora meridiana*（Chupp）U. Braun & Crous

世界分布：中国，印度，牙买加，菲律宾，波多黎各，维尔京群岛。

讨论：Chupp（1954）报道自牙买加山芝麻 *Helicteres jamaicensis* Jacq. 上的南方尾孢 *Cercospora meridiana* Chupp，分生孢子梗 25~85 × 2~3.5 μm；分生孢子 25~125 × 2~3.5 μm。因分生孢子链生，Deighton（1979）将其组合为南方色链隔孢 *Phaeoramularia meridiana*（Chupp）Deighton，描述分生孢子梗长达 120 μm，宽 2.5~5.5 μm；分生孢子 23~112 × 2.5~4.5 μm。Crous 和 Braun（2003）把 *C. meridiana* 又组合为南方钉孢 *Passalora meridiana*（Chupp）U. Braun & Crous。本菌在中国标本上较 Chupp 和 Deighton

描述的分生孢子梗短，而分生孢子则较长。

寄生在雁婆麻（坡麻、坡油麻）*Helicteres hirsuta* Lour. 上的山芝麻钉孢 *Passalora helicteris*（Syd. & P. Syd.）U. Braun & Crous（Crous and Braun, 2003）无明显斑点；子实体生于叶背面，扩散型；无子座；分生孢子梗长而稍宽（15~120 × 2.5~5 μm）；分生孢子圆柱形，无色，短而稍窄（20~60 × 2~3.5 μm），与本菌明显不同。

椴树科 TILIACEAE

椴树科钉孢属分种检索表

1. 菌丝体内生和表生 ·· 2
   菌丝体内生；分生孢子梗橄榄褐色至褐色，25~187.5 × 3.5~5.5 μm；分生孢子链生，圆柱形，近无色，10~45 × 2.5~3.8 μm ··· 扁担杆生钉孢 *P. grewiigena*
2. 分生孢子梗束高达 240 μm，单根分生孢子梗浅褐色至中度褐色，宽 3~6.5 μm；分生孢子链生，圆柱形至倒棍棒形，浅橄榄褐色，20~67 × 3~5.5 ·································· 椴钉孢 *P. tiliae*
   分生孢子梗橄榄褐色至浅褐色，长达 350 μm，宽 5~8 μm；生分孢子单生，纺锤形至倒棍棒形，35~53（~67）× 6.7~13 μm ························· 扁担杆钉孢 *P. grewiae*

扁担杆钉孢　图 115

Passalora grewiae (H.C. Srivast. & P.R. Mehtra) U. Braun & Crous, *in* Crous & Braun, *Mycosphaerella* and its Anamorphs: I. Names Published in *Cercospora* and *Passalora*: 205, 2003; Zhai & Guo, Nova Hedwigia 98(3-4): 532, 2014.

Cercospora grewiae H.C. Srivast. & P.R. Mehtra, Indian Phytopathol. 4: 67, 1951; Chupp, A Monograph of the Fungus Genus *Cercospora*: 563, 1954.

Mycovellosiella grewiae (H.C. Srivast. & P.R. Mehtra) Deighton, Mycol. Pap. 144: 18, 1979.

Pseudocercospora grewiae (H.C. Srivast. & P.R. Mehtra) X.J. Liu & Y.L. Guo, Mycosystema 2: 235, 1989.

Walkeromyces grewiae Thaung, Trans. Br. Mycol. Soc. 66: 213, 1976.

斑点生于叶的正背两面，近圆形至不规则形，宽 1~5 mm，常多斑愈合，叶面斑点初期仅为浅黄色褪色，后期中央灰白色至红褐色，边缘围以褐色细线圈，具浅黄褐色晕，叶背斑点扩散型，无明显边缘，浅灰色至灰黑色。子实体叶两面生，但主要生于叶背面，扩散型。初生菌丝体内生；次生菌丝体表生，生于叶背面：菌丝浅橄榄褐色，分枝，光滑，具隔膜，宽 3~4.5 μm。无子座。分生孢子梗大多数生于叶背面，作为侧生分枝单生在表生菌丝上，或 3~6 根生在浅橄榄褐色球形细胞上，橄榄褐色至浅褐色，色泽均匀，宽度不规则，一般顶部较窄或局部变宽，光滑，分枝，近直，微波状至屈膝状弯曲，顶部圆至圆锥形平截，多个隔膜，有时在下部的几个隔膜处缢缩，长达 350 μm，宽 5~8 μm。孢痕疤明显加厚、暗，宽 2~2.8 μm。分生孢子单生，纺锤形至倒棍棒形，通常具喙，初期橄榄色，后期橄榄褐色至中度褐色，光滑，直或稍弯曲，顶部尖细，基部倒圆锥形，1~5 个隔膜，大多 1~3 个隔膜，在隔膜处缢缩，35~53（~67）× 6.7~13 μm；脐明显加厚而暗。

崖县扁担杆 *Grewia chuniana* Burret：海南霸王岭（242905）。

世界分布：中国，埃塞俄比亚，印度，巴基斯坦。

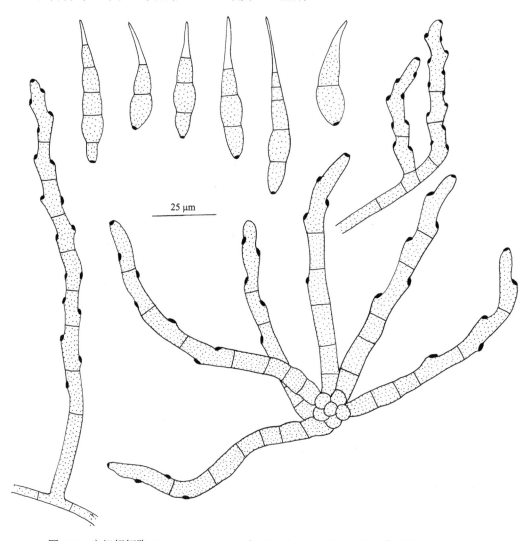

图 115　扁担杆钉孢 *Passalora grewiae*（H.C. Srivast. & P.R. Mehtra）U. Braun & Crous

讨论：Srivastava 和 Mehta（1951）报道自印度亚洲扁担杆 *Grewia asiatica* L. 上的扁担杆尾孢 *Cercospora grewiae* H.C. Srivast. & P.R. Mehtra，因具有表生菌丝，扩散型的子实体和明显加厚的孢痕疤，Deightoh（1979）将其组合为扁担杆菌绒孢 *Mycovelloseilla grewiae*（H.C. Srivast. & P.R. Mehtra）Deighton，Crous 和 Braun（2003）又将其组合为扁担杆钉孢 *Passalora grewiae*（H.C. Srivast. & P.R. Mehtra）U. Braun & Crous。Guo 和 Liu（1989）没有研究 *C. grewiae* 的模式标本，且忽略了 *C. grewiae* 具有小而明显的孢痕疤的特点，依据在中国扁担杆 *Grewia biloba* G. Don 和破布叶 *Microcos paniculata* L. 上的孢痕疤不明显、不变暗的特征，错误地把 *C. grewiae* 组合为扁担杆假尾孢 *Pseudocercospora grewiae*（H.C. Srivast. & P.R. Mehtra）X.J. Liu & Y.L. Guo。在中国 *Grewia biloba* G. Don 和 *Microcos paniculata* L. 上的真菌孢痕疤不明显、不加厚、不变

暗，为典型地假尾孢，有别于 *C. grewiae*，因此，Guo（1994）将中国标本上的真菌报道为扁担杆生假尾孢 *Pseudocercospora grewiigena* Y.L. Guo 新种。

Srivastava 和 Mehta（1951）描述 *C. grewiae* 的分生孢子梗 58.0~106 × 2.8~3.8 μm；分生孢子 1~6 个隔膜，大多数 2~4 个隔膜，28~52 × 4~8 μm。Thaung（1976）描述 *Walkeromyces grewiae* Thaung 的分生孢子梗（92.5~）103.3~237（~370）×（2~）3.5~7.5 μm；分生孢子 1~5 个隔膜，大多数 3~4 个隔膜，有时无隔膜，（18.5~）29.5~41（~52）×（6~）7.5~11 μm。Deighton（1979）提供 *M. grewiae* 的量度为：分生孢子梗长达 370 μm，宽 3.5~4.5 μm；分生孢子 1~6 个隔膜，大多数 3~4 个隔膜，18~48（~63）× 4~8 μm。在中国的 *Grewia chuniana* 上的量度更接近 Thaung 的描述，且分生孢子更宽。

扁担杆生钉孢 图 116

Passalora grewiigena U. Braun & Crous, *in* Crous & Braun, *Mycosphaerella* and its Anamorphs: I. Names Published in *Cercospora* and *Passalora*: 454, 2003.

Phaeoramularia grewiae Y.L. Guo & L. Xu, Mycosystema 21: 498, 2002, non *Passalora grewiae* (H.C. Srivast. & P.R. Mehta) U. Braun & Crous, 2003.

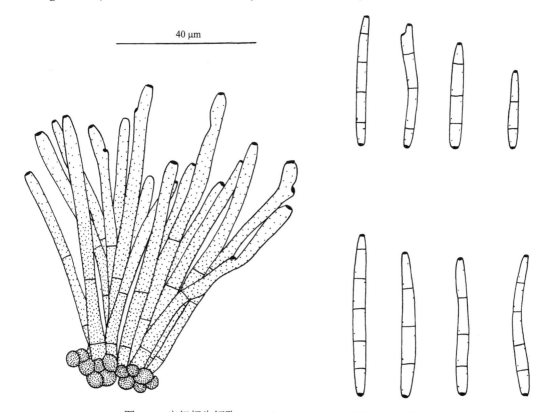

40 μm

图 116　扁担杆生钉孢 *Passalora grewiigena* U. Braun & Crous

斑点生于叶的正背两面，近圆形至圆形，直径 0.8~2 mm，叶面斑点灰白色至浅红褐色，边缘围以暗褐色至近黑色细线圈，具浅黄褐色晕，叶背斑点浅灰色至黄褐色。子实体叶两面生，但主要生在叶面。菌丝体内生。子座叶表皮下生，仅有少数褐色球形细胞组成至近球形，褐色至暗褐色，直径 20~35 μm。分生孢子梗少数单生，通常 5~10 根稀疏簇生至多根紧密簇生，橄榄褐色至褐色，成堆时暗褐色，向顶色泽变浅，宽度不规则，常向顶变窄，直至弯曲，不分枝，光滑，1~4 个屈膝状折点，顶部圆锥形至圆锥形平截，1~4 个隔膜，欠明显，25~187.5 × 3.5~5.5 μm。孢痕疤明显加厚、暗，宽 1.5~2 μm。分生孢子圆柱形，近无色，链生并具分枝的链，光滑，直或稍弯曲，顶部钝至圆锥形，基部倒圆锥形平截，0~5 个隔膜，10~45 × 2.5~3.8 μm；脐明显加厚、暗。

扁担杆属 *Grewia* sp.：海南琼中（HMAS 82341，*Phaeoramularia grewiae* Y.L. Guo & L. Xu 的主模式）。

世界分布：中国。

讨论：扁担杆色链隔孢 *Phaeoramularia grewiae* Y.L. Guo（2002）组合到钉孢属后，将与扁担杆钉孢 *Passalora grewiae*（H.C. Srivast. & P.R. Mehta）U. Braun & Crous（Crous and Braun, 2003）同名，因此 Crous 和 Braun（2003）建立一新名称。

寄生在扁担杆属 *Grewia* sp. 上的 *Passalora grewiae* 与本菌的区别在于其具有表生的菌丝体；无子座；分生孢子梗（长达 350 μm，宽 5~8 μm）和分生孢子 [35~53（~67）× 6.7~13 μm] 长而宽，且分生孢子单生。

椴钉孢 图 117

Passalora tiliae (Y.L. Guo & X.J. Liu) U. Braun & Crous, *in* Crous & Braun, *Mycosphaerella* and its Anamorphs: I. Names Published in *Cercospora* and *Passalora*: 472, 2003.

Tandonella tiliae Y.L. Guo & X.J. Liu, Acta Mycol. Sinica Suppl. 1: 349, 1986; Guo, *in* Anon., Fungi and Lichens of Shennongjia: 341, 1989.

斑点生于叶的正背两面，圆形、近圆形至角状，直径 0.5~3 mm，常 2 至多个斑点愈合，初期为暗红褐色至近黑色小点，后期叶面斑点中部褐色至深红褐色，边缘围以暗褐色至近黑色细线圈，外具浅黄色至黄褐色晕，叶背斑点浅褐色至褐色，具浅黄色晕。子实体生于叶背面。初生菌丝体内生；次生菌丝体表生：菌丝近无色至浅橄榄褐色，光滑，具隔膜，分枝，宽 1.7~2.6 μm。子座叶表皮下生，仅由少数浅褐色球形细胞组成至球形，中度褐色至褐色，直径达 40 μm。分生孢子梗单生在表生菌丝上或从子座生出，形成疏松或紧密的孢梗束，孢梗束圆柱形，高达 240 μm，单根分生孢子梗浅褐色至中度褐色，不分枝或偶具分枝，光滑，直或弯曲，1~6 个屈膝状折点，多隔膜，宽 3~6.5 μm。孢痕疤明显加厚、暗，宽 2.2~2.6 μm。分生孢子圆柱形至倒棍棒形，浅橄榄褐色，链生，光滑，直或弯曲，顶部圆至圆锥形平截，基部倒圆锥形平截，1~7 个隔膜，20~67 × 3~5.5 μm；脐明显加厚、暗。

筒果椴 *Tilia paucicostata* Maxim.：湖北神农架小龙潭（HMAS 47844，*Tandonella tiliae* Y.L. Guo & X.J. Liu 的主模式）。

世界分布：中国。

讨论：寄生在椴属 *Tilia* sp. 植物上的小丘类短胖孢 *Paracercosporidium microsorum*（Sacc.）U. Braun, C. Nakash., Videira & Crous（Videira *et al*., 2017）和椴类短胖孢 *P. tiliae*（Peck）U. Braun, C. Nakash., Videira & Crous（Videira *et al*., 2017）也

具有加厚而暗的孢痕疤和分生孢子基脐；分生孢子圆柱形至倒棍棒形，有色泽，与本菌的区别在于它们的分生孢子梗不成束，短（前者 8~35 μm；后者 35~85 μm）；分生孢子单生，并且 *P. tiliae* 的分生孢子梗（35~85 × 3~4 μm）和分生孢子（15.5~54 × 2~4 μm）均窄。

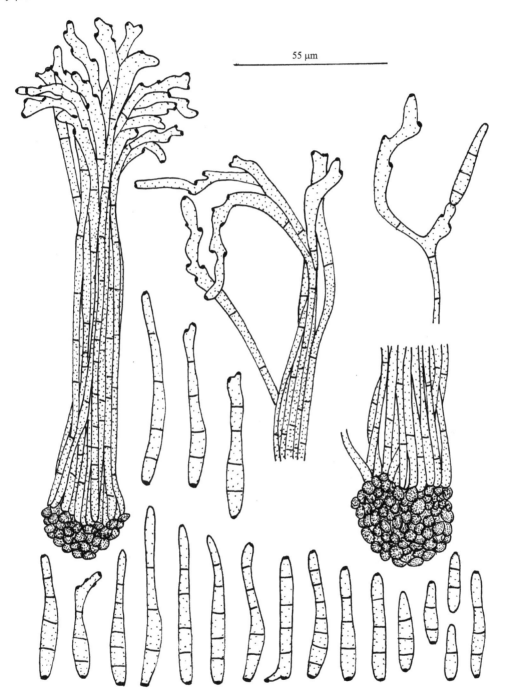

55 μm

图 117　椴钉孢 *Passalora tiliae*（Y.L. Guo & X.J. Liu）U. Braun & Crous

本种与寄生在枣 *Zizipus jujuba* Mill、滇刺枣 *Z. mauritiana* Lam.、小果枣 *Z. oenoplia*（L.）Mill. 上的枣钉孢 *Passalora ziziphi*（S.S. Prasad & R.A.B. Verma）U. Braun & Crous（Crous and Braun, 2003）近似，但后者孢梗束长（高达 350 μm），单根分生孢子梗稍窄（3~5 μm）；分生孢子圆柱-纺锤形，色泽较深（浅褐色），隔膜少（1~3 个），在隔膜处缢缩，稍短（15~40 × 3~6 μm）。

荨麻科 URTICACEAE

糯米团钉孢　图 118

Passalora gonostegiae (Goh & W.H. Hsieh) U. Braun & Crous, *in* Crous & Braun, *Mycosphaerella* and its Anamorphs: I. Names Published in *Cercospora* and *Passalora*: 454, 2003.

Mycovellosiella gonostegiae Goh & W.H. Hsieh, Bot. Bull. Acad. Sinica 30(2): 121, 1989; Hsieh & Goh, *Cercospora* and Similar Fungi from Taiwan: 338, 1990.

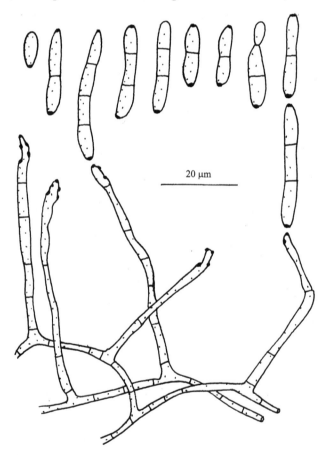

图 118　糯米团钉孢 *Passalora gonostegiae*（Goh & W.H. Hsieh）U. Braun & Crous

斑点生于叶的正背两面，近圆形至不规则形，无明显边缘，直径 1~9 mm，叶面斑点褐色至暗褐色，具浅黄褐色晕，叶背斑点浅褐色至灰褐色。子实体生于叶背面。初生菌丝体内生；次生菌丝体表生：菌丝近无色，分枝，光滑，具隔膜，宽 1~2 μm，常形成菌丝绳。子座无或小，橄榄褐色。分生孢子梗 2~7 根稀疏簇生、顶生或作为侧生分枝单生在表生菌丝上，橄榄色至非常浅的橄榄褐色，向上色泽变浅，顶部几乎无色，宽度不规则，直或弯曲，不分枝，光滑，上部屈膝状，顶部圆锥形至近平截，1~5 个隔膜，在隔膜处稍缢缩，40~65（~110）× 3~4.5 μm。孢痕疤明显加厚、暗，宽 1.2~2 μm。分生孢子圆柱形至椭圆形，非常浅的橄榄褐色，链生，光滑，直或稍弯曲，顶部宽圆至圆锥形，基部圆至倒圆锥形，0~3 个隔膜，在隔膜处缢缩，10~35 × 3~4 μm；脐加厚而暗。

糯米团 *Gonostegia hirta*（Blume）Miq.（*Pouzolzia hirta* Hassk.）：台湾南投（NCHUPP-143, *Mycovellosiella gonostegiae* Goh & W.H. Hsieh 的主模式，HMAS 79031，等模式）。

世界分布：中国。

讨论：糯米团尾孢 *Cercospora pouzolziae* Syd.（1935）也生在 *Gonostegia hirta* 上，与本菌的区别在于其子实体生于叶面；无表生菌丝；有子座（直径 20~50 μm）；分生孢子梗短而窄（5~25 × 1.5~3 μm）；孢痕疤不明显；分生孢子长（15~110 × 2~4 μm），已转至假尾孢属，即糯米团假尾孢 *Pseudocercospora pouzolziae*（Syd.）Y.L. Guo & X.J. Liu（1992b）。

马鞭草科 VERBENACEAE

大青钉孢 图 119

Passalora clerodendri (Goh & W.H. Hsieh) U. Braun & Crous, *in* Crous & Braun, *Mycosphaerella* and its Anamorphs: I. Names Published in *Cercospora* and *Passalora*: 128, 2003.

Mycovellosiella clerodendri Goh & W.H. Hsieh, Trans. Mycol. Soc. R.O.C. 4(2): 2, 1989; Hsieh & Goh, *Cercospora* and Similar Fungi from Taiwan: 346, 1990.

Cercospora clerodendri Sawada, Rep. Agric. Res. Inst. Taiwan 38: 695, 1942, *nom. inval.*, non *C. clerodendri* Miyake, 1913.

斑点生于叶的正背两面，角状至不规则形，无明显边缘，其扩展受叶脉所限，宽 1.5~3 mm，常多斑愈合，叶面斑点黄褐色至暗褐色，具浅黄褐色晕，叶背斑点黄褐色至褐色，或叶面仅为浅黄色、浅绿色至黄褐色褪色，叶背斑点角状至不规则形，宽 2~8 mm，受叶脉所限，浅黄褐色至暗红褐色，常多斑愈合。子实体生于叶背面。初生菌丝体内生；次生菌丝体表生：菌丝从气孔伸出，浅橄榄色，分枝，光滑，具隔膜，有时隔膜排列紧密，宽 2~4 μm，常形成菌丝绳并攀缘叶毛。子座无或由少数褐色球形细胞组成。分生孢子梗少数根从气孔伸出、顶生或作为侧生分枝单生在表生菌丝上，浅橄榄色至非常浅的橄榄褐色，色泽均匀，宽度不规则，直或稍弯曲，分枝，光滑，近顶部稍呈屈膝状，顶部圆至圆锥形，无隔膜，4~20（~60）× 2.5~5.5 μm。孢痕疤明显加厚、暗，宽 1.5~2.5 μm。分生孢子线形、圆柱形至窄倒棍棒形，近无色至浅橄榄色，链生并具分枝的链，光滑，直或弯曲，顶部近钝至圆锥形，基部倒圆锥形，不明显的 2 至多个隔膜，20~120（~200）× 2.5~4 μm；脐明显加厚、暗。

灰毛大青 *Clerodendrum canescens* Wall.：台湾台中（NCHUPP-244）。

大青 *Clerodendrum cyrtophyllum* Turcz.：台湾台北（NTU-PPE, *Cercospora cleridendri* Sawada 的主模式，HMAS 05145，等模式），南投（NCHUPP-95，*Mycovellosiella clerodendri* Goh & W.H. Hsieh 的主模式，HMAS 79029，等模式）；广东信宜（79100）；海南五指山（242729），屯昌（242730），定安（242731，242733，242734）。

重瓣臭茉莉 *Clerodendrum philippinum* Schauer（*C. fragrans* Hort. ex Vent.）：台湾台北（04897，05130），台中（NCHUPP-235）。

世界分布：中国。

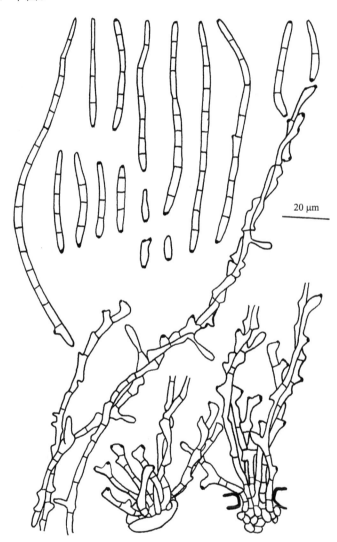

图 119　大青钉孢 *Passalora clerodendri*（Goh & W.H. Hsieh）U. Braun & Crous

讨论：Goh 和 Hsieh（1989b）描述大青菌绒孢 *Mycovellosiella clerodendri* Goh & W.H. Hsieh 的分生孢子梗 2~10 × 2.5~5 μm；分生孢子 10~160 × 2.5~4 μm。在广东信宜大青（79100）上的分生孢子梗和分生孢子均长。

Sawada（1944）研究了他和藤黑与三郎、黑泽英一、末田平七采自台湾台北重瓣臭茉莉 Clerodendrum philippinum Schauer 上的真菌,定名为贝克尾孢 Cercospora bakeri Syd. & P. Syd.（1913），描述斑点圆形至角状，边缘不明显，宽 2~10 mm；分生孢子梗浅黄褐色，0~1 个隔膜，14~73 × 4~5 μm；分生孢子倒棍棒-圆柱形至圆柱形，无色至淡色，1~7 个隔膜，24~104 × 2.5~4.5 μm。

2003 年,作者研究了保存在中国科学院菌物标本馆的 Sawada（1943）和 Yamamoto（Sawada, 1944）采自台湾台北 Clerodendrum philippinum 的两份标本（HMAS 04897，HMAS 05130），这两份标本均定名为 C. bakeri，但在这两份标本上的形态特征与 C. bakeri [无表生菌丝；分生孢子梗长（60~200 × 3~4.5 μm）；分生孢子短而宽（30~60 × 4~6.5 μm）] 明显不同，而与 M. clerodendri 非常相似，因此，将标本 HMAS 04897 和 HMAS 05130 更名为 M. clerodendri，现订正为大青钉孢 P. clerodendri（Goh & W.H. Hsieh）U. Braun & Crous。

寄生在大青属 Clerodendrum sp. 植物上的大青尾孢 Cercospora clerodendri Miyaki [Bot. Mag.（Tokyo）27: 53, 1913] 虽然也具有角状、受叶脉所限的斑点，但其孢痕疤不明显、不加厚、不变暗，已组合为大青假尾孢 Pseudocercospora clerodendri（Miyaki）Deighton（1976）。

堇菜科 VIOLACEAE

堇菜钉孢　图 120

Passalora murina (Ellis & Kellerm.) U. Braun & Crous, *in* Crous & Braun, *Mycosphaerella and its Anamorphs: I. Names Published in Cercospora and Passalora*: 285, 2003.

Cercospora murina Ellis & Kellerm., Bull. Torrey Bot. Club. 11: 122, 1884; Saccardo, Syll. Fung. 4: 434, 1886; Chupp, A Monograph of the Fungus Genus *Cercospora*: 599, 1954; Ellis, More Dematiaceous Hyphomycetes: 293, 1976.

Mycovellosiella murina (Ellis & Kellerm.) Deighton, Mycol. Pap. 144: 23, 1979; Liu & Guo, Mycosystema 1: 255, 1988; Guo, Mycosystema 8-9: 92, 1995-1996, and Mycotaxon 61: 16, 1997.

Cercospora ii Trail, Scott. Naturalist (Perth) 10: 75, 1889.

Cercospora lilacina Bres., Hedwigia 31: 41, 1892.

斑点生于叶的正背两面，近圆形至不规则形，宽 0.5~15 mm，叶面斑点初期中央灰白色至浅黄褐色，边缘围以黄褐色至浅褐色细线圈，具浅黄色至深褐色晕，后期许多黄褐色至深褐色，点状、角状、月牙形的斑点愈合成大型斑块，具 1~4 条轮纹圈，叶背斑点浅黄褐色至浅褐色，具黄色至黄褐色晕。子实体生在叶背面，为污黑色菌绒层。初生菌丝体内生；次生菌丝体表生：菌丝近无色至浅橄榄色，分枝，光滑，具隔膜，宽 2.5~4 μm，常形成菌丝绳并攀缘叶毛。无子座。分生孢子梗顶生或作为侧生分枝单生于表生菌丝上，橄榄褐色至浅褐色，色泽均匀，宽度不规则，直或稍弯曲，分枝，光滑，近顶部稍呈屈膝状，顶部圆锥形，0~3 个隔膜，6~115 × 2.5~5 μm。孢痕疤明显加厚、暗，稍突出，宽 1~2 μm。分生孢子单生，倒棍棒形至圆柱形，浅橄榄色，光滑，直或稍弯曲，顶部近钝至圆锥形，基部倒圆锥形平截，3~10 个隔膜，15~98 × 3.8~7 μm；脐明显加厚而暗。

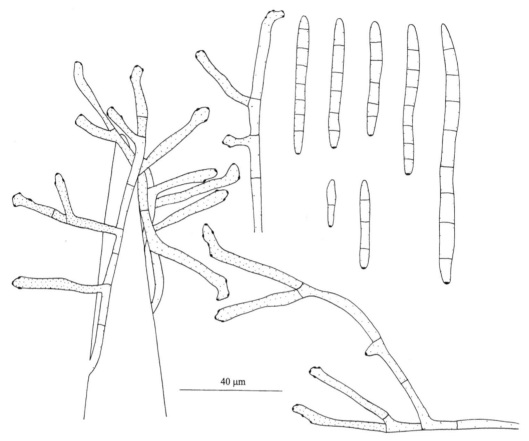

图 120　堇菜钉孢 *Passalora murina*（Ellis & Kellerm.）U. Braun & Crous

乳白花堇菜　*Viola lactoflara* Nakai：四川大巴山（51945）。

堇菜属 *Viola* sp.：陕西留坝（69463）。

世界分布：中国，德国，大不列颠岛，赫布里底群岛，荷兰，俄罗斯，美国。

讨论：寄生在堇菜属 *Viola* sp. 植物上的粒状钉孢 *Passalora granuliformis*（Ellis & Everh.）U. Braun（1999a）与本种的区别在于其斑点无明显边缘；子实体叶两面生；有子座（直径 20~50 μm）；分生孢子梗紧密簇生，色泽较浅（浅橄榄褐色），短（10~40 × 3~5 μm）；分生孢子无色至近无色，短而窄（15~60 × 2.5~3.5μm）。

葡萄科 VITACEAE

葡萄钉孢　图 121

Passalora dissiliens (Duby) U. Braun & Crous, *in* Crous & Braun, *Mycosphaerella* and its
　　Anamorphs: I. Names Published in *Cercospora* and *Passalora*: 164, 2003.

Torula dissiliens Duby, Mem. Soc. Phys. Genève 7: 128, 1835.

Septocylindrium dissiliens (Duby) Sacc., Mycoth. Ven., No. 583, 1876.

Phaeoramularia dissiliens (Duby) Deighton, *in* Ellis, More Dematiaceous Hyphomycetes: 324, 1976; Liu & Guo, Acta Phytopathol. Sinica 12(4): 6, 1982.

Cladosporium roesleri Catt., Bol. Commis. Agrar. Voghera 13: 263, 1876.

Cercospora roesleri (Catt.) Sacc., Michelia 2: 128, 1880, and Syll. Fung. 4: 458, 1886; Chupp, A Monograph of the Fungus Genus *Cercospora*: 604, 1954.

Cercospora roesleri 'f. typica (Catt.)' Elenkin, Bolezni Rast. 4: 67, 1909, *nom. inval.*

Ragnhildiana roesleri (Catt.) Vassiljevskiy, *in* Vassiljevskiy & Karakulin, Fungi Imperfecti Parasitici I. Hyphomycetes: 375, 1937.

? *Septocylindrium virens* Sacc., Nuovo Giorn. Bot. Ital. 8: 186, 1876.

Septosporium fuckelii Thüm., Oester. Bot. Z. 27: 137, 1877.

Cercospora fuckelii (Thüm.) Jacz., Parasitic Fungal Diseases of Grape Vine, Ed. 2: 81, 1906.

Isariopsis fuckelii (Thüm.) du Plessis, Farming S. Afr. 17: 62, 1942.

Cercospora roesleri f. *fuckelii* (Thüm.) Elenkin, Bolez. Rast. 4: 68, 1909.

Cladosporium pestis Thüm., Oesterr. Bot. Z. 27: 12, 1877.

? *Cercospora coryneoides* Sǒvul. & Rayss, Rev. Pathol. Veg. Entomol. Agric. France 22: 223, 1935.

Cercospora leoni Sǎvul. & Rayss, Rev. Pathol. Veg. Entomol. Agric. France 22: 222, 1935.

Cercospora judaica Rayss, Palestine J. Bot., Jerusalem Ser. III, 50: 22, 1943.

斑点生于叶的正背两面，叶面斑点大多呈红褐色至暗褐色不规则形斑块，叶背相应部分初期斑点近圆形，小，浅橄榄色，后期转变为红褐色至暗褐色，绒毛状，直径 1~3 mm，有时数斑愈合成大型的斑块。子实体叶背面生。菌丝体内生。子座发育良好，气孔下生，近球形至球形，浅橄榄色至褐色，直径 25~45 μm。分生孢子梗多根紧密簇生，浅橄榄色至中度褐色，色泽均匀，宽度不规则，通常上部产孢部分较宽，直或弯曲，不分枝或稀少分枝，光滑，上部具 1~5 个屈膝状折点，顶部圆锥形，1~5 个隔膜，有时隔膜不明显，20~95 × 3.8~6.5 μm。孢痕疤明显加厚、暗，宽 1.3~2.5 μm，坐落在陡然细窄的顶部及折点处或平贴在分生孢子梗壁上。分生孢子大多数圆柱形，有时呈倒棍棒形，近无色至浅橄榄色，光滑，链生并具分枝的链，直或稍弯曲，顶部圆至圆锥形，基部倒圆锥形平截，1~5 个隔膜，15~75 × 4.5~7.5 μm；脐明显加厚、暗。

葡萄 *Vitis vinifera* L.：中国（08465）；北京（10607）；新疆塔城（60684）。

葡萄属 *Vitis* sp.：山西平遥（13029）；陕西（42407）。

世界分布：澳大利亚，中国，埃及，法国，印度，伊朗，以色列，意大利，巴基斯坦，葡萄牙，斯洛文尼亚，南非，也门。

讨论：Deighton（Ellis，1976）把 Duby（Mem. Soc. Phys. Genève 7: 128, 1835）报道的葡萄色串孢 *Torula dissiliens* Duby 组合为葡萄色链隔孢 *Phaeoramularia dissiliens* （Duby）Deighton 时，描述子实体生于叶表面，覆盖橄榄色至锈褐色绒毛层；分生孢子梗橄榄褐色至中度褐色，80 × 3~7 μm；分生孢子浅或中度橄榄色至金黄褐色，光滑或具疣，1~5 个隔膜，20~60 × 4~7 μm。在中国标本上的形态特征与 Deighton 的描述非常相似，仅分生孢子不具疣。

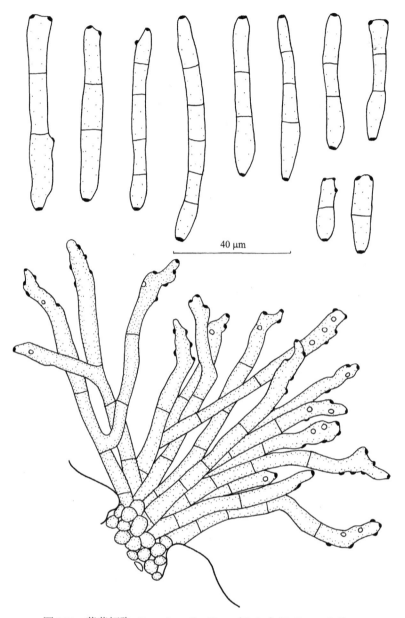

图 121　葡萄钉孢 *Passalora dissiliens*（Duby）U. Braun & Crous

　　生在葡萄属 *Vitis* sp. 植物上的异形孢色链隔孢 *Phaeoramularia heterospora*（Ellis & Galloway）Deighton（Ellis, 1976），转到钉孢属后与异形孢钉孢 *Passalora heterospora*（Höhn.）Höhn.（1923）同名，因此 Crous 和 Braun（2003）建立一新名称，小异形孢钉孢 *Passalora heterosporella* U. Braun & Crous。*P. heterosporella* 分生孢子梗（50 × 6~8 μm）和分生孢子（25~50 × 6~12 μm）粗糙至具疣，短而宽，并且分生孢子有时具 1 个纵或斜隔膜，在隔膜处缢缩，与本种明显不同。

复叶葡萄钉孢　图 122

Passalora vitis-piadezkii U. Braun & Crous, *in* Crous & Braun, *Mycosphaerella* and Its

Anamorphs: I. Names Published in *Cercospora* and *Passalora*: 474, 2003.

Mycovellosiella vitis Y.L. Guo & X.J. Liu, *in* Guo, Acta Mycol. Sinica Suppl. 1: 338, 1986, non *Passalora vitis* (M.S. Patil & Sawant) Poonam Srivast., 1994; Liu & Guo, Mycosystema 1: 266, 1988; Guo, *in* Anon., Fungi and Lichens of Shennongjia: 358, 1989.

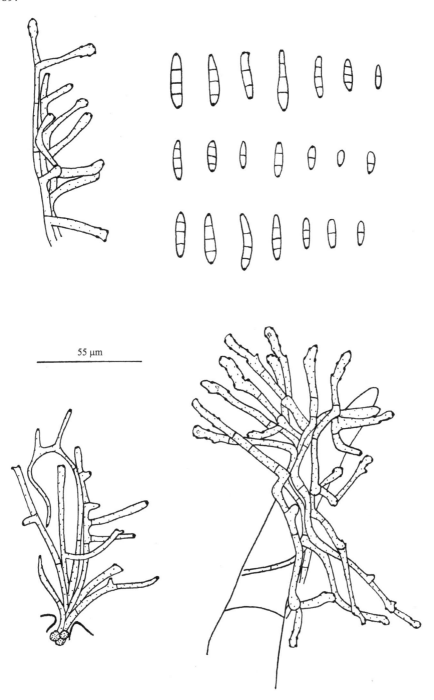

55 μm

图 122 复叶葡萄钉孢 *Passalora vitis-piadezkii* U. Braun & Crous

斑点生于叶的正背两面，近圆形至不规则形，直径 2~15 mm，常多斑愈合成大的斑块，叶面斑点浅褐色、褐色至几乎黑色，具 1~6 条轮纹圈，叶背斑点灰褐色，表面为一层白色菌丝膜所覆盖。子实体生在叶背面。初生菌丝体内生；次生菌丝体表生：菌丝非常浅的褐色，分枝，光滑，具隔膜，宽 2~3 μm，常形成菌丝绳并攀缘叶毛。无子座。分生孢子梗从气孔伸出、顶生或作为侧生分枝单生于表生菌丝上，近无色至浅橄榄色，色泽均匀，宽度不规则，常上部产孢部分膨大，膨大部宽达 6.5 μm，直或稍弯曲，分枝，光滑，具多个屈膝状折点，顶部圆锥形至圆锥形平截，0~3 个隔膜，22~85 × 2.5~4 μm。孢痕疤明显加厚、暗、稍突出，宽 1~1.7 μm。分生孢子圆柱形、倒棍棒形至棍棒形，近无色至非常浅的橄榄褐色，链生并具分枝的链，光滑，直或稍弯曲，顶部钝至圆锥形平截，基部倒圆锥形平截，0~3 个隔膜，9~32 × 2~4 μm；脐明显加厚、暗。

五叶地锦 *Parthenocissus quiquefolia*（L.）Planch.：吉林长春净月潭（HMJAU 35061，35066）。

复叶葡萄 *Vitis piadezkii* Maxim.：湖北神农架红花朵（HMAS 47812，*Mycovellosiella vitis* Y.L. Guo & X.J. Liu 的主模式）。

世界分布：中国。

讨论：葡萄菌绒孢 *Mycovellosiella vitis* Y.L. Guo & X.J. Liu 转到钉孢属后将与葡萄钉孢 *Passalora vitis*（M.S. Patil & Sawant）Poonam Srivast.（1994）同名，因此 Crous 和 Braun（2003）建立一新名称。

Braun（Braun and Mel'nik, 1997）报道自美国河岸葡萄 *Vitis riparia* Michx. 上的河岸葡萄菌绒孢 *Mycovellosiella vitis-ripariae* U. Braun，Braun & Crous（Crous and Brun, 2003），将其组合为河岸葡萄钉孢 *Passalora vitis-ripariae*（U. Braun）U. Braun & Crous。河岸葡萄钉孢与本菌的区别在于其分生孢子梗 0~1 个隔膜，短而稍宽（5~25 × 3~5 μm）；分生孢子单生，窄倒棍棒-近圆柱形、纺锤形，长而稍宽（25~90 × 2.5~5 μm）。

多隔钉孢属 Pluripassalora Videira & Crous, *in* Videira *et al*., Stud. Mycol. 87: 336, 2017.

研 究 史

多隔钉孢属是 Videira 和 Crous（Videira *et al*., 2017）将多基因序列数据系统发育分析、形态特征和培养性状相结合建立的与 *Passalora* Fr. 相似的属，模式种是叶子花多隔钉孢 *Pluripassalora bougainvilleae*（Munt.-Cvetk.）U. Braun, C. Nakash., Videira & Crous。

Videira 和 Crous（Videira *et al*., 2017）把 *Passalora* 定义为孢痕疤和分生孢子基脐稍加厚而暗、平；分生孢子梗和分生孢子光滑；分生孢子多为双胞孢子。*Pluripassalora* 与 *Passalora* 的主要区别在于其孢痕疤和分生孢子基脐加厚而暗；分生孢子具有多个隔膜。

Pluripassalora 的模式种 *P. bougainvilleae* 的基原异名叶子花尾孢 *Cercospora bougainvilleae* Munt.-Cvetk.（Revista Argent. Agron. 24: 84, 1957），曾分别被组合为叶子花短胖孢 *Cercosporidium bougainvilleae*（Munt.-Cvetk.）Sobers & C.P. Seymour.（Proc.

Florida State Hort. Soc. 81: 398, 1969）和叶子花钉孢 *Passalora bougainvilleae*（Munt.-Cvetk.）R.F. Castañeda & U. Braun（Braun and Castañeda, 1991）。

自 Arx（1983）把 *Cercosporidium* 作为 *Passalora* 的异名以来，Crous 和 Braun（2003）把 *Fulvia*、*Mycovellosiella*、*Phaeoramularia* 和 *Ragnhildiana* 亦降为 *Passalora* 的异名，Braun 等（2013）把 16 个属都作为 *Passalora* 的异名。

Videira 等（2017）经多基因序列数据系统发育分析后，结合形态特征和培养性状，把 *Passalora* 的概念界定为菌丝体内生；分生孢子梗簇生，通常 0~3 个隔膜；分生孢子单生，0~3 个隔膜，多为双胞孢子；把已经作为 *Passalora* 异名的 *Cercosporidium*、*Fulvia*、*Mycovellosiella*、*Phaeoramularia* 和 *Ragnhildiana* 重新保留；报道了与 *Passalora* 近似的 7 个新属：*Pleuropassalora*、*Graminopassalora*、*Coremiopassalor*、*Nothopassalora*、*Pluripassalora*、*Pleopassalora* 和 *Exopassalora*；并且把许多钉孢转到了其他属。

在多隔钉孢属，Videira 等（2017）仅描述了模式种一个种。本卷册描述分布在中国的 3 个种。

属 级 特 征

Pluripassalora Videira & Crous, *in* Videira, Groenewald, Nakashima, Braun, Barreto, de Wit & Crous, Stud. Mycol. 87: 336, 2017.

植物病原菌，形成叶斑。菌丝体内生：菌丝具隔膜，光滑，无色至浅褐色。子座叶两面生，主要生在叶背面，发育良好，表生，气孔下生，近球形。分生孢子梗从子座表面生出，紧密簇生，或单根从内生菌丝生出，浅褐色至褐色，不分枝，弯曲，有时屈膝状，宽度不规则，光滑至具疣，无隔膜或具隔膜。产孢细胞合生，顶生或间生，合轴式延伸，单芽或多芽生产孢，孢痕疤环状、加厚而暗。分生孢子单生，浅橄榄色至浅橄榄褐色，向顶变浅，光滑，壁厚，多数倒棍棒形（在寄主上）、圆柱-倒棍棒形（培养时），真隔膜，多隔膜，有时在隔膜处稍缢缩（培养时），顶部喙状至圆，基部圆，脐加厚而暗。

模式种：*Pluripassalora bougainvilleae*（Munt.-Cvetk.）U. Braun, C. Nakash., Videira & Crous。

与近似属的区别

外钉孢属 *Exopassalora* Videira & Crous 具有明显加厚而暗的孢痕疤和光滑的分生孢子，与多隔钉孢属近似，区别在于其分生孢子梗光滑；分生孢子链生并具分枝的链，脐稍加厚而暗。

新短胖孢属 *Neocercosporidium* Videira & Crous 与多隔钉孢属相似，也具有单生，多隔膜的分生孢子，但其菌丝体内生和表生；孢痕疤和分生孢子基脐稍加厚，暗。

假钉孢属 *Nothopassalora* U. Braun, C. Nakash., Videira & Crous 与多隔钉孢属非常相似，都具有内生的菌丝体；光滑至具疣的分生孢子梗和单生的分生孢子，区别在于其分生孢子壁薄，基脐有时突出。

钉孢属 *Passalora* Fr. 与多隔钉孢属的区别在于其孢痕疤和分生孢子基脐稍加厚而暗；分生孢子梗和分生孢子光滑；分生孢子大多数为双胞孢子。

侧钉孢属 *Pleuropassalora* U. Braun, C. Nakash., Videira & Crous 也具有加厚而暗的孢痕疤和分生孢子基脐；分生孢子多隔膜，但其分生孢子梗光滑；分生孢子光滑至后期具疣。

爵床科 ACANTHACEAE

山牵牛多隔钉孢　图 123

Pluripassalora thunbergiae Y.L. Guo, Y.X. Shi & Q. Zhao, *in* Shi, Zhao & Guo, Fung. Sci. 33(1): 21, 2018.

斑点生于叶的正背两面，近圆形，直径 3~8 mm，有时愈合，叶面斑点暗灰褐色至暗褐色，边缘围以暗褐色细线圈，具浅褐色晕，叶背斑点浅灰绿色至浅褐色。子实体生在叶背面。菌丝体内生。子座无或小，仅为少数褐色球形细胞，气孔下生。分生孢子梗单根或多根从气孔伸出，稀疏至紧密簇生，圆柱形，橄榄色至浅橄榄褐色，色泽均匀，宽度规则，光滑，直或稍弯曲，分枝，不呈屈膝状，顶部圆至圆锥形平截，3~6 个隔膜，50~145 × 4~5 μm。产孢细胞圆柱形，长 20~40 μm。孢痕疤明显加厚、暗，宽 2.5~4 μm。分生孢子单生，圆柱形，橄榄色，光滑，直至非常弯曲，呈"钩状"或"弧形"，顶部圆至钝，基部倒圆锥形平截至近平截，3~8 个隔膜，40~90 × 4~5.8 μm；脐明显加厚而暗。

山牵牛属 *Thunbergia* sp.：云南小勐仑（HMAS 165702，主模式）。

世界分布：中国。

讨论：寄生在山牵牛属 *Thunbergia* sp. 植物上的山牵牛尾孢 *Cercospora thunbergiana* J.M. Yen（1965）和山牵牛生尾孢 *C. thunbergiigena* U. Braun（2015b）都具有多隔膜的分生孢子，与本菌的区别在于前者分生孢子梗色泽深（褐色），长而宽（40~220 × 4~8 μm），分生孢子无色、针形，长而宽（40~360 × 3~8 μm）；后者分生孢子梗色泽深（褐色），分生孢子窄针形，无色，长而窄（45~155 × 2~3 μm）。

在爵床科 Acanthaceae 植物上已报道 2 个钉孢：寄生在乌干达老鼠筋属（老鸭企属）*Acanthus* sp. 植物上的老鼠筋生钉孢 *Passalora acanthicola*（Hansf.）U. Braun & Crous（Crous and Braun, 2003; Braun *et al.*, 2015b）和生在泰国假杜鹃属 *Barleria* sp. 植物上的假杜鹃生钉孢 *P. barleriigena* Meeboon & Hidayat（Meeboon *et al.*, 2007; Braun *et al.*, 2015b）。*P. acanthicola* 分生孢子梗的宽度（100~325 × 4~6 μm）和分生孢子的形状、量度（20~90 × 4~6 μm）与本菌相似，但区别在于其分生孢子梗色泽深（中度褐色至红褐色），长；分生孢子链生，成单链或分枝的链，色泽深（近无色至浅褐色），直或稍弯曲。*P. barlefiigena* 与本菌的区别在于其子实体叶两面生；分生孢子梗色泽深（暗褐色），短（20~65 × 3.5~5 μm）；分生孢子多数倒棍棒形，色泽深（近无色至浅褐色），1~3（~4）个隔膜，短而稍窄（25~50 × 3.5~5 μm）。

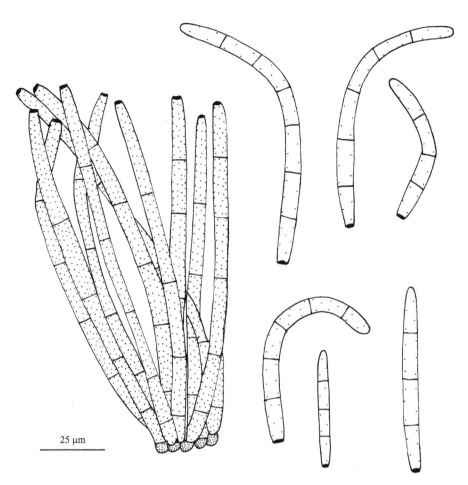

25 μm

图 123　山牵牛多隔钉孢 *Pluripassalora thunbergiae* Y.L. Guo, Y.X. Shi & Q. Zhao

大戟科 EUPHORBIACEAE

巴豆多隔钉孢　图 124

Pluripassalora crotonis-tiglii Y.L. Guo, Y.X. Shi & Q. Zhao, *in* Shi, Zhao & Guo, Fung.
Sci. 33(1): 19, 2018.

斑点生于叶的正背两面，点状、角状至不规则形，无明显边缘，宽 1~5 mm，常多斑愈合，叶面斑点褐色、灰黑色至黑色，具浅黄褐色晕，叶背斑点浅褐色至灰褐色。子实体叶背面生。菌丝体内生。子座无或仅为少数褐色细胞。分生孢子梗单生或 2~6 根簇生，或直接从分生孢子上产生，浅至中度橄榄褐色至褐色，向顶色泽渐浅，宽度不规则，不分枝或偶具分枝，顶部或局部较宽，光滑，直至弯曲，1~5 个屈膝状折点，顶部圆锥形平截至近平截，3~10 个隔膜，80~210 × 5~8（~9.5）μm。产孢细胞圆柱形，长25~50 μm。孢痕疤明显加厚、暗，宽 4~5 μm。分生孢子单生，倒棍棒形至倒棍棒-圆柱形，浅至中度橄榄褐色，光滑，直至非常弯曲，甚至呈 "S" 形，顶部钝至钝圆，基部倒圆锥形平截，3~10 个隔膜，65~200 × 5~8（~9.5）μm；脐明显加厚而暗。

巴豆 *Croton tiglium* L.：云南小勐仑（HMAS 165971，主模式）。

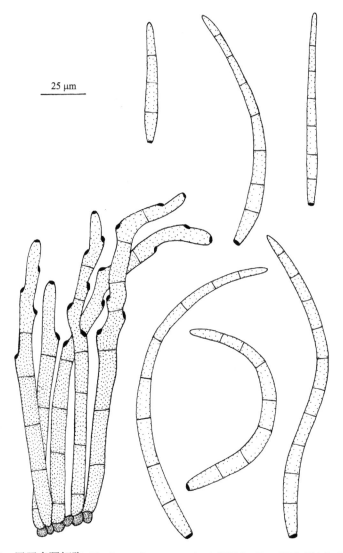

25 μm

图 124　巴豆多隔钉孢 *Pluripassalora crotonis-tiglii* Y.L. Guo, Y.X. Shi & Q. Zhao

世界分布：中国。

讨论：在巴豆属 *Croton* sp. 植物上已报道 8 种钉孢：巴豆叶钉孢 *Passalora crotonifolia*（Cooke）Crous, U. Braun & Alfenas（1999）、巴豆钉孢 *P. crotonis*（Ellis & Everh.）U. Braun & Crous（Crous and Braun, 2003）、棉叶巴豆钉孢 *P. crotonis-gossypiifolii* U. Braun & Crous（Crous and Braun, 2003）、寡雄巴豆钉孢 *P. crotonis-oligandri*（J.M. Yen & Gilles）U. Braun & Crous（Crous and Braun, 2003）、喜巴豆钉孢 *P. crotonophila*（Speg.）Crous 等（2000b）、马诺斯钉孢 *P. manaosensis*（Henn.）U. Braun & Crous（Crous and Braun, 2003）、马里滞玛钉孢 *P. maritima*（Tracy & Earle）U. Braun & Crous（Crous and Braun, 2003）和红色钉孢 *P. rubida* Crous, Alfenas & R.W. Barreto（Crous and Braun, 2003）。这些种与本菌的区别在于 *P. crotonis*、*P. crotonis-oligandri*、*P. manaosensis*、*P. maritima* 和 *P. rubida* 的分生孢子均链生；*P. crotonifolia*（分生孢子梗 7~30 × 3~4.5μm，分生孢子 15~55 × 2.5~5 μm）、*P. crotonis-gossypiifolii*（分生孢子梗 15~45 × 3~4 μm，分生孢

子 14~22 × 2~3 μm）和 *P. crotonophila*（分生孢子梗 15~40 × 3~5 μm，分生孢子 20~100 × 2.5~5 μm）的分生孢子梗和分生孢子均短而窄。

寄生在木薯属 *Manihot* sp. 植物上的木薯钉孢 *Passalora manihotis*（F. Stevens & Solheim）U. Braun & Crous（Crous and Braun, 2003）虽然也具有角状斑点；叶背面生的子实体；长、屈膝状折点多的分生孢子梗（50~200 × 3.5~5μm，1~15 个屈膝状折点）和宽的分生孢子（20~90 × 4~8 μm），但与本菌的区别在于其分生孢子梗窄；分生孢子色泽浅（无色至近无色），短。

紫茉莉科 NYCTAGINACEAE

叶子花多隔钉孢　图 125

Pluripassalora bougainvilleae (Munt.-Cvetk.) U. Braun, C. Nakash., Videira & Crous, *in* Videira Groenewald, Nakashima, Braun, Barreto, de Wit & Crous, Stud. Mycol. 87: 336, 2017.

Cercospora bougainvilleae Munt.-Cvetk., Revista Argent. Agron. 24: 84, 1957.

Cercosporidium bougainvilleae (Munt.-Cvetk.) Sobes & Seymour, Proc. Florida State Hort. Soc. 81: 398, 1969; Ellis, More Dematiaceous Hyphomycetes: 297, 1976.

Passalora bougainvilleae (Munt.-Cvetk.) Castañeda & U. Braun, Cryptog. Bot. 2~3: 291, 1991; Crous & Braun, *Mycosphaerella* and its Anamorphs: I. Names Published in *Cercospo*ra and *Passalora*: 86, 2003.

斑点生于叶的正背两面，圆形至近圆形，直径 1~5 mm，叶面斑点灰白色至浅黄褐色，边缘围以橄榄褐色至灰褐色细线圈，有时具 2~3 条轮纹，具浅黄褐色晕，叶背斑点浅黄褐色至灰褐色。子实体叶两面生，但主要生在叶背面。菌丝体内生。子座仅为几个褐色球形细胞至球形，气孔下生，暗褐色，直径达 35 μm。分生孢子梗 3~5 根从气孔伸出或多根簇生在子座上，中度橄榄褐色至浅褐色，色泽均匀，宽度不规则，直至弯曲，分枝，光滑，1~3 个屈膝状折点，顶部宽圆至圆锥形，0~1 个隔膜，10~65（~140）× 4~8.8 μm。孢痕疤明显加厚、暗，坐落在宽圆至圆锥形顶部及折点处，多数平贴在分生孢子梗壁上，宽 2~3 μm。分生孢子倒棍棒形，少数短孢子椭圆形，中度橄榄褐色至浅褐色，常下部色泽较深，上部较浅，光滑，直或稍弯曲，顶部钝，基部倒圆锥形平截，1~6 个隔膜，20~65 × 5~9 μm；脐明显加厚而暗。

叶子花 *Bougainvillea spectabilis* Willd.：云南勐仑（82482）。

世界分布：阿根廷，巴西，文莱，中国，古巴，萨尔瓦多，印度，印度尼西亚，牙买加，日本，美国，委内瑞拉。

讨论：Braun 和 Castañeda(1991)描述自古巴的叶子花钉孢 *Passalora bougainvilleae*（Munt.-Cvetk.）Castañeda & U. Braun，分生孢子梗 20~50 × 4~6.5 μm；分生孢子 15~70 × 5~8（~9）μm。在中国标本上的形态特征与 Braun 和 Castañeda 的描述非常相似，仅分生孢子梗长而宽。

Rao（1962）报道自印度叶子花 *Bougainvillea spectabilis* Willd. 上的叶子花尾孢 *Cercospora bougainvilleae* Rao 是 *C. bougainvilleae* Munt.-Cvetk.的晚出同名，为无效名称，

因其孢痕疤和分生孢子基脐不明显、不加厚，已降为叶子花假尾孢 *Pseudocercospora bougainvilleae* Y.L. Guo 的异名，与本菌的区别在于其具有大子座（直径 30~50 μm）；分生孢子梗长而窄（54~169 × 3.6~5.4 μm）；分生孢子无色，窄（36~64 × 3.2 μm）。

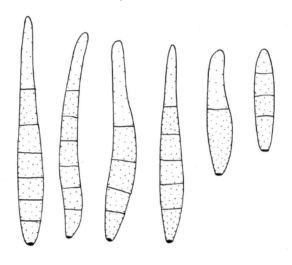

40 μm

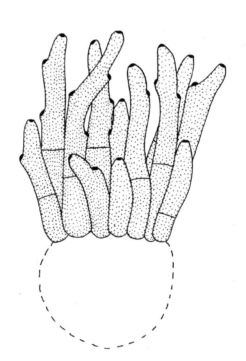

图 125 叶子花多隔钉孢 *Pluripassalora bougainvilleae*（Munt.-Cvetk.）U. Braun, C. Nakash., Videira & Crous

拉格脐孢属 **Ragnhildiana** Solheim, Mycologia 23: 402, 1931.

研 究 史

拉格脐孢属是 Solheim 和 Stevens（1931）建立的，Solheim 提供的属级特征描述：分生孢子梗簇生，从气孔或表皮伸出，或作为分枝单生在扩散的表生菌丝上，或多或少屈膝状，直或弯曲，无隔膜或具隔膜，从稀疏至紧密组成的子座上发生，无色至暗褐色。分生孢子链生，顶生，圆柱形，无隔膜或多隔膜，无色至暗色。模式种藿香蓟拉格脐孢 *Ragnhildiana agerati*（F. Stev.）F. Stev. & Solheim：菌丝体内生和表生；子实体叶两面生，多生于叶背面；分生孢子梗无色，近无色至浅褐色，1~4 个隔膜，25~70 × 3~5 μm；分生孢子链生，圆柱形，近无色，15~52 × 2.5~4 μm。

除模式种藿香蓟拉格脐孢外，Solheim 和 Stevens（1931）还描述了其他 3 种拉格脐孢：节枝拉格脐孢 *R. gonatoclada*（Syd.）F. Stev. & Solheim、木薯拉格脐孢 *R. manihotis* F. Stev. & Solheim 和山黄麻拉格脐孢 *R. trematis* F. Stev. & Solheim [as 'tremae']。Crous 和 Braun（2003）已将这 3 个种转到 *Passalora*，即节枝钉孢 *Passalora gonatoclada*（Syd.）U. Braun & Crous、木薯钉孢 *P. manihotis*（F. Stev. & Solheim）U. Braun & Crous 和山黄麻钉孢 *P. trematis*（F. Stev. & Solheim）U. Braun & Crous。

Ragnhildiana 曾被 Muntañola（1960）降为 *Mycovellosiella* 的异名。之后，*Ragnhildiana* 和 *Mycovellosiella* 均被 Crous 和 Braun（2003）作为 *Passalora* 的异名。*Ragnhildiana* 的模式种 *R. agerati* 现已成为贯叶泽兰拉格脐孢 *R. perfoliati*（Ellis & Everh.）U. Braun, C. Nakash., Videira & Crous（Videira *et al.*, 2017）的异名。

Videira 等（2017）对 Mycosphaerellaceae 进行多基因序列数据系统发育分析的结果，使一些老的属名得以保留，*Ragnhildiana* 就是被保留的属名之一。Videira 等（2017）报道了 6 个拉格脐孢新组合，其中 5 个种曾被归在钉孢属。

在 Index Fungorum 2021 中，拉格脐孢属记载了 18 个种名，其中 7 个种已转到钉孢属，一种转到色链格孢属。在中国分布有 3 个种。

属 级 特 征

Ragnhildiana Solheim, Mycologia 23: 402, 1931, *emen*d. Videira *et al.* 2017.

丝孢菌，植物病原菌。菌丝体内生和表生，由无色至有色泽、分枝、具隔膜的菌丝组成。 子座无或发育良好，由褐色拟壁薄细胞组成。分生孢子梗簇生，有时成束，从气孔和表皮伸出，或单根从表生菌丝上生出，橄榄色至褐色，具隔膜，不分枝或分枝，直或屈膝状弯曲，有时退化成产孢细胞。产孢细胞合生，顶生，单芽或多芽生产孢，孢痕疤稍加厚而暗。分生孢子单生或链生，链不分枝或分枝，近无色至褐色，椭圆-卵圆形、近圆柱-纺锤形或倒棍棒形，无隔膜至多隔膜，脐稍加厚而暗。

模式种：*Ragnhildiana agerati*（F. Stev.）F. Stev. & Solheim。

与近似属的区别

　　枝孢属 *Cladosporium* Link 具有加厚而暗的孢痕疤和分生孢子基脐；分生孢子链生并具分枝的链，椭圆形、纺锤形等多种形状，有色泽，与拉格脐孢属相似，区别在于其分生孢子光滑，粗糙至具疣，两端疤痕突出。

　　凸脐孢属 *Clarohilum* Videira & Crous 与拉格脐孢属的区别在于其孢痕疤和分生孢子基脐加厚而暗；分生孢子单生。

　　菌绒孢属 *Mycovellosiella* Rangel 与拉格脐孢属非常相似，具有表生菌丝，分生孢子链生，区别在于其表生菌丝常成绳并攀缘叶毛；孢痕疤和分生孢子基脐加厚而暗；分生孢子光滑至稍具疣。

　　类菌绒孢属 *Paramycovellosiella* Videira, H.D. Shin & Crous 也具有内生和表生的菌丝体；单生和链生的分生孢子，与拉格脐孢属相似，区别在于其子座无或发育不良；孢痕疤小，加厚而暗；分生孢子脐小，加厚而暗，在基部或两端稍突出。

　　色链隔孢属 *Phaeoramularia* Munt.-Cvetk. 与拉格脐孢属相似，具有链生的分生孢子，但其菌丝体内生；孢痕疤和分生孢子基脐加厚而暗；分生孢子光滑至粗糙。

菊科 COMPOSITAE

铁锈拉格脐孢　图 126

Ragnhildiana ferruginea (Fuckel) U. Braun, C. Nakash., Videira & Crous, *in* Videira, Groenewald, Nakashima, Braun, Barreto, de Wit & Crous, Stud. Mycol. 87: 343, 2017.

Cercospora ferruginea Fuckel, *in* Fresenius, Beitr. Mykol. 3: 93, 1863; Chupp, A Monograph of the Fungus Genus *Cercospora*: 136, 1954; Ellis, More Dematiaceous Hyphomycetes: 250, 1976; Tai, Sylloge Fungorum Sinicorum: 878, 1979.

Mycovellosiella ferruginea (Fuckel) Deighton, Mycol. Pap. 144: 14, 1979; Hsieh & Goh, *Cercospora* and Similar Fungi from Taiwan: 74, 1990.

Passalora ferruginea (Fuckel) U. Braun & Crous, *in* Crous & Braun, *Mycosphaerella* and its Anamorphs: I. Names Published in *Cercospora* and *Passalora*: 183, 2003.

Cercospora olivacea G.H. Otth, Mitth. Naturf. Ges. Bern 1868: 65, 1869.

Helminthosporium absinthii Peck, Rep. New York State Mus. Nat. Hist. 30: 54, 1878.

Cercospora absinthii (Peck) Sacc. Syll. Fung. 4: 444, 1886.

Ramularia absinthii Laubert, Centralbl. Bacteriol., 2. Abt., 52: 242, 1920.

Cercosporidium artemistiae Sawada, Rep. Agric. Res. Inst. Taiwan 86: 164, 1943, *nom. inval.*

　　斑点在叶面无一定形状或呈不规则的褪色斑块,在叶背相应部分覆盖一层铁锈色至污黑色绒状子实层。子实体生于叶背面，扩散型。初生菌丝体内生；次生菌丝体表生：菌丝从气孔伸出并广泛扩展于叶背面，橄榄色至浅褐色，分枝，具隔膜，宽 2.3~3.7 μm。无子座。分生孢子梗少数根与次生菌丝一起从气孔伸出，或作为侧生分枝单生在表生菌丝上，浅褐色至暗褐色，向顶色泽变浅，宽度不规则，顶部常较宽，直或不同程度的弯曲，光滑，分枝，0~6 个屈膝状折点，顶部圆锥形，多个隔膜，130~480 × 4~6.5（~7.5）μm。孢痕疤明显加厚、暗，宽 2~2.6 μm，坐落在陡然细窄的顶部及折点处或平贴在分生孢子梗壁上。分生孢子单生，倒棍棒形至圆柱形，浅橄榄褐色至浅褐色，光滑，直至稍弯曲，顶部钝圆至圆锥形，基部倒圆锥形平截，0~7 个隔膜，35~130 × 4~10 μm；脐加厚而暗。

参头艾 *Artemisia codonocephala* Diels：重庆（51943）。

蒙古蒿 *Artemisia mongolica* Fisch.：辽宁千山（79016）。

魁蒿 *Artemisia princeps* Pamp.：台湾苗栗（NTU-PPE）。

灰苞蒿 *Artemisia roxburghiana* Bess.：云南元谋（63728）。

北艾 *Artemisia vulgaris* L.：浙江杭州（14915）。

蒿属 *Artemisia* sp.：江苏宝华山（14913），浙江杭州（12119），江西庐山（14914），四川乾宁（80922），云南昆明（01969）。

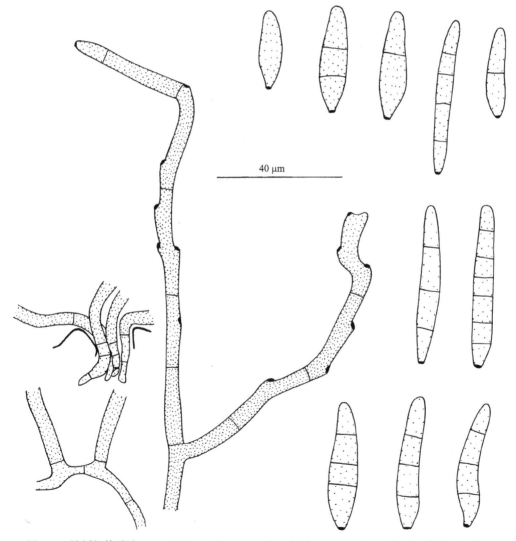

图 126 铁锈拉格脐孢 *Ragnhildiana ferruginea*（Fuckel）U. Braun, C. Nakash., Videira & Crous

世界分布：亚美尼亚，澳大利亚，阿塞拜疆，比利时，保加利亚，加拿大，中国，智利，丹麦，爱沙尼亚，芬兰，法国，格鲁吉亚，德国，大不列颠岛，匈牙利，印度，意大利，日本，哈萨克斯坦，吉尔吉斯斯坦，韩国，拉脱维亚，立陶宛，缅甸，巴基斯坦，波兰，罗马尼亚，俄罗斯（亚洲和欧洲部分），斯洛文尼亚，瑞典，瑞士，乌克兰，美国。

讨论：Fuckel（1863）报道生于北艾 *Artemisia vulgaris* L. 上的铁锈尾孢 *Cercospora ferruginea* Fuckel，分生孢子梗中度暗褐色，50~250 × 4~6（~9）μm；分生孢子倒棍棒形，浅褐色15~60（~90）× 5~8 μm。Otth（1869）把寄生在洋艾 *A. absinthium* L. 的真菌定名为橄榄尾孢 *C. olivacea* Otth，子实体主要生在叶面；子座直径 20~60 μm；分生孢子梗浅橄榄褐色至暗褐色，50~225 × 3.5~5.5 μm；分生孢子圆柱形至倒棍棒-圆柱形，浅橄榄色，20~75 × 5~8 μm。

Peck（Rep. St. Mus. N. Y. 30: 54, 1878）描述的洋艾长蠕孢 *Helminthosporium absinthii* Peck 也生在 *A. absinthium* 上，有子座，与 *C. olivacea* 的形态特征相似。Saccardo（Univ. Ill. Biol. Monogr. 12: 61, 1886）把 *H. absinthii* 组合为洋艾尾孢 *Cercospora absinthii*（Peck）Sacc.。Solheim（Univ. III. Biol. Monogr. 12: 61, 1929）把 *C. absinthii* 作为 *C. olivacea* 的异名。Solheim（1930）又把 *H. absinthii* 作为 *C. ferruginea* 的异名。Chupp（1954）则认为 *H. absinthii* 有子座，应该是 *C. olivacea* 的异名，而不同于 *C. ferruginea*，因此，在 Chupp（1954）的尾孢属专著中，*H. absinthii* 和 *C. absinthii* 均为 *C. olivacea* Otth 的异名。Deighton（1979）研究了寄生在洋艾 *A. absinthium* L.、牡蒿 *A. japonica* L. 和北艾 *A. vulgaris* L.上的真菌，认为它们的形态特征都非常相似，并且认为子座的有无不是重要的分类特征，因此，Deighton 同意 Solheim 的观点，将 *C. olivacea* 和 *H. absinthii* 均作为 *C. ferruginea* 的异名。

Cercospora ferruginea 因具有表生菌丝和链生的分生孢子，Deighton（1979）将其组合为铁锈菌绒孢 *Mycovellosiella ferrugineu*（Fuckel）Deighton，Crous 和 Draun（2003）又组合为铁锈钉孢 *Passalora ferruginea*（Fuckel）U. Braun & Crous。

Videira 等（2017）对 Mycosphaerellaceae 经多基因序列数据系统发育分析研究后，将 *Ragnhildiana* 从 *Passalora* 中分出来，仍旧保留，把 *C. ferruginea* 作为 *Ragnhildiana ferruginea*（Fuckel）U. Braun, C. Nakash., Videira & Crous 的基原异名。Videira 等（2017）研究分离自韩国阴地蒿 *Artemisia sylvatica* Mattf. 上的菌株，在 V8 培养基上的分生孢子梗（5~200 × 2.5 ~5 μm）和分生孢子（20~75 × 2.5~5 μm）较在中国标本上均短而窄，且分生孢子梗光滑至后期具疣；分生孢子单生，偶尔链生，成不分枝的链，基脐突出。

贯叶泽兰拉格脐孢 图 127

Ragnhildiana perfoliati (Ellis & Everh.) U. Braun, C. Nakash., Videira & Crous, *in* Videira, Groenewald, Nakashima, Braun, Barreto, de Wit & Crous, Stud. Mycol. 87: 345, 2017.

Cercospora perfoliati Ellis & Everh. [as 'perfoliata'], J. Mycol. 5: 71, 1889; Chupp, A Monograph of the Fungus Genus *Cercospora*: 152, 1954.

Mycovellosiella perfoliati (Ellis & Everh.) Munt.-Cvetk., Lilloa 30: 201, 1960; Hsieh & Goh, *Cercospora* and Similar Fungi from Taiwan: 74, 1990; Guo, Acta Mycol. Sinica 11(2):

120, 1992.

Passalora perfoliati (Ellis & Everh.) U. Braun & Crous, *in* Crous & Braun, *Mycosphaerella* and its Anamorphs: I. Names Published in *Cercospora* and *Passalora*: 314, 2003.

Cercospora agerati F. Stevens, Bull. Bernice P. Bishop Mus. 19: 154, 1925.

Ragnhildiana agerati (F. Stevens) F. Stevens & Solheim, Mycologia 23: 402, 1931.

Cladosporium versicolor Bond., Ceylon J. Sci. Sect. A, Bot. 12: 183, 1947.

Ramularia agerati Sawada, Spec. Publ. Coll. Agric. Taiwan Univ. 8: 190, 1959, *nom. inval.*

Cercosporella coorgica Muthappa, Mycopathool. Mycol. Appl. 34: 194, 1968.

Passalora ageratinae Crous & A.R. Wood, Stud. Mycol. 64: 34, 2009.

叶面斑点初期不明显，后期稍呈黄色，叶背相应部分斑点近圆形至不规则形，宽 1~10 mm，灰色、灰白色至灰褐色。子实体生于叶背面，扩散型。初生菌丝体内生；次生菌丝体表生：菌丝从气孔伸出，匍匐扩展于叶背面，近无色，分枝，具隔膜，宽 1.5~3 μm，常攀缘叶毛。无子座。分生孢子梗少数根从气孔伸出、顶生或作为侧生分枝单生于表生菌丝上，近无色、橄榄色至橄榄褐色，色泽均匀，宽度不规则，直至弯曲，分枝，光滑，0~4 个屈膝状折点，顶部圆锥形至圆锥形平截，1~4 个隔膜，17~85 × 3~5 μm。孢痕疤小而明显加厚、宽 1.7~2 μm。分生孢子圆柱形，近无色至浅橄榄色，链生并具分枝的链，光滑，直或稍弯曲，顶部钝圆至圆锥形，基部倒圆锥形平截，0~4 个隔膜，22~55 × 3~5 μm；脐明显加厚、暗。

藿香蓟 *Ageratum conyzoides* L.：台湾台中（05448）。

世界分布：加那利群岛，中国，多米尼加，加蓬，印度，牙买加，肯尼亚，马拉维，新喀里多尼亚，海地，巴布亚新几内亚，南非，苏丹，斯里兰卡，坦桑尼亚，特立尼达和多巴哥，乌干达，美国。

讨论：Stevens（1925）报道自 *Ageratum conyzoides* L.上的藿香蓟尾孢 *Cercospora agerati* F. Stevens，因具有链生的分生孢子，Solheim 和 Stevens（1931）将其组合为藿香蓟拉格脐孢 *Ragnhildiana agerati*（F. Stev.）F. Stev. & Solheim，并作为拉格脐孢属 *Ragnhildiana* Solheim 的模式种。

Chupp（1954）把 *C. agerati* 作为贯叶泽兰尾孢 *C. perfoliati* Ellis & Everh.（1889）的异名。*C. perfoliati* 又先后被组合为贯叶泽兰菌绒孢 *Mycovellosiella perfoliati*（Ellis & Everh.）Munt.-Cvetk.（1960）和贯叶泽兰钉孢 *Passalora perfoliati*（Ellis & Everh.）U. Braun & Crous（Crous and Braun, 2003）。

Videira 等（2017）经分子研究后，将 *C. perfoliati* 组合为贯叶泽兰拉格脐孢 *Ragnhildiana perfoliati*（Ellis & Everh.）U. Braun, C. Nakash., Videira & Crous，并将 *C. agerati* 和 *R. agerati* 降为 *R. perfoliati* 的异名。

本菌的异名之一藿香蓟钉孢 *Passalora ageratinae* Crous & A.R. Wood 寄生在墨西哥、美国、澳大利亚和南非的紫茎泽兰（也是入侵我国的恶性杂草）*Ageratina adenophora* （Spreng.）R.M. King & H. Rob.上，是控制杂草紫茎泽兰 *A. adenophora* 的生防菌（Dodd, 1961; Morris, 1989; Wang *et al.*, 1997; Zhu *et al.*, 2007; Muniappan *et al.*, 2009）。*P. ageratinae* 除子实体叶两面生，无表生菌丝和分生孢子梗短外，与阿萨姆钉孢 *P. assamensis*（S. Chowdhury）U. Braun & Crous（Crous and Braun, 2003）非常相似，系统

发育分析显示，*P. ageratinae* 与 *Ragnhildiana* Solheim 聚在一支。

Videira 等（2017）描述分离自南非 *A. adenophora* 上的菌株，在 V8 培养基上菌株 CBS 125419 的分生孢子梗 25~0 × 2.5~5 μm，分生孢子 20~0 × 2.5~0 μm；菌株 CPC 15366 的分生孢子梗 10~300 × 2.2~6 μm；菌株 CPC 17321 的分生孢子梗 20~275 × 2.5~7.5 μm，分生孢子 26~70 × 3~7.5 μm，较在中国标本上的分生孢子梗长，且菌株 CPC 17321 的分生孢子梗长而宽，分生孢子亦宽。

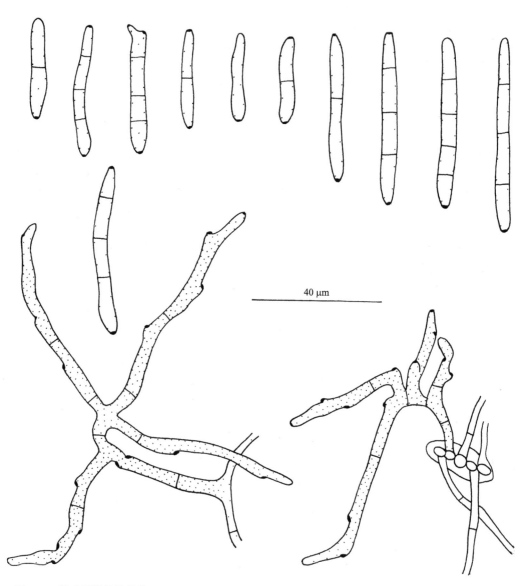

40 μm

图 127　贯叶泽兰拉格脐孢 *Ragnhildiana perfoliati*（Ellis & Everh.）U. Braun, C. Nakash., Videira & Crous

葡萄科 VITACEAE

蛇葡萄拉格脐孢　图 128

Ragnhildiana ampelopsidis (Peck) U. Braun, C. Nakash., Videira & Crous, in Videira, Groenewald, Nakashima, Braun, Barreto, de Wit & Crous, Stud. Mycol. 87: 342, 2017.

Cercospora ampelopsis Peck [as 'ampelopsidis'], Rep. New York State Mus. Nat. Hist. 30: 55, 1878; Saccardo, Syll. Fung. 18: 459, 1906; Chupp, A Monograph of the Fungus Genus *Cercospora*: 601, 1954.

Passalora ampelopsidis (Peck) U. Braun, *in* Braun & Mel'nik, Cercosporoid Fungi from Russia and Adjacent Countries: 38, 1997; Crous & Braun, *Mycosphaerella* and its Anamorphs: I. Names Published in *Cercospora* and *Passalora*: 56, 2003; Guo, Mycosystema 31(2): 162, 2012.

Cercospora pustula Cooke, Grevillea 12: 30, 1883.

Cercospora psedericola Tehon, Mycologia 16: 139, 1924.

斑点生于叶的正背两面，初期呈灰褐色至近黑色小点，具浅绿色至浅黄色晕，后期圆形至角状，无明显边缘，散生或多斑愈合，宽 0.5~6.5 mm，叶面斑点灰黑色、红褐色、暗褐色至黑色，具浅黄色或浅红色晕，叶背斑点灰绿色、灰褐色、褐色至暗褐色，具浅灰绿色或浅红色晕。子实体叶两面生，但主要生在叶背面。菌丝体内生。子座仅由少数暗色球形细胞组成至小，暗褐色。分生孢子梗 3~15 根从气孔伸出或稀疏簇生在小子座上，橄榄褐色至暗橄榄褐色，色泽均匀，宽度不规则或有时呈棍棒状，直至稍弯曲，光滑，稀少分枝，屈膝状，顶部圆锥形至近平截，1~5 个隔膜，18.5~98.5 × 4~5.8（~6.8）μm。孢痕疤明显加厚而暗，宽 1.3~2.6 μm。分生孢子单生，倒棍棒形至倒棍棒-圆柱形，初期无色，后期浅橄榄色至中度橄榄褐色，上部色浅，中部以下色泽较深，光滑，中度弯曲，顶部钝，基部中度至长倒圆锥形平截，多数 3~5 个隔膜，24~67 × 4.7~8 μm；脐明显加厚、暗。

五叶爬山虎 *Parthenocissus quenquefolia*（L.）Planch.：北京（196312，244871，244872，245705）。

世界分布：加拿大，中国，法国，日本，罗马尼亚，俄罗斯（欧洲部分），乌克兰，美国。

讨论：Chupp（1954）在他的 *A Monograph of the Fungus Genus Cercospora*（尾孢属专著）中收录了 Peck [Rep.（Annual）New York State Mus. Nat. Hist. 30: 55, 1878）以 *Parthenocissus quinquefolia* 为模式标本报道的蛇葡萄尾孢 *Cercospora ampelopsidis* Peck，并描述该菌主要特征：分生孢子梗紧密簇生或有时成束，橄榄褐色至中度暗褐色，20~130 × 3.5~5.5 μm；孢痕疤明显加厚、暗；分生孢子倒棍棒形至几乎圆柱形，浅橄榄褐色至中度暗橄榄褐色，30~130 × 4~8 μm。Braun（Braun and Mel'nik, 1997）研究了 *C. ampelopsidis* 的模式标本，描述分生孢子梗 20~130 × 3.5~5.5（~7）μm；分生孢子浅橄榄色至橄榄褐色，1 至多个隔膜，多数 3~5 个隔膜，（20~）30~60（~140）× 4~8 μm。根据 *C. ampelopsidis* 具有明显加厚而暗的孢痕疤、分生孢子有色泽且宽的特征，Braun（Braun and Mel'nik, 1997）将其组合为蛇葡萄钉孢 *Passalora ampelopsidis*（Peck）U.

Braun，但在 Index Fungorum 2016 中又恢复了 *C. ampelopsidis* 之名称。

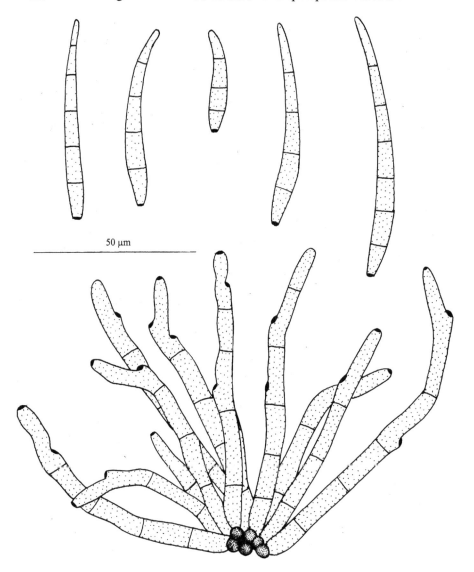

50 μm

图 128　蛇葡萄拉格脐孢 *Ragnhildiana ampelopsidis*（Peck）U. Braun, C. Nakash., Videira & Crous

　　Videira 等（2017）经多基因序列数据系统发育分析，*C. ampelopsidis* 聚在 *Ragnhildiana* 一支，因此 *C. ampelopsidis* 归在蛇葡萄拉格脐孢 *Ragnhildiana ampelopsidis*（Peck）U. Braun, C. Nakash., Videira & Crous 名下。Videira 等（2017）研究分离自罗马尼亚地锦 *Parthenocissus tricuspidata*（Sieb. & Zucc.）Planch 上的菌株，在 V8 培养基上的分生孢子梗（70~160×2.5~4 μm）和分生孢子 [（16~）27~33（~48）×（2.5~）3~4 μm] 较 Chupp、Braun 和我们描述的均窄，且分生孢子基脐突出。

　　本菌在北京 *P. quenquefolia* 上的特征与 Chupp 和 Braun 的描述非常相似，仅分生孢子梗不紧密簇生且不成束，分生孢子梗和分生孢子均较短，且分生孢子的色泽较浅。

　　五叶爬山虎 [*Parthenocissus quenquefolia*（L.）Planch.] 和地锦 [*Parthenocissus tricuspidata*（Sieb. & Zucc.）Planch] 俗称爬山虎，对土壤和环境的适应性强，耐贫瘠、干旱，尤其在城市绿化中能适应路面和墙面辐射的高温，是园林及城市垂直绿化的优良植物，也是荒漠、石质山地、公路及铁路护坡植被恢复的理想物种。爬山虎春季、夏季叶片色泽翠绿，入秋转为鲜红或紫红色，集绿化与观赏于一身，具有重要的经济价值。爬山虎在北京城区栽植量很大，院墙、房屋、公路两侧及郊区山坡上到处都有，对改善北京城市景观和生态环境有着不可替代的作用。但近年来因蛇葡萄钉孢的危害，在爬山虎叶片上形成大量褐色至黑色斑点，并且该病发生时间较长，危害严重，致使在 8~9 月叶片尚未变红便提前大量脱落，即使不脱落，叶片色泽也变浅，呈浅红色至粉红色，严重地影响了爬山虎的长势和观赏效果。

蔷薇球壳属 **Rosisphaerella** Videira & Crous, *in* Videira *et al.*, Stud. Mycol. 87: 350, 2017.

研 究 史

蔷薇球壳属是 Videira 和 Crous（Videira *et al.*, 2017）依据多基因序列数据系统发育分析、形态特征和培养性状建立的，生于蔷薇属 *Rosa* sp. 植物上，类似 *Mycosphaerella* Johanson，模式种蔷薇生蔷薇球壳 *Rosisphaerella rosicola*（Pass.）U. Braun, C. Nakash., Videira & Crous 的基原异名是蔷薇生尾孢 *Cercospora rosicola* Pass.（1875）。

Cercospora rosicola 的寄主和分布遍及全世界蔷薇属 *Rosa* sp. 植物种植区，引起蔷薇叶斑病。因 *C. rosicola* 具有明显加厚而暗的孢痕疤和有色泽的分生孢子，Braun（1995b）将其组合为蔷薇生钉孢 *Passalora rosicola*（Pass.）U. Braun。Videira 和 Crous（Videira *et al.*, 2017）把分离自美国 *Rosa* sp. 植物上的菌株进行多基因（LSU、ITS 和 *rpb*2）序列数据系统发育分析显示，其不同于 *Phaeocercospora* 和 *Pleopassaolora*，而适合 *Rosisphaerella*。

蔷薇球壳属现仅模式种一个种。

属 级 特 征

Rosisphaerella Videira & Crous, *in* Videira *et al.*, Stud. Mycol. 87: 350, 2017.

植物病原菌，生叶上。菌丝体内生，由近无色至褐色、光滑、具隔膜、分枝的菌丝组成。子座无或小，表生，气孔下生，褐色至暗褐色。分生孢子梗从气孔伸出或从少数褐色细胞上生出，单生至簇生，常束状，近基部暗橄榄褐色，向顶变浅，光滑，不分枝，多隔膜，直至弯曲，通常屈膝状弯曲。产孢细胞合生，顶生和间生，合轴式延伸，稀少全壁层出产孢，孢痕疤环状、稍加厚、暗而突出。分生孢子单生，浅至中度橄榄褐色，光滑或后期具疣，圆柱形至倒棍棒形，直至中度弯曲，具隔膜，顶部圆，基部倒圆锥形平截，脐稍加厚而暗。

模式种：*Rosisphaerella rosicola*（Pass.）U. Braun, C. Nakash., Videira & Crous。

与近似属的区别

禾草钉孢属 *Graminopassalora* U. Braun, C. Nakash., Videira & Crous 也具有单生，圆柱形至倒棍棒形的分生孢子，但其分生孢子梗光滑至粗糙；孢痕疤和分生孢子基脐加厚而暗；分生孢子光滑至粗糙。

假钉孢属 *Nothopassalora* U. Braun, C. Nakash., Videira & Crous 与蔷薇球壳属近似，具有内生的菌丝体；环状的孢痕疤和单生的分生孢子，但其孢痕疤和分生孢子基脐加厚而暗；分生孢子基脐有时突出。

钉孢属 *Passalora* Fr. 与蔷薇球壳属非常相似，具有内生的菌丝体；稍加厚而暗的产孢孔和分生孢子基脐及单生的分生孢子，区别在于其孢痕疤平；分生孢子光滑，多为双胞孢子。

色尾孢属 *Phaeocercospora* Crous 与蔷薇球壳属的区别在于其分生孢子梗和产孢细胞后期具疣，产孢细胞顶生，安瓿瓶形；孢痕疤和分生孢子基脐不加厚，不变暗。

多形钉孢属 *Pleopassalora* Videira & Crous 与蔷薇球壳属的区别在于其具有两种类型的分生孢子梗和分生孢子，类型 I 的分生孢子梗和产孢细胞光滑至粗糙，孢痕疤稍加厚而暗，平或有时突出，分生孢子光滑，稀少后期具疣；类型 II 的分生孢子梗退化，分生孢子光滑，脐不加厚，不变暗。

蔷薇科 ROSACEAE

蔷薇生蔷薇球壳　图 129

Rosisphaerella rosicola (Pass.) U. Braun, C. Nakash., Videira & Crous, *in* Videira, Groenewald, Nakashima, Braun, Barreto, de Wit & Crous, Stud. Mycol. 87: 350, 2017.

Cercospora rosicola Pass. [as '*rosaecola*'], *in* Thümen, Herb. Mycol. oec., Fasc. VII: no. 333, 1875; Chupp, A Monograph of the Fungus Genus *Cercospora*: 486, 1954; Tai, Sylloge Fungorum Sinicorum: 900, 1979; Guo, *in* Anon., Fungi and Lichens of Shennongjia: 346, 1989; Hsieh & Goh, *Cercospora* and Similar Fungi from Taiwan: 278, 1990; Guo, *in* Anon., Fungi of Xiaowutai Mountains in Hebei Province: 7, 1997, also *in* Mycotaxon 61: 14, 1997.

Passalora rosicola (Pass.) U. Braun, Mycotaxon 55: 234, 1995; Crous & Braun, *Mycosphaerella* and its Anamorphs: I. Names Published in *Cercospora* and *Passalora*: 357, 2003; Guo, *in* Zhuang, Fungi of Northwestern China: 197, 2005.

Cercospora rosigena Tharp, Mycologia 9: 114, 1917.

Cercospora rosicola var. *undosa* Davis, Trans. Wisconsin Acad. Sci. 20: 405, 1921.

Cercospora rosae J.M. Hook, Proc. Indiana Acad. Sci. 38: 131, 1929, *nom. illeg.*, non *C. rosicola* (Fuckl) Höhn., 1903.

Cercospora rosae-indiananensis J.M. Hook, Proc. Indiana Acad. Sci. 39: 82, 1930.

Mycosphaerella rosicola B.H. Davis, Mycologia 30: 296, 1938.

Phaeosporella rosicola (B.H. Davis) Tomilin, Opredelitel' Gribov roda *Mycosphaerella*

Johans: 285, 1979.

　　斑点生于叶的正背两面，圆形至近圆形，直径 1~10 mm，有时多斑愈合，叶面斑点初期紫色，中央具一小白点，后期黄褐色至褐色，或中央灰白色、浅黄褐色、黄褐色至灰褐色，边缘围以 1 条或 2 条暗褐色至近黑色细线圈，具浅黄褐色晕，或斑点边缘为紫色，叶背斑点浅黄褐色至灰褐色。子实体叶两面生。菌丝体内生。子座无或仅为几个褐色球形细胞。分生孢子梗 2~8 根稀疏簇生，中度橄榄褐色至褐色，向顶色泽变浅，宽度不规则，常基部较宽，直至弯曲，向顶呈波状，偶有分枝，光滑，1~5 个屈膝状折点，顶部圆锥形，2~4 个隔膜，欠明显，20~195 × 4.5~6.5 μm。孢痕疤明显加厚、暗，宽 2~2.5 μm。分生孢子单生，倒棍棒形，浅至中度橄榄色，光滑，直至弯曲，顶部钝至钝圆，基部倒圆锥形平截，1~8 个隔膜，25~85 × 4.5~6.8 μm；脐明显加厚、暗。

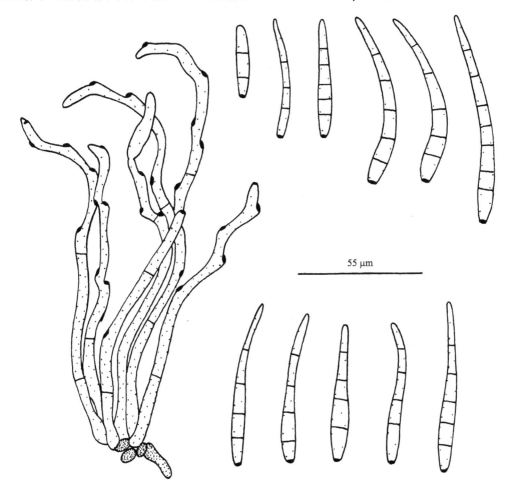

图 129　蔷薇生蔷薇球壳 *Rosisphaerella rosicola*（Pass.）U. Braun, C. Nakash., Videira & Crous

　　达呼里蔷薇 *Rosa dahurica* Pall.：河北小五台山（65901）；吉林左家（79019）。

　　峨眉蔷薇 *Rosa omeiensis* Rolfe：四川大巴山（71380）。

　　钝叶蔷薇 *Rosa sertata* Rolfe：湖北神农架（50584）。

　　蔷薇属 *Rosa* sp.：湖北神农架（50585，50586）；陕西太白山（79020）；四川马

尔康（79021）。

据戴芳澜（1979）报道，本种在我国的寄主和分布还有：

月季花 *Rosa chinensis* Jacq.：河南。

多花蔷薇 *Rosa multiflora* Thunb.：四川。

据葛起新（1991）记载，本种在浙江还有报道：

月季花 *Rosa chinensis* Jacq.：浙江杭州。

多花蔷薇 *Rosa multiflora* Thunb.：浙江杭州。

玫瑰 *Rosa rugosa* Thunb.：浙江杭州。

世界分布：阿富汗，美属萨摩亚，安哥拉，亚美尼亚，巴西，保加利亚，加拿大，中国，哥伦比亚，库克群岛，古巴，塞浦路斯，多米尼加，埃及，萨尔瓦多，爱沙尼亚，印度，伊朗，意大利，哈萨克斯坦，肯尼亚，墨西哥，摩尔多瓦，新西兰，巴基斯坦，巴拿马，秘鲁，菲律宾，葡萄牙，俄罗斯（欧洲部分及西伯利亚），萨摩亚，圣多美和普林西比亚，塞内加尔，斯洛文尼亚，南非，斯里兰卡，泰国，特立尼达和多巴哥，乌干达，乌克兰，美国，瓦努阿图，维尔京群岛。

讨论：寄生在蔷薇属 *Rosa* sp. 植物上的蔷薇生尾孢 *Cercospora rosicola* Pass.（Herb. Mycol. oec., Fasc. VII: no. 333, 1875）具有明显加厚的孢痕疤和倒棍棒形、浅至中度橄榄色、宽的分生孢子，Braun（1995b）将其组合为蔷薇生钉孢 *Passalora rosicola*（Pass.）U. Braun。*P. rosicola* 引起的蔷薇叶斑病在全世界广泛分布（Davis，1938）。Videira 等（2017）经多基因序列数据系统发育分析，将 *C. rosicola* 作为蔷薇生蔷薇球壳 *Rosisphaerella rosicola*（Pass.）U. Braun, C. Nakash., Videira & Crous 的基原异名，*P. rosicola* 作为其异名。

Videira 等（2017）研究了生于美国 *Rosa* sp. 植物上的 *R. rosicola*，描述的形态特征与在中国标本上非常相似，仅具子座（直径 25~52 μm）；孢痕疤和分生孢子基脐稍加厚而暗；分生孢子浅至中度橄榄褐色，后期具疣，较窄（20~98 × 3~5 μm）。分离的菌株在 SNA 培养基上，孢痕疤和分生孢子基脐稍加厚而暗；分生孢子梗长（10~280 × 2.5~5 μm）；分生孢子近无色至浅褐色，后期具疣，稍短，窄（20~63 × 2.5~5 μm）。

本菌在中国标本上的分生孢子梗和分生孢子较 Chupp（1954）记载的 *C. rosicola* Pass.（分生孢子梗 20~110 × 3~4.5 μm，分生孢子 20~60 × 3~5 μm）均长而宽。

寄生在蔷薇属 *Rosa* sp. 植物上的蔷薇钉孢 *Passalora rosae*（Fuckel）U. Braun（1995b）与本菌的区别在于具大子座（直径达 70.0μm）；分生孢子梗（5~40 × 2~4 μm）和分生孢子（15~50 × 2~4 μm）均短而窄。

疣丝孢属 Stenella Syd., Ann. Mycol. 28: 205, 1930.

研 究 史

疣丝孢属是 Sydow（1930）建立的仅有模式种的单种属，Sydow 提供的属级特征简介："子实体或多或少扩散型，从内生、近无色的菌丝上生出。不育菌丝表生，匍匐，分枝，有色泽。分生孢子梗直，不分枝，有色泽，具隔膜，产生分生孢子。分生孢子单生，顶生，圆柱-杆状，有色泽，1~3 个细胞。"模式种阿拉圭疣丝孢 *Stenella araguata* Syd. 的形态特征描述：子实体主要生于叶背面，从内生、稀疏网状分枝、近无色的菌丝上生出。斑点圆形或不规则形，不规则地稀疏或较紧密地散生，常多斑愈合，在叶边缘变成局限型的窄斑，叶面无斑点，仅呈黄色或黄褐色褪色，后逐渐变成灰色或橄榄褐色。不育菌丝较密，表生，平铺，由匍匐、不规则的网状分枝、常稍呈波状、具隔膜、浅灰褐色、宽 2~3.5 μm 的菌丝组成。分生孢子梗直，较紧密地簇生，长 20~50 μm，宽 2~3 μm，通常 2~4 个细胞，不分枝，常常稍呈结节状。分生孢子顶生，圆柱-杆状，稀少稍呈近纺锤形或棍棒形，浅灰褐色或烟橄榄色，光滑，两端不尖或稍尖，钝，直或稍弯曲，无隔膜或多数 2~3 个细胞，不缢缩或稍缢缩，7~20 × 2~3 μm。

*Stenell*a 这个名称在 Ellis（1971，1976）和 Deighton（1979）研究之前很少使用，之后增加的一些明显产生具疣的表生菌丝和分生孢子、分生孢子单生或链生的种均被归在广义的尾孢属 *Cercospora s. lat.* 内。Ellis（1971）承认了 *Stenell*a，并将 *Biharia* Thirum. & Mishra（Thirumalachar and Mishra, 1953）作为其异名，提供了属级特征：子实体扩散型、青黄色、橄榄褐色或褐色，绒状或絮状。菌丝体大多数表生：菌丝通常具疣，子座常出现，通常小，大多数表生。无刚毛和附着胞。分生孢子梗与菌丝有区别，单生在菌丝上和簇生在子座上，不分枝或偶具稀疏分枝，直或弯曲，橄榄色或褐色，光滑。产孢细胞合生，顶生，有时变间生，多芽生，合轴式延伸产孢，圆柱形，有时屈膝状，具孢痕疤；老孢痕疤通常明显。分生孢子大多数呈单链或向顶分枝的链，但有时单生，干燥，纺锤形或倒棍棒形，浅至中度橄榄色、橄榄褐色或褐色，光滑、粗糙或具疣，具有 0 个、1 个或多个横隔膜。模式种：阿拉圭疣丝孢 *Stenella araguata* Syd.。

Ellis（1971）描述 *Stenella* 的模式种 *S. araguata* Syd. 的形态特征：子实体叶背面生，橄榄色或橄榄褐色。分生孢子梗常稀疏分枝，长达 65 μm，宽 2~4 μm，有时近顶部膨大，宽达 5~6 μm，浅至中度橄榄色至橄榄褐色。分生孢子大多数圆柱形，稀少倒棍棒形，浅至中度橄榄色至橄榄褐色，光滑或具疣，0~4 个隔膜，7~21 × 2.2~4.8 μm。

Mulder（1975）报道了 *Stenella* 的 1 个新种和 4 个新组合：樟疣丝孢 *Stenella laurina*（Speg.）J.L. Mulder、黄安菊生疣丝孢 *S. liabicola*（Petr.）J.L. Mulder、千屈菜疣丝孢 *S. lythi*（Westend.）J.L. Mulder、围涎树疣丝孢 *S. pithecelobii* J.L. Mulder 和淡红疣丝孢 *S. rufescens*（Speg.）J.L. Mulder。Mulder（1982）又报道了疣丝孢属的 4 个新种和 1 个新组合：收缩疣丝孢 *Stenella constricta* J.L. Mulder、非洲疣丝孢 *S. africana* J.L. Mulder、均一疣丝孢 *S. uniformis* J.L. Mulder、土著疣丝孢 *S. vermiculata* J.L. Mulder 和 *S. gynoxidicola*（Petrak）J.L. Mulder。

Ellis（1976）描述了寄生在 8 科植物上的 10 种疣丝孢：黄安菊生疣丝孢（菊科 Compositae）、樟疣丝孢（樟科 Lauraceae）、刀豆疣丝孢 *S. canavaliae*（Syd. & P. Syd.）Deighton（豆科 Leguminosae）、围涎树疣丝孢 *S. pithecellobii* J.L. Mulder（豆科 Leguminosae）、千屈菜疣丝孢 *lythri*（Westend.）J.L. Mulder（千屈菜科 Lythraceae）、淡红疣丝孢 *S. rufescens*（Speg.）J.L. Mulder（桃金娘科 Myrtaceae）、红胶木疣丝孢 *S. tristaniae* Huguenin（桃金娘科 Myrtaceae）、鱼骨木疣丝孢 *S. plectroniae* Ponnappa（茜草科 Rubiaceae）、木橘疣丝孢 *S. aegles* S. Prasad（芸香科 Rutaceae）和五味子疣丝孢

S. schizandrae Pavgi & Singh（五味子科 Schizandraceae）。

Deighton（1979）接纳了 *Stenella*，并指出 *Stenella* 的孢痕疤加厚，菌丝体既内生又表生，褐色的分生孢子梗既单生在表生菌丝上也簇生在突破气孔的子座上。*Stenella* 与 *Mycovellosiella* 的区别在于具有壁粗糙的表生菌丝（着生分生孢子梗的细胞通常光滑）和褐色、常常链生、近圆柱形至窄倒棍棒-圆柱形、超过 2 个隔膜的分生孢子。*Stenella* 与 *Cladosporium* 的区别在于具有壁粗糙的表生菌丝和尾孢型的分生孢子。Ellis（1971）虽然把 *Biharia* 作为 *Stenella* 的异名，但并未把它的模式种 *B. vangueriae* Thirum. & Mishra（Thirumalachar and Mishra, 1953）转到 *Stenella*，因此，Deighton（1979）将 *B. vangueriae* 组合为 *Stenella vangueriae*（Thirum. & Mishra）Deighton，并报道了其他 3 个新组合：蒴莲疣丝孢 *S. adeniae*（Hansf.）Deighton、紫荆疣丝孢 *S. cercestidis*（Yen & Gilles）Deighton 和纤冠藤疣丝孢 *S. gongronematis*（Yen & Gilles）Deighton。

Braun 和 Mel'nik（1997）接受了 Ellis（1971, 1976）和 Deighton（1979）的观点，但没有提供属级特征描述。

Braun（1998a）在他的 *A Monograph of Cercosporella, Ramularia and Allied Genera*（*Phytopathogenic Hyphomycetes*）II. [小尾孢属、柱隔孢属及其近似属（植物病原丝孢菌）专著 第二卷] 中为 *Stenella* 提供了详细的属级特征描述：植物病原菌，稀少重寄生，无症状或引起明显叶斑，有时腐生在衰落或死叶上。子实体扩散型，有时点状，薄，不明显至茸毛-棉毛状，灰白色、橄榄色至褐色。初生菌丝体内生。子座无至发育良好，气孔下生至表皮内生，有色泽。次生菌丝体表生：菌丝匍匐，从气孔伸出，从内生菌丝或子座上生出，近无色至有色泽，具隔膜，分枝，壁薄，具疣。分生孢子梗与菌丝有明显区别，稀疏簇生，从内生菌丝或子座上生出，从气孔下或突破气孔伸出，或单生在表生菌丝上，侧生或偶尔顶生，不分枝，偶尔分枝，直至弯曲，近圆柱-线形，屈膝状，无隔膜至多隔膜，近无色、黄绿色、橄榄色至褐色，光滑至通常具疣，壁薄至有时加厚。产孢细胞合生，顶生，直至屈膝状，多芽生，合轴式延伸产孢，具疤痕疤；老孢痕疤明显加厚而暗。分生孢子单生或链生，椭圆-卵圆形、纺锤形、近圆柱-线形、针形、倒棍棒形，无隔膜至多隔膜（真隔膜），近无色至有色泽，光滑至通常具疣；基脐稍加厚而暗。Braun（1998a）还描述了 3 种疣丝孢：生在二叶唢呐草 *Mitella diphylla* L.上的唢呐草疣丝孢 *S. mitellae*（Peck）U. Braun、生在 *Paeonia masula*（L.）Mill. 上的撒丁岛疣丝孢 *S. sardoa*（Sacc.）U. Braun 和生在加拿大舞鹤草 *Maianthemum canadense* Desf. 上的近血红色疣丝孢 *S. subsanguinea*（Ellis & Everh.）U. Braun。Braun 在讨论中提到，Arx（1983）把 *Stenella* 降为 *Cladosporium* 的异名，其实根据 *Stenella* 非常不同的孢痕疤（David, 1993, 1997）和表生菌丝及分生孢子具疣的特征（Braun, 1995b），很容易与其他近似属区别开来。在 *Stenella* 内，具有近无色的分生孢子梗和分生孢子的种与 *Mycovellosiella* 及具有表生菌丝的 *Ramularia* 属的一些种相似，但区别在于 *Stenella* 具有大量明显具疣的表生菌丝。

de Hoog 等（1983）报道了 *Stenella* 的 1 个新种 *S. anomoconia* de Hoog & Boekhout。之后，de Hoog（2000）又提供了 *Stenella* 的模式种 *S. araguata* Syd. 的培养性状和形态特征：在 PDA 培养基上生长缓慢，菌落茸毛状，鼠灰色至橄榄绿色，背面灰色至黑色。分生孢子梗直或弯曲，不分枝或分枝，橄榄色至浅褐色，长达 65 μm，宽 2~4 μm。产孢细胞合生，合轴式延伸产孢，常屈膝状，具小、暗褐色的孢痕疤。分生孢子单生或成分枝的链，圆柱形至倒棍棒形，浅至橄榄褐色，具疣，0~4 个隔膜，大多数 1 个隔膜，7~21 × 2.2~4.8 μm。

Crous 和 Braun（2003）指出，根据 David（1993）提出的 Stenella 的孢痕疤是突出（pileate）的，与平的（planate）尾孢型孢痕疤不同，且模式种 S. araguata 与 Stenella 的其他种聚在不同的分支上，提出 Stenella 在 Mycosphaerella 也是多源的（Crous et al., 2000a, 2001b, 2001c）。然而进一步分子研究（Pretorius et al., 2003; Taylor et al., 2003）的结果指出，Stenella 应该作为一个有别于 Passalora 的属被保留。Crous 和 Braun（2003）订正了 Stenella 的属级特征：球腔菌属的无性型，通常是植物病原菌，无症状或几乎无症状，或常常引起叶部损伤。初生菌丝体内生；次生菌丝体表生，表生菌丝常常出现：菌丝分枝，具隔膜，无色至有色泽，具疣。子座缺乏至发育良好，气孔下生至表皮内生，有色泽。分生孢子梗单生，从表生菌丝生出，侧生或顶生，或簇生，从内生菌丝或子座上生出，直，无隔膜至多隔膜，有色泽，非常浅的橄榄色至中度暗褐色，光滑至具疣，壁薄至稍加厚。产孢细胞合生，顶生至间生，或分生孢子梗退化成产孢细胞；孢痕疤明显、稍加厚而暗、突出至平。分生孢子单生或链生，无隔膜至多隔膜，真隔膜，无色至有色泽，光滑至通常具疣，壁薄，基脐稍加厚而暗。在讨论中 Crous 和 Braun 提到，拟疣丝孢属 Stenellopsis B. Huguenin 与 Stenella 的形态特征相似，具有单生、明显具疣的分生孢子和稍加厚而暗的孢痕疤，但是缺乏具疣的表生菌丝，然而表生菌丝的形成并非区分属的重要特征，因此他们认为 Stenellopsis 应作为 Stenella 的异名。

Braun 和 Crous（2005）把 Stenellopsis 降为 Stenella 的异名，这一结果得到了分子序列数据系统发育分析的证实（Shivas et al., 2009a）。至 2020 年，虽然在 MycoBank 和 Index Fungorum 中 Stenellopsis 之属名仍存在，报道的 8 个种中有 4 个种仍为 Stenellopsis，但 Videira 等（2017）指出，Stenellopsis 的模式种枝梗拟疣丝孢 Stenellopsis fagraeae B. Huguenin 需要重新采集，以便决定 Stenellopsis 在系统发育中的位置，并把 Stenellopsis 降为 Zasmidium Fr. 的异名。

Arzanlou 等（2007）用 28S（LSU）rRNA 基因和 ITS 区（ITS1、5.8S rDNA、ITS2）对枝白属 Ramichloridium Stahel ex de Hoog 及其近似属包括 Stenella 和 Zasmidium 进行系统发育分析发现，Stenella 的模式种 S. araguata Syd. 聚在蛛网腔菌科 Teratosphaeriaceae 分支内，而研究的 Stenella 的其他所有种均聚在球腔菌科 Mycosphaerellaceae 分支内。研究结果得出的结论是 Stenella 仅有模式种 S. araguata 一个种，而聚在 Mycosphaerellaceae 的其他所有 Stenella 属的种应放在其他属。

Crous 等（2007b）分子研究后，为 Stenella 的模式种 S. araguata 提供了详细的形态特征描述及在 OA 和 PDA 培养基上的培养性状：斑点叶背面生，不规则形至近圆形，直径达 8 mm，色泽不明显、黄色至浅褐色，边缘不明显。菌丝体内生和表生，中度褐色，具隔膜，分枝，具疣，宽 3~4 μm。子实体叶背面生，簇生至分生孢子座，中度褐色，宽达 120 μm，高达 60 μm。分生孢子梗单生在表生菌丝上，或从宽达 70 μm，高达 30 μm 的褐色子座上部细胞发生，聚集成稀疏至紧密的孢梗簇，中度褐色，后期具疣，1~5 个隔膜，近圆柱形，直至屈膝状弯曲，不分枝或分枝，20~40 × 3~4 μm。产孢细胞顶生或侧生，不分枝，中度褐色，后期具疣，具尖细或稍尖至顶平的孔，合轴式延伸层出，5~20 × 3~4 μm；孢痕疤加厚而暗。分生孢子顶生或链生，成不分枝的链，中度褐色，具疣，近圆柱形至窄倒棍棒形，顶部钝，基部钝圆具平截的脐，直，0~3 个隔膜，（7~）13~20（~25）× 3（~3.5）μm；脐加厚而暗，宽 1~1.5 μm。在 OA 培养基上25℃黑暗培养一个月，菌落平展，边缘光滑，具中等量的气生菌丝，橄榄-灰色；在 PDA培养基上菌落橄榄-黑色，边缘羽毛状，不平，具中等量的气生菌丝，背面铁灰色。

尽管 *Stenella* 和 *Zasmidium* 在种的形态上难以区别，但 *Zasmidium* 的孢痕疤和分生孢子基脐属尾孢型，即是平的（planate），稍加厚而暗，而 *Stenella* 按照 David（1993）的观点，其孢痕疤是突出的（pileate）。依据形态特征和分子序列数据系统发育分析研究的结果，Braun 等（2010b）和 Kamal（2010）已将报道自澳大利亚、巴西、新西兰、委内瑞拉、印度等国的 *Stenella* 的许多种转到了 *Zasmidium*。在 Index Fungorum 2021 中，*Stenella* 已报道的 215 个名称，多数已被转到 *Zasmidium*，仍保留在 *Stenella* 属的仅 30多个名称。

Braun 等（2013）在对 *Stenella* 属和 *Zasmidium* 属进行讨论后，没有为 *Stenella* 提供详细的属级特征，仅简单描述为：除孢痕疤突出外形态上与扎氏疣丝孢属一致，系统发育属蛛网腔菌科 Teratosphaeriaceae。模式种阿拉圭疣丝孢的描述见 Ellis（1971）。

Videira 等（2017）接纳了 *Stenella*，认为 *Stenella* 属于蛛网腔菌科（Crous *et al*., 2007b，2009a；Arzanlou *et al*., 2008），并依据多基因序列数据系统发育分析、形态特征和培养性状，又将老鼠刺疣丝孢 *Stenella iteae* R. Kirschner 组合为老鼠刺扎氏疣丝孢*Zasmidium iteae*（R. Kirschner）U. Braun, C. Nakash., Videira & Crous。

在中国没有人对 *Stenella* 进行过系统研究，仅刘锡琎和廖银章（1980）描述过 2 个种：刀豆疣丝孢（1971a）和鱼尾葵疣丝孢 *S. caryotae* X.J. Liu & Y.Z. Liao（1980）；Hsieh 和 Goh（1990）记载了产自中国台湾的 5 个种：叶子花疣丝孢 *S. bougainvilleae* J.M. Yen & G. Lim（1982）、刀豆疣丝孢（1971a）、灰柑橘疣丝孢 *S. citri-grisea*（F.E. Fisher）Sivanesan（1984）、山管兰疣丝孢 *S. dianellae*（Sawada & Katsuki）Goh & W. H Hsieh（1987d）和三七草疣丝孢 *S. gynurae* Goh & W.H. Hsieh（1990），而这 7 个种均已转到 *Zasmidium*。

本卷册收录了 Matsushima（1987）、Kirschner 和 Chen（2007）报道自中国台湾的3 种疣丝孢。

属 级 特 征

Stenella Syd., Ann. Mycol. 28: 205, 1930, *emend*. Crous & Broun 2003.

通常是植物病原菌，症状不明显或几乎无症状，或常常引起叶片损伤。初生菌丝体内生；次生菌丝体表生，常常出现：菌丝分枝，具隔膜，无色至有色泽，具疣。子座无至发育良好，气孔下生或叶表皮内生，有色泽。分生孢子梗单生，从表生菌丝上生出，侧生或顶生，或从内生菌丝或子座上产生，簇生，直，无隔膜至多隔膜，有色泽，非常浅的橄榄色至中度暗褐色，光滑至具疣，壁薄或稍加厚。产孢细胞合生，顶生至间生，或由分生孢子梗退化成产孢细胞。孢痕疤明显、稍加厚而暗，突出至平。分生孢子单生或链生，无隔孢至线形孢，无隔膜至多隔膜，真隔膜，无色至有色泽，光滑至通常具疣，壁薄，基脐稍加厚而暗。

模式种：*Stenella araguata* Syd.。

与近似属的区别

枝孢属 *Cladosporium* Link 与疣丝孢属近似，也具有表生菌丝，粗糙或具疣、链生的分生孢子，但其表生菌丝光滑，分生孢子非尾孢型。

钉孢属 *Passalora* Fr. 内具有菌绒孢属 *Mycovellosiella* Rangel 特征的一些种与疣丝孢属的特征相似，都具有大量表生菌丝；分生孢子梗单生在表生菌丝上，色泽浅；分生孢子单生和链生，区别在于其表生菌丝和分生孢子光滑。

无色扎氏疣丝孢属 *Hyalozasmidium* U. Braun, C. Nakash., Videira & Crous 具有不加厚或稍加厚的孢痕疤和具疣的分生孢子梗，与疣丝孢属近似，但其分生孢子无色。

假扎氏疣丝孢属 *Pseudozasmidium* Videira & Crous 虽然也具有光滑至具疣的分生孢子梗和分生孢子，与疣丝孢属的区别在于其孢痕疤和分生孢子基脐加厚而暗。

扎氏疣丝孢属 *Zasmidium* Fr. 与疣丝孢属虽然在种的形态上难以区分，但其孢痕疤平（planate），与具突出（pileate）孢痕疤的疣丝孢属完全不同，并且其有性型为球腔菌科 Mycosphaerellaceae。

紫金牛科 MYRSINACEAE

紫金牛疣丝孢　图 130

Stenella myrsines R. Kirschner, Fungal Diversity 26: 225, 2007.

叶面斑点初期不明显，后期呈黄色、灰色至浅红褐色，叶背面斑点近圆形，角状至不规则形，无明显边缘，宽 3~7 mm，后期多斑愈合宽达 15 mm，甚至覆盖叶片的 1/4，浅褐色、灰褐色至暗褐色，绒状。初生菌丝体内生：菌丝无色，念珠状，宽 3~7 μm；次生菌丝体表生：菌丝从气孔伸出，橄榄色至浅橄榄褐色，具疣，宽 2~3 μm。无子座。子实体生于叶背面。分生孢子梗单生在表生菌丝上或 2~5 根从气孔伸出，暗褐色，向顶色泽变浅，宽度规则或向顶稍变窄，有时局部膨大，光滑，不分枝或有时分枝，顶部宽圆至圆锥形，3 至多个隔膜，60~230（~390）× 4~6 μm，膨大处宽 6.5~8 μm。孢痕疤顶生或平贴在产孢细胞壁上，多、小，暗色，宽 1.5~2.0 μm。分生孢子单生，圆柱形，橄榄色至浅橄榄褐色，具疣，直或稍弯曲，顶部钝，基部倒圆锥形平截，1~5 个隔膜，13~45（~85）× 3~4（~5）μm；脐小、暗。

大明橘 *Myrsine sequinii* Lév.：台湾台北（TNM F0021278，主模式，F0021279，F0021280，244946，244950）。

世界分布：中国。

讨论：在紫金牛科 Myrsinaceae 报道有生于印度酸藤子属 *Embelia* sp. 植物上的酸藤子疣丝孢 *Stenella embeliae* R.C. Rajak（1981）、酸藤子疣孢 *Verrucisporota embeliae*（Rai & Kamal）Kamal（2010）和报道自南非剑叶杜茎山 *Maesa lanceolata* Forssk. 上的杜茎山疣丝孢 *Stenella maesae* Crous & U. Braun（1994）。 *S. embeliae* 和 *V. embeliae*

与本菌的区别在于二者均具有宽的分生孢子（前者宽 6~10 μm；后者宽 3.5~7 μm）；*S. maesae* 与本菌的区别在于其分生孢子梗短而窄（7~15 × 2~4 μm）；分生孢子隔膜多（1~15 个隔膜），长而窄（20~220 × 2~2.5 μm），并且 *S. embeliae* 和 *S. maesae* 均已转到扎氏疣丝孢属，即酸藤子扎氏疣丝孢 *Zasmidium embeliae*（Firdousi, A.N. Rai, A.S. Michra, K.M. Vyas）Kamal（2010）和杜茎山扎氏疣丝孢 *Z. maesae*（Crous & U. Braun）Crous & U. Braun（Braun *et al.*, 2010a）。

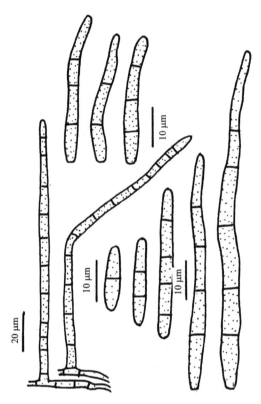

图 130　紫金牛疣丝孢 *Stenella myrsines* R. Kirschner（来自 Kirschner 2007）

棕榈科 PALMAE

台湾疣丝孢　图 131

Stenella taiwanensis T. Matsushima, Matsushima Mycological Memoirs 5: 30, 1987.

　　菌落在 V8JA 培养基上生长缓慢，扩散型，黑褐色。营养菌丝近无色至中度褐色，分枝，具隔膜，宽 1.5~3 μm。分生孢子梗与菌丝有明显区别，单生，从营养菌丝生出，圆柱形，中度褐色，直，不分枝，顶部平截，0~4 个隔膜，5~60 × 3~4 μm。产孢细胞合生，顶部单芽生或合轴式延伸产孢，或全壁层出 1~2 次。分生孢子短链生，单链或成分枝的链，圆柱形，长度变化大，下部浅褐色，向上色泽变浅并且稍窄，在顶部再次呈浅褐色并且稍膨大（特别是在分枝分生孢子处），或全部近无色，向上渐窄（特别是顶生的分生孢子），基部平截，多隔膜，10~100 × 2~5 μm。

　　槟榔 *Areca catechu* Linn.：台湾南金山（MFC-6T196，主模式）。

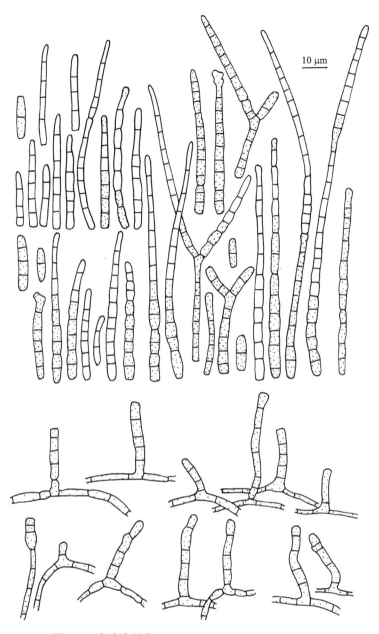

图 131　台湾疣丝孢 *Stenella taiwanensis* T. Matsushima

世界分布：中国。

讨论：Matsushima（1987）报道的 *S. taiwanensis* 1986 年分离自台湾槟榔 *Areca catechu* Linn. 的花序主轴上，在描述中未指出孢痕疤的特征。Braun 等（2014）指出，该菌具有单个、顶生在宽而平截的分生孢子梗上的不明显的孢痕疤，与 *Stenella* 属和 *Zasmidium* 属明显不同，建议将其归在甚孢属这个复合的类群中，在 Index Fungorum 2020 中，*S. taiwanensis* T. Matsushima 仍为现用名称。

无标本供研究，描述及图来自 Matsushima（1987）的原始报道。

蔷薇科 ROSACEAE

桃疣丝孢 图 132

Stenella persicae T. Yokoy. & Nasu, Mycoscience 41: 91, 2000; Kirschner & Chen, Fungal
　　Diversity 26: 235, 2007.

斑点生于叶正背两面，圆形至不规则形，无明显边缘，常形成穿孔，直径 2~6 mm，
叶面斑点浅橄榄褐色至暗褐色，具黄色晕，叶背斑点不规则形，浅灰色、灰褐色至褐色。
子实体叶背面生。初生菌丝体内生：菌丝无色，光滑，宽 1~4 μm；次生菌丝体表生：
菌丝从气孔伸出，丰富，常呈网状，浅橄榄褐色，具微疣，宽 2~2.5 μm，在分生孢子
梗基部菌丝暗褐色，宽 3~4 μm。无子座。分生孢子梗单生在表生菌丝上，浅褐色至暗
褐色，向顶色泽变浅，直，上部稍呈屈膝状，光滑，顶部宽圆至圆锥形，通常产孢部分
较宽，3~8 个隔膜，20~110 × 3~4 μm。孢痕疤顶生，平贴在产孢细胞壁上或坐落在屈膝
状折点处，暗，宽 1~1.5 μm。分生孢子倒棍棒形至圆柱形，链生，浅橄榄褐色，直至
稍弯曲，具疣，顶部钝，基部倒圆锥形平截，0~6 个隔膜，13~65（~80）× 2.5~4 μm；
脐加厚、暗。

桃 *Prunus persica* Batsch var. *vulgaris* Maxim.：台湾南投（TNM F0021286）。

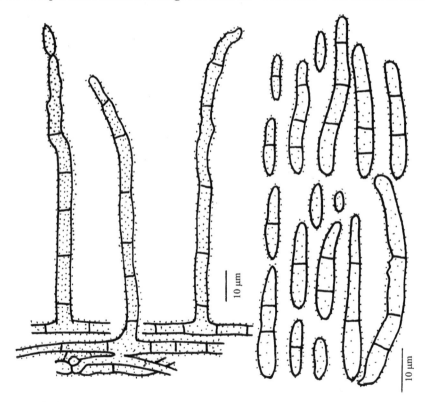

图 132　桃疣丝孢 *Stenella persicae* T. Yokoy. & Nasu（来自 Kirschner and Chen, 2007）

世界分布：中国，日本。

讨论：桃疣丝孢 *S. persicae* 是 Yokoyama 和 Nasu（2000）作为能引起日本桃果实

发霉而被描述的，但此描述不是根据自然基物上的特征，而是依据在水琼脂（water agar）培养基上的培养特征。台湾标本的分离物最初是在 MEA 培养基上培养，之后转到水琼脂培养基上培养，但在这两种培养基上均未产生子实体，而在中国台湾活寄主上的分生孢子梗和分生孢子的形态特征与日本在水琼脂培养基上培养的特征几乎完全相同。

寄生在李属 *Prunus* sp. 植物上的 *Stenella anomoconis* de Hoog & Boekhput（de Hoog *et al.*, 1983）与本菌的区别在于其具有长的分生孢子梗（125~200 μm）和不链生的分生孢子。生于印度青刺果 *Prinsepia utilis* Royle 上的扁核木疣丝孢 *S. prinsepiae* M.K. Khan, Budathoki & Kamal（1991）与本菌的区别在于其具有长而多隔膜的分生孢子（长达 257 μm）。

扎氏疣丝孢属 Zasmidium Fr., Summa Veg. Scand. 2: 407, 1849.

研 究 史

扎氏疣丝孢属是 Fries（1849）建立的，模式种地窖扎氏疣丝孢 *Zasmidium cellare*（Pers.）Fr. 是一种葡萄酒窖霉菌，其基原异名是 Persoon（1794）根据在特殊生境所具有的典型特征定名的地窖无孢霉 *Racodium cellare* Pers.。继 Persoon（1794）报道 *Racodium cellare* 后，又有许多真菌学家在多个国家采集到，如 1872 年 Graebe，1875 年 Magnus 和 1876 年 Hantzch 在德国、1883 年 Magocsy-dietz 在俄罗斯、1887 年 Cook 在美国、1894 年 Poscharsky 在德国、1904 年 Massalongo 和 1904 年 Sydow 在意大利、1925 年 Rechinger 在奥地利、1961 年 Ellis 在英国等，并被多位真菌学家报道（Schneider, 1875；Schroeter, 1883；Smyk, 1954；Baker *et al.*, 1979；Raabe *et al.*, 1981，Tribe *et al.*, 2006；Chlebickl and Majewska, 2010 等）。Guéguen（1906）对不同来源的 *R. cellare* 进行了研究，将菌丝、分生孢子和菌核进行了描述并绘图。

Zasmidium 虽然 1849 年已经建立，但直到近期经分子序列数据系统发育分析后才被确认为单系属，属子囊菌 Mycosphaerellaceae 尾孢类真菌（de Hoog *et al.*, 1999；Lumbsch and Lindemuth, 2001；Schwarz *et al.*, 2004；Videira *et al.*, 2017）。

Nannfeldt（Melin and Nannfeldt, 1934）建立了小鼻枝孢霉属 *Rhinocladiella* Nannf.，模式种是暗绿小鼻枝孢霉 *Rhinocladiella atrovirens* Nannf.。Ellis（1971）承认了 *Rhinocladiella*，提供了 *Rhinocladiella* 的属级特征：子实体扩散型，毛状或绒毛状，灰色、褐色、橄榄色或黑色，常生长缓慢。菌丝体部分内生，部分表生。无子座。无刚毛和附着胞。分生孢子梗与菌丝有明显区别或稍有区别，单生，不分枝或稀少分枝，直或弯曲，浅至中度暗褐色或橄榄褐色，光滑，具疣或具小刺。产孢细胞合生，顶生有时变间生，多芽生产孢，合轴式延伸，圆柱形，具疤痕，孢痕疤小。分枝分生孢子常出现。分生孢子单生，干燥，顶侧生，椭圆形、圆柱形、棍棒形或纺锤形，无色至浅褐色或橄榄褐色，光滑或具疣，常无隔膜，稀少形成 1 个或多个隔膜。模式种是暗绿小鼻枝孢霉 *Rhinocladiella atrovirens* Nannf.。但是，Ellis（1971）没有提供模式种 *Rhinocladiella atrovirens* 的形态特征描述。

de Hoog（1977）提供了 *R. atrovirens* 的培养性状和形态特征描述：在 OA 培养基上培养 14 天，菌落局限，茸毛状或羊毛状，橄榄色，偶尔具有浅褐色或浅灰色，中部常稍黏，边缘规则，背面暗橄榄色至浅黑色。出芽细胞（如果出现）无色，壁薄，宽椭圆形，3~4.3 × 1.7~2.5 μm。萌发细胞膨大，球形至近球形，直径 4.5~6（~7）μm；稀疏链生的球形细胞常常出现；菌落中部的菌丝念珠状，每根菌丝由一系列膨大细胞组成，菌落的其他部分菌丝逐渐变为不膨大。埋生菌丝浅橄榄色，光滑，壁非常薄，通常宽 1.5~2.5 μm；气生菌丝色泽稍暗。产孢细胞壁稍厚，褐色，短分生孢子梗通常 2~4 个细胞，圆柱形，间生或离生，9~19 × 1.6~2.2 μm，齿状主轴长达 15 μm，宽 2 μm，具密集、平或瘤状、无色的孢痕疤。分生孢子无色，壁薄，光滑，短圆柱形，基部疤痕不明显，3.7~5.5 × 1.2~1.8 μm。de Hoog（2000）再次对 *R. atrovirens* 的培养性状和形态特征进行了简要描述。

Persoon（1794）报道的 *R. cellare*，Fries（1849）将其组合为地窖扎氏疣丝孢 *Zasmidium cellare*（Pers.）Fr.，并作为 *Zasmidium* 的基原异名。Ellis（1971）认为 *R. cellare* 的形态特征与 *Rhinocladiella* 属非常相似，因此把 *R. cellare* 组合为地窖小鼻枝孢霉 *Rhinocladiella cellaris*（Pers.）M.B. Ellis，并描述为：子实体扩散型，绒毛状，橄榄色至黑褐色。菌丝褐色或橄榄褐色，具稀疏疣突或小刺。分生孢子梗形成在非常长、宽 1.5~3 μm 的菌丝上，下部具疣或小刺，上部光滑，具有很多小孢痕疤；分枝分生孢子圆柱形，长达 65 μm，宽 2~3 μm，0~3 个隔膜，产生许多分生孢子。分生孢子窄椭圆形或棍棒形，无隔膜（或稀少 1~2 个隔膜），无色至浅橄榄色，光滑或具小疣，大多数 4~8 × 1.5~2.5 μm，偶尔长 10~15 μm。

Hawksworth 和 Riedl（1977a）承认了 *R. cellare* 这个名称。他们在提议保留 *Racodium* 这个名称时指出，对于只有不育菌丝最初称为 *R. cellare* 的真菌，培养时在这种菌丝上可以产生分生孢子梗和分生孢子（Guéguen, 1906，首个提供绘图）。Hawksworth 和 Riedl（1977b）把 *Z. cellare* 仅限定在不育菌丝时期，而分生孢子时期则建立了一个新名称埃利斯小鼻枝孢霉 *Rhinocladiella ellisii* D. Hawksw.，提供 *R. ellisii* 的特征简介：不育菌丝近似 *Zasmidium cellare*（Pers.）Fr.，但分生孢子梗和分生孢子与 *Rhinocladiella* 属近似，分生孢子 0（~2）个隔膜，窄椭圆形至棍棒形，光滑至具小疣，通常 4~8 × 1.5~2.5 μm，有时长达 10~15 μm。

Dugan 等（2004）和 Swiderska-Burek（2008）根据波兰文献记载的 *Z. cellare* 的形态特征，也曾把 *Z. cellare* 作为 *Rhinocladiella ellisii* 的异名。

Hughes（1970）建议，*Zasmidium* 这个属名，应该在相关特征简介中仅有不育菌丝和菌核的描述、而无分生孢子描述时使用。

de Hoog（1977）订正了 Fries（1849）关于 *Zasmidium* 的属级特征：菌落生长中度慢，呈绒状或茸状，橄榄绿色。埋生菌丝光滑，壁薄。气生菌丝后期疣状，壁厚，全部等宽，不分枝，具有稀疏的细隔膜。产孢细胞与菌丝无区别，顶生一具色泽孢痕疤的齿状主轴。分枝分生孢子和分生孢子浅橄榄色，具疣。无厚垣孢子产生，菌核可出现。有性型未知。补选模式种：地窖无孢霉 *Racodium cellare* Pers.。在讨论中 de Hoog 指出，Fries（1849）描述 *Zasmidium cellare*（Pers.）Fr.、蛛网扎氏疣丝孢 *Z. tela*（Corda）Fr. 和普通扎氏疣丝孢 *Z. vulgare*（Fr.）Fr. 时，是把 *Zasmidium* 作为一个子囊菌属描述的（错把菌核当作子囊壳）。

Zasmidium cellare 是 Fries（1849）首个提出的，现在采用了 Ciferri 和 Montemartini（1960）及 Riedl（1968）的观点，把 Z. cellare 作为 Zasmidium 属的补选模式（lectotype）。Fries（1849）的标本没有被保存，de Hoog（1977）在研究 Person（Herb. L）定名为 Racodium cellare 的其他标本上观察到了菌丝、分生孢子和菌核。de Hoog（1977）把 Fries（1849）描述的念珠状扎氏疣丝孢 Z. toruloides Fr.（1949）和之后增加的罗宾逊扎氏疣丝孢 Z. robinsonii（Berk.）Fr.（1851），Z. scoriacea（Berk.）Reichardt（1870）排除出 Zasmidium，至此 Zasmidium 成了单种属。

de Hoog（1977）提供 Zasmidium 的属级特征为：菌落生长中度慢，羊毛状至茸毛状，橄榄绿色。埋生菌丝光滑，壁薄，无色。气生菌丝后期具疣，壁非常厚，宽度一致，几乎不分枝，具疣，隔膜细。产孢细胞与菌丝没有区别，顶部产生有色泽孢痕疤的齿状主轴。分枝分生孢子和分生孢子浅橄榄色，具疣。无厚垣孢子；菌核可能出现。未见有性型。

de Hoog（1977）提供的 Z. cellare 的培养性状和形态特征描述为：培养 14 天，菌落直径达 6 mm，由非常致密、稍隆起的埋生菌丝和茸状的气生菌丝组成，高达 3 mm，边缘明显，光滑，白色。菌丝体暗橄榄绿色，无渗出液和气味。埋生菌丝光滑，壁薄，无色，宽 2~3 μm，具有稀疏的细隔膜。气生菌丝明显具疣，壁厚，橄榄绿色，规则地宽 2~2.5 μm，稀少分枝，具稀疏的细隔膜。产孢细胞与菌丝无区别，顶生或侧生在气生菌丝上，圆柱形，宽 2~2.5 μm，长度变化大；顶部合轴式延伸，浅褐色，宽约 2.5 μm，其上产生非常密集、具有明显色泽的孢痕疤、长约 1 μm 的齿突，每个齿突上产生一个短分生孢子链。分枝分生孢子近无色，明显具疣，有时几乎光滑，壁非常薄，1~2（~5）个细胞，纺锤形至圆柱形，长度变化大；顶生分生孢子近无色，光滑或具疣，壁非常薄，棍棒形至近圆柱形，通常 6~9 × 1.8~2.5 μm；基脐暗褐色，宽约 1 μm。

Zasmidium cellare 曾经被 Guéguen（1906）作为地窖无孢霉 Racodium cellare Pers.、被 Schanderl（Zentbl. Bakt. Parasitkde, Abt. 2, 94: 117, 1936）作为地窖枝孢 Cladosporium cellare（Pers.）Schanderl 和被 Ellis（1971）作为地窖小鼻枝孢霉 Rhinocladiella cellaris（Pers.）M.B. Ellis 进行描述。

de Hoog（1979）指出 Z. cellare 不常产生分生孢子，如同 Persoon（1794）原始发表（地窖无孢霉）的一样缺乏分生孢子时期的描述，但是在来自 Lherbarium（de Hoog 1979）的标本上确实发现了分生孢子。Schneider（1875）、Schroeter（1883）、Smyk（1954）报道自波兰的 Z. cellare（Racodium cellare），他们提供的均为不育菌丝阶段的特征，缺乏对分生孢子形态特征的描述。

Chlebickl 和 Majewska（2010）研究了来自波兰 Szczecin 酒窖中的 Z. cellare，描述菌丝长达 5000 μm，宽 2~2.2 μm，壁厚 0.5~0.6 μm，气生菌丝具疣，稀少具囊状体，浅褐色至橄榄褐色，分枝，具隔膜，不产生分生孢子。并指出 Z. cellare 可以在多种培养基，如 MAA、PDA 和 CMA 等上生长。

Zasmidium 的形态特征与 Stenella 非常相似。Stenella 是 Sydow（1930）建立的单种属，模式种阿拉圭疣丝孢 S. araguata Syd. 具有明显加厚而暗的孢痕疤和分生孢子基脐，然而这个属名在 Ellis（1976）和 Deighton（1979）研究之前很少使用，后来报道

的许多形态特征与 *Stenella* 相似的种之前均归在 *Cercospora* 内，其显著特征是形成明显具疣的表生菌丝和单生或链生、具疣的分生孢子（Crous and Braun, 2003）。迅速增加的 *Stennella* 新种和重新定名的许多 *Zasmidium* 包含了一个很宽的形态类型，即包含具有仅单根从表生菌丝上产生的分生孢子梗和具有既单生也簇生的分生孢子梗；产生或不产生子座；具有链生或单生、无隔孢至线形孢的分生孢子或在有些种中两种类型的孢子混合出现；一些具有与疣丝孢分生孢子特征相似、但缺乏表生菌丝的种也被放在 *Stenella*（Braun and Crous, 2005; Shivas *et al.*, 2009b）。一些具有类似 *Stenella* 的分生孢子、但不产生具疣的表生菌丝的许多近似种，之前归在拟疣丝孢属 *Stenellopsis* B. Huguenin（1966）内。*Stenellopsis* 和 *Stenella* 的形态特征相似，都具有单生、明显具疣、孢痕疤稍加厚而暗的分生孢子，但 *Stenellopsis* 缺乏具疣的表生菌丝。然而表生菌丝是否产生现在已经不作为属级分类的重要特征，后来 *Stenellopsis* 被 Braun 和 Crous（2005）降为 *Stenella* 的异名，最终由分子序列数据系统发育分析的结果证实（Shivas *et al.*, 2009a; Braun *et al.*, 2013），*Stenellopsis* 应归在 *Zasmidium* 内。

疣孢属 *Verrucisporota* D.E. Shaw & Alcom 是 Shaw 和 Alcom（1993）作为替代不合法名称 *Verrucispora* D.E. Shaw & Alcom（1967）而建立的。*Verrucisporota* 与 *Stenellopsis* 相似，其孢痕疤宽，属尾孢型，并且分生孢子粗糙（David, 1997）。*Verrucisporota* 的模式种山龙眼科生疣孢 *Verrucisporota proteacearum* D.E. Shaw & Alcom 的形态特征与 *Zasmidium* 非常接近并且区别很小，Ellis（1971）和 David（1997）曾试图根据子座的结构、宽的孢痕疤和粗糙的分生孢子的特征把 *Verrucisporota* 与 *Stenellopsis* 区别开来。Beilharz 和 Pascoa（2002）描述 *Verrucisporota* 的新种与 *Zasmidium* 非常相似，而且这些种中的戴维斯疣孢 *V. daviesiae*（Cooke & Massee）Beilharz & Pascoe 具有 *Mycosphaerella* 的有性型，并报道了戴维斯生球腔菌新种 *Mycosphaerella daviesiae* Beilharz & Pascoa（2002）。Crous 等（2009c）对 *Verrucisporota* 的一些种进行系统发育分析显示，这些种与 *Zasmidium* 都聚在 Mycosphaerellaceae 的分支上，因此，*Verrucisporota* 应是 *Zasmidium* 的异名。Braun 等（2013）把 *Stenellopsis* 和 *Verrucisporota* 都降为 *Zasmidium* 的异名。

Arzanlou 等（2007）对小黑团孢属 *Periconiella* Sacc.（Atti Ist. Veneto Sci. Lett. Arti 3: 727, 1885）的模式种绒毛黑团孢 *Periconiella velutina*（G. Winter）Sacc. 进行了分子研究。*Periconiella* 的种具有扎氏疣丝孢类（*Zasmidium*-like）的形态特征：分生孢子梗和分生孢子有色泽，光滑至具疣，产孢细胞多芽生并且孢痕疤平，通常在分生孢子梗上部产生明显突起的分枝。根据形态特征和系统发育分析的结果，Arzanlou 等（2007）提出把 *Periconiella* 降为 *Zasmidium* 的异名。

Arzanlou 等（2007）用 28S（LSU）rRNA 基因和 ITS 区（ITS1、5.8S rDNA、ITS2）对枝白属 *Ramichloridium* Stahel ex de Hoog 及其包括 *Stenella* 和 *Zasmidium* 在内的近似属进行系统发育分析发现，*Stenella* 的模式种 *S. araguata* 聚在蛛网腔菌科 Teratosphaeriaceae 内，而研究的 *Stenella* 的其他所有种均聚在球腔菌科 Mycosphaerellaceae 内。研究结果得出的结论是 *Stenella* 仅有模式种一个种，聚在 Mycosphaerellaceae 的 *Stenella* 的其他所有种应放在其他属。而 *Zasmidium* 的模式种 *Z. cellare* 则聚在 Mycosphaerellaceae，至此，*Zasmidium* 这个最老的名称成了子囊菌球腔菌科、尾孢类真菌中一个单型属。

Zasmidium 的模式种 *Z. cellare* 虽然聚在 Mycosphaerellaceae 的分支上，但形态特征与 *Stenella* 非常相似。Arzanlou 等（2007）为 *Zasmidium* 提供了属级特征描述：内生菌丝光滑，薄壁，无色，具隔膜；表生菌丝粗糙的疣状，橄榄-绿色，壁厚，具隔膜。分生孢子梗不从营养菌丝上发生，常变成产孢细胞。产孢细胞合生，主要是顶生，有时侧生，从气生菌丝发生，圆柱形，浅褐色，多芽生，合轴式延伸，产生大量明显有色泽、几乎平、暗的孢痕疤。分生孢子倒卵圆形至倒圆锥形，成短链，具疣，浅褐色，基部平截，具一明显、浅色、加厚的基脐。初生分生孢子有时较大，近无色，壁具疣或光滑，0~4 个隔膜，长度变化大，纺锤形至圆柱形。

　　尽管 *Zasmidium* 在 Mycosphaerellaceae 不是单源形成的属（Crous *et al.*，2009a，2009b），但 Braun 等（2010a）仍把 *Zasmidium* 作为 Mycosphaerellaceae、疣丝孢类（*Stenella*-like）真菌的一个属介绍，并且订正了许多种。*Stenella* 和 *Zasmidium* 虽然在种的形态上难以区分，但 *Zasmidium* 的孢痕疤和分生孢子的基脐属尾孢型，即是平的（planate），稍加厚而暗，而 *Stenella* 现在是仅有模式种的单种属，按照 David（1993）的观点，其孢痕疤是突出的（pileate）。

　　Braun 等（2010b，2013）和 Kamal（2010）已将报道自澳大利亚、巴西、新西兰、委内瑞拉和印度等国的 *Stenella* 属的许多种转到了 *Zasmidium*。Videira 等（2017）再次研究了 *Zasmidium*，根据 *Periconiella* 的模式种绒毛小黑团孢 *Periconiella velutina* 的形态特征（产生有色泽、光滑至具疣的分生孢子梗和分生孢子，多芽生产孢的产孢细胞，平的孢痕疤）和系统发育分析，把 *Periconiella* 也作为 *Zasmidium* 的异名；采纳了 Braun 等（2013）提供的 *Zasmidium* 的属级特征；文中报道了包括新种和新组合在内的 38 种扎氏疣丝孢。至 2021 年，全世界已报道 245 种（个别种已转属）扎氏疣丝孢。

　　在中国没有人对扎氏疣丝孢属进行过系统研究，刘锡琎和廖银章（1980）描述的 2 种疣丝孢及台湾 Hsieh 和 Goh（1990）记载的 5 种疣丝孢均已转至扎氏疣丝孢属。

　　本卷册按照最新分类文献，对我国的 17 种扎氏疣丝孢进行描述和绘图。

属 级 特 征

Zasmidium Fr., Summa Veg. Scand. 2: 407, 1849. *emend.* Braun *et al.* 2013.

Periconiella Sacc., Atti Ist. Veneto Sci. Lett. Arti 3: 727, 1885.

Biheria Thirum. & Mishra, Sydowia 7: 79, 1953.

Stenellopsis B. Huguenin, Bull. Soc. Mycol. France 81: 695, 1966.

Verrucisporota D.E. Shaw & Alcorn, Austral. Syst. Bot. 6: 273, 1993.

Verrucispora D.E. Shaw & Alcorn, Proc. Linn. Soc. New South Wales 92: 171, 1967, *nom. illeg.*

　　丝孢菌，球腔菌科的无性型。通常生叶上，症状不明显或引致严重损伤，从浅黄色褪色至形成明显叶斑。植物病原菌的种，菌丝体大多数内生和表生，稀少仅内生；菌丝分枝，具隔膜，无色或几乎无色至有色泽，浅橄榄色至褐色，壁薄至稍加厚，内生菌丝光滑或几乎光滑至后期粗糙，表生菌丝明显具小疣至多疣（在培养时内生菌丝常光滑或近光滑，气生菌丝具小疣）。子座无至发育良好，有色泽。分生孢子梗单生，从表生菌丝生出，侧生，偶尔顶生，有时也簇生，从内生菌丝或子座上发生，与菌丝稍有区别至有明显区别，培养时偶尔与菌丝无区别，圆柱形、线形、近线形，直至明显屈膝状弯曲，大多数不分枝，无隔膜，即退化成产孢细胞至多隔膜，近无色至有色泽，浅橄榄色至中度暗褐色，壁薄至稍加厚，光滑至具疣。产孢细胞合生，顶生，偶尔间生，稀少侧生，或分生孢子梗退化成产孢细胞，大多数多芽生，合轴式延伸产孢，具明显、稍加厚而暗、平的孢痕疤。分生孢子单生或链生，成单链或向顶的枝链，形状和大小度变化大，从单胞至线形孢，无隔膜至多个横隔膜，近无色至有色泽，浅橄榄色至褐色，壁薄至稍加厚，光滑或近光滑至通常明显具疣（植物病原菌的种常常没有具小疣的表生菌丝），基脐稍加厚而暗，平。

模式种：*Zasmidium cellare*（Pers.）Fr.。

与近似属的区别

枝孢属 *Cladosporium* Link 分生孢子梗和分生孢子光滑或具疣，分生孢子单生和链生，常形成分枝的链，与扎氏疣丝孢属相似，区别在于其菌丝不具疣；孢痕疤和分生孢子基脐常突出。

无色扎氏疣丝孢属 *Hyalozasmidium* U. Braun, C. Nakashi., Videira & Crous 与扎氏疣丝孢属的区别在于其菌丝光滑；孢痕疤和分生孢子基脐不加厚或稍加厚；分生孢子无色。

粗枝白属 *Pachyramichloridium* Videira & Crous 菌丝具疣；分生孢子梗单生，与扎氏疣丝孢属相似，但其分生孢子梗光滑，孢痕疤稍突出，稍暗；分生孢子光滑。

假扎氏疣丝孢属 *Pseudozasmidium* Videira & Crous 表生菌丝具疣；孢痕疤和分生孢子基脐加厚而暗；分生孢子梗和分生孢子光滑至具疣，与扎氏疣丝孢属非常相似，但其载孢体为假囊壳。

小鼻枝孢霉属 *Rhinocladiella* Nannfeldt 与扎氏疣丝孢属相似，都产生具疣的分生孢子，但其分生孢子单生，通常无隔膜，稀少形成 1 个或多个隔膜。

疣丝孢属 *Stenella* Syd. 与扎氏疣丝孢属在菌的形态方面区别不大，但扎氏疣丝孢属的孢痕疤是平的，而疣丝孢属的孢痕疤是突出的，且有性型属蛛网腔菌科 Teratosphaeriaceae。

维罗纳属 *Veronaea* Ciferri & Montemartini 的分生孢子光滑或具微小的疣，与扎氏疣丝孢属的区别在于其分生孢子单生，具有 0 个、1 个或稀少横隔膜。

天南星科 ARACEAE

海芋扎氏疣丝孢 图 133

Zasmidium alocasiae (Sarbajna & Chattopadh.) Kamal, Cercosporoid Fungi of India (Dehra Dun): 237, 2010; Braun, Crous & Nakashima, IMA Fungus 5(2): 236, 2014.

Stenella alocasiae Sarbajna & Chattopadh., J. Mycopathol. Res. 29(1): 33, 1991; Guo, Mycotaxon 77: 347, 2001.

斑点叶两面生，圆形，直径 2~7（~12）mm，有时多斑愈合，叶面斑点灰白色、浅灰色至橄榄褐色，边缘围以褐色细线圈，轮纹状，具浅橄榄褐色至浅褐色或灰褐色晕，叶背斑点色泽稍浅，有时叶面斑点周围具一宽的绿色环带，外具橄榄褐色至浅褐色晕，叶背斑点灰色，周围环带浅绿色。子实体叶两面生。菌丝体内生。子座气孔下生，球形，暗褐色，直径 20~60 μm。分生孢子梗稀疏至紧密簇生在子座上，橄榄褐色至褐色，向顶色泽变浅，宽度不规则，基部或下部较宽，顶部较窄，直或弯曲，光滑，不分枝或偶具分枝，0~3 个屈膝状折点，0~5 个隔膜，在下部的隔膜处缢缩，顶部圆锥形，8~65.5 × 3~6 μm。孢痕疤坐落在分生孢子梗顶部、折点处或平贴于分生孢子梗壁上，明显加厚而暗，宽 1.3~2 μm。分生孢子单生，圆柱形，短孢子呈圆柱-倒棍棒形，橄榄褐色至浅褐色或浅灰褐色，直至稍弯曲，有时弯曲，后期具疣，不明显的多个隔膜，不缢缩，顶部钝至圆，基部倒圆锥形至近平截，20~112 × 2.5~4 μm；脐加厚而暗。

海芋 Alocasia macrorrhiza（L.）Schott & Endl.：海南黎母山（240009），文昌青澜自然保护区（240010，240011，240012），兴隆（242779）。

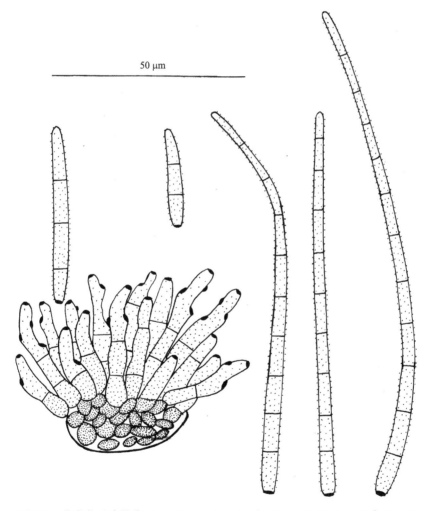

50 μm

图 133　海芋扎氏疣丝孢 Zasmidium alocasiae（Sarbajna & Chattopadh.）Kamal

世界分布：中国，印度。

讨论：本菌在海芋上的特征与 Sarbajna 和 Chattopadhyay（1991）描述自印度马来海芋 *A. indica*（Roxb.）Schott. 上的特征非常相似，仅后者具表生菌丝；侧生在表生菌丝上的次生分生孢子梗较长而稍宽（33~138 × 3~7 μm）；分生孢子较短（12~59 × 3~4 μm）。

在天南星科（Araceae）已报道 4 种扎氏疣丝孢：生于海芋 *Alocasia macrorrhiza*（L.）Schott & Endl.上的海芋扎氏疣丝孢 *Zasmidium alocasiae*（Sarbajna & Chattopadh.）Kamal（2010）、寄生在花烛属 *Anthurium* sp. 上的花烛扎氏疣丝孢 *Z. anthuriicola*（U. Braun & C. F. Hill）Crous & U. Braun（2009）、寄生在野芋 *Colocasia esculenta*（L.）Schott var. *antiquorum*（Schott）Hubb. & Rehd. 上的芋扎氏疣丝孢 *Z. colocasiae*（Sarbajna & Chattopadh.）Kamal（2010）和生于 *Cercestis congensis* Engl. 上的戴顿扎氏疣丝孢 *Z. deightonianum*（U. Braun）U. Braun（Braun and Crous, 2010）。*Z. anthuriicola* 与本菌的区别在于其无子座，具表生菌丝，分生孢子梗侧生或有时顶生在光滑至具疣的表生菌丝上，窄（10~60 × 2~4 μm），分生孢子倒棍棒-圆柱形、线形，色泽浅（近无色至浅橄榄色），短而窄（10~90 × 2~3 μm）；*Z. colocasiae* 也有子座，与本菌的区别在于其表生菌丝结节状，形成网状覆盖在叶斑上，分生孢子梗较长（16.5~115 × 3.5~5 μm），分生孢子单生或链生，倒棍棒形，浅橄榄色，稍窄（16.5~100 × 2.5~3 μm）；*Z. deightonianum* 与本种的区别在于其子座小（直径 15~20 μm），具表生菌丝，分生孢子梗窄（20~60 × 2 μm），分生孢子圆柱形或纺锤形，链生，偶尔成分枝的链，多数无隔膜，有时具 1 个隔膜，短而窄（4~20 × 2~3 μm ）。

姑婆芋扎氏疣丝孢　图 134

Zasmidium gupoyu (R. Kirschner) U. Braun, C. Nakash., Videira & Crous, *in* Videira, Groenewald, Nakashima, Braun, Barreto, de Wit & Crous, Stud. Mycol. 87: 359, 2017.

Parastenella gupoyu R. Kirschner, Fungal Diversity 40: 42, 2010.

斑点生于叶的正背两面，初期点状、近圆形至不规则形，无明显边缘，宽 2~8 mm，常多斑愈合成大型斑块，叶面斑点初期灰绿色，后期浅橄榄褐色至褐色，具黄色至浅黄褐色晕，叶背斑点褐色至暗褐色，具浅黄褐色晕，在老叶上斑点可扩展至叶的很大面积，叶面红褐色，病健交界处灰绿色、褐色至暗褐色，叶背浅黄褐色至浅红褐色。子实体叶背面生。初生菌丝体内生；次生菌丝体表生：菌丝从气孔伸出，非常多，橄榄色至浅橄榄褐色，在产分生孢子梗处褐色至暗褐色，具疣，分枝，具隔膜，宽 1.3~2.7 μm，在产分生孢子梗处宽 3.2~4.8 μm。无子座。分生孢子梗单生在表生菌丝上或 2 至多根聚集在几个褐色球形细胞上，褐色至中度褐色，向顶色泽变浅，有时局部膨大，上部产孢部较宽，直至弯曲，不分枝或有时分枝，光滑，顶部圆锥形，多隔膜，有时在隔膜处缢缩，245~560 × 2~3.5 μm。产孢细胞顶生和间生；孢痕疤在每个产孢细胞上具单个或多个，通常顶生，稀少侧生，大多数着生在一侧或两侧向外凸出生长或结节状膨大的产孢细胞上，宽 1~1.5 μm，在侧面的孢痕疤暗，在顶部的孢痕疤不加厚、不变暗。分生孢子倒棍棒-圆柱形至圆柱形，单生（偶尔链生），浅至中度橄榄褐色，具疣，直至稍弯曲，顶部钝，基部倒圆锥形平截，0~5（~13）个隔膜，8~58（~105.0）× 2.5~3.5 μm；脐暗。

在 MEA 培养基上 23℃培养 30 天，菌落直径 16~18 mm，正背面均暗褐色，但在上表面色泽稍浅且呈绒状，边缘光滑，在菌落中部簇生分生孢子梗和分生孢子。

姑婆芋 *Alocasia odora*（Lindl.）C. Koch：台湾南投（TNM F0022012，*Parastenella gupoyu* R. Kirschner 的主模式），台北乌来（TNM F0022013，HMAS 244937），花莲（TNM F0022014，HMAS 244938）。

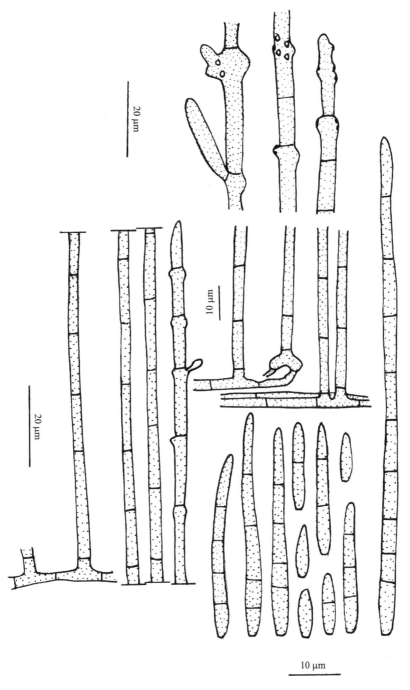

图 134 姑婆芋扎氏疣丝孢 *Zasmidium gupoyu*（R. Kirschner）U. Braun, C. Nakash., Videira & Crous（来自 Kirschner and Chen, 2010）

世界分布：中国。

讨论：Kirschner 和 Chen（2010）把寄生在姑婆芋上的真菌定名为姑婆芋类疣丝孢 *Parastenella gupoyu* R. Kirschner，该菌具有直、不分枝的分生孢子梗，具疣的菌丝和分生孢子，暗的孢痕疤和分生孢子基脐，符合扎氏疣丝孢属的特征。类疣丝孢属 *Parastenella* J. C. David 虽然也产生具疣的菌丝、分生孢子梗和分生孢子，但其孢痕疤和分生孢子基脐不明显，Videira 等（2017）根据分子研究后将姑婆芋类疣丝孢置于姑婆芋扎氏疣丝孢名下。

五加科 ARALIAC EAE

槭木扎氏疣丝孢　图 135

Zasmidium araliae (K. Schub. & U. Braun) K. Schub. & U. Braun, *in* Braun, Crous, Schubert & Shin, Schlechtendalia 20: 100, 2010.

Stenella araliae K. Schub. & U. Braun, Nova Hedwigia 84(1-2): 202, 2007.

Cladosporium araliae Sawada, Rep. Agric. Res. Inst. Taiwan 85: 91, 1943, *nom. inval.*

叶面斑点不明显，叶背面斑点扩散型，浅红褐色。子实体生于叶背面。初生菌丝体内生：菌丝分枝，具隔膜，浅橄榄色或褐色，光滑，稍膨大及缢缩，壁稍加厚，宽 2~5.5 μm；次生菌丝体表生：菌丝非常浅的黄褐色至浅褐色，分枝，具隔膜，稍膨大，多数在隔膜处不缢缩，光滑至具小疣，壁稍加厚，宽 1.5~4 μm。无子座。分生孢子梗单根顶生或侧生在表生菌丝上，浅至中度褐色，顶部稍变浅，光滑，壁加厚，直或稍弯曲，不分枝，3~5 个隔膜，有时在隔膜处稍缢缩，15~75 × 2~4 μm。产孢细胞合生，顶生或间生，合轴式延伸，具有 1 至多个孢痕疤，孢痕疤常集中在顶部，或多或少平、稍加厚而暗，宽 0.5~1.5 μm。分生孢子椭圆形至近圆柱形，链生并具分枝的链，近无色至非常浅的橄榄褐色，光滑，直，壁不加厚，顶部圆至圆锥形，基部倒圆锥形至近倒圆锥形平截，0~1 个隔膜，4~14 × 2~4 μm；脐稍加厚而暗。

黄毛楤木 *Aralia decaisneana* Hance：台湾台南关仔岭（BPI 426122，*Stenella araliae* K. Schub. & U. Braun 的主模式），台湾台中。

世界分布：中国。

讨论：Sawada（1943）报道自台湾黄毛楤木上的槭木枝孢 *Cladosporium araliae* Sawada，斑点生于叶背面，圆形，多少受叶脉所限，直径约 5 mm，叶面斑点黄褐色，叶背面斑点浅褐色。分生孢子梗生于匍匐菌丝上，圆柱形，褐色，向顶色泽变浅，多疣，直或弯曲，4~6 个隔膜，在隔膜处缢缩，60~102 × 3.5~4 μm。分生孢子长椭圆形、纺锤形，链生，灰色至灰鼠色，0~1 个隔膜，6~15 × 2.5~4 μm，因报道时未提供拉丁文简介而成为无效名称。Schubert 和 Braun（2007）研究 *C. araliae* 的模式标本后发现，这个菌具有疣状的表生菌丝及平、稍加厚而暗的孢痕疤和分生孢子基脐，是典型的疣丝孢，因此增加了拉丁文简介，报道为槭木疣丝孢 *Stenella araliae* Sawada ex K. Schub. & U. Braun 并提供了详细的形态描述。根据分子序列数据系统发育分析的结果，Braun 等（2010a）又将 *Stenella araliae* 重组为槭木扎氏疣丝孢 *Zasmidium araliae*（Sawada ex K. Schub. & U. Braun）K. Schub. & U. Braun。

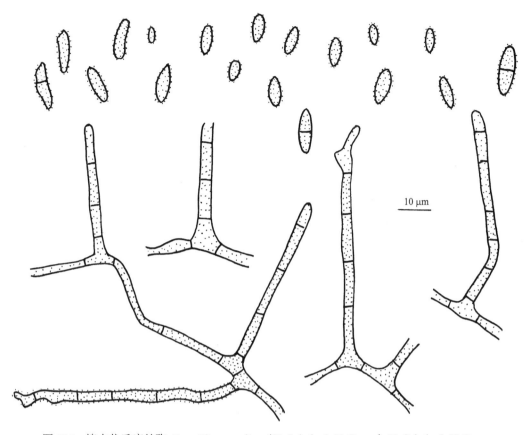

图 135　楤木扎氏疣丝孢 *Zasmidium araliae*（K. Schub. & U. Braun）K. Schub. & U. Braun

忍冬科 CAPRIFOLIACEAE

忍冬生扎氏疣丝孢　图 136

Zasmidium lonicericola (Y.H. He & Z.Y. Zhang) Crous & U. Braun, Persoonia 23: 140, 2009; Videira, Groenewald, Nakashima, Braun, Barreto, de Wit & Crous, Stud. Mycol. 87: 360, 2017.

Cladosporium lonicericola Y.H. He & Z.Y. Zhang, Mycosystema 20(4): 469, 2001; Zhang, Flora

Fungorum Sinicorum Vol. 14: 116, 2003.

Stenella lonicericola (Y.H. He & Z.Y. Zhang) K. Schub., H.D. Shin & U. Braun, Fungal Diversity 20: 204, 2005.

Cladosporium lonicerae Sawada, Rep. Agric. Res. Inst. Taiwan 86: 163, 1943, *nom. inval.*

　　叶面斑点不明显，叶背面斑点仅呈浅至暗橄榄褐色褪色。子实体生于叶背面。初生菌丝体内生：菌丝分枝，具隔膜，宽 2~4 μm；次生菌丝体表生，由内生菌丝从气孔伸出组成：菌丝匍匐或攀缘叶毛，浅至中度橄榄色至褐色，非常浅的黄褐色至浅褐色，稀少分枝，具隔膜，在隔膜处稍缢缩，壁稍加厚，具疣，但在分生孢子梗基部光滑或近光滑，并且常常稍膨大，宽 2~4 μm。无子座。分生孢子梗大部分单根侧生在表生菌丝上，圆柱形至线形，中度褐色至中度暗褐色，色泽均匀或向顶稍变浅，宽度规则或向顶稍变窄，光滑，壁厚，直至弯曲，不分枝，多隔膜，偶尔在隔膜处稍缢缩，22~350（~480）×3~5.5 μm。产孢细胞合生，顶生，稀少间生，长 6~34 μm，偶尔顶部稍膨大，具有许多孢痕疤，孢痕疤常集中在顶部，稍加厚而暗，宽 0.5~1.5 μm。分生孢子卵圆形、椭圆形、纺锤形，链生，孢子链不分枝或分枝，浅褐色，光滑，壁不加厚或稍加厚，顶部圆或向顶和基部变细窄，通常无隔膜，稀少 1~3 个隔膜，3~19 × 1.5~6 μm；脐稍加厚而暗。

　　六道木 *Abelia biflora* Turcz.：陕西西安（87204，MHYAU 07882）。

　　鬼吹箫 *Leycesteria formosa* Wall.：云南大围山（MHYAU 07085）。

　　金银花 *Lonicera japonica* Thunb.：陕西西安（MHYAU 03811）；云南昆明（MHYAU 03533，*Cladoporium lonicericola* Y.H. He & Z.Y. Zhang 的主模式）。

　　毛金银花 *Lonicera japonica* Thunb. var. *sempervillosa* Hay.：台湾台北（BPI 42724）；云南丽江（MHYAU 03812）。

　　世界分布：中国，韩国。

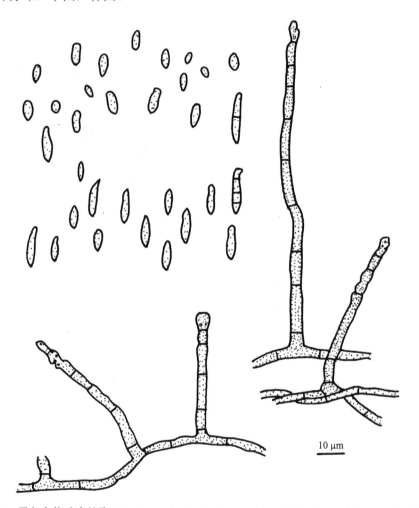

图 136　忍冬生扎氏疣丝孢 *Zasmidium lonicericola*（Y.H. He & Z.Y. Zhang）Crous & U. Braun

讨论：Sawada（1943）描述自 *Lonicera japonica* var. *sempervillosa* 上的忍冬枝孢 *Cladoporium lonicerae* Sawada，叶面斑点不明显，仅呈浅黄褐色褪色，叶背面斑点灰色至灰黑色。分生孢子梗圆柱形，生在匍匐菌丝上，黄褐色至褐色，直至弯曲，47~505 × 3~6 μm。分生孢子椭圆形、倒卵圆形至长椭圆形，链生，浅橄榄色至黄褐色，4.5~18 × 2.5~4.5 μm。但 Sawada 报道时未提供拉丁文简介，为无效名称，He 和 Zhang（2001）为其增加了拉丁文简介，报道为忍冬生枝孢 *C. lonicericola* Y.H. He & Z.Y. Zhang。Schubert 和 Braun（2005b）研究了 Sawada 的模式标本后，根据其表生菌丝具疣和具有稍加厚而暗的孢痕疤的特征，认为不适合放在 *Cladosporium* 属，将 *C. lonicericola* 组合为忍冬生疣丝孢 *Stenella lonicericola*（Y.H. He & Z.Y. Zhang）K. Schub., H.D. Shin & U. Braun，Crous 等（2009d）又重组为忍冬生扎氏疣丝孢 *Zasmidium lonicericola*（Y.H. He & Z. Y. Zhang）Crous & U. Braun。

生于羽叶泡林腾 *Paullinia pinnata* Linn. 上的泡林腾扎氏疣丝孢 *Zasmidium paulliniae*（Deighton）K. Schub. & U. Braun（Braun *et al.*，2010a）与本菌相似，都具有小、通常无隔膜、链生的分生孢子，区别在于其分生孢子梗顶部常不规则或二叉式分枝，短而窄（80~290 × 2.5~3.5 μm）；分生孢子亦稍短而窄（5.5~10.5 × 2.5~3 μm）。

菊科 COMPOSITAE

三七草扎氏疣丝孢　图 137

Zasmidium gynurae (Sawada & Katsuki) W.H. Hsieh, Y.L. Guo & F.Y. Zhai, *in* Zhai, Hsieh, Liu & Guo, Mycotaxon 129(1): 57, 2014.

Cercospora gynurae Sawada & Katsuki, Spec. Publ. Coll. Agric. Taiwan Univ. 8: 218, 1959.

Stenella gynurae (Sawada & Katsuki) Goh & W.H. Hsieh, *in* Hsieh & Goh, *Cercospora* and Similar Fungi from Taiwan: 88, 1990.

叶斑圆形，浅灰色，无明显边缘，直径 3~5 mm。子实体生于叶背面。初生菌丝体内生；次生菌丝体表生：菌丝近无色至浅橄榄色，具隔膜，分枝，后期具疣，其上侧生次生分生孢子梗，宽 1~2 μm。子座无或仅为少数褐色细胞，气孔下生。初生分生孢子梗 1~6 根从气孔伸出，簇生，次生分生孢子梗单生在表生菌丝上，浅橄榄色至浅褐色，向顶色泽变浅，宽度不规则，直或具 1~2 个屈膝状折点，稀少分枝，顶部圆至圆锥形，1~6 个隔膜，20~70（~230）× 2.5~3.5 μm。孢痕疤明显加厚、暗，宽 0.5~1 μm。分生孢子圆柱形，链生，后期具疣，近无色至浅橄榄色，直至稍弯曲，顶部圆至圆锥形，基部倒圆锥形至倒圆锥形平截，2~6 个隔膜，18~60 × 2.5~3.5 μm；脐小而明显加厚、暗。

两色三七草 *Gynura bicolor*（WIlld.）DC.：台湾彰化（NTU-PPE，*Cercospora gynurae* Sawada 的主模式）。

世界分布：中国。

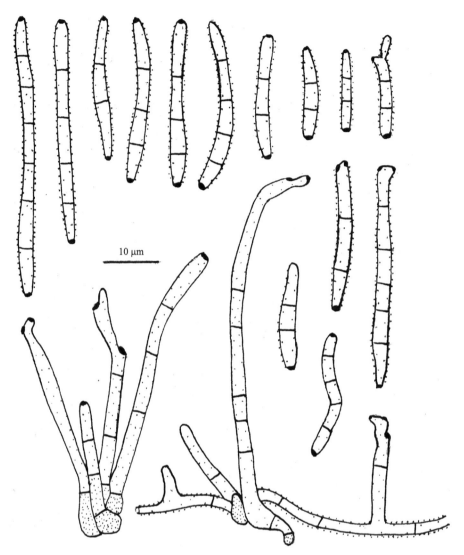

图 137　三七草扎氏疣丝孢 *Zasmidium gynurae*（Sawada & Katsuki）W.H. Hsieh, Y.L. Guo & F.Y. Zhai

一枝黄花扎氏疣丝孢　图 138

Zasmidium solidaginis (Chupp & H.C. Greene) Crous & U. Braun, *in* Braun, Crous, Schubert & Shin, Schlechtendalia 20: 103, 2010; Shi, Zhao & Guo, Fung. Sci. 33(1): 22, 2018.

Cercospora solidaginis Chupp & H.C. Greene, *in* Greene, Trans. Wis. Acad. Sci. Arts Lett. 36: 267, 1944; Chupp, A Monograph of the Fungus Genus *Cercospora*: 159, 1954.

Stenella solidaginis (Chupp & H.C. Greene) Crous & U. Braun, Mycotaxon 78: 342, 2001.

　　无明显斑点，呈扩散型斑块，叶两面生，叶面红褐色，叶背面黄褐色。子实体主要生在叶背面。初生菌丝体内生；次生菌丝体表生；菌丝从气孔伸出，橄榄色至浅橄榄褐色，分枝，具隔膜，后期具小疣，宽 2.5~3.5 μm。子座无，仅为少数暗褐色球形细胞。分生孢子梗单根或 2~5 根从气孔伸出，或作为侧生分枝单生在表生菌丝上，中度褐色至暗褐色，顶部色泽较浅，宽度稍不规则，或有时呈结节状，稀少屈膝状折点，后期具小疣，直或弯曲，不分枝，顶部圆锥形，1~7（~9）个隔膜，20~135 × 4~5 µm。孢痕疤明显加厚、暗，宽 1.2~2.5 µm，着生在产孢细胞顶部或平贴在产孢细胞壁上。分生孢子单生，倒棍棒形，近无色至浅橄榄色，后期具小疣，直至稍弯曲，顶部钝，基部倒圆锥形平截，1~5 个隔膜，25~55 × 4.0~5.3 µm；脐明显加厚而暗。

地枝黄花 *Solidago decurens* Lour.：浙江杭州（164736~164755）。

世界分布：中国，印度，日本，美国。

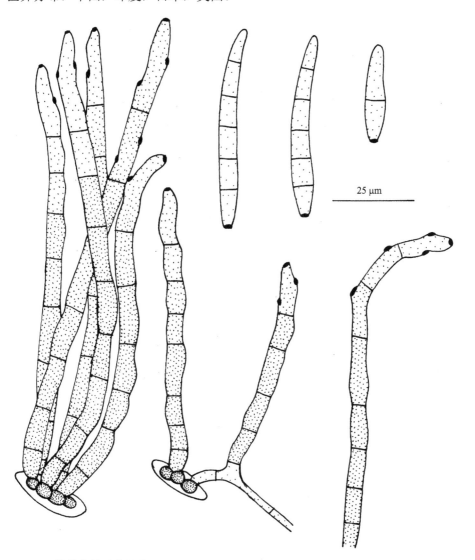

图 138 一枝黄花扎氏疣丝孢 *Zasmidium solidaginis*（Chupp & H.C. Greene）Crous & U. Braun

讨论：寄生在美国 *Solidago juncea* Ait. 上的一枝黄花尾孢 *Cercospora solidaginis* Chupp & H.C. Greene（Trans. Wis. Acad. Sci. Arts Lett. 36: 267, 1944），因表生菌丝、分生孢子梗和分生孢子后期具疣，Crous 等（2001a）组合为一枝黄花疣丝孢 *Stenella solidaginis*（Chupp & H.C. Greene）Crous & U. Braun，Crous 和 Braun（Braun *et al.*, 2010a）

又将其组合为一枝黄花扎氏疣丝孢 *Zasmidium solidaginis*（Chupp & H.C. Greene）Crous & U. Braun，其形态特征与在中国地枝黄花 *S. decurens* Lour.上的非常相似，仅其分生孢子梗（15~50 × 2.5~5 μm）较短。

Greene（Trans. Wisconsin Acad. Sci. 46: 158, 1957）报道自美国 *Solidago riddellii* 上的 *Cercospora oligoneuri* H.C. Greene，Braun 和 Crous（Crous and Braun, 2003）将其组合为 *Zasmidium oligoneuri*（H.C. Greene）Braun & Crous。该菌虽然也具有叶背生的子实体；4~8 根成簇、暗褐色的分生孢子梗（80~115 × 4~5.5 μm）和倒棍棒形、短的分生孢子（45~60 × 2.3~3.5 μm），但其斑点角状；分生孢子梗具有多个屈膝状折点；分生孢子窄，与本种不同。

里白科 GLEICHENIACEAE

芒萁扎氏疣丝孢　图 139

Zasmidium dicranopteridis R. Kirschner, *in* Kirschner & Liu, Phytotaxa 176(1): 319, 2014.
Paramycosphaerella dicranopteridis (R. Kirschner) Guatim., R.W. Barreto & Crous, *Persoonia* 37: 126, 2016.

无明显斑点。子实体生于叶背面。内生菌丝体未见；次生菌丝体表生，叶背面生：菌丝浅褐色，光滑，具隔膜，分枝，宽 1.5~3.5 μm。无子座。分生孢子梗单根从表生菌丝发生，圆柱形，暗褐色，向顶色泽变浅，光滑，直，不分枝或在上部偶具 1 个侧生分枝，4~20 个隔膜，顶部偶尔全壁层出并且色泽变浅，43~210（~235）× 4~5.5 μm，产生 1~6 个顶生或间生的产孢细胞。顶生产孢细胞浅褐色，光滑，11~20（~28）× 4~5（~5.5）μm，具多个黑色宽 1~1.5 μm 的孢痕疤。分生孢子单生，倒棍棒-圆柱形或稍呈纺锤形，无色，光滑，直至稍弯曲，顶部钝至圆锥形，基部倒圆锥形平截，1~7 个隔膜（大多数 3 个隔膜），13~35（~52）× 2.5~4 μm；脐稍加厚而暗。培养时菌落中度褐色，具白色边缘和明显的菌丝体，不育。

铁芒萁 *Dicranopteris linearis*（Burm.）Underw.：福建武夷山（KUN-HKAS）；台湾台北（TNM F0027903，主模式），新北市（TNM F0027902）。

世界分布：中国。

讨论：在福建武夷山的标本上，分生孢子梗（60~）228~381（~400）× 5~7 μm，较 Kirschner（2014）描述自台湾标本上的长而宽 [43~210（~235）× 4~5.5 μm]。

在里白科 Gleicheniaceae 植物上，尾孢类丝孢菌仅报道过一个种，即寄生在 *Dicranopteris linearis*（Burm.）Underw. 上的里白假尾孢 *Pseudocercospora gleicheniae*（J.M. Yen）U. Braun（2013）。*P. gleicheniae* 与本种近似，分生孢子梗生在表生菌丝上，光滑，长（100~300 × 3.5~5 μm）；分生孢子单生，区别在于其分生孢子梗壁加厚；孢痕疤不加厚亦不变暗；分生孢子近圆柱形、椭圆形、短近棍棒-倒卵圆形，色泽深（近无色，浅橄榄色至青黄褐色），短而宽（15~25 × 4.5~6 μm），基脐不加厚、不变暗。

Crous 等（Crous *et al.*, 2013b）建立了类球腔菌属 *Paramycosphaerella* Crous。Guatimosim 等（2016）报道了 13 种类球腔菌，包括 4 个新种和 9 个新组合，然而这 4 个新种：乌毛蕨类球腔菌 *Paramycosphaerella blechni* Guatimosim, R.W. Barreto & Crous、

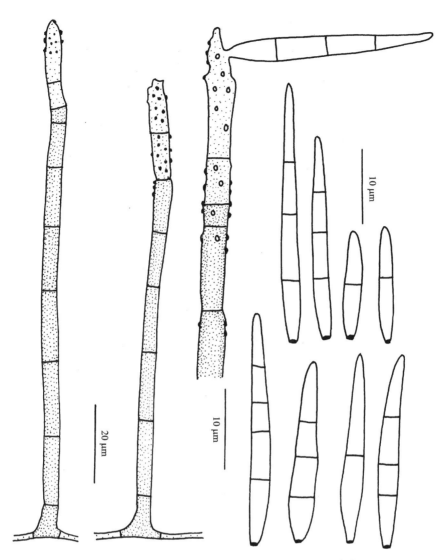

图 139 芒萁扎氏疣丝孢 *Zasmidium dicranopteridis* R. Kirschner（来自 Kirschner 2014）

P. cyatheae Guatimosim, R.W. Barreto & Crous、弯芒萁类球腔菌 *P. dicranopteridis-flexuosae* Guatimosim, R.W. Barreto & Crous、假芒萁类球腔菌 *P. sticheri* Guatimosim, R.W. Barreto & Crous 和其中的 5 个新组合种：微羽里白类球腔菌 *P. gleicheniae*（T.S. Ramakr. & K. Ramakr.）Guatimosim, R.W. Barreto & Crous、不整类球腔菌 *P. irregularis*（Cheew. *et al.*）Guatimosim, R.W. Barreto & Crous、*P. madeirensis*（Crous & Denman）Guatimosim, R.W. Barreto & Crous、*P. pseudomarsii*（Cheew. *et al.*）Guatimosim, R.W. Barreto & Crous 和越南类球腔菌 *P. vietnamensis*（Barber & T.I. Burgess）Guatimosim, R.W. Barreto & Crous 仅知道它们的球腔菌类（mycospherella-like）有性型形态，另 4 个新组合种：气生无色孢类球腔菌 *P. aerohyalinosporum*（Crous & Summerell）Guatimosim, R.W. Barreto & Crous、芒萁类球腔菌 *P. dicranopteridis*（R. Kirschner）Guatimosim, R.W. Barreto & Crous、*P. nabiacense*（Crous & Carnegie）Guatimosim, R.W. Barreto & Crous 和帕克类球腔菌 *P. parkii*（Crous *et al.*）Guatimosim, R.W. Barreto &

Crous 产生扎氏疣丝孢类（*Zasmidium*-like）的无性型。

Videira 等（2017）在研究 Mycosphaerellaceae 及其无性型属时，依据多基因序列数据系统发育分析、形态特征和培养性状报道了一些新属，把已报道的一些类球腔菌转到了这些新属中，如把 *P. aerohyalinosporum* 和气生无色孢扎氏疣丝孢 *Zasmidium aerohyalinosporum* Crous & Summerell（Crous *et al*., 2009d）降为气生无色孢无色扎氏疣丝孢 *Hyalozasmidium aerohyalinosporum*（Crous & Summerell）Videira & Crous 的异名，把 *P. parkii* 和帕克扎氏疣丝孢 *Z. parkii*（Crous & Alfenas）Crous & U. Braun（Crous and Alfenas, 1995）作为帕克假扎氏疣丝孢 *Pseudozasmidium parkii*（Crous & Alfenas）Videira & Crous 的异名，将 *P. nabiacense* 和 *Z. nabiacense* Crous & Carnegie（Crous *et al*., 2009d）降为 *Pseudozasmidium nabiacense*（Crous & Carnegie）Videira & Crous 的异名，把 *P. vietnamensis* 和越南球腔菌 *Mycosphaerella vietnamensis* Barber & T.I. Burgess（Burgess *et al*., 2007）降为越南假扎氏疣丝孢 *Pseudozasmidium vietnamensis*（Barber & T.I. Burgess）Videira & Crous 的异名。

Kirschner（2014）报道的芒萁扎氏疣丝孢 *Zasmidium dicranopteridis* 已被组合为芒萁类球腔菌 *P. dicranopteridis*（R. Kirschner）Guatim., R.W. Barreto & Crous（2016）。鉴于尾孢类真菌现在仅用一个菌名，本卷册采用无性型名称，因此将 *P. dicranopteridis* 列为 *Z. dicranopteridis* 的异名。

豆科 LEGUMINOSAE

刀豆扎氏疣丝孢　图 140

Zasmidium canavaliae (Syd. & P. Syd.) Kamal, Cercosporoid Fungi of India (Dehra Dun): 238, 2010.

Cercospora canavaliae Syd. & P. Syd., Ann. Mycol. 12: 203, 1914; Chupp, A Monograph of the Fungus Genus *Cercospora*: 287, 1954.

Dendryphion canavaliae (Syd. & P. Sydow) Sawada, Spec. Publ. Coll. Agric. Taiwan Univ. 8: 199, 1959 ('*Dendryphium*').

Pseudocercospora canavaliae (Syd. & P. Sydow) J.M. Yen, Bull. Soc. Mycol. France 98: 368, 1982.

Stenella canavaliae (Syd. & P. Sydow) Deighton,Trans. Br. Mycol. Soc. 56(3): 412, 1971; Ellis, More Dematiaceous Hyphomycetes: 309, 1976; Liu & Liao, Acta Microbiol. Sinica 20(2): 118, 1980; Hsieh & Goh, *Cercospora* and Similar Fungi from Taiwan: 207, 1990; Guo, *in* Zhuang, Higher Fungi of Tropical China: 231, 2001; Crous & Braun, *Mycosphaerella* and its Anamorphs: I. Names Published in *Cercospora* and *Passalora*: 98, 2003.

Acrothecium canavaliae Sawada, Spec. Publ. Coll. Agric. Taiwan Univ. 8: 196, 1959, *nom. inval.*

Cercospora canavaliae-roseae J.M. Yen & Gilles, Bull. Soc. Mycol. France 90: 312, 1975.

Stenella canavaliae-roseae (J.M. Yen & Gilles) J.M. Yen, Bull. Soc. Mycol. France 98: 368,

1975.

最初叶面斑点不明显，仅在叶背面呈污黑色小点，稍后逐渐向叶正背两面扩展，呈污黑色水渍状不规则形的大斑块，无明显边缘，宽 2~35 mm，有时数斑愈合，扩大至整个叶背面，并呈现黑色绒状，即子实体。子实体主要生于叶背面，偶尔也发生在叶面的老斑点上。初生菌丝体内生；次生菌丝体表生：菌丝浅橄榄色，具隔膜，分枝，具微疣，其上侧生次生分生孢子梗，宽 2~3 μm。子座无或仅为少数褐色细胞，气孔下生。分生孢子梗单生在表生菌丝上或 2~17 根簇生于子座上，橄榄褐色至深褐色，顶部色浅，宽度规则或不规则，直或稍弯曲，不分枝或偶尔分枝，偶有 1~3 个屈膝状折点，顶部

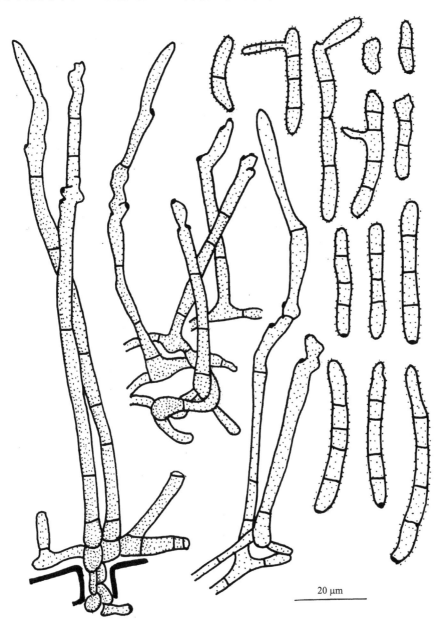

20 μm

图 140　刀豆扎氏疣丝孢 *Zasmidium canavaliae*（Syd. & P. Syd.）Kamal

圆或膨大呈不规则状，0~9 个隔膜，25~178 × 2.5~5 μm。孢痕疤明显加厚、暗，老孢痕疤平贴于分生孢子梗侧面，宽 2~2.5 μm。分生孢子圆柱形，极少倒棍棒形，具疣，链生或单生，浅橄榄色至橄榄褐色，直至稍弯曲，顶部圆至圆锥形，基部倒圆锥形至倒圆锥形平截，0~8 个隔膜，20~80 × 3~5 μm；脐明显加厚、暗。

  洋刀豆 *Canavalia ensiformis*（L.）DC.：台湾花莲（05152，05215）。

  海刀豆 *Canavalia lineate* DC.：广东广州（10264）。

  世界分布：澳大利亚，百慕大，巴西，文莱，中国，哥斯达黎加，古巴，洪都拉斯，印度，印度尼西亚，科特迪瓦，日本，马来西亚，南美洲，巴拿马，菲律宾，塞拉利昂，特立尼达和多巴哥，委内瑞拉，哥斯达黎加，美国。

  讨论：Hsieh 和 Goh（1990）描述本菌在洋刀豆 *Canavalia ensiformis* 上的特征与在海刀豆 *Canavalia lineate* 上的非常相似，仅分生孢子梗较长（30~300 × 3~4.5 μm），分生孢子较短（10~50 × 3.0~4.5 μm）。

百合科 LILIACEAE

山管兰扎氏疣丝孢 图 141

Zasmidium dianellae (Sawada & Katsuki) U. Braun, *in* Bensch, Braun, Groenewald & Crous, Stud. Mycol. 72(1): 336, 2012; Braun, Crous & Nakashima, IMA Fungus 5(2): 370, 2014.

Cercospora dianellae Sawada & Katsuki, Spec. Publ. Coll. Agric. Taiwan Univ. 8: 216, 1959; Tai, Sylloge Fungorum Sinicorum: 874, 1979.

Heterosporium dianellae Sawada, Rep. Agric. Res. Inst. Taiwan 87: 76, 1944, *nom. inval.*

Stenella dianellae (Sawada & Katsuki) Goh & W.H. Hsieh, Trans. Mycol. Soc. R.O.C. 2(2): 137, 1987; Hsieh & Goh, *Cercospora* and Similar Fungi from Taiwan: 209, 1990; Crous & Braun, *Mycosphaerella* and its Anamorphs: I. Names Published in *Cercospora* and *Passalora*: 159, 2003.

  叶斑椭圆形至纺锤形，长 0.5~6 mm，散生或多斑愈合呈长形，初期紫红色，后期变成黑灰色。子实体生于叶面，紧密聚集成黑色隆起。初生菌丝体内生；次生菌丝体表生：菌丝非常浅的橄榄色至浅褐色，后期具疣，蠕虫状并相互交织在一起，具隔膜，分枝，侧生次生分生孢子梗，宽 1.5~3.5 μm。子座无或发育良好，球形，暗褐色，直径 40~125 μm。分生孢子梗稀疏簇生至多根非常紧密地簇生在子座上或单生在表生菌丝上，中度至暗红褐色，色泽均匀或向顶色泽变浅至几乎无色，宽度规则，直，不分枝，稀少屈膝状折点，顶部圆或圆锥形，0~3 个隔膜，20~75 × 2.5~4 μm。孢痕疤明显加厚、暗。分生孢子近圆柱形至圆柱-倒棍棒形，近无色至浅褐色，单生，具疣，直至稍弯曲，顶部圆，基部圆至倒圆锥形平截，0~6 个隔膜，10~60 × 3~4.5 μm；脐明显加厚、暗。

  山菅兰 *Dianella ensifolia*（L.）DC. ex Redoute：台湾台北（NTU-PPE，*Cercospora dianellae* Sawada & Katsuki 的主模式）。

  世界分布：中国，新西兰。

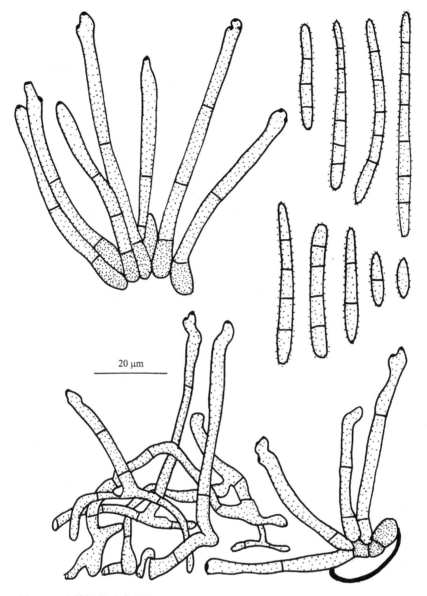

图 141 山管兰扎氏疣丝孢 *Zasmidium dianellae*（Sawada & Katsuki）U. Braun

麦冬扎氏疣丝孢 图 142

Zasmidium liriopes (F.L. Tai) U. Braun, Y.L. Guo & H.D. Shin, IMA Fungus 5(2): 322, 2014.

Cercospora liriopes F.L. Tai, Bull. Chinese Bot. Soc. 2:55, 1936, also *in* Sci. Rept. Tsing Hua Univ. B. 2: 431, 1937; Chupp, A Monograph of the Fungus Genus *Cercospora*: 348, 1954; Tai, Sylloge Fungorum Sinicorum: 886, 1979.

Stenellopsis liriopes (F.L. Tai) H.D. Shin & U. Braun, Mycotaxon 74: 116, 2000; Shin & Kim, *Cercospora* and Allied Genera from Korea: 276, 2001.

Passalora liriopes (F.L. Tai) Y.L. Guo, Mycosystema 20(2): 303, 2001; Crous & Braun,

Mycosphaerella and its Anamorphs: 1. Names Published in *Cercospora* and *Passalora*: 254, 2003.

斑点生于叶的正背两面，圆形，直径 1~5 mm，初期仅为褐色小点，后期叶面斑点中央灰色、浅橄榄褐色至灰褐色，边缘围以红褐色至暗褐色细线圈，具浅黄褐色晕，叶背斑点中央浅灰色，边缘围以浅褐色至褐色细线圈。子实体叶两面生。菌丝体内生。子座气孔下生，球形至近球形，褐色至暗褐色，直径 25~70 μm。分生孢子梗稀疏至紧密簇生在子座上，橄榄褐色至浅褐色，成堆时褐色，色泽均匀或有时向顶色泽变浅，宽度不规则，稀少分枝，直，弯曲至微波状，壁薄，光滑，0~2 个屈膝状折点，顶部圆至圆锥形，0~3 个隔膜，6.5~62 × 3.8~5.4 μm。孢痕疤明显而稍加厚、暗，坐落在分生孢子梗顶部及折点处，宽 1.7~2.5 μm。分生孢子单生，窄倒棍棒形至近圆柱-倒棍棒形，橄榄色至浅橄榄褐色，直至稍弯曲，壁薄，后期明显具疣，无隔膜至 2~7 个隔膜，顶部钝，基部倒圆锥形平截或近平截，10~105 × 2.5~4.5 μm；脐稍加厚、暗。

山麦冬 *Liriope spicata*（Thunb.）Lour.（*Ophiopogon spicata* Ker-Gawl.）：江苏无锡（06991，*Cercospora liriopes* F.L. Tai 的主模式）；海南霸王岭（242903）。

沿阶草属 *Ophiopogon* sp.：江苏无锡（06990）。

世界分布：中国，日本，韩国，南美洲。

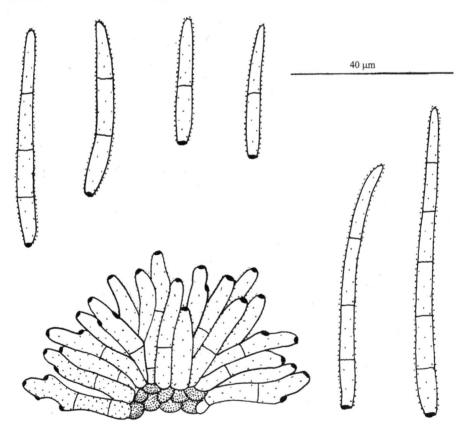

图 142 麦冬扎氏疣丝孢 *Zasmidium liriopes*（F.L. Tai）U. Braun, Y.L. Guo & H.D. Shin

讨论：Tai（1936）将寄生在江苏无锡 *Liriope spicata*（Thunb.）Lour. 上的真菌定

名为麦冬尾孢 *Cercospora liriopes* F.L. Tai。Shin 和 Braun（2000）没有研究 *C. liriopes* 的模式标本，根据采自韩国的标本与戴芳澜（1936）的描述相似，且具有明显的孢痕疤和分生孢子具疣的特征，把 *C. liriopes* 组合为麦冬拟疣丝孢 *Stenellopsis liriopes*（F.L. Tai）H.D. Shin & U. Braun。郭英兰（2001b）在研究中国的两份标本时没有注意 *C. liriopes* 的分生孢子后期具疣，依据孢痕疤明显而加厚和分生孢子有色泽的特征，将 *C. liriopes* 组合为麦冬钉孢 *Passalora liriopes*（F.L. Tai）Y.L. Guo。郭英兰 2014 年又重新研究了 *C. liriopes* 的模式标本及模式产地的另一份标本，发现分生孢子后期具疣，不适合放在钉孢属，而符合扎氏疣丝孢属的特征。虽然该菌不产生具疣的表生菌丝，然而分子研究的结果已经提供了这个类群的种属于扎氏疣丝孢属（Braun *et al.*, 2013）的依据。分子序列数据系统发育分析的结果进一步证实了 *C. liriopes* 属于扎氏疣丝孢属，因此，建立一新组合，把 *Stenellopsis liriopes* 作为其异名。

紫茉莉科 NYCTAGINACEAE

叶子花扎氏疣丝孢　图 143

Zasmidium bougainvilleae (J.M. Yen & Lim) Y.L. Guo, W.H. Hsieh & F.Y. Zhai, *in* Zhai, Hsieh, Liu & Guo, Mycotaxon 129(1): 58, 2014.

Stenella bougainvilleae J.M. Yen & G. Lim, Mycotaxon 16(1): 96, 1982; Hsieh & Goh, *Cercospora* and Similar Fungi from Taiwan: 248, 1990.

斑点生于叶的正背两面，圆形至近圆形，直径 1~4 mm，有时愈合，叶面斑点橄榄褐色至浅褐色，边缘围以浅褐色至灰褐色细线圈，具 1~2 条轮纹和浅黄色至浅灰褐色晕，叶背斑点色泽稍浅。子实体生于叶背面。初生菌丝体内生；次生菌丝体表生：菌丝从气孔或初生分生孢子梗基部伸出，或直接从分生孢子梗顶部产生，浅橄榄色至橄榄色，分枝，具隔膜，被小疣，其上侧生次生分生孢子梗，宽 1.5~3 μm。子座无或小，仅由少数褐色球形细胞组成。初生分生孢子梗 2~8 根从气孔伸出或多达 25 根稀疏簇生在小子座上，中度橄榄褐色至浅褐色，向顶色泽变浅，宽度不规则，向上变窄，分枝，直至非常弯曲，0~3 个屈膝状折点，顶部圆锥形，1~6 个隔膜，有时在隔膜处缢缩，25~68 × 3~4 μm；次生分生孢子梗橄榄褐色至中度橄榄褐色，不分枝，直或弯曲，0~3 个隔膜，15~48 × 2.5~4 μm。孢痕疤小而明显加厚、暗，坐落在分生孢子梗顶部及折点处，大多数平贴在分生孢子梗壁上，宽 0.8~1.3 μm。分生孢子圆柱形至稍呈圆柱形-倒棍棒形，浅橄榄色，链生，直至稍弯曲，后期具疣，2~14 个隔膜，欠明显，顶部钝至圆锥形，基部倒圆锥形至近平截，15~68（~110）× 2~3.5 μm；脐小而明显加厚、暗。

光叶子花 *Bougainvillea glabra* Choisy：海南陵水（242906）。

叶子花 *Bougainvillea spectabilis* Willd.：台湾彰化县园林，NCHUPP-184。

世界分布：中国，新加坡。

讨论：Hsieh 和 Goh（1990）描述生在台湾 *Bougainvillea spectabilis* 上的叶子花疣丝孢 *Stenella bougainvilleae*，斑点无或仅呈不明显地褪色；分生孢子梗较短（初生分生孢子梗 20~40 × 3~5 μm，次生分生孢子梗 5~15 × 2~4 μm）；分生孢子较长（20~110 × 2.5~4 μm）。在海南光叶子花 *B. glabra* 上与 Yen 和 Lim（1982）描述在新加坡叶子

花 *B. spectabilis* Willd. 上的形态特征非常相似（初生分生孢子梗 30~90 × 3~4 μm；分生孢子 20~65 × 2.5~4 μm）。

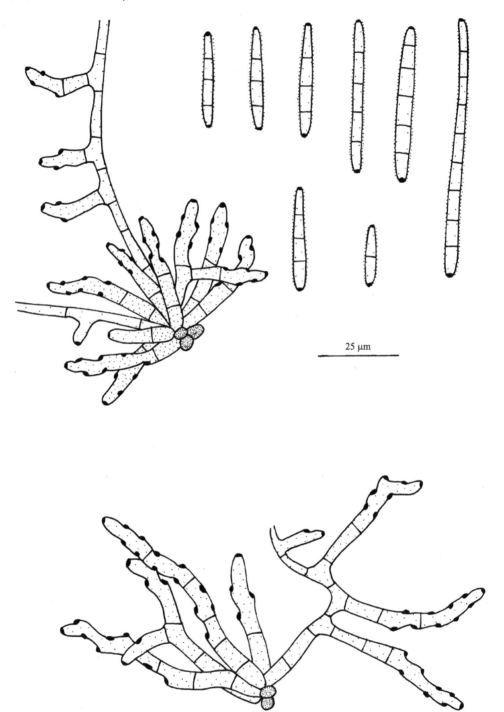

25 μm

图 143　叶子花扎氏疣丝孢 *Zasmidium bougainvilleae*（J.M. Yen & Lim）Y.L. Guo, W.H. Hsieh & F.Y. Zhai

木樨科 OLEACEAE

木樨扎氏疣丝孢　图 144

Zasmidium oleae Y.L. Guo, X.W. Xie & B.J. Li, *in* Li, Xie, Shi, Chai & Guo, Mycotaxon 131: 791, 2016.

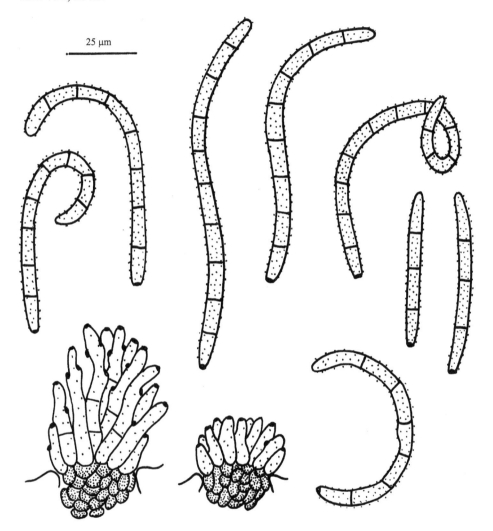

图 144　木樨扎氏疣丝孢 *Zasmidium oleae* Y.L. Guo, X.W. Xie & B.J. Li

　　斑点叶两面生，圆形至角状，无明显边缘，直径 2~8 mm，常多斑愈合，叶面斑点全斑红褐色至暗褐色，或中部红褐色，周围暗红褐色至暗褐色，具黄色至浅橄榄褐色晕，叶背斑点浅褐色，具黄色至浅橄榄褐色晕。子实体主要生于叶背面。菌丝体内生。子座气孔下生，球形，浅褐色至褐色，直径 25~50 μm。分生孢子梗紧密簇生在子座上，浅橄榄褐色至橄榄褐色，色泽均匀，宽度不规则，不分枝，光滑，直至稍弯曲，屈膝状，顶部圆锥形至圆锥形平截，0~2 个隔膜，多数无隔膜，6.7~20（~48）× 4~5.3 μm。孢痕疤加厚而暗，着生在分生孢子梗顶部、折点处或平贴在分生孢子梗壁上，宽 1.3~2.5 μm。

分生孢子圆柱形，单生，褐色，后期具疣，直至多种形态的弯曲，呈"S"形，钩状或旋卷状，顶部圆，基部圆至短倒圆锥形平截，不明显的 3 至多个隔膜，40~128 × 4~5.8 μm；脐加厚而暗。

云南木樨榄 *Olea tsoongii*（Merr.）P.S. Green：海南万宁（HMAS 245707，主模式）。

世界分布：中国。

讨论：依据 Chupp（1954）的描述，本菌与寄生在梣属（白蜡树属）*Fraxinus* sp. 植物上的蠕虫状尾孢 *Cercospora lumbricoides* Turconi & Maffei（Atti Ist. Bot. Univ. Pavia, Ser. 2, 12: 330, 1915）非常相似，仅后者分生孢子梗色泽较深（褐色），稍长（30~60 × 4~6 μm）；分生孢子长（80~200 × 4~6 μm）。*C. lumbricoides* 虽然至今仍归在尾孢属，但其分类地位非常不清楚，因无模式标本供研究（可能未保存），也无原始描述可参考，Chupp（1954）亦未研究其模式标本，因此与之无法比对。

生于跑马子 *Syringa amurenensis* Rupr. 上的跑马子钉孢 *Passalora amurensis*（Zilling）U. Braun & H.D. Shin（Shin and Braun, 1996）与本种近似，也具有叶背生的子实体；短的分生孢子梗（25~60 × 4.5~6 μm）和圆柱形的分生孢子，但其分生孢子色泽浅（浅橄榄色），隔膜少（3~4 个隔膜），光滑，短（35~70 × 4~5.5 μm），与本菌明显不同。

在扎氏疣丝孢属，产生具疣的表生菌丝和分生孢子是其基本的形态特征。虽然本菌在云南木樨榄 *Olea tsoongii* 上不形成具疣的表生菌丝，根据近期分子研究的资料，许多分生孢子明显具疣的种（少数不产生具疣的表生菌丝）现在都归在扎氏疣丝孢属，因此本菌适合扎氏疣丝孢属。

棕榈科 PALMAE

鱼尾葵扎氏疣丝孢　图 145

Zasmidium caryotae (X.J. Liu & Y.Z. Liao) Kamal, Cercosporoid Fungi of India: 239, 2010; Braun, Crous & Nakashima, IMA Fungus 5(2): 253, 2014.

Stenella caryotae X.J. Liu & Y.Z. Liao, Acta Microbiol. Sinica 20(2): 119, 1980; Guo, Mycotaxon 72: 357, 1999, also *in* Zhuang, Higher Fungi of Tropical China : 231, 2001.

叶斑生于叶的正背两面，近圆形至长椭圆形，叶面斑点黑褐色至暗黑色，边缘围以隆起的细线圈，具浅黄色晕，近圆形斑直径 1~7 mm，长椭圆形斑长 5~16 mm，宽 2~9mm，叶背斑点色泽稍浅。子实体叶两面生，但主要生在叶背面。初生菌丝体内生；次生菌丝体表生：菌丝橄榄色至浅橄榄褐色，具微疣，有隔膜，其上侧生次生分生孢子梗，宽 2~3.5 μm。子座气孔下生，球形，暗褐色，直径 25~55 μm。分生孢子梗单生在表生菌丝上或 2~20 根簇生于子座上，中度褐色至暗褐色，色泽均匀，宽度规则，直至弯曲，不分枝，0~4 个屈膝状折点，顶部近平截或在孢痕疤密集处稍膨大呈不规则形，2~12 个隔膜，45~290 × 2.8~6 μm。孢痕疤明显加厚、暗，坐落在近平截顶部或平贴于分生孢子梗侧面，宽 1.5~2.5 μm。分生孢子针形至圆柱形，单生，橄榄褐色，直至稍弯曲，具微疣，顶部近尖细至钝圆，基部倒圆锥形至平截，1~20 个隔膜，30~290 × 5~7.8 μm；基脐明显加厚而暗。

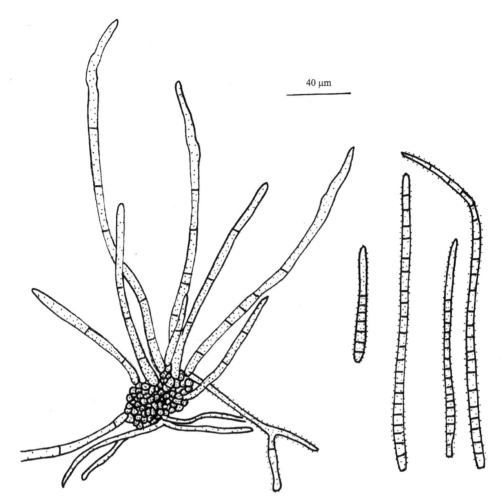

图 145　鱼尾葵扎氏疣丝孢 *Zasmidium caryotae*（X.J. Liu & Y.Z. Liao）Kamal

短穗鱼尾葵 *Caryota mitis* Lour.：广东鼎湖山（HMAS 10262，*Stenella caryotae* X.J. Liu& Y.Z. Liao 的主模式，10263，79129）；海南吊罗山（197060，197061），保亭（80312）；广西南宁（76380）。

世界分布：中国。

芸香科 RUTACEAE

柑橘扎氏疣丝孢　图 146

Zasmidium citri-griseum (F.E. Fisher) U. Braun & Crous, IMA Fungus 5(2): 337, 2014; Videira, Groenewald, Nakashima, Braun, Barrote, de Wit & Crous, Stud. Mycol. 87: 357, 2017.

Cercospora citri-grisea F.E. Fisher, Phytopathology 51: 300, 1961.

Stenella citri-grisea (F.E. Fisher) Sivanesan, Bitunicate Ascomycetes and their Anamorphs: 226, 1984; Hsieh & Goh, *Cercospora* and Similar Fungi from Taiwan: 295, 1990.

Mycosphaerella citri Whiteside, Phytopathology 62: 263, 1972.

Zasmidium citri (Whiteside) Crous, Persoonia 23: 105, 2009.

叶斑或多或少圆形或不规则形，隆起，暗橄榄色至暗褐色或黑色，柏油状或油质，明显，边缘扩散型，围以浅黄绿色晕。在果实上斑点黑色，具油滴，表面及皮下叶肉常坏死。子实体生于叶两面。初生菌丝体内生；次生菌丝体表生：菌丝浅橄榄色，匍匐，具隔膜，多分枝，具疣，侧生分生孢子梗。子座暗褐色。分生孢子梗作为侧生分枝单生在表生菌丝上或稀疏簇生在子座上，暗橄榄色，向顶色泽变浅，具隔膜，直或稍弯曲，具少数屈膝状折点，光滑或具疣，12~80 × 3~6 μm。孢痕疤突出、加厚而暗，有时平贴在分生孢子梗壁上。分生孢子近圆柱形，浅橄榄色，链生，成单链或分枝的链，有时单生，直至稍弯曲，具疣，顶部圆，基部渐窄至平截，0~9（多数 3~6）个隔膜，6~50 × 2~4.5 μm；基脐加厚而暗。

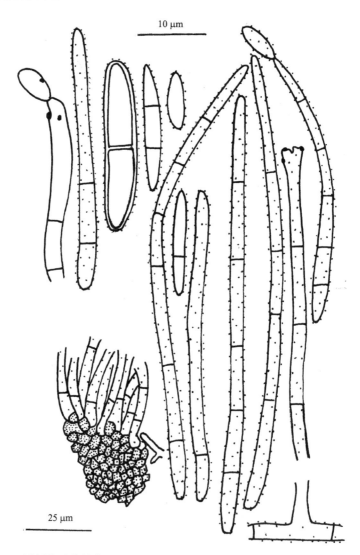

图 146 柑橘扎氏疣丝孢 *Zasmidium citri-griseum*（F.E. Fisher）U. Braun & Crous

柑橘 *Citrus reticulata* Blanco：香港。

甜橙 *Citrus sinensis*（L.）Osb.：香港。

柑橘属 *Citrus* sp.：台湾。

世界分布：阿根廷，澳大利亚，玻利维亚，中国，哥斯达黎加，古巴，多米尼加，加蓬，日本，墨西哥，巴拉圭，苏里南，特立尼达和多巴哥，美国，维尔京群岛。

讨论：Braun 等（2014）描述本菌分生孢子梗深橄榄色至红褐色或中度褐色，0~6 个隔膜，5~80 × 2.5~6 μm，壁薄至具疣；分生孢子近圆柱形至窄倒棍棒-圆柱形，有时短孢子圆柱形至椭圆形-纺锤形，单生或链生，成单链或分枝的链，1~6（~10）个隔膜，6~70（~120）× 2~4.5 μm，与在中国标本上的形态特征非常相似，仅分生孢子梗和分生孢子的色泽稍深，且分生孢子较长。

无标本供研究，描述来自 Hsieh 和 Goh（1990），图来自 Sivanesan（1984）。

杨柳科 SALICACEAE

柳扎氏疣丝孢　图 147

Zasmidium salicis (Chupp & H.C. Greene) Kamal & U. Braun, *in* Kamal, Cercosporoid Fungi of India (Dehra Dun): 248, 2010; Zhai, Hsieh, Liu & Guo, Mycotaxon 129(1): 60, 2014.

Cercospora salicis Chupp & H.C. Greene, Amer. Midl. Naturalist 41: 757, 1949; Chupp, A Monograph of the Fungus Genus *Cercospora*: 508, 1954.

Stenella salicis (Chupp & H.C. Greene) Crous & U. Braun, Mycotaxon 78: 342, 2001.

斑点叶两面生，多而小，点状、角状至不规则形，直径 0.5~3 mm，受叶脉所限，常多斑愈合，叶面斑点暗褐色至近黑色，叶背斑点浅褐色至暗灰褐色。子实体生于叶两面。菌丝体内生。子座小，气孔下生，近球形，褐色，直径 10~25 μm。分生孢子梗 3~25 根从气孔伸出或簇生在子座上，浅橄榄褐色，色泽均匀，宽度不规则，具疣，直至弯曲，大多数不分枝，0~4 个屈膝状折点，0~2 个隔膜，8~28 × 2.5~5 μm。孢痕疤加厚而暗，宽 2~2.5 μm。分生孢子圆柱形至圆柱-倒棍棒形，单生，浅橄榄色至橄榄褐色，后期具疣，直立至中度弯曲，顶部钝，基部近平截，1~7 个隔膜，15.5~96 × 2.5~5 μm；脐加厚而暗。

旱柳（柳树、汉宫柳）*Salix matsudana* Koidr.：北京（245704）；吉林长春（244934，HMJAU 30005）。

世界分布：巴西，中国，美国。

讨论：Crous 等（2001a）根据寄生在南美白柳 *Salix alba* L.上的柳尾孢 *Cercospora salicis* Chupp & H.C. Greene（Amer. Midl. Naturalist 41: 342, 1949）的菌丝和分生孢子具疣的特征，将 *C. salicis* 组合为柳疣丝孢 *Stenella salicis*（Chupp & H.C. Greene）Crous & U. Braun，描述斑点为圆形至不规则形；表生菌丝具疣；子座褐色，直径达 50 μm；分生孢子梗浅褐色，15~45 × 4~6 μm；分生孢子倒棍棒形至倒棍棒-圆柱形，浅褐色，1~6 个隔膜，20~60 × 3~4.5 μm。Kamal 和 Braun 又将 *C. salicis* 组合为柳扎氏疣丝孢 *Zasmidium salicis*（Chupp 和 H.C. Greene）Kamal 和 Braun（Kamal, 2010）。在中国 *Salix matsudana* 上的特征与 Crous 和 Braun 的描述非常相似，仅不产生具疣的表生菌丝；分生孢子梗和分生孢子的色泽稍浅，分生孢子梗稍短。

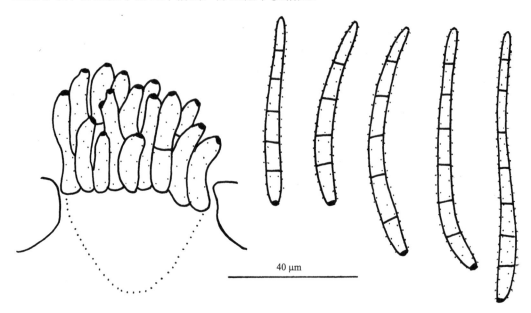

图 147　柳扎氏疣丝孢 *Zasmidium salicis*（Chupp & H.C. Greene）Kamal & U. Braun

　　产生具疣的表生菌丝是扎氏疣丝孢属的基本特征，大部分种都产生具疣的表生菌丝，但有时也不产生（Crous and Braun, 2003），如 *Zasmidium hymenocarllidis*（U. Braun & Crous）U. Braun & Crous 和 *Z. macluricola* R.G. Shivas *et al.*（Shivas *et al.*, 2009a; Braun *et al.*, 2010a）。

　　寄生在四子柳 *Salix tetrasperma* Roxb. 上的柳菌绒孢 *Mycovellosiella salicis* Deighton, R.A.B. Verma & S.S. Prasad（Deighton, 1974）与本种形态特征近似，区别在于前者无明显斑点；子实体生于叶背面，扩散型；无子座；分生孢子梗色泽浅（浅橄榄色），较长（达 80 μm）；分生孢子色泽浅（浅橄榄色），链生，光滑，Crous 和 Braun（2003）将其组合为柳钉孢 *Passalora salicis*（Deighton, R. A. B. Verma & S. S. Prasad Verma & Prasad）U. Braun & Crous。

虎耳草科 SAXIFRAGACEAE

老鼠刺扎氏疣丝孢　图 148

Zasmidium iteae (R. Kirschner) U. Braun, C. Nakash., Videira & Crous, *in* Videira, Groenewald, Nakashima, Braun, Barreto, de Wit & Crous, Stud. Mycol. 87: 360, 2017.

Stenella iteae R. Kirschner, Fungal Diversity 17: 58, 2004.

　　斑点生于叶背面，点状、角状至不规则形，宽 1~4 mm，常多斑愈合，浅褐色至暗褐色。子实体叶背面生。初生菌丝体内生；次生菌丝体表生：菌丝从气孔伸出，橄榄色，宽 1.3~2 μm，在分生孢子梗基部菌丝呈暗褐色，宽 3~5 μm，具疣。无子座。分生孢子

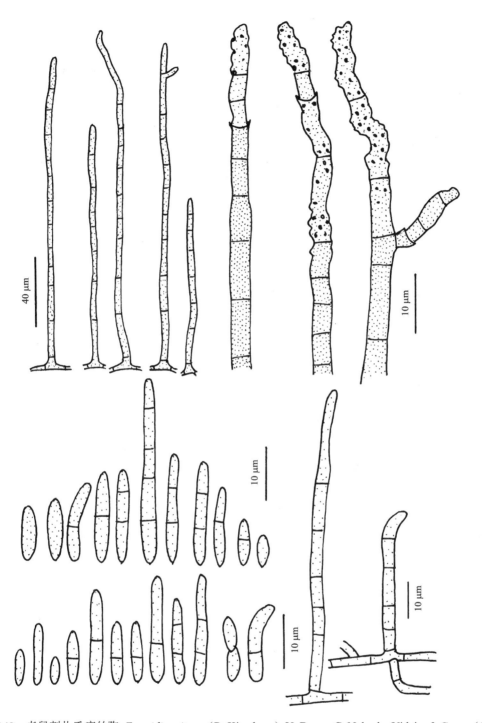

图 148 老鼠刺扎氏疣丝孢 *Zasmidium iteae*（R. Kirschner）U. Braun, C. Nakash., Videira & Crous（来自 Kirschner，2004）

梗单生在表生菌丝上，褐色至暗褐色，向顶色泽变浅，宽度不规则，常上部较窄，下部较宽或局部膨大，光滑，直，不分枝或在近顶部分枝，3 至多个隔膜，有时在隔膜处缢缩，50~220 × 2.5~5 μm。孢痕疤多、平、加厚、暗色，顶生或平贴在分生孢子梗壁上，宽 1~1.2 μm。分生孢子主要是单生，稀少链生，倒棍棒-圆柱形至圆柱形，橄榄色至非常浅的橄榄褐色，具疣，0~2（~4）个隔膜，6~20（~40）×2.5~3.5 μm；基脐加厚、暗。

在 MEA 培养基上培养 21 天，菌落放射状，直径 6~7 mm，正背两面均呈暗褐色，在正面菌落短绒状，边缘灰色。菌丝近无色至浅褐色，大多数具疣，稀少光滑，宽 1.0~3.0 μm。分生孢子梗褐色，光滑，不分枝，34~112×3~4 μm。产孢细胞少而不明显，顶部产孢细胞有色泽。分生孢子多单生，偶然成短链，浅褐色，具疣，0~2 个隔膜，6~22×2~3 μm；基脐明显，偶尔加厚，暗，宽 1.0 μm。

小花鼠刺 Itea parviflora Hemsl. [I. parviflora var. arisanensis（Hay.）Li]：台湾屏东（TNM F0016570, Stenella iteae R. Kirschner 的主模式）。

世界分布：中国。

讨论：Kirschner 等（2004）报道的老鼠刺疣丝孢 Stenella iteae R. Kirschner，Videira 等（2017）经系统发育分析将其聚在扎氏疣丝孢属支上，因此将其组合为老鼠刺扎氏疣丝孢。

生于矾根属 Heuchera sp.、唢呐草属（帽蕊属）Mitella sp. 和子母草属 Tolmia sp. 植物上的唢呐草扎氏疣丝孢 Z. mitellae（Peck）U. Braun（Braun et al., 2010a）及寄生在芍药属 Paeonia sp. 植物上的撒丁岛扎氏疣丝孢 Z. sardoum（Sacc. & Traverso）U. Braun（Braun et al., 2010a）与本菌的区别在于二者均有子座；分生孢子梗短，长度不超过 50 μm；分生孢子链生并具分枝的链，色泽浅（前者近无色至浅绿色，后者无色）。

瑞香科 THYMELAEACEAE

菟花扎氏疣丝孢 图 149

Zasmidium wikstroemiae (Petch) U. Braun, *in* Schubert, Braun, Groenewald & Crous, Stud. Mycol. 72(1): 335, 2012.

Heterosporium wikstroemiae Petch, Ann. R. Bot. Gdns Peradeniya 7(4): 319, 1922.

Stenella wikstroemiae (Petch) J. Walker, *in* Walker & White, Mycol. Res. 95(8): 1011, 1991.

Heterosporium wikstroemiae Sawada, Rep. Agric. Res. Inst. Taiwan 87: 77, 1944, *nom. illeg.*

斑点生于叶背面，圆形至近圆形，暗褐色，直径 0.5~3 mm，多斑愈合甚至扩展至整个叶背面。分生孢子梗多根至 30 根簇生，褐色，弯曲，不分枝或稀少分枝，上部屈膝状，孢痕疤明显，5~8 个隔膜，83~146×4.5~5 μm。分生孢子圆柱形，橄榄褐色至褐色，粗糙，顶部圆，基部倒圆锥形平截，0~3 个隔膜，14~44×5~6 μm。

了哥王 Wikstroemia indica（L.）G.A. Mey：台湾台北（NTU-PPE，主模式）。

世界分布：中国，日本，斯里兰卡。

讨论：Sawada（1944）报道菟花疣蠕孢 Heterosporium wikstroemiae Sawada 时提供了简单的描述及绘图，但未提供拉丁文简介，因此为无效名称。Walker 和 White（1991）将 Petch（Ann. R. Bot.Gdns Peradeniya 7: 319, 1922）报道的菟花疣蠕孢 H. wikstroemiae Petch 被组合为菟花疣丝孢 Stenella wikstroemiae（Petch）J. Walker，并把 Sawada（1944）报道的 H. wikstroemiae Sawada（nom. illeg.）也作为其异名，描述 S. wikstroemiae 的形态特征：斑点生于叶背面，黑色，直径达 6 mm 或扩展至除叶主脉外的整个叶背面。初

生菌丝体内生，由无色至浅褐色、分枝、具隔膜、宽 4~6 μm 的菌丝组成，在气孔或气孔下成堆聚集形成子座。子座暗褐色，直径 30~90 μm，常常充满气孔或偶尔部分突破气孔，其上产生分生孢子梗和表生菌丝。初生分生孢子梗单生，簇生，褐色，具隔膜，直或稍弯曲，偶有分枝，60~90（~130）× 4~6 μm。孢痕疤宽 2~2.5 μm。次生菌丝体表生，由浅褐色、分枝、具隔膜、具小疣、宽 2.5~3 μm 的菌丝组成，其上产生次生分生孢子梗，长 30~50 μm。分生孢子圆柱形至窄倒棍棒形，浅褐色至褐色，单生，有时链生：直或稍弯曲，少数呈波状，壁稍粗糙，顶部宽圆，基部倒圆锥形平截，3~10 个隔膜，16~80 × 4~6.5（~7）μm，基脐明显、稍加厚，宽 2~2.5 μm，较 Sawada 描述的 *H. wikstroemiae* 分生孢子隔膜多，长而稍宽。

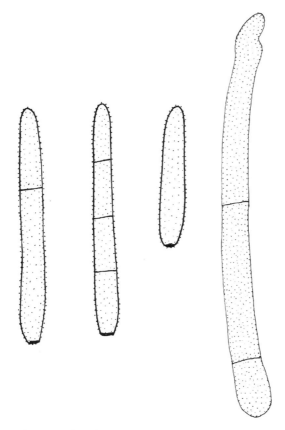

图 149　荛花扎氏疣丝孢 *Zasmidium wikstroemiae*（Petch）U. Braun

附　录

各科、属、种寄主上的尾孢属及其近似属种的目录

爵床科 Acanthaceae

Thunbergia sp.

　　Pluripassalora thunbergiae Y.L. Guo, Y.X. Shi & Q. Zhao

槭树科 Aceraceae

Acer sp.

　　Cercospora acerigena U. Braun & Crous

Acer truncatum Bunge

　　Passalora acericola (X.J. Liu & Y.L. Guo) U. Braun & Crous

番杏科 Aizoaceae

Tetragonia tetragonioides (Pall.) Kuntae

　　Cercospora tetragoniae (Speg.) Siemaszko

漆树科 Anacardiaceae

Rhus chinensis Mill.

　　Passalora rhois (E. Castell.) U. Braun & Crous

Rhus chinensis var. *roxburghii* (DC.) Rehd.

　　Passalora rhoina U. Braun & Crous

　　Passalora rhois (E. Castell.) U. Braun & Crous

Rhus hypoleuca Champ. ex Benth.

　　Passalora rhois (E. Castell.) U. Braun & Crous

Rhus sp.

　　Passalora guoana U. Braun

天南星科 Araceae

Alocasia macrorrhiza (L.) Schott & Endl.

　　Zasmidium alocasiae (Sarbajna & Chattopadh.) Kamal

Zantedeschia aethiopica (L.) Spreng.

　　Cercospora richardiicola G.F. Atk.

五加科 Araliaceae

Aralia decaisneana Hance

    Zasmidium araliae (Sawada ex K. Schub. & U. Braun) K. Schub. & U. Braun

凤仙花科 Balsaminaceae

Impatiens noli-tangere L.

    Passalora campi-silii (Speg.) U. Braun

紫葳科 Bignoniaceae

Markhamia cauda-felina (Hce.) Craib.

    Passalora markhamiae (X.J. Liu & Y.L. Guo) U. Braun & Crous

Markhamia stipulata (Rroxb.) Seen var. *kerrii* Sprague

    Passalora markhamiae (X.J. Liu & Y.L. Guo) U. Braun & Crous

桔梗科 Campanulaceae

Codonopsis sp.

    Passalora codonopsi (Y.L. Guo) U. Braun & Crous

白花菜科 Capparidaceae

Capparis himalayensis Jafri

    Cercospora shiheziensis B. Xu, J.G. Song & Z.D. Jiang

忍冬科 Caprifoliaceae

Abelia biflora Turcz.

    Zasmidium lonicericola (Y.H. He & Z.Y. Zhang) Crous & U. Braun

Leycesteria formosa Wall.

    Zasmidium lonicericola (Y.H. He & Z.Y. Zhang) Crous & U. Braun

Lonicera japonica Thunb.

    Zasmidium lonicericola (Y.H. He & Z.Y. Zhang) Crous & U. Braun

Lonicera japonica Thunb. var. *sempervillosa* Hay.

    Zasmidium lonicericola (Y.H. He & Z.Y. Zhang) Crous & U. Braun

Lonicera sp.

    Passalora antipus (Ellis & Holw.) U. Braun & Crous

Sambucus williamsii Hance

    Cercospora sambucicola Y.L. Guo

Viburnum opulus L.

    Passalora viburni-sargentii Y.L. Guo

Viburnum sargentii Koehne

    Passalora viburni (Ellis & Everh.) U. Braun & Crous

Viburnum sargentii Koehne f. *puberulum* (Kom.) Kitag

  Passalora viburni-sargentii Y.L. Guo

Viburnum sargentii Koehne var. *calvescens* Rehd.

  Passalora viburni-sargentii Y.L. Guo

Viburnum sp.

  Passalora viburni-sargentii Y.L. Guo

Weigela japonica Thunb. var. *sinica* (Rehd.) Beiley

  Passalora weigelae (Y.L. Guo & X.J. Liu) U. Braun & Crous

卫矛科 Celastraceae

Euonymus sp.

  Cercosporella euonymi Erikss.

藜科 Chenopodiaceae

Atriplex tatarica L.

  Passalora dubia (Riess) U. Braun

Chenipodium album L.

  Passalora dubia (Riess) U. Braun

Chenipodium formosanum Koidz.

  Passalora dubia (Riess) U. Braun

Chenipodium glaucum L.

  Passalora dubia (Riess) U. Braun

Chenipodium serotinum L.

  Passalora dubia (Riess) U. Braun

菊科 Compositae

Ageratina adenophora (Spreng.) R.M. King & H. Rob.

  Passalora assamensis (S. Chowdhury) U. Braun & Crous

Ageratum conyzoides L.

  Ragnhildiana perfoliati (Ellis & Everh.) U. Braun, C. Nakash., Videira & Crous

Artemisia codonocephala Diels

  Ragnhildiana ferruginea (Fuckel) U. Braun, C. Nakash., Videira & Crous

Artemisia mongolica Fisch.

  Ragnhildiana ferruginea (Fuckel) U. Braun, C. Nakash., Videira & Crous

Artemisia princeps Pamp.

  Ragnhildiana ferruginea (Fuckel) U. Braun, C. Nakash., Videira & Crous

Artemisia roxburghiana Bess.

  Ragnhildiana ferruginea (Fuckel) U. Braun, C. Nakash., Videira & Crous

Artemisia sp.

Ragnhildiana ferruginea (Fuckel) U. Braun, C. Nakash., Videira & Crous

Artemisia vulgaris L.

Ragnhildiana ferruginea (Fuckel) U. Braun, C. Nakash., Videira & Crous

Dahlia pinnata Cav.

Cercospora daidai Hara

Erigeron annuus (L.) Pers.

Cercosporella virgaureae (Thüm.) Allesch.

Erigeron canadensis L.

Cercosporella virgaureae (Thüm.) Allesch.

Erigeron linifolius Willd.

Cercosporella virgaureae (Thüm.) Allesch.

Eupatorium coelestinum L.

Passalora assamensis (S. Chowdhury) U. Braun & Crous

Eupatorium formosana Hayata

Cercosporella eupatorii Sawada ex Goh & W.H. Hsieh

Eupatorium odoratum L.

Passalora assamensis (S. Chowdhury) U. Braun & Crous

Eupatorium sp.

Passalora costaricensis (Syd.) U. Braun & Crous

Gynura bicolor (WIlld.) DC.

Zasmidium gynurae (Sawada & Katsuki) W.H. Hsieh, Y.L. Guo & F.Y. Zhai

Helianthus debilis Nutt.

Passalora helianthicola U. Braun & Crous

Lactuca sp.

Passalora lactucae (Henn.) U. Braun & Crous

Lagedium sibiricum (L.) Sojak

Passalora lactucicola (Y. Cui & Z.Y. Zhang) K. Schub. & U. Braun

Ligularia sp.

Passalora wangii (F.Y. Zhai, Y.L. Guo & Y. Li) F.Y. Zhai, Y.L. Guo, Y.J. Liu & Y. Li

Mikania cordata (Burm. F.) Rob.

Passalora mikaniigena U. Braun & Crous

Mikania micrantha Kunth.

Cercospora mikaniicola F. Stevens

Mulgedium tataricum (L.) DC.

Passalora scariolae Syd.

Solidago decurens Lour.

Zasmidium solidaginis (Chupp & H.C. Greene) Crous & U. Braun

Tithonia diversifolia A. Gray

Passalora tithoniae (R.E.D. Baker & W.T. Dale) U. Braun & Crous

旋花科 Convolvulaceae

Ipomoea aquatica Forsk.

    Cercospora ipomoeae-pedis-caprae J.M. Yen & Lim

Ipomoea batatas (L.) Lam.

    Passalora bataticola (Cif. & Bruner) U. Braun & Crous

Lepistemon binectariferum (Wall. & Roxb.) Kuntze

    Passalora lepistemonis L. Xia, Y.L. Guo & Y. Li

Merremia umbellata (L.) Hall. f. sp. *orientalis* (Hall. f.) v. Ooststr

    Passalora merremiae (X.J. Liu & Y.L. Guo) U. Braun & Crous

山茱萸科 Cornaceae

Cornus bretschneideri L.

    Passalora cornicola Y.L. Guo

Cornus walteri Wanger.

    Passalora cornicola Y.L. Guo

景天科 Crassulaceae

Sedum spectabile Boreau.

    Cercospora pseudokalanchoës Crous & U. Branu

葫芦科 Cucurbitaceae

Thladiantha punctata Hayata

    Cercosporella thladianthae R. Kirschner

薯蓣科 Dioscoreaceae

Dioscorea alata L.

    Passalora dioscoreigena U. Braun & Crous

Dioscorea bulbifera L.

    Distocercosporaster dioscoreae (Ellis & G. Martin) Videira, H.D. Shin, C. Nakash. & Crous

Dioscorea fordii Prain & Burkill

    Distocercospora pachyderma (Syd. & P. Syd.) N. Pons & B. Sutton

Dioscorea gracilima Miq.

    Cercospora dioscoreae-pyrifoliae J.M. Yen

Dioscorea japonica Thunb.

    Distocercosporaster dioscoreae (Ellis & G. Martin) Videira, H.D. Shin, C. Nakash. & Crous

Dioscorea kamoonensis Kunth.

Distocercospora pachyderma (Syd. & P. Syd.) N. Pons & B. Sutton

Dioscorea nipponica Makino

Distocercosporaster dioscoreae (Ellis & G. Martin) Videira, H.D. Shin, C. Nakash. & Crous

Passalora tranzschelii (Vassiljevsky) U. Braun & Crous var. *chinensis* Y.L. Guo

Dioscorea sp.

Distocercospora pachyderma (Syd. & P. Syd.) N. Pons & B. Sutton

Dioscorea subcalva Prain & Bur.

Distocercosporaster dioscoreae (Ellis & G. Martin) Videira, H.D. Shin, C. Nakash. & Crous

Dioscorea yunnanensis Prain & Burkill

Passalora dioscoreigena U. Braun & Crous

胡颓子科 Elaeagnaceae

Elaeagnus angustifolia L.

Passalora manitobana (Davis) U. Braun & Crous

大戟科 Euphorbiaceae

Croton tiglium L.

Pluripassalora crotonis-tiglii Y.L. Guo, Y.X. Shi & Q. Zhao

Euphorbia helioscopia L.

Clarohilum henningsii (Allesch.) Videira & Crous

Euphorbia lathyris L.

Passalora euphorbiicola U. Braun & Crous

Euphorbia nerifolia L.

Passalora euphorbiicola U. Braun & Crous

Manihot esculenta Crantz.

Clarohilum henningsii (Allesch.) Videira & Crous

Passalora vicosae Crous, Alfenas & R.W. Barreto ex Crous & U. Braun

Manihot utilissima Pohl.

Clarohilum henningsii (Allesch.) Videira & Crous

Manihot sp.

Clarohilum henningsii (Allesch.) Videira & Crous

牻牛儿苗科 Geraniaceae

Geranium sp.

Passalora geranii Y.L.Guo

里白科 Gleicheniaceae

Dicranopteris linearis (Burm.) Underw.

 Zasmidium dicranopteridis R. Kirschner

禾本科 Gramineae

Alopecurus sp.

 Graminopassalora graminis (Fuckel) U. Braun, C. Nakash.,Videira & Crous

Arthraxon hespidus (Thunb.) Makino

 Passalora arthraxonis (Y.L. Guo) U. Braun & Crous

Brachiaria serrata Stapf.

 Catenulocercospora fusimaculans (G.F. Atk.) C. Nakash., Videira & Crous

Brachiaria subquadripara (Trin.) Hitche.

 Catenulocercospora fusimaculans (G.F. Atk.) C. Nakash., Videira & Crous

Digitaria ischaemum (Schreb.) Schreb.

 Catenulocercospora fusimaculans (G.F. Atk.) C. Nakash., Videira & Crous

Echinochloa crusgalli (L.) Beauv.

 Catenulocercospora fusimaculans (G.F. Atk.) C. Nakash., Videira & Crous

Ichnanthus sp.

 Catenulocercospora fusimaculans (G.F. Atk.) C. Nakash., Videira & Crous

Imperata cylindrica L. var. *major* (Nees) C.E. Hubb. ex Hubb. & Vaughan

 Passalora imperatae (Syd. & P. Syd.) U. Braun & Crous

Leptoloma cognatum (Schult.) A. Chase

 Catenulocercospora fusimaculans (G.F. Atk.) C. Nakash., Videira & Crous

Oplismenus undulatifolius (Arduino) Roem. & Schult.

 Catenulocercospora fusimaculans (G.F. Atk.) C. Nakash., Videira & Crous

Oryza sativa L.

 Passalora janseana (Racib.) U. Braun

Panicum miliaceum L.

 Catenulocercospora fusimaculans (G.F. Atk.) C. Nakash., Videira & Crous

Panicum sp.

 Catenulocercospora fusimaculans (G.F. Atk.) C. Nakash., Videira & Crous

Saccharum officinarum L.

 Passalora koepkei (W. Krüger) U. Braun & Crous

 Passalora vaginae (W. Krüger) U. Braun & Crous

Saccharum spontaneum L.

 Passalora vaginae (W. Krüger) U. Braun & Crous

Setaria plicata (Lam.) T. Cooke

 Catenulocercospora fusimaculans (G.F. Atk.) C. Nakash., Videira & Crous

Sorghum bicolor (L.) Moench

Passalora fujikuroi (N. Pons) U. Braun & Crous

Sorghum vulgare Pers.

 Catenulocercospora fusimaculans (G.F. Atk.) C. Nakash., Videira & Crous

唇形科 Labiaceae

Plectranthus sp.

 Passalora teucrii (Schwein.) U. Braun & Crous

玉蕊科 Lecythidaceae

Barringtonia yunnanensis Hu

 Passalora barringtoniicola (Y.L. Guo) U. Braun & Crous

豆科 Leguminosae

Alhagi sparsifolia Shap. ex Keller & Shap.

 Cercospora alhagi Barbarin

Amorpha fruticosa L.

 Paramycovellosiella passaloroides (G. Winter) Videira, H.D. Shin & Crous

Arachis hypogaea L.

 Cercospora arachidicola Hori

 Nothopassalora personata (Berk. & M.A. Curtis) U. Braun, C. Nakash., Videira & Crous

Cajanus cajan (L.) Millsp.

 Passalora cajani (Henn.) U. Braun & Crous

Canavalia ensiformis (L.) DC.

 Zasmidium canavaliae (Syd. & P. Syd.) Kamal

Canavalia lineate DC.

 Zasmidium canavaliae (Syd. & P. Syd.) Kamal

Cyamopsis tetragonoloba (L.) Taub.

 Cercospora psoraleae W.W. Ray

Glycine max (L.) Merr.

 Cercospora sojina Hara

Glycine soja Sieb. & Zucc.

 Cercospora sojina Hara

Glycine sp.

 Cercospora sojina Hara

Indigofera tinctoria L.

 Cercosporella indigoferae M. Miura

Pueraria lobata (Willd.) Ohwi

 Passalora puerariae (D.E. Shaw & Deighton) U. Braun & Crous

Passalora puerariigena Y.L. Guo

Vigna unguiculata (Linn.) Walp.

    Cercospora vignigena C. Nakash., Crous, U. Braun, H.D. Shin

百合科 Liliaceae

Dianella ensifolia (L.) DC. ex Redoute

    Zasmidium dianellae (Sawada & Katsuki) U. Braun

Liriope spicata (Thunb.) Lour.

    Zasmidium liriopes (F.L. Tai) U. Braun, Y.L. Guo & H.D. Shin

Ophiopogon sp.

    Zasmidium liriopes (F.L. Tai) U. Braun, Y.L. Guo & H.D. Shin

Paris quadrifolia L.

    Cercospora paridis Erikss.

海金沙科 Lygodiaceae

Lygodium japonicum (Thunb.) Sw.

    Passalora lygodii (Goh & W.H. Hsieh) R. Kirschner

楝科 Meliaceae

Toona sinensis (A. Juss.) Roem.

    Cercospora cedrelae S. Chowdhury

防己科 Menispermaceae

Cocculus trilobus (Thunb.) DC.

    Passalora cocculi-trilobi Y.L.Guo

桑科 Moraceae

Broussonetia kazinoki Sieb. & Zucc.

    Passalora curvispora (T.K. Goh & W.H. Hsieh) U. Braun & Crous

Broussonetia papyrifera (L.) L. Herif. ex Vent.

    Passalora broussonetiae (T.K. Goh & W.H. Hsieh) U. Braun & Crous

紫金牛科 Myrsinaceae

Myrsine sequinii Lév.

    Stenella myrisines R. Kirschner

紫茉莉科 Nyctaginaceae

Bougainvillea glabra Choisy

    Zasmidium bougainvilleae (J.M. Yen & Lim) Y.L. Guo, W.H. Hsieh & F.Y. Zhai

Bougainvillea spectabilis Willd.

    Pluripassalora bougainvilleae (Munt.-Cvetk.) U. Braun, C. Nakash., Videira & Crous

    Zasmidium bougainvilleae (J.M. Yen & Lim) Y.L. Guo, W.H. Hsieh & F.Y. Zhai

木樨科 Oleaceae

Olea tsoongii (Merr.) P.S. Green

    Zasmidium oleae Y.L. Guo, X.W. Xie & B.J. Li

柳叶菜科 Onagraceae

Chamaenerion angustifolium (L.) Scop.

    Passalora montana (Speg.) U. Braun & Crous

棕榈科 Palmae

Areca catechu Linn.

    Stenella taiwanensis T. Matsushima

Caryota mitis Lour.

    Zasmidium caryotae (X.J. Liu & Y.Z. Liao) Kamal

罂粟科 Papaveraceae

Papaver nudicaule L.

    Passalora papaveris (F.Y. Zhai, Y.L.Guo & Y. Li) F.Y. Zhai, Y.L.Guo, Y.J. Liu & Y. Li

商陆科 Phytolaccaceae

Phytolacca americana L.

    Cercospora flagellaris Ellis & G. Martin

白花丹科 Plumbaginaceae

Limonium sinuatum (L.) Mill.

    Cercospora insulana (Sacc.) Sacc.

蓼科 Polygonaceae

Polygonum aviculare L.

    Passalora avicularis (G. Winter) Crous, U. Braun & M.J. Morris

毛茛科 Ranunculaceae

Cimicifuga dahurica (Turcz.) Maxim.

    Passalora cimicifugae (F.Y. Zhai, Y.L. Guo & Y. Li) F.Y. Zhai, Y.L. Guo & Y. Li

Clematis chinensis Osbeck.

    Passalora squalidula (Peck) U. Braun

Clematis gratopsis W.T. Wang

    Passalora squalidula (Peck) U. Braun

Clematis paniculata Thunb.

    Passalora squalidula (Peck) U. Braun

Clematis sp.

    Passalora clematidina U. Braun & Crous

    Passalora squalidula (Peck) U. Braun

Delphinium sp.

    Passalora delphinii (F.Y. Zhai, Y.L. Guo & Y. Li) F.Y. Zhai, Y.L. Guo & Y. Li

鼠李科 Rhamnaceae

Rhamnus davurica Pall.

    Cercospora rhamni Fuckel

蔷薇科 Rosaceae

Fragaria orientalis Lozink.

    Passalora vexans (C. Massal.) U. Braun & Crous

Fragaria sp.

    Passalora vexans (C. Massal.) U. Braun & Crous

Malus baccata (L.) Barkh.

    Passalora ariae (Fuckel) U. Braun & Crous

Potentilla sp.

    Passalora vexans (C. Massal.) U. Braun & Crous

Prunus buergeriana Miq.

    Passalora pruni (Y.L. Guo & X.J. Liu) U. Braun & Crous

Prunus persica Batsch var. *vulgaris* Maxim.

    Stenella persicae Yokoyama & Nasu

Prunus sp.

    Passalora ariae (Fuckel) U. Braun & Crous

    Passalora pruni (Y.L. Guo & X.J. Liu) U. Braun & Crous

Pyrus communis L.

    Passalora pyrophila U. Braun & Crous

Pyrus sp.

    Passalora pyrophila U. Braun & Crous

Rosa acicularis Lindl.

    Rosisphaerella rosicola (Pass.) U. Braun, C. Nakash., Videira & Crous

Rosa bella Rehd. & Wils.

    Rosisphaerella rosicola (Pass.) U. Braun, C. Nakash., Videira & Crous

Rosa centifolia L.

Rosisphaerella rosicola (Pass.) U. Braun, C. Nakash., Videira & Crous

Rosa chinensis Jacq.

　　Rosisphaerella rosicola (Pass.) U. Braun, C. Nakash., Videira & Crous

Rosa dahurica Pall.

　　Rosisphaerella rosicola (Pass.) U. Braun, C. Nakash., Videira & Crous

Rosa multiflora Thunb.

　　Passalora rosigena U. Braun & Crous

　　Rosisphaerella rosicola (Pass.) U. Braun, C. Nakash., Videira & Crous

Rosa omeiensis Rolfe

　　Rosisphaerella rosicola (Pass.) U. Braun, C. Nakash., Videira & Crous

Rosa rugosa Thunb.

　　Rosisphaerella rosicola (Pass.) U. Braun, C. Nakash., Videira & Crous

Rosa sertata Rolfe

　　Rosisphaerella rosicola (Pass.) U. Braun, C. Nakash., Videira & Crous

Rosa sp.

　　Rosisphaerella rosicola (Pass.) U. Braun, C. Nakash., Videira & Crous

芸香科 Rutaceae

Citrus reticulata Blanco

　　Zasmidium citri-griseum (F.E. Fisher) U. Braun & Crous

Citrus sinensis (Linn.) Osb.

　　Zasmidium citri-griseum (F.E. Fisher) U. Braun & Crous

Citrus sp.

　　Zasmidium citri-griseum (F.E. Fisher) U. Braun & Crous

Dictamnus dasycarpus Turcz.

　　Paracercospora dictamnicola Y.H. Ou & R.J. Zhou

Evodia rutaecarpa (Juss.) Benth.

　　Cercospora euodiae-rutaecarpae S.Q. Chen & P.K. Chi

Phellodendron chinense Schneid.

　　Passalora phellodendricola (F.X. Chao & P.K. Chi) U. Braun & Crous

Zanthoxylum bungeanum Maxim.

　　Passalora zanthoxyli (Y.L. Guo & Z.M. Cao) U. Braun & Crous

杨柳科 Salicaceae

Salix mastudana Koidz.

　　Passalora salicis (Deighton, R.A.B. Verma & S.S. Prasad) U. Braun & Crous

　　Zasmidium salicis (Chupp & H.C. Greene) Kamal & U. Braun

Salix sp.

　　Passalora salicis (Deighton, R.A.B. Verma & S.S. Prasad) U. Braun & Crous

无患子科 Sapindaceae

Spindus mukorossi Gaertn.

  Passalora sawadae (S.C. Jong & E.F. Morris) U. Braun & Crous

虎耳草科 Saxifragaceae

Deutzia sp.

  Cercospora deutziae Ellis & Everh.

Itea parviflora Hemsl.

  Stenella iteae R. Kirschner

Philadelphus incanus Koehne

  Passalora philadelphi (Y.L. Guo) U. Braun & Crous

五味子科 Schisandraceae

Schisandra chinensis (Turcz.) Bail.

  Passalora schisandrae (Y.L. Guo) U. Braun & Crous

玄参科 Scrophlariaceae

Paulownia taiwaniana Hu & Cheng

  Paracercospora paulowniae (J.M. Yen & S.K. Sun) Deighton

  Passalora paulownicola (J.M. Yen & S.H. Sun) U. Braun & F. Freire

茄科 Solanaceae

Capsicum annuum L.

  Passalora capsicicola (Vassiljevsky) U. Braun & F. Freire

Lycopersicon esculentum Mill.

  Fulvia fulva (Cooke) Cif.

Solanum dulcamara L.

  Paracercospora egenula (Syd.) Deighton

Solanum melongene L.

  Paracercospora egenula (Syd.) Deighton

  Passalora nattrassii (Deighton) U. Braun & Crouse

Solanum sp.

  Paracercospora egenula (Syd.) Deighton

Solanum torvum Swartz

  Passalora solani-torvi (Gonz. Frag. & Cif.) U. Braun & Crous

Solanum tuberosum L.

  Passalora concors (Casp.) U. Braun & Crous

Solanum verbascifolium L.

  Passalora solani-torvi (Gonz. Frag. & Cif.) U. Braun & Crous

Passalora solani-verbascifolii F.Y. Zhai &Y.L. Guo

梧桐科 Sterculiaceae

Helicteres sp.

    Passalora meridiana (Chupp) U. Braun & Crous

瑞香科 Thymelaeaceae

Wikstroemia indica (Linn.) G.A. Mey

    Zasmidium wikstroemiae (Petch) U. Braun

椴树科 Tiliaceae

Grewia chuniana Burret

    Passalora grewiae (H.C. Srivast. & P.R. Mehtra) U. Braun & Crous

Grewia sp.

    Passalora grewiigena U. Braun & Crous

Tilia amurensis Rapr.

    Paracercosporidium microsorum (Sacc.) U. Braun, C. Nakash., Videira & Crous

Tilia paucicostata Maxim.

    Passalora tiliae (Y.L. Guo & X.J. Liu) U. Braun & Crous

伞形科 Umbelliferae

Anethum graveolens L.

    Fusoidiella anethi (Pers.) Videira & Crous

Apium graveolens L.

    Cercospora apiicola M. Groenew., Crous & U. Braun

    Fusoidiella anethi (Pers.) Videira & Crous

Foeniculum vulgare Mill.

    Fusoidiella anethi (Pers.) Videira & Crous

Heracleum dissectum Ledeb.

    Fusoidiella depressa (Berk. & Broome) Videira & Crous

Peucedanum sp.

    Fusoidiella depressa (Berk. & Broome) Videira & Crous

荨麻科 Urticaceae

Gonostegia hirta (Blume) Miq.

    Passalora gonostegiae (T.K. Goh & W.H. Hsieh) U. Braun & Crous

Pouzolzia zeylanica (L.) Benn.

    Cercosporella pouzolziae Sawada

马鞭草科 Verbenaceae

Caryopteris terniflora Maxim.

  Cercospora caryopteridis R.S. Mathur, L.S. Chauhan & S.C. Verma

Clerodendrum canescens Wall.

  Passalora clerodendri (T.K. Goh & W.H. Hsieh) U. Braun & Crous

Clerodendrum cyrtophyllum Turcz.

  Passalora clerodendri (T.K. Goh & W.H. Hsieh) U. Braun & Crous

Clerodendrum philippinum Schauer

  Passalora clerodendri (T.K. Goh & W.H. Hsieh) U. Braun & Crous

堇菜科 Violaceae

Viola lactoflara Nakai

  Passalora murina (Ellis & Kellerm.) U. Braun & Crous

Viola sp.

  Passalora murina (Ellis & Kellerm.) U. Braun & Crous

葡萄科 Vitaceae

Parthenocissus quenquefolia (L.) Planch.

  Ragnhildiana ampelopsidis (Peck) U. Braun, C. Nakash., Videira & Crous

Vitis piadezkii Maxim.

  Passalora vitis-piadezkii U. Braun & Crous

Vitis sp.

  Passalora dissiliens (Duby) U. Braun & Crous

Vitis vinifera L.

  Passalora dissiliens (Duby) U. Braun & Crous

参 考 文 献

白金铠 (Bai JK), 程明渊 (Cheng MY). 1992. 短胖孢属, 菌绒孢属和假尾孢属的几个新组合. 真菌学报, 11(2): 119-124

包头市植检植保站. 1959.包头市 1959 年植物保护工作资料汇编. 包头: 包头市科学技术情报研究所: 1-82

北京农业大学植物病理系暑期实习河南烟病小组. 1952. 河南许昌、襄城两县烟病调查报告: 1-8

蔡淑莲 (Cai SL). 1941. 湄潭重要经济植物病害之初步调查. 病虫知识, 1(3): 50-57

陈少勤 (Chen SQ), 戚佩坤 (Chi PK). 1990. 尾孢菌的几个新种. 华南农业大学学报, 11(3): 57-63

陈鸿逵 (Chen HK), 来元直 (Lai YZ). 1961. 浙江省黄麻的主要病害. 中国植物保护科学: 1023-1040

程明渊 (Cheng MY), 刘维 (Liu W). 1991. 东北地区 *Cercospora* 属及相近属分类研究. 沈阳农业大学学报, 22(1): 6-12

戴芳澜 (Tai FL). 1941. 云南经济植物之初步调查报告. 清华大学农业研究所汇报, 6: 1-36

戴芳澜 (Tai FL). 1979.中国真菌总汇. 北京: 科学出版社: 1527

邓叔群 (Teng SC). 1938. 中国的真菌续志 八. Sinensis, 9: 219-258

邓叔群 (Teng SC). 1963. 中国的真菌. 北京: 科学出版社: 808.

甘肃省农林厅. 1959. 甘肃省农作物病虫害杂草调查汇编. 兰州: 甘肃农业出版社: 535

葛起新 (Ge QX). 1991. 浙江植物病虫志·病害篇 (第一集). 上海: 上海科学技术出版社: 328

广西壮族自治区农业厅, 广西壮族自治区农业科学院和广西农学院. 1964. 广西农作物病虫害名录. 南宁: 广西壮族自治区人民出版社: 330

郭英兰 (Guo YL). 1989. 神农架地区的叶生丝孢菌. 神农架真菌与地衣. 北京: 世界图书出版公司: 514

郭英兰 (Guo YL). 1993. 泽兰叶上的三种真菌. 真菌学报, 12(4): 271-274

郭英兰 (Guo YL). 1997a. 子囊菌无性型寄生菌. 河北小五台山菌物, 北京: 中国农业出版社: 205

郭英兰 (Guo YL), 1997b. 秦岭地区的半知菌. 秦岭真菌. 北京: 中国农业科技出版社: 181

郭英兰 (Guo YL). 2011. 中国尾孢属及其近似属研究 XIV. 菌物学报, 30: 865-869

郭英兰 (Guo YL). 2012. 中国尾孢属及其近似属研究 XV. 菌物学报, 31: 159-164

郭英兰 (Guo YL). 2015. 引起野葛角状叶斑的钉孢属一新种. 菌物学报, 34: 10-12

郭英兰 (Guo YL). 2017. 中国羽叶楸上的羽叶楸假尾孢新种. 菌物学报, 36: 275-277

郭英兰 (Guo YL), 刘锡琎 (Liu XJ). 1992a. 中国假尾孢属的研究 II. 真菌学报, 11: 125-135

郭英兰 (Guo YL), 刘锡琎 (Liu XJ). 1992b. 中国假尾孢属的研究 III. 真菌学报, 11: 294-299

郭英兰 (Guo YL), 刘锡琎 (Liu XJ). 2003. 中国真菌志 第二十卷 菌绒孢属 钉孢属 色链格孢属. 北京: 科学出版社: 189

郭英兰 (Guo YL), 刘锡琎 (Liu XJ). 2005. 中国真菌志 第二十四卷 尾孢属. 北京: 科学出版社: 373

何畏冷 (He WL). 1935. 广东果树病害汇志 I. 岭南农刊, 1(4): 1-86

何永红 (He YH), 张忠义 (Zhang ZY). 2002. 中国枝孢属研究 XXVII. 菌物系统, 21: 21-22

湖北省农业厅. 1964. 湖北省农作物主要病虫及其防治. 武汉: 湖北人民出版社: 318

江西省农业厅植保植检处, 江西农学院昆虫病理教研组. 1960. 江西农业病虫害志 病害部分. 南昌: 江西人民出版社: 1-247

林亮东 (Lin LD). 1941. 云南 元江县农作物病害之概况. 农声, 222: 12-19

林亮东 (Lin LD), 黎毓干 (Li YG). 1949. 滇湘桂粤之农作物病害. 农声, 222: 20-43

刘锡琎 (Liu XJ), 郭英兰 (Guo YL). 1982a. 中国短胖孢菌. 真菌学报, 1: 88-102

刘锡琎 (Liu XJ), 郭英兰 (Guo YL). 1982b. 中国色链隔孢. 植物病理学报, 12(4): 1-15

刘锡琎 (Liu XJ), 郭英兰 (Guo YL). 1998. 中国真菌志 第九卷 假尾孢属. 北京: 科学出版社: 474

刘锡琎 (Liu XJ), 廖银章 (Liao YZ). 1980. 倒棒孢属和疣丝孢属的各两个种. 微生物学报, 20(2): 116-121

南志标 (Nan ZB), 李春杰 (Li CJ). 1994. 中国牧草真菌病害目录. 1994 II. 增刊: 1-160

内蒙古农牧学院植病教研组. 1961. 内蒙古农作物与经济植物病害名录

宁夏回族自治区农业厅植物保护站. 1959.宁夏农作物主要病虫鼠害和防治方法. 银川: 宁夏回族自治区人民出版社: 171.

戚佩坤 (Chi PK). 1994.广东省栽培药用植物真菌病害志. 广州: 广东科技出版社: 275

戚佩坤 (Chi PK). 2000.广东果树真菌病害志. 北京: 中国农业出版社: 241

戚佩坤 (Chi PK), 白金铠 (Bai JK). 1965. 尾孢属 (*Cercospora*) 的几个新种. 植物分类学报, 10: 110-114

戚佩坤 (Chi PK), 白金铠 (Bai JK), 朱桂香 (Zhu GX). 1966.吉林省栽培植物真菌病害志. 北京: 科学出版社: 476

仇元 (Qiu Y). 1955. 西安夏季蔬菜病害调查摘要. 中国植物病理学会会讯,11-12 期: 56-62

孙淑贤 (Sun SH), 1955. 台湾尾孢菌属之研究 (一). 台湾农林学报, 4: 137-185

孙树权 (Sun SQ), 贺运春 (He YC), 王建明 (Wang JM). 1990. 山西经济植物真菌病害志. 太原: 山西科学教育出版社: 203

石艳霞 (Shi YX), 赵倩 (Zhao Q), 郭英兰 (Guo YL). 2018. 中国几种尾孢类真菌. Fung Sci, 33(1): 17-24

宋佳歌 (Song JG), 徐彪 (Xu B), 姜子德 (Jiang ZD). 2020. 寄生于爪瓣山柑的尾孢属一新种. 菌物研究, 18(4): 321-329, 334

王鸣歧 (Wang MQ). 1950. 河南植物病害名录. 华北农业科学研究所专刊第 2 号: 1-23

魏宁生 (Wei NS). 1963. 西安武功地区主要蔬菜病害名录. 西北农学院学报, 1963: 72-84

谢学文 (Xie XW), 赵倩 (Zhao Q), 郭英兰 (Guo YL). 2017. 尾孢属和假尾孢属新纪录种. 菌物学报, 36: 1164-1167

徐梅卿 (Xu MQ). 2017. 中国木本植物病原总汇. 哈尔滨: 东北林业大学出版社: 1846

徐梅卿 (Xu MQ). 2019.中国木本植物病害名录. 哈尔滨: 东北林业大学出版社: 779

徐 彪 (Xu B), 郭英兰 (Guo YL). 2013. 中国 3 个丝孢菌新纪录种. 菌物学报, 32: 748-751

徐 彪 (Xu B), 赵振宇, 张莉莉. 2011. 新疆荒漠真菌识别手册. 北京: 中国农业出版社

余永年 (Yu YN). 1953. 水稻种子寄藏真菌的初步分析. 农业学报, 4: 189-198

张翰文 (Zhang HW), 吴治身 (Wu ZS), 贾中和 (Jia ZH), 赵震宇 (Zhao ZY), 陈耀 (Chen Y), 贾菊生 (Jia JS), 余俊杰 (Yu JJ). 1960. 新疆经济植物病害名录. 1-40

张忠义 (Zhang ZY). 2003.中国真菌志 第十四卷 枝孢属 黑星孢属 梨孢属. 北京: 科学出版社: 295

张忠义 (Zhang ZY). 2006.中国真菌志 第二十六卷 葡萄孢属 柱隔孢属. 北京: 科学出版社: 277

赵文霞 (Zhao WX), 郭英兰 (Guo YL). 1993. 湖南张家界的丝孢菌 II. 尾孢属和假尾孢属. 真菌学报, 12: 193-199

周家炽 (Zhou JC). 1936. 河北栽培植物病害志略. 中国植物学杂志, 2: 977-1012

朱凤美 (Zhu FM). 1927. 中国植物病菌所见. 中国农学会报, 54: 23-43

朱健人 (Zhu JR). 1941. 西康植病所见. 中华自然科学社西康科学考察团报告书 五. 农林组报告: 93-115

邹钟琳 (Zou ZL). 1922. 南京植物病害名录. 科学, 7: 184-195

Katsura K (桂琦一). 1944. 华北に于ける青麻の数种病害に就て. 华北农报, 6: 15-112

Katsura K (桂琦一). 1945. 华北产未记录の植物病害に就て(二). 华北农报, 52: 1-4

Sasaki M (佐佐木三男). 1942. 热河省农作物病虫害の解说 (其一, 病害篇): 1-88

Yamamoto W (山本和太郎), Maruyama T (鸠山辉树). 1956. 日本と中国台湾产 *Cercospora* 属の种类に认められる异名同种. Sci Rep Hyogo Univ Agric, 2(2）Ser Agric Biol: 29-32

Adamska I. 2001. Microscopic fungus-like organisms and fungi of the Slowinski National Park. II. (NW Poland). Acta Mycol, 36: 31-65

Agarwal GP, Hasija SK. 1964. Fungi causing plant diseases at Jabalpurt (M. P.) X. Mycopathol Mycol Appl, 23: 314-320

Agarwal GP, Sharma ND. 1973. Fungi causing plant diseases at Jabalpur (M. P) XIII. Some *Cercospora*-IV. Indian Phytopathol, 26: 295-302

Agrios GN. 1997. Plant Pathology. 4th ed. New York: Academic Press

Ahmad S. 1967. Contributions to the fungi of West Pakistan VI. Biologia Lahore, 13: 15-42

Albu S, Schneider R, Price P, Doyle V. 2016. *Cercospora* cf. *flagellaris* and *Cercospora* cf. *sigesbeckiae* are associated with *Cercospora* leaf blight and purple seed stain on soybean in North America. Phytopathology, 106: 1376-1385.

Allescher A. 1895. Mykologische Mittheilungen aus Süd-Bayern. Hedwigia, 34: 256-290

Aly R, Halpern N, Rubin B, Dor E, Golan S, Hershenhorn J. 2001. Biolistic transformation of *Cercospora caricis*, a specific pathogenic fungus of *Cyperus rotundus*. Mycol Res, 105: 150-152

Amnuaykanjanasin A, Daub ME. 2009. The ABC transporter *ATRI* is necessary for efflux of the toxin cercosporin in the fungus *Cercospora nicotianae*. Fungal Genetics and Biology, 46: 146-158

Anonymous. 1960. Index of Plant Diseases in the United State. U.S.D.A. Agric. Handb. 165: 531

Anonymous. 1979. List of Plant Diseases in Taiwan. The Plant Protection Society, Republic of China: 404

Aptroo A. 2006. *Mycosphaerella* and its anamorphs: 2. Conspectus of *Mycosphaerella*. CBS, Utrecht, The Netherland

Arnold GRW. 1986. Lista de Hongos Fitopatogenos de Cuba. Ministerio de Cultura Editorial Cientifico-Tecnica: 1-207

Arx JA von. 1974. The Genera of Fungi Sporulating in Pure Culture, 2nd ed. Cramer, Vaduz

Arx JA von. 1981. The Genera of Fungi Sporulating in Pure Culture, 3rd ed. Cramer, Vaduz

Arx JA von. 1983. *Mycosphaerella* and its anamorphs. Proc K Ned Akad Wet C, 86: 15-54

Arzanlou M, Groenewald JZ, Gams W, Braun U, Crous PW. 2007. Phylogenetic and morphotaxonomic revision of *Ramichloridium* and allied genera. Stud Mycol, 58: 57-93

Arzanlou M, Groenewald JZ, Fullerton RA, Abeln ECA, Carlier J, *et al*. 2008. Multiple gene genealogies and phenotypic characters differentiate several novel species of *Mycosphaerella* and related anamorphs on banana. Persoonia, 20: 19-37

Assante G, Locci R, Camarda L, Merini L, Nasini G. 1977. Screening of the genus *Cercospora* for secondary metabolites. Phytochemistry, 16: 243-247

Atkinson GF. 1891. Some Cercosporæ from Alabama. J Elisha Mitchell Scientific Society, 8: 33-67

Atkinson GF. 1897. Some fungi from Alabama collected chiefly during the years 1889-1892. Bull Cornell Univ, 3: 1-50

Baker GE, Dunn PH, Sakai WS. 1979. Fungus communities associated with leaf surfaces of endemic vascular plants in Hawaii. Mycologia, 71: 272-292

Baker RED, Dale WT. 1951. Fungi of Trinidad and Tobago. Mycol Pap, 33: 1-111

Bakhshi M, Arzanlou M, Babai-ahari A. 2012. Morphological and molecular characterization of *Cercospora zebrina* from black bindweed in Iran. Plant Pathology and Quarantine, 2: 125-130

Bakhshi M, Arzanlou M, Babai-ahari A, Groenewald JZ, Braun U, Crous PW. 2015a. Application of the consolidated species concept to *Cercospora* spp. from Iran. Persoonia, 34: 65-86

Barkhshi M, Arzanlou M, Babai-ahari A, Groenewald JZ, Crous PW. 2015b. Is morphology in *Cercospora* a reliable reflection of generic affinity? Phytotaxa, 213: 22-34

Bakhshi M, Arzanlou M, Babai-ahari A, Groenewald JZ, Crous PW. 2018. Novel primers improve species delimitation in *Cercospora*. IMA Fungus, 9(2): 299-332

Barreto RW, Evans HC. 1994. The mycobiota of the weed *Chromolaena adrata* in southern Brazil with particular reference to fungal pathogens for biological control. Mycol Res, 98: 1107-1116

Barreto RW, Evans HC. 1995. The mycobiota of the weed *Mikania micrantha* in southern Brazil particular reference to fungal pathogens for biological control. Mycol Res, 99: 343-352

Barreto RW, Evans HC, Ellison CA. 1995. The mycobiota of the weed *Lantana camara* in Brazil, with particular refence to biological control. Mycol Res, 99: 769-782

Beilharz V, Pascoe I. 2002. Two additional species of *Verrucisporota*, one with a *Mycosphaerella* telemorph, from Australia. Mycotaxon, 82: 357-365

Bensch K, Braun U, Groenewald JZ, Crous PW. 2012. The genus *Cladosporium*. Stud Mycol, 72: 1-401

Berlese AN. 1888. Fungi Veneti novi Vel critici. Malpighia, 2: 241-250

Berger RD, Hanson EW. 1963. Pathogenicity, host-parasitic relationship, and morphology of some forage legume Cercosprae, and factors related to disease development. Phytopathology, 53: 500-508

Berner DK, Eskandari FM, Braun U, Mcmahon MB, Luster DG. 2005. *Cercosporella acroptili* and *Cercosporella centaureicola* sp. nov. -potential biological control agents of Russian knapweed and yellow starthistle, respectively. Mycologia, 97: 1122-1128

Bhalla K, Sarbhoy AK. 2000. Additions and recombination of *Mycovellosiella* species. Indian Phytopathol, 53: 261-265

Bhalla K, Singh SK, Srivastava AK. 1997. Further *Mycovellosiella* species from the Indian subcontinent. Mycol Res, 101: 1496-1498

Blaney CL, Van Dyke CG. 1988. *Cercospora caricis* from *Cyperus esculentus* (yellow nutsedge): Morphology and cercosporin production. Mycologia, 80: 418-421

Boedijn KB. 1961. The genus *Cercospora* in Indonesia. Nova Hedwigia, 3: 411-438

Bonar L. 1965. Studies on some California fungi IV. Mycologia, 57: 379-396

Boughey AS. 1946. A preliminary list of plant diseases in the Anglo-Egyptian Sudan. Mycol Pap, 14: 1-16

Brandenburger W. 1985. Parasitische Pilze an Gefäßpflanzen in Europa. Fischer Verlag, Stuttgart, New York

Braun U. 1990a. Studies on *Ramularia* and allied genera III. Nova Hedwigia, 50 (3-4): 499-521

Braun U. 1990b. Taxonomic problem of the *Ramularia*/*Cercosporella* complex. Stud Mycol, 32: 65-75

Braun U. 1991. Studies on *Ramularia* and allied genera IV. Nova Hedwigia, 53: 291-305

Braun U. 1992. Taxonomic notes on some species of the *Cercospora* complex. Nova Hedwigia, 55: 211-221

Braun U. 1993a. Taxonomic notes on some species of the *Cercospora* complex II. Cryptog Bot, 3: 235-244

Braun U. 1993b. Taxonomic notes on some species of the *Cercospora* complex III. Mycotaxon, 48: 281-298

Braun U. 1993c. Studies on *Ramularia* and allied genera VI. Nova Hedwigia, 56(3-4): 423-454

Braun U. 1994a. Studies on *Ramularia* and allied genera VII. Nova Hedwigia, 58: 191-222

Braun U. 1994b. Miscellaneous notes on Phytopathogenic Hyphomycetes. Mycotaxon, 51: 37-68

Braun U. 1995a. A Monograph of *Cercosporella*, *Ramularia* and Allied Genera (Phytopathogenic Hyphomycetes). Vol. 1. IHW-Verlag, Germany: 311

Braun U. 1995b. Miscellaneous notes on phytopathogenic hyphomycetes II. Mycotaxon, 55: 223-241

Braun U. 1996. Taxomomic notes on some species of the *Cercospora* complex IV. Sydowia, 48: 205-217

Braun U. 1998a. A Monograph of *Cercosporella*, *Ramularia* and Allied Genera (Phytopathogenic Hyphomycetes). Vol. 2. IHW-Verlag, Germany: 483

Braun U. 1998b. Studies on *Ramularia* and allied genera II. Nova Hedwigia, 47: 335-349

Braun U. 1999a. Taxonomic notes on species of the *Cercospora* complex V. Schlechtendalia, 2: 1-28

Braun U. 1999b. Taxonomic notes on species of the *Cercospora* complex VI. Cryptog Mycol, 20: 155-177

Braun U. 2000a. Miscellaneous notes on some micromycetes. Schlechtendalia, 5: 31-56

Braun U. 2000b. Annotated list of *Cercospora* spp. described by C. Spegazzini. Schlechtendalia, 5: 57-79

Braun U. 2012. The impact of the discontinuation of dual nomenclature of pleomorphic fungi: the trivial facts, problems, and strategies. IMA Fungus, 3: 81-86

Braun U, Castañeda R. 1991. *Cercospora* and allied genera of Guba II. Cryptog Bot, 2-3: 289-297

Braun U, Crous PW. 2002. Some new micromycetes from New Zealand. Mycol Progress, 1: 19-30

Braun U, Crous PW. 2005. Additions and corrections to names published in *Cercospora* and *Passalora*. Mycotaxon, 92: 395-416

Braun U, Crous PW. 2010. Some reallocations of *Stenella* species to *Zasmidium*. Schlechtendalia, 20: 99-104

Braun U, Crous PW, Kamal. 2003. New species of *Pseudocercospora*, *Pseudocercosporella*, *Ramularia* and *Stenella* (cercosporoid hyphomycetes）Mycol. Progress, 2(3): 197-208

Braun U, Crous PW, Nakashima C. 2014. Cercosporoid fungi (Mycosphaerellaceae) 2. Species on monocots (Acoraceae to Xyridaceae, excluding Poaceae). IMA Fungus, 5(2): 203-390

Braun U, Crous PW, Nakashima C. 2015a. Cercosporoid fungi (Mycosphaerellaceae）3. Species on monocots (Poaceae, true grasses). IMA Fungus, 6(1): 25-97

Braun U, Crous PW, Nakashima C. 2015b. Cercosporoid fungi (Mycosphaerellaceae）4. Species on dicots (Acanthaceae to Amarantheaceae). IMA Fungus, 6(2): 373-469

Braun U, Crous PW, Nakashima C. 2016. Cercosporoid fungi (Mycosphaerellaceae）5. Species on dicots (Anacardiaceae to Annonaceae). IMA Fungus, 7(1): 161-216

Braun U, Crous PW, Pons N. 2002. Annotated list of *Cercospora* species described by C. Chupp. Feddes Repertorium, 113: 112-127

Braun U, Crous PW, Schugert K, Shin HD. 2010a. Some relocations of *Stenella* species to *Zasmidium*. Schlechtendalia, 20: 99-104

Braun U, Delhey R, Kiehr M. 2000. Some new cercosporoid hyphomycetes from Argentina. Fungal Diversity, 6: 18-33

Braun U, Freire F. 2002. Some cercosporoid hyphomycetes from Brazil II. Cryptog Mycol, 23: 295-328

Braun U, Freire F. 2004. Some cercosporoid hyphomycetes from Brazil III. Cryptog Mycol, 25: 221-244

Braun U, Freire F, Urtiaga R. 2010b. New species and new records of cercosporoid hyphomycetes from Brazil, New Zealand and Venezuela. Polish Botanical Joumal, 55: 281-291

Braun U, Hill FC. 2002. Some new micromycetes from New Zealand. Mycol Progress, 1: 19-30

Braun U, Hill FC, Schubert K. 2006. New species and new record of biotrophic micromycetes from Australia, Fiji, New Zealand and Thailand. Fungal Diversity, 22: 13-35

Braun U, Mel'nik VA. 1997. Cercosporoid fungi from Russia and adjacent countries. Trudy Bot Inst im V L Komarova (St. Petersburg), 20: 1-130

Braun U, Mouchacca J, Mckenzie EHC. 1999. Cercosporoid hyphomycetes from New Caledonia and some other South Pacific islands. New Zealand J Bot, 37: 297-327

Braun U, Nakashima C, Crous PW. 2013. Cercosporoid fungi (Mycosphaerellaceae）1. Species on other fungi, *Pteridophyta* and *Gymnospermae*. IMA Fungus, 4: 265-345

Braun U, Shin HD. 1993. Notes on Korean *Cercospora* and allied genera I. Mycotaxon, 49: 351-362

Braun U, Sivapalan A. 1999. Cercosproid hyphomycetes from Brunei. Fungal Diversity, 3: 1-27

Braun U, Urtiaga R. 2012. New species and new records of cercosporoid hyphomycetes from Cuba and Venezuela (Part 1). Mycosphere, 3: 301-329

Braun U, Urtiaga R. 2013. New species and new records of cercosporoid hyphomycetes from Cuba and Venezuela (Part 3). Mycosphere, 4: 591-614

Bresadola G. 1920. Selecta mycologica. Ann Mycol, 18(1-3): 26-70

Bresadola J. 1903. Fungi Polonici. Ann Mycol, 1: 129-131

Brummitt RK, Powell CE. 1992. Authors of Plant Names. A list of authors of scientific names of plants, with recommended standard forms of their names, including abbreviations. Royal Botanic Gardens, Kew: 732

Brune H. 1956. Veranderungen des Nahrstoff-und Mineralstoffgehaltes von frischem Zuckerrübenblatt nach Befall mit *Cercospora beticola*. Zucker, 9. 11: 262-266

Burgess TI, Barber PA, Sufaatl S, *et al.* 2007. *Mycosphaerella* spp. on *Eucalyptus* in Asia, new species, new hosts and new records. Fungal Diversity, 24: 135-157

Cannon PF, Damm U, Johnston PR, Weir BS. 2012. *Colletotrichum* – current status and future directions. Stud Mycol,73: 181-213

Carmichael JW, Kendrick WB, Connwrs IL, Sigler L. 1980. Genera of Hyphomycetes. Edmonton: The University of Alberta Press

Carnegie AJ, Keane PJ. 1994. Further *Mycosphaerella* species associated with leaf diseases of *Eucalyptus*. Mycol Res, 98: 413-418

Castañeda RF, Braun U. 1989. *Cercospora* and allied genera of Cuba 1. Cryptog Bot, 1: 42-55

Charudattan R, Linda SB, Kluepfel M, Osman YA. 1985. Biocontrol efficacy of *Cercospora rodmanii* on waterhyacinth. Phytopathol, 75: 1263-1269

Cheewangkoon R, Crous PW, Hyde KD, *et al.* 2008. Species of *Mycosphaerella* and related anamorphs on *Eucalyotus* leaves from Thailand. Persoonia, 21: 77-91

Chen H, Lee MH, Daub ME, Chung K. 2007. Molecular analysis of the cercosporin biosynthetic gene cluster in *Cercospora nicotianae*. Molecular Mycologia, 91: 755-770

Chen XR (陈秀蓉), Guo YL (郭英兰), Zhang SL (张山林). 2000. A new species of *Mycovellosiella* causing leaf spot of *Pyrus*. Mycosystema, 19: 306-307

Chiddarwar PP. 1962. Contributions to our knowledge of the *Cercospora* of Bombay State III. Mycopathol Mycol Appl, 17: 71-81

Chlebickl A, Majewska M. 2010. *Zasmidium cellare* in Poland. Acta Mycologia, 45: 121-124

Cho WD, Shin HD. 2004. List of plant diseases in Korea. Fourth edition. Korean Society of Plant Pathology: 1-779

Choquer M, Dekkers KL, Chen HQ, Cao L, Ueng PP, *et al.* 2005. The *CTBI* gene encoding a fungal polyketide synthase is required for cercosporin biosynthesis and fungal virulence of *Cercospora nicotianae*. Molecular Plant-microbe Interactions, 18: 466-476

Chowdhury S. 1957. Notes on fungi from Assam. Lloydia, 20: 133-138

Chung KR, Ehrenshaft M, Wetzel DK, Daub ME. 2003. Cercosporin-deficient mutants by plasmid tagging in the asexual fungus *Cercospora nicotianae*. Molecular Genetics and Genomics, 270: 103-113

Chupp C. 1937. *Cercospora* species and their host genera: 1-23

Chupp C.1954. A Monograph of the Fungus Genus *Cercospora*. Ithaca, New York: 667

Chupp C, Doidge EM. 1948. *Cercospora* species recorded from South Africa. Bothalia, 4: 881-893

Chupp C, Linder DH. 1937. Notes on Chinese *Cercospora*. Mycologia, 29: 26-33

Ciferri R. 1929. Micoflora Domingensis. Lista de los hongos hasta la fecha indicados en Santo Domingo. Ser B, Bot Estac Agron Moca, 14: 1-260

Ciferri R. 1938. Mycoflora domingensis exsiccate. Ann Mycol, 36: 198-246

Ciferri R. 1961. Mycoflora domingensis integrata. Quaderno, 19: 1-539

Ciferri R, Bruner SC. 1931. *Cercospora beticola* n. sp. parasite of the sweet potato in America. Phytopathology, 21: 93-96

Clements FE, Sheer CL. 1931. Genera of Fungi. H. W. Wilson, New York, U S A.

Constantinescu O. 1975. Studies on *Cercospora* and similar fungi. I. *Mycovelosiella concors* comb. nov., and *Cercosporidium cnidii* sp. nov. Rev Mycol (Paris), 38: 95-101

Constantinescu O. 1982. Studies on *Cercospora* and similar fungi II. New combinations in *Cercospora* and *Mycovellosiella*. Cryptog Mycol, 3: 63-70

Conway KE. 1976. *Cercospora rodmanli*, a new pathogen of water hyacinth with biological control. Can J Bot, 54: 1079-1083

Cooke MC. 1883. Nommularia and its allied. Grevillea, 12: 1-8

Crous PW. 1998. *Mycosphaerella* spp. and their anamorphs associated with leaf spot diseases of *Eucalyptus*. Mycol Mem, 21: 1-170

Crous PW, Alfenas AC. 1995. *Mycosphaerella gracilis* and other species of *Mycosphaerella* associated with leaf spots of *Eucalyptus* in Indonesia. Mycologia, 87: 121-126

Crous PW, Alfenas AC, Barreto RW. 1997. Cercosporoid fungi from Brazil I. Mycotaxon, 64: 405-430

Crous PW, Aptroot A, Kang JC, Braun U, Wingfield MJ. 2000a. The genus *Mycosphaerella* and its anamorphs. Stud Mycol, 45: 107-121

Crous PW, Benchimol RL, Albuquerque FC, Alfenas AC. 2000b. Foliicolous anamorphs of *Mycosphaerella* from South America. Sydowia, 52: 78-91

Crous PW, Braun U. 1994. *Cercospora* species and similar fungi occurring in South Africa. Sydowia, 46(2): 204-224

Crous PW, Braun U. 1996. Cercosporoid fungi from South Africa. Mycotaxon, 57: 233-321

Crous PW, Braun U. 2001a. A reassessment of the *Cercospora* species described by C. Chupp: specimens deposited at BPI. Maryland, U S A Mycotaxon, 78: 327-343

Crous PW, Braun U. 2003. *Mycosphaerella* and Its Anamorphs: I. Names Published in *Cercospora* and *Passalora*. CBS Biodiversity Series, 1: 1-571

Crous PW, Kang JC, Braun U. 2001b. A phylogenetic redefinition of anamorph genera in *Mycosphaerella* based on ITS rDNA sequences and morphology. Mycologia, 93: 1081-1101

Crous PW, Braun U, Alfenas AC. 1999. Cercosporoid fungi from Brazil 3. Mycotaxon, 72: 171-193

Crous PW, Braun U, Groenewald JZ. 2007a. *Mycosphaerella* is polyphyletic. Stud Mycol, 58: 1-32

Crous PW, Braun U, Hunter GC, Wingfield MJ, Verkley G M, *et al.* 2013a. Phylogenetic lineages in *Pseudocercospora*. Stud Mycol, 75: 37-114

Crous PW, Braun U, Schubert K, Groenewald JZ. 2007b. Delimiting *Cladosporium* from morphologically similar genera. Stud Mycol, 58: 33-56

Crous PW, Braun U, Wingfield MJ, Wood AR, Shin HD, *et al.* 2009a. Phylogeny and taxonomy of obscure genera of microfungi. Persoonia, 22: 139-161

Crous PW, Cãmara MSP. 1998. Cercosporoid fungi from Brazil. 2. Mycotaxon, 68: 299-310

Crous PW, Corlet M. 1998. Reassessment of *Mycosphaerella* spp. and their anamorphs occurring on

Plantanus. Can J Bot, 76: 1523-1532

Crous PW, Denman S, Taylor JE, Swart L, Palm ME. 2004a. Cultivation and diseases of Proteaceae: *Leucadendrin, Leucospermum* and *Protea.* CBS Biodiversity Series, 2: 1-228

Crous PW, Groenewald JZ , Groenewald M, Caldwell P, Braun U, Haeeington TC. 2006a. Species of *Cercospora* associated with grey leaf spot of maize. Stud Mycol, 55: 189-197

Crous PW, Groenewald JZ, Mansulia JP, Hunter GC, Wingfield MJ. 2004b. Phylogenetic reassessment of *Mycosphaerella* spp. and their anamorphs occurring on *Eucalyptus.* Stud Mycol, 50: 195-214

Crous PW, Groenewald JZ, Pongpanich K, Himaman W, Arzanlou M, Wingfield MJ. 2004c. Cryptic speciation and host specificity among *Mycosphaerella* spp. occurring on Australian *Acacia* species grown as exotics in the tropics. Stud Mycol, 50: 457-469

Crous PW, Hong L, Wingfield BD, Wingfield MJ. 2001c. ITS rDNA phylogeny of selected *Mycosphaerella* spp. and their anamorphs occuring on Myrtaceae. Mycol Res, 105: 425-431

Crous PW, Kang JC, Braun U. 2001d. A phylogenetic redefinition of anamorph genera in *Mycosphaerella* based on ITS rDNA sequences and morphology. Mycologia, 93: 1081-1101

Crous PW, Merion M, Liebenberg, Braun U, Groenewald JZ. 2006b. Re-evaluating the taxonomic studies of *Phaeoisariopsis griseola*, the causal agent of angular leaf spot of been. Stud Mycol, 55: 163-173

Crous PW, Phillips AJL, Baxter AP. 2000c. Phytopathogenic fungi from South Africa. Department of Plant Pathology, University of Stellenbosch

Crous PW, Schoch CL, Hyde KD, *et al.* 2009b. Phylogenetic lineages in the Capnodiales. Stud Mycol, 64: 17-47

Crous PW, Summerell BA, Camegie AJ, Wingfield MJ, Groenewald JZ. 2009c. Novel species of Mycosphaerellaceae and Teratosphaeriaceae. Persoonia, 23: 119-146

Crous PW, Summerell BA, Carnegie AJ, Wingfield M, Hunter GC, *et al.* 2009d. Unravelling *Mycosphaerella*: do you believe in genera? Persoonia, 23: 99-118

Crous PW, Summerell BA, Shivas RG, Burges TI, Decock CA, *et al.* 2012. Fungal Planet description sheets: 107-127. Persoonia, 28: 138-182

Crous PW, Summerell BA, Swwart L, *et al.* 2011. Fungal pathogens of Proteaceae. Persoonia, 27: 20-45

Crous PW, Verkley G.J. M, Groenewald J Z, Samson R A (eds), 2009d. Fungal Biodiversity. CBS Laboratory Manual Series. Centralbureau   voor Schimmelcultures, Utrecht Netherland

Crous PW, Wingfield MJ. 1996. Species of *Mycosphaerella* and their anamorphs associated with leaf blotch disease of *Eucalyptus* in South Africa. Mycologia, 88: 441-458

Crous PW, Wingfield MJ, Guarro J, Cheewangkoon R, *et al.* 2013b. Fungal Planet description sheets. Persoonia, 31: 188-296

Crous PW, Wingfield MJ, Mansilla JP, Alfenas AC, Groenewald JZ. 2006c. Phylogenetic reassessment of *Mycosphaerella* spp. and their anamorphs occurring on *Eucalyptus* II. Stud Mycol, 55: 99-131

Daub ME, Ehrenshaft M. 2000. The photoactivated *Cercospora* toxin cercosporin: contributions to plant disease and fundamental biology. Annual Review of Phytopathology, 38: 461-490

David BH. 1938. The *Cercospora* leaf spot of rose caused by *Mycosphaerella rosicola.* Mycologia, 30(3): 282-298

Davis BH. 1938. The *Cercospora* leaf spot of rose caused by *Mycosphaerella rosicola.* Mycologia, 30: 282-298

David JC. 1993. A revision of taxa referred to *Heterosporium* Klotzsch ex Cooke (Mitosporic Fungi). Thesis (PH.d.), University of Reading, UK

David JC. 1997. A contribution to the systematic of *Cladosporium*: revision of the fungi previously referred to *Heterosporium*. Mycol Pap, 172: 1-157

Davis JJ. 1922. Notes on parasitic fungi in Wisconsin-VIII. Trans. Wisconsin Acad Sci, 20: 413-431

Davis R M, Raid R N, 2002. Compendium of Umbellifercus Crop Diseases. The American Phytopathological Society, APS Press, St. Paul, USA.

De Cara M, Heras F, Santos M, Tello JC. 2008. First report of *Fulvia fulva* causal Agent of tomato leaf mold, in greenhouses in Southeastern Spain. Pl Dis, 92: 1371

Deighton FC. 1964. A quarterly review of news and views issued be the Commonwealth Mycological Institute, Kew Surrey. *Cercospora*. Commonwealth Phytopathological News, 10(4): 49-52

Deighton FC. 1967. Studies on *Cercospora* and allied genera II. *Passalora, Cercosporidium* and some species of *Fusicladium* on *Euphorbia*. Mycol Pap, 112: 1-80

Deighton FC. 1971a. Brown leaf mould of *Canavalia* caused by *Stenella canavaliae* (H. & P. Syd.）comb. nov. Trans Br Mycol Soc, 56: 411-418

Deighton FC. 1971b. Studies on *Cercospora* and allied genera III. *Centrospora*. Mycol Pap, 124: 1-13

Deighton FC. 1973. Studies on *Cercospora* and allied genera IV. *Cercosporella* Sacc., *Pseudocercosporella* gen. nov. and *Pseudocercosporidium* gen, nov. Mycol Pap, 133: 1-62

Deighton FC. 1974. Studies on *Cercospora* and allied genera V. *Mycovellosiella* Rangel and new species of *Ramulariopsis*. Mycol Pap, 137: 1-75

Deighton FC. 1976. Studies on *Cercospora* and allied genera. VI. *Pseudocercospora* Speg., *Pantospora* Cif. and *Cercoseptoria* Petr. Mycol Pap, 140: 1-168

Deighton FC. 1979. Studies on *Cercospora* and allied genera VII. New species and redispositions. Mycol Pap, 144: 1-56

Deighton FC. 1983. Studies on *Cercospora* and allied genera VIII. Further notes on *Cercoseptoria* and some new species and redispositions. Mycol Pap, 151: 1-13

Deighton FC. 1987. New species of *Pseudocercospora* and *Mycovellosiella* and new combinations into *Pseudocercospora* and *Phaeoramularia*. Trans Br Mycol Soc, 88: 365-391

Deighton FC. 1990. Observations on *Phaeoisariopsis*. Mycol Res, 94: 1096-1102

Deighton FC, Shaw D.1960. White leaf-streak of rice caused by *Ramularia oryeae* sp. nov. Trans Br Mycol Soc, 43: 516-518

Dennis RWG. 1970. Kew Bulletin Additional Series III. Fungus Flora of Venezuela and Adjacent Countries. Verlag von J Cramer: 1-531

Dick MA, Dobbie K. 2001. *Mycosphaerella suberose* and *M. intermeda* sp. nov. on *Eucalyptus* in New Zealand. New Zealand J Bot, 39: 269-276

Dodd AP. 1961. Biological control of *Eupatorium adenophorum* in Queensland. Austral J Sci, 23: 356-365

Dornelo-Silva D, Dianese JC. 2003. Hyphomycetes on the Vochysiaceae from the Brazilian Cerrado. Mycologia, 95: 1239-1251

Dugan FM, Schubert K, Braun U. 2004. Checklist of *Cladosporium* names. Schlechtendalia, 11: 1-103

Durrieu G. 1964. Contribution a l'édude de la microflore des Pyrences. Bull Soc France, 80: 156-171

Earle FS. 1901. Some fungi from Puerto Rico. Muhlenbergia, 1: 10-17

Earle FS. 1902. A much-named fungus. Torreya, 2: 159-160

Ellis JB. 1902. New Alabama fungi. J Mycol, 8: 62-73

Ellis JB, Everhart BM. 1885a. New fungi from Iowa J Mycol, 1: 1-7

Ellis JB, Everhart BM. 1885b. Enumeration of the North American Cercosporae. J Mycol, 1: 17-24

Ellis JB, Everhart BM. 1887. Addition to *Cercospora*, *Gloeosporium* and *Cylindrosporium*. J Mycol, 3: 13-22

Ellis JB, Everhart BM. 1888. Addition to *Ramularia* and *Cercospora*. J Mycol, 4: 1-7

Ellis JB, Everhart BM. 1889. New species of Hyphomycetes fungi. J Mycol, 5: 68-72

Ellis JB, Everhart BM. 1902. New species of fungi from various localities. J Mycol, 8: 62-73

Ellis JB, Holway EW. 1885. New fungi from Iowa. J Mycol, 1: 4-6

Ellis JB, Kellerman WA. 1884. Kansas Fungi. Bull Torrey Bot Club, 11: 114-121

Ellis MB. 1958. *Clasterosporium* and some allied dematiaceae-phragmosporae. I. Mycol Pap, 70: 1-89

Ellis MB. 1971. Dematiaceous Hyphomycetes. C.M.I., Kew, Surrey England

Ellis MB. 1976. More Dematiaceous Hyphomycetes. C.M.I., Kew, Surrey England

Elwin LS, Zhaowei L, Crous PW, Szabo Les J. 1999. Phylogenetic relationships among some cercosporoid anamorphs of *Mycosphaerella* bases on rDNA sequence. Mycol Res, 103: 1491-1499

Evans HC. 1987. Fungal pathogens of some subtropical and tropical weeds and the possibilites for biological control. Biocontrol News and Information, 8: 7-30

Evans HC, Ellison CA. 1990. Classical biological control of weeds with microorganisms: past, present. Aspects of Applied Biology, 24: 39-49

Ferraris T. 1909. Osservazioni mycologische. Su specie del gruppo Hyphales (Hyphomycetae). Ann Mycol, 7: 273-286

Ferraris T. 1910. Hyphales, Tuberculariaceae-Stibabaceae. Fl Ital Cryptog Pars I: Fungi Fasc, 6: 1-979

Frandsen NO. 1955. Überden Wirtskreis und die systematische Verwandtschaft von *Cercospora beticola*. Archiv für Mikologie, Bd. 22, S., 145-174

Frandsen NO. 1956. Untersuchungen über *Cercospora beticola* V. Konidienproduktion. Zucker, 9, 3: 51-53

Fresenius G. 1863. Beiträge zur Mykologie 3. Heibrich Ludwig Brömmer Verlag, Frankfurt

Fresenius G. 1864. Repertorium. Hedwigia, 2: 17-32

Fries EM. 1849. Summa vegetabilium Scandinaviae. Sectio Posterior. Typographia Academica, Uppsala

Fuckel KWGL. 1863. Fungi rhebabi exciccati. Fasc. II. Hedwigia, 15: 132-136

Gamundi IJ, Aramberrri AM, Bucsinszky AM. 1979. Microflora de *Nothofagus domberi*. Darwiniana, 22: 201-203

Garcia CE, Pons N, Benitez de Rojas CE. 1996. *Cercospora y* hongos similares sobre especies de *Ipomoea*. Fitopatología Venezolana, 9: 22-36

Giatgong P. 1980. Host Index of Plant Diseases in Thailand. Second Edition. Mycology Branch, Plant Pathology and Microbiology Division, Department of Agriculture and Cooperatives, Bangkok, Thailand: 118

Gleason ML, Parker SK. 1995. Epidemic of leaf mold caused by *Fulvia fulva* on field-grown tomatoes in Lowa. Pl Dis, 79: 538

Goh TK (吴德强), Hsieh WH (谢文瑞). 1987a. Studies on *Cercospora* and allied genera of Taiwan II. Trans Mycol Soc R O C, 2(1):53-64

Goh TK (吴德强), Hsieh WH (谢文瑞). 1987b. Studies on *Cercospora* and allied genera of Taiwan III. Trans Mycol Soc R O C, 2(2): 85-98

Goh TK (吴德强), Hsieh WH (谢文瑞). 1987c. Studies on *Cercospora* and allied genera of Taiwan IV. Trans Mycol Soc R O C, 2(2): 113-123

Goh TK (吴德强), Hsieh WH (谢文瑞). 1987d. Studies on *Cercospora* and allied genera of Taiwan V. Trans Mycol Soc R O C, 2(2): 125-148

Goh TK (吴德强), Hsieh WH (谢文瑞). 1989a. New species of *Cercospora* and allied genera of Taiwan. Bot Bul Acad Sinica, 30(2): 117-132

Goh TK (吴德强), Hsieh WH (谢文瑞). 1989b. Studies on *Cercospora* and allied genera of Taiwan VI.

Trans Mycol Soc R O C, 4(2): 1-23

Goh TK (吴德强), Hsieh WH (谢文瑞). 1989c. Studies on *Cercospora* and allied genera of Taiwan VII. Trans Mycol Soc R O C, 4(2): 25-38

Goh TK (吴德强), Hsieh WH (谢文瑞). 1989d. Studies on *Cercospora* and allied genera of Taiwan VIII. Trans Mycol Soc R O C, 4(2): 39-56

Goh TK (吴德强), Wong YS. 1999. In vivo and in vitro observations of *Cercospora mikaniacola* [sic] from Hong Kong: morphology, microcycle conidiation, and potential biocontrol of *Mikania* weed. Fungal Sci, 14: 1-10

Gonzales, Fragoso DR. 1927. Estudio sistemático de los Hifales de la Flora Española. Mem R Acad Ci Exaci Madrid Ser 2, 6: 1-377

Goodwin SB, Dunkley LD, Zismann VL. 2001. Phylogenetic analysis of *Cercospora* and based on the internal transcribed spacer region of ribosomal DNA. Phytopathology, 91: 648-658

Gorter GJMA. 1977. Index of plant pathogens and the diseases they cause in cultivated plants in South Africa. Republic South Africa Dept. Agric Techn Serv Pl Protect Res Inst Sci Bull, 392: 1-177

Goto S, Takayama K, Shinohra T. 1989. Occurence of molds in wine storage cellars. Journal of Fermentation and Bioengineering, 68: 230-232

Govindu HC, Thirumalachar MJ, Nag Rej TR. 1970. Notes on some Indian Cercosporae-XII. Sydowia, 24: 297-301

Greene HC. 1949. Notes on Wisconsin parasitic fungi XIII. The American Midland Naturalist, 41: 740-758

Groenewald JZ, Groenewald M, Braun U, Crous PW. 2010a. *Cercospora* speciation and host range. *In*: Latey RT, Weiland JJ, Panella L. Crous PW, Windels CE. *Cercospora* Leaf Spot of Sugar Beet and Related Species. Minnesota USA: APS Press: 21-37

Groenewald JZ, Nakashima C, Nishikawa J, Shin HD, Park JH, *et al.* 2013. Species concepts in *Cercospora*: spotting the weeds among the roses. Stud Mycol, 75: 115-170

Groenewald M, Groenewald JZ, Braun U, Crous PW. 2006a. Host range of *Cercospora apii* and *C. beticola* and description of *C. apiicola*, a novel species from celery. Mycologia, 98: 275-285

Groenewald M, Groenewald JZ, Crous PW. 2005. Distinct species exist within the *Cercospora apii* morphotype. Phytopathology, 95: 951-959

Groenewald M, Groenewald JZ, Crous PW. 2010b. Mating type genes in *Cercospora beticola* and allied species. *In*: Lartey RT, Weiland JJ, Panella L, Crous PW, Windels CE. *Cercospora* leaf spot of sugar beet and related species. Minnesota USA: APS Press: 39-53

Groenewald M, Groenewald JZ，Harrington TC, Abeln ECA, Crous PW. 2006b. Mating type gene analysis in apparently asexual *Cercospora* species is suggestive of cryptic sex. Fungal Genetics and Biology, 43: 813-825

Guatimosim E, Schwartsburd PB, Barreto RW, Crous PW. 2016. Novel fungi from an ancient niche: cercosporoid and related sexual morphs on fens. Persoonia, 37: 106-141

Guéguen MF. 1906. La moisissure des caves et des celliers, étude critique, morphologique et biologique sur le Rhacodium cellare pers. Bull Soc Mycol France, 22: 77-95, 146-163

Guillin EA, de Oliveira LO, Grijalba PE, Gottlieb AM. 2017. Genetic entanglement between *Cercospora* species associating soybean purple seed stain. Mycol Progress, 16: 593-603

Guo YL (郭英兰). 1986a. Studies on hyphomycetes of Shennongjia I. *Cercospora*, *Cercosporidium* and *Mycovellosiella*. Acta Mycol Sinica Suppl I: 334-341

Guo YL (郭英兰). 1986b. Studies on hyphomycetes of Shennongjia II. *Phaeoramularia* and *Pseudocercospora*. Acta Mycol Sinica Suppl I: 342-347

Guo YL (郭英兰). 1987. Studies on hyphomycetes of Shennongjia IV. *Cercospora*, *Cercosporidium* and *Phaeoramularia*. Acta Mycol Sinica, 6: 225-228

Guo YL (郭英兰). 1992. Foliicolous hyphomycetes of Guniujiang in Anhui Province II. Mycosystema, 5: 109-112

Guo YL (郭英兰). 1993. Foliicolous hyphomycetes of Xiaowutai in Hebei Provinces. Mycosystema, 6: 91-102

Guo YL (郭英兰). 1994. Four new species of *Pseudocercospora*. Mycosystema, 7: 119-127

Guo YL (郭英兰). 1996. Cercospora and allied genera and species record from the Qinling Mountains. Mycosystema, 8-9: 89-102

Guo YL (郭英兰). 1997a. A new species of *Cercospora*. Mycosystema, 16: 1-3

Guo Y L (郭英兰). 1997b. Fungal Flora of the Daba Mountains: Imperfect fungi. Mycosystema, 61: 13-33

Guo YL (郭英兰). 1999. Fungal flora of tropical Guangxi, China: Hyphomycetes I. Mycotaxon, 72: 349-358

Guo YL (郭英兰). 2000. Studies on *Cercospora* and allied genera in China VI. Mycotaxon, 76: 367-371

Guo YL (郭英兰). 2001a. Studies on *Cercospora* and allied genera in China VIII. Mycosystema, 20: 156-158

Guo YL (郭英兰). 2001b. Studies on *Cercospora* and allied genera in China IX. Mycosystema, 20: 301-303

Guo YL (郭英兰). 2001c. Imperfect fungi in the tropical areas of China III. Mycosystema, 20: 464-468

Guo YL (郭英兰). 2001d. New species and new records of fungi from tropical China: Hyphomycetes. Mycotaxon, 77: 343-348

Guo YL (郭英兰). 2002. Studies on *Cercospora* and allied genera in China X. Mycosystema, 21: 17-20

Guo YL (郭英兰). 2016. Three species of cercosporoid fungi from China. Mycosystema, 35: 16-19

Guo YL (郭英兰), Cao Z M (曹之敏). 1994. A new species of *Mycovellosiella* causing angular leaf spot of bunge pricklyash. Mycosystema, 7: 129-132

Guo YL (郭英兰), Hsieh WH (谢文瑞). 1995. The Genus *Pseudocercospora* in China. International Academic Publishers: 388

Guo YL (郭英兰), Jiang Y (蒋毅). 2000. Studies on *Cercospora* and allied genera in China I. Mycotaxon, 74: 257-266

Guo YL (郭英兰), Liu XJ (刘锡琏). 1989. Studies on the genus *Pseudocercospora* in China I. Mycosystema, 2: 225-240

Guo YL (郭英兰), Liu XJ (刘锡琏). 1991. Studies on the genus *Pseudocercospora* in China V. Mycosystema, 4: 99-118

Guo YL (郭英兰), Liu XJ (刘锡琏). 1992. Studies on the genus *Pseudocercospora* in China VI. Mycosystema, 5: 99-108

Guo YL (郭英兰), Xu L (徐莉). 2002. Studies on *Cercospora* and allied genera in China XII. Mycosystema, 21: 497-499

Hansford CG. 1943. Contributions towards the fungus flora of Uganda V. Proc Linn Soc London, 1942-1943: 34-67

Hansford CG. 1944. Contributions towards the fungus flora of Uganda VI. Proc Linn Soc London, 156(2): 102-124

Hansford CG. 1947. New or interesting tropical fungi-1. Proc Linn Soc London, 158: 28-50

Hara K. 1948. Byogaichu-Hoten [Manual of pests and diseases]. Tokyo

Hawksworth DL, Riedl H. 1977a. Nomina conservanda proposita 427. Taxon, 26: 208

Hawksworth DL, Riedl H. 1977b. Nomina conservanda proposita. Taxon, 28: 347-348

Hennebert GL, Sutton BC. 1994. Unitary Parameters in Conidiogenesis. *In*: Hawksworth D L. Acsomycete

Systematics. Problems and Perspectives in the Ninties. 65-76. NATO ASI Series, vol. 296. New York, London

Hennings P. 1909. Fungi S. Paulenses IV. Hedwigia, 48: 1-20

Hernández-Gutiérrez A, Dianese JC. 2009. New cercosporoid fungi from the Brazillan Cerrado 2. Species on hosts of the subfamilies Caesalpinioideae, Faboideae and Mimosoideae (leguminosae s. lat.). Mycotaxon, 107: 1-24

Holevas CD, Chitzanidis A, Pappas AC, *et al.* 2000. Disease agents of cultivated plants observed in Greece from 1981 to 1990. Benaki Phytopathol Inst, Kiphissia, Athens, 19: 1-96

Holliday P. 1980. Fungus Diseases of Tropical crops. London: Cambridge Univ Press

Holliday P, Mulder JL. 1976. *Fulvia fulva*. C.M.I. Descr. Pathog. Fungi Bact, 487: 1-2

Hoog GS de. 1977. *Rhinocladiella* and allied genera. Stud Mycol, 15: 1-140

Hoog GS de. 1979. Nomenclatural notes on some black yeast-like Hyphomycetes. Taxon, 28(4): 347-348

Hoog GS de. 2000. Atlas of clinical fungi: 1-1126

Hoog GS de, Rahman MA, Boekhout T. 1983. *Ramichloridium*, *Veronaea* and *Stenella*. Generic delimitation, new combinations and two new species. Trans Br Mycol Soc, 81: 485-490

Hoog GS de, Zalar P, Urzi C, de Leo F, Yurlova NA, Sterflinger K. 1999. Relationship of dothideaceous black yeasts and meristematic fungi based on 5.8S and ITS2 rDNA sequence comparison. Stud Mycol, 43: 31-37

Hsieh WH (谢文瑞), Goh TK (吴德强). 1990. *Cercospora* and Similar Fungi from Taiwan. Maw Chang Book Company

Hughes SJ. 1951. Studies on microfungi. III. *Mastigosporium*, *Camposporium*, and *Ceratophorum*. Mycol Pap, 36: 1-43

Hughes SJ. 1953. Fungi from the GoldCoast. II. Mycol Pap, 50: 1-104

Hughes SJ. 1958. Revisiones hyphomycetes aliquot cum appebduce de nominibus rejiciendis. Can J Bot, 36: 727-836

Huguenin B. 1966. Micromycètes du Pacifique Sud (Troisième contribution). (1) Dématiées de Nouvelles-Calédonie. Bull Soc Mycol France, 81: 686-698

Inglis PW, Teixeire EA, Ribeiro DM, Valadares-Inglis MC, Tigaro MS, Melio SCM. 2001. Molecular markers for the characterization of Brazilian *Cercospora caricis*. Curr Microbiol, 42: 194-198

Inman AJ, Sivanesan A, Fit BDL, *et al.* 1991. The biology of *Mycosphaerella capsellae* sp. nov., the teleomorph of *Pseudocercosporella capsellae*, cause of white leaf spot of oilseed rape. Mycol Res, 95: 1334-1342

Jenns AE, Daub ME, Upchurch RG. 1989. Regulation of cercosporin accumulation in culture by medium and temperature manipulation. Phytopathology, 79: 213-219

Johnson EM, Valleau WD. 1949. Synonymy in some common species of *Cercospora*. Phytopathology, 39: 763-770

Jong SC, Morris EF. 1968. Synnematous Fungi Imperfecti III. Mycopathol Mycol Appl, 34: 263-272

Julien MH. 1992. Biological control of weeds. A world catalogue of agents and their target weeds. CBS International, Wallingford

Kaikia UN, Sarbhoy AK. 1980. A new species of *Cercospora* from India, Curr. Sci, 49: 830-831

Kamal. 2010. Cercosporoid fungi of India. Dehra Dun: Bishen Singh Mahendra Pal Singh

Kato A, Ando K, Kodama K, *et al.* 1969. Identification and chemical properties of antitumor active monoglycerides from fungal mycelia. The Journal of Antibiotics, 22: 77-82

Katsuki S. 1956. Notes on some parasitic fungi of the Amami Island, Japan. J Bot, 31: 370-373

Katsuki S. 1965. *Cercospora* of Japan. Trans Mycol Soc Japan Extra Issue, No. 1

Kendrick WB, DiCosmo F. 1979. Teleomorph-anamorph connections in Ascomycetes. *In*: Kendrick WB ed. The Whole Fungus, Vol. 1. 283-410

Khan AZMN A, Shamsi S. 1983. *Cercospora* from Bangladesh. II. Bangladesh J Bot, 12: 105-118

Khan MK, Budathoki U, Kamal. 1991. New foliicolous hyphomycetes from Katsmandu Valley, Nipal. Indian Phytopathol, 44: 21-29

Kharwar PN, Singh, Chaudhary PK. 1996. New species of *Mycovellosiella* associated with foliar spots in Nepal. Mycol Res, 100: 689-692

Kirk PM. 1973a. *Cercospora beticola*. CMI Descriptions of Pathogenic Fungi and Bacteria, No. 721

Kirk PM. 1973b. *Mycovellosiella vaginae* CMI Descriptions of Pathogenic Fungi and Bacteria, No. 725

Kirk PM. 1982. *Mycovellosiella concors*. CMI Descr Pathog Fungi Bact, 724: 1-2

Kirk PM. 1985. New or interesting microfungi XIV. Dematiaceous hyphomycetes from Mt. Kenya. Mycotaxon, 23: 305-352

Kirk PM, Anesell AE. 1992. Authors of fungal Names. A list of authors of scientific names of fungi, with recommended standard forms of their names, including abbreviations. Index of fungi supplement. CAB International Wallingford, UK: 93

Kirschner R. 2009. *Cercosporella* and *Ramularia*. Mycologia, 101: 110-119

Kirschner R. 2014. A new species and new records of cercosporoid fungi from ornamental plants in Taiwan. Mycol Progress, 13: 483-491

Kirschner R, Chen CJ. 2007. Foliicolous hyphomycetes from Taiwan. Fungal Diversity, 26: 219-239

Kirschner R, Chen CJ. 2010. Two new species of *Ramichloridium*-like hyphomycetes from senescent leaves of Night-scented Lily (*Alocasia odora*) in Taiwan. Fungal Diversity, 40: 41-50

Kirschner R, Liu LC. 2014. Mycosphaerellaceous fungi and new species of *Venustosynnema* and *Zasmidium* on ferns and fern allies in Taiwan. Phytotaxa, 176: 309-323

Kirschner R, Okuda T. 2013. A new species of *Pseudocercospora* and new records of Bartheletia paradoxa on leaves of Ginkgo biloba. Mycol Progress, 12: 421-426

Kirschner R, Piepenbring M. 2006. New species and records of cercosporoid hyphomycetes from Panama. Mycol Pap, 5: 207-219

Kirschner R, Piepenbring M, Chen CJ. 2004. Some cercosporoid hyphomycetes from Taiwan, including a new species of *Stenella* and new records of *Distocercospora pachyderma* and *Phacellium paspali*. Fungal Diversity, 17: 57-68

Kirschner R, Wang H. 2015. New species and records of mycosphaerellaceous fungi from living fern leaves in East Asia. Mycol Progress, 14(no. 65): 1-10

Latorre BA, Besoain X. 2002. Occurrence of severe outbreaks of leaf mold caused by *Fulvia fulva* in greenhouse tomatoes in Cile. Pl Dis, 86: 694

Lazarovits G, Higgins VJ. 1979. Biological activity specificity of a toxin produced by *Cladosporium fulvum*. Phytopathology, 69: 1156-1161

Lenne JM. 1990. World List of Fungal Diseases of Tropical Pasture Species. Phytopathol Pap, 31: 1-162

Leung H, Goh TK, Hyde KD. 1997. *Cercospora mikaniacola*. I.M.I. Descr Fungi Bact, 1311: 1-2

Li BJ (李宝聚), Xie XW (谢学文), Sh YX (石延霞), Chai AL (柴阿丽), Guo YL (郭英兰). 2016. *Zasmidium oleae* sp. nov. from China. Mycotaxon, 131(4): 791-794

Liberta AE, Boewe GH. 1960. A new species of *Cercospora* on *Acer saccharium*. Mycologia, 52: 345-347

Lin TY (林崇祐), Yen JM (阎若岷). 1971. Etude sur les Champignons parasites du Sud-Est asiatique XVI. Maladies des taches foliaires de Bananiers provoguces a Formose, par trois champignons nouveau. Rev

Mycol, 35: 317-327

Lindau G. 1907. Dr. L. Rabenhort's Kryptogamen-Flora von Deutschland, Oesterreteich und der Schweiz. Zweite Anflage. Erster Band: Pilze Die Pilze Deutschlands, Oesterreichs und der Schweiz.VIII. Abteilung: Fungi imperfecti: Hyphomycetes (erste Hälfte), Mucedinaceae, Dematiaceae (Phaeosporae und Phaeodidymae), Leipzig

Lindau G. 1910. Dr. L. Rabenihorst's Kryptogamen-Flora von Deustschland, Oesterreich und der Schweiz. Zweite Auflage. Erster Band: Die Pilze Deutschlands, Oesterreich und der Schweiz. VIII. Abteilung: Fungi imperfecti: Hyphomycetes (zweite Hälfte）Leipzig

Ling L (凌立). 1948. Host index of the parasitic fungi of Szechwan, China. Pl. Diseases Rep. (U. S. Depr. Agric.) Suppl, 173: 1-38

Liu XJ (刘锡珊), Guo YL (郭英兰). 1988. Studies on the genus *Mycovellosiella* of China. Mycosystema, 1: 241-268

Logsdon CE. 1955. Notes on plant disease incidence in the Matanuska and Tanana Valleys, Alaska- 953 and 1954. Pl Dis Reporter, 39: 274

Lu B, Hyde KD, Ho WH, Tsui KM, Taylor JE, Wong KM, Yanna, Zhou D. 2000. Checklist of Hong Kong fungi. Hong Kong: Fungal Diversity Press: 1-207

Lumbsch HT, Lindemuth R. 2001. Major lineages of Dothideomycetes (Ascomycota）inferred from SSU and LSU rDNA sequences. Mycol Res, 105: 901-908

Matsushima T (松本巍). 1987. Matsushima Mycological Menmoirs, 5: 1-100

Matsushima T (松本巍), Yamamoto W (山本和太郎). 1934. Three important leaf spot diseases of sugar cane in Taiwan. J Soc Trop Agr, 6: 594-598

Maublanc A. 1913a. Sobre uma molestis do mamoeiro(*Carica papaya* L.)/Sur une maladie des feuilles du papayer "*Carica papaya*". Lavoure, 16: 204-212

Maublanc A. 1913b. Sur une maladie des feuilles du papayer "*Carica papaya*". Bull Soc Mycol France, 29: 353-358

McKay MB, Pool VW. 1918. Field studies of *Cercospora beticola.* Phytopathology, 8: 119-136

Medeiros RB, Dianese JC.1994. *Passalor eitenii* sp. nov. on *Syagrus comosa* in Brazil and A key to *Passalora* species. Mycotaxon, 51: 509-513

Meeboon J, Hidayat I, To-Anun C. 2007. Cercosporoid fungi from Thailand 3. Two new species of *Passalora* and six new records of *Cercospora* species. Mycotaxon, 102: 130-145

Melin E, Nannfeldt JA. 1934. Research into the Blueing of ground wood-pulp. Svenska Skogsä-rdsföreningens Tidskrift, 32: 397-616

Miura M. 1928. Flora of Manchuria and East Mongolia. III. Cryptogams, Fungi Industr Contr S Manch Rly, 27: 549-553

Miyake I. 1910. Studien über die Pilze der Reispflazen in Japa. Jour Coll Agric Imp Univ Tokyo, 2: 263

Montenegro-Calderón JG, Martinez-Alvarez JZ, Vieyra-Hernández MT, Rangel-Macias LI, Razzo-Soria T, *et al.* 2011. Molecular identification of two strains of *Cercospora rodmanii* isolated from water hyacinth present in Yuriria lagoon. Guanajuato, Mexico and identification of new hosts for several other strains. Fungal Biology, 115: 1151-1162

Morelet M. 1969. Mycromycetes du Var et d'ailleurs (2me Note). Ann. Soc. Sci. Nat. Archeol. Toulon Var., 21: 104-106

Morgan-Jones G. 1997. Notes on hyphomycetes LXXIII. Redescription of *Phaeoramularia coalesscens*, *Phaeoramularia eupatorii-odorati* and *Phaeoramularia pruni*. Mycotaxon, 61: 363-373

Morris MJ. 1989. Host specificity studies of a leaf spot fungus, *Phaeoramularia* sp., for the biological control of crofton weed (*Ageratina adenophora*) in South African fungi. Phytophylactica, 21: 281-283

Morris MJ, Crous PW. 1994. New and interesting records of South Africa fungi. XIV. Cercosporoid fungi from weeds. S African J Bot, 60: 325-332

Mulder JL. 1975. Nites on *Stenella*. Trans Br Mycol Soc, 65: 514-517

Mulder JL. 1982. New species and combinations in *Stenella*. Trans Br Mycol Soc, 79: 469-478

Mulder JL, Holliday P. 1974. *Cercospora koepkei*. CMI Descriptions of Pathogenic Fungi and Bacteria No. 417

Mulenko W, Majewski T, Ruszkiewicz-Michalska M. 2008. A Preliminary Checklist of Micromycetes in Poland. W. Szafer Institute of Botany, Polish Academy of Sciences, 9: 752

Muller AS, Chupp C. 1935. *Cercospora* de Minas Gerais. Arquiv. Inst Biol Veg Rio de Janeiro, 1: 213-219

Muniappan R, Raman A, Reddy GVP. 2009. *Ageratina adenophora* (Sprengel）King and Robinson (Asteraceae）in biological control of tropical weeds using arthropods (Muniappan R, Reddy GVP, Raman A., eds). Cambridge: Cambridge University Press: 1-16

Munjal RL, Lall G, Chona BL. 1961. Some *Cercospora* species from Indian VI. Indian Phytopathol, 14: 179-196

Muntañola-Cvetkovic M. 1957. Tres especies de *Cercospora* (Deuteromycetae）de Tucuman. Revista Argent Agron, 24: 81-88

Muntañola M. 1960. Alguns hyphomycetes criticos. Lilloa, 30: 165-232

Muthappa BN. 1968. Fungi of cong, India I. Mycopathol Mycol Appl, 34: 194-195

Nakada (永田利美). 1944. 山西省植物病菌名录(预报). 华北农报, 51: 4

Nakashima C, Akashi T, Takahashi Y, Yamada T, Akiba M, Kobayashi T. 2007. New species of the genus *Scolecostigmina* and revision of *Cercospora cryptomeriicola* on conifers. Mycoscience, 48: 250-254

Nakashima C, Araki I, Kobayashi T. 2011. Addition and re-examination of Japanese species belong to the genus *Cercospora* and allied genera X. newly recorded species from Japan (5). Mycoscience, 52: 253-270

Nakata K (中田觉五郎). 1941. 北支蒙疆农园艺作物病害调查报告. 华北农事试验场调查病害. 第一号: 1-72

Nguanhom J, Cheewangkoon R, Groenewald JZ, Braun U, To-Anun C, Crous PW. 2015. Taxonomy and phylogeny of *Cercospora* spp. from Northern Thailand. Phytotaxa, 233(1): 27-46

Niessl GV, Magnus P, Kühn J, Saccardo PA. 1876. Notizblatt für kryptogamische studien, nebst Repertonüm für kryptog. Littetotur. Hedwigia, 15: 1-16

Orieux L, Felix S. 1968. List of plant diseases in Mauritius. Phytopathol Pap, 7: 1-48

Ou SH (欧世磺). 1972. Rice Diseases. CMI, Kew

Ou YH (欧阳慧), Zhou RJ (周如军), Fu JF (傅俊范), Yuan Y (袁月), Xu HJ (徐海娇). 2015. *Paracercospora dictamnicola* sp. nov. from China. Mycol Progress, 14(15): 1-4

Pavgi MS, Singh UP. 1964. Parasitic fungi from North India-I. Mycopathol Mycol Appl, 23: 188-195

Pavgi MS, Singh UP. 1970. Parasitic fungi from north India. IX. Sydowia, 24(1-6): 113-119

Persoon CH. 1794. Neuer Versuch einer systematischen Einteilung der Schwämme. 76. *Recodium*, Römer's Neues Mag Bot, 1: 63-128

Penzes A. 1927. Cercospora Hungarica. Folia Cryptogamica, 1: 288-336

Petch T. 1927. Revisions of Ceylon fungi VIII. Annals of the Royal Botanical Gardens Peradeniya, 10: 161-180

Petrak F. 1927. Mykologische Notizen IX. Ann Mycol, 25: 194-243

Petrak F. 1941. Mykologische Notizen XIV. Ann Mycol, 39: 252-349

Petrak F. 1947. Plantae sinensisA, Dre. H. Smith Annis 1921-1922,1924 et 1934 lectae XLIV. Micromycetes Meddel Goteb Bot Tradg, 17: 113-164

Petrak F. 1951. Über die Gattubgen *Chaetotrichum* Syd. Und *Rahnhidiana* Solh. Sydowia, 5: 30-39

Petrak F, Ciferri R. 1932. Fungi dominicani II. Ann Mycol, 30: 149-153

Petzoldt S. 1989. Zur Biologie, Epidemiologie und Schadwirkung des Erregers der Blatt-und Stengelanthraknose (*Mycosphaerella anethi* Petr.) am Fenchel (*Foeniculum vulgare* Mill.) 1. Mitteilung. Drogenreport, 3: 49-65

Petzoldt S. 1990. *Mycosphaerella anethi*—ein Beitrag zur Entwicklungs-geschichte. Boletus, 14: 49-56

Picard D, Tirilly Y, Trique B. 1987. Antagonistes et hyperparasites du *Fulvia vulva* (Cooke) Ciferri. Cryptog Mycol, 8:43-50

Pirozynski KA. 1975. *Cercosporella virgaureae*. Fungi Canadenses, 61: 1-2

Poelt J, Fritz-Schroeder J. 1983. *Ramularia* und verwandte Pilze in der Steiermark (eine erste Ubersicht). Mitt Naturwiss Vereins Steiermark, 113: 79-89

Pollack FG. 1987. An annotated compilation of *Cercospora* names. Mycol Mem, 12: 1-212

Ponnappa KM. 1968. Some interesting fungi. II. *Cercospora hygrophilae* n. sp. and *Stenella plectroniae* n. sp. Proc Ind Acad Sci Sect B, 67: 31-34

Pons N. 1996. Una especie nueva de *Mycovellosoella* en *Sorghum*. Ernstia, 6: 41-46

Pons N, Sutton BC. 1988. *Cercospora* and similar fungi on yams (*Dioscorea* spp.). Mycol Pap, 160: 1-78

Pons N, Sutton BC. 1996. *Cercospora* and similar fungi on *Heliatropium* weeds. Mycol Res, 100: 815-820

Pons N, Sutton BC. 2000. Morphological aspects of mitospore secession in *Cercosporella ugandensis*. Mycol Res, 104(12): 1501-1506

Pons N, Sutton BC, Gay JL. 1985. Ultrastructure in *Cercospora beticola*. Trans Br Mycol Soc, 85: 405-416

Prasad SS. 1967. A new species of *Stenella* on leaves of *Aegle marmelos*. Indian Phytopathol, 20: 253-255

Prasad SS, Verma RAB. 1970. A new genus of Moniliales in India. Indian Phytopathol, 23: 111-113

Pretorius MC, Crous PW, Groenewald JZ, Braun U. 2003. Phylogeny of some cercosporoid fungi from *Citrus*. Sydowia, 55: 286-305

Protto V, Rollan C, Medina R, Lopez S, Bahima JV, Ronco L, Saparrat M, Balatti P. 2013. Identification of Races 0 and 2 of *Cladosporium fulvum* (syn. *Passalora fulva*) on Tomato in the Cinturon Horticola de La Plata, Argentina. Pl Dis, 97: 992

Quaedvlieg W, Binder M, Groenewald JZ, Summerell BA, Carnegie AJ, Burgess TI, Crous PW. 2014. Introducing the consolidated species concept to resolve species in the Teratosphaeriaceae. Persoonia, 33: 1-40

Quaedvlieg W, Kama GHJ, Groenewald JZ, *et al*. 2011. *Zymoseptoria* gen. nov.: a new genus to accommodate *Septoria*-like species occurring on graminicolous hosts. Persoonia, 26: 57-69

Quaedvlieg W, Verkley GJ, Shin HD, *et al*. 2013. Sizing up Septoria. Stud Mycol, 75: 307-390

Raabe RD, Conners IL, Martinez AP. 1981. Checklist of plant diseases in Hawaii. College of Tropical Agriculture and Human Resources, University of Hawaii. Information Text Series No. 22. Hawaii Inst. Trop. Agric. Human Resources, 313

Rai AN, Kamal. 1989. A new *Stenella* species from India. Mycol Res, 93: 398-399

Rajak RC. 1981. A new species of *Stenella* from India. Acta Bot Indica, 9: 132-133

Rangel E. 1915. Fungos parasitos do guando (*Cajanus indicus* Spreng.). Bot Agric S Paulo, Ser 16, 2: 145-156

Rangel E. 1917. Algunos fungos nobas do Brasil. Archivos do Jardim Botanico do Rio de Janeiro, 2: 69-74

Rao PN. 1962. Some *Cercospora* species from Hyderabed. Indian Phytopathol, 15: 112-122

Rich S. 1957. *Cladosporium fulvum* on field grown tomatoes in Connecticut. Pl Dis Reporter, 41: 1058

Ridings WH. 1986. Biological control of stranglervine in citrus—a researchers view. Weed Science, 34: 31-32

Romakerishnan TR, Ramakrishnan K. 1950. Additions to fungi of Madras-IX. Proc Indian Acad Sci Sect B, 31: 205-214

Sabramanian CV. 1992. A reassessment of *Sporidesmium* (Hyphomycetes) and some related taxon. Proc Indian Natl Sci Acad, B Biol Sci, 58: 179-190

Saccardo PA. 1876. Fungi veneti vel critici. Nuovo Giorn Bot Ital, 8: 161-211

Saccardo PA. 1880. Michelia Commentarium Mycologicum, 2(6): 1-175

Saccardo PA. 1882. Syll. Fung., Vol. 1

Saccardo PA. 1886. Syll. Fung., Vol. 4

Saccardo PA. 1892. Syll. Fung., Vol. 10

Saccardo PA. 1895. Syll. Fung., Vol. 11

Saccardo PA. 1897. Syll. Fung., Vol. 12

Saccardo PA. 1899. Syll. Fung., Vol. 14

Saccardo PA. 1901. Syll. Fung., Vol. 15

Saccardo PA. 1902. Syll. Fung., Vol. 16

Saccardo PA. 1906. Notae Mycologicae (series XIII). Ann Mycol, 4: 490-494

Saccardo PA. 1912. Notae Mycologicae XIV. Ann, Mycol, 10: 311-322

Saccardo PA. 1913a. Notae Mycologicae (series XVII). Ann Mycol, 11: 546-568

Saccardo PA. 1913b. Syll. Fung., Vol. 22

Saccardo PA. 1931. Syll. Fung., Vol. 25

Saccardo PA. 1972. Syll. Fung., Vol. 26

Sarbajna KK, Chattopadhyay BK. 1991. New *Stenella* species from India. J Mycopathol Res, 29: 31-38

Sarbhoy AK, Lal G, Varshney JL. 1971. Fungi of India (1967-71). Navyug Traders, New Delhi: 1-148

Sawada K. 1919. Descriptive catalogue of the Taiwan fungi 1. Taiwan Agric Exp Sta Special Bull, 19: 666-684.

Sawada K. 1928. Descriptive catalogue of the Taiwan fungi IV. Rep Agric Res Inst Taiwan, 35: 105-113.

Sawada K. 1931. Descriptive catalogue of the Taiwan fungi V. Rep Agric Res Inst Taiwan, 51: 126-131.

Sawada K. 1942. Descriptive catalogue of the Taiwan fungi VII. Rep Agric Res Inst Taiwan, 83: 159-169.

Sawada K. 1943. Descriptive catalogue of the Taiwan fungi IX. Rep Agric Res Inst Taiwan, 86: 165-174.

Sawada K. 1944. Descriptive catalogue of the Taiwan fungi X. Rep Agric Res Inst Taiwan, 87: 79-90.

Sawada K. 1959. Descriptive catalogue of the Taiwan fungi XI. Spec Publ Coll Agric Taiwan Univ, 8: 211-277.

Sawada K (泽田兼吉), Katsuki S. 1959. Spec Publ Coll Agric Taiwan Univ, 8: 216

Schanderl H. 1958. Ein zwanzigjähriger Ernährungsversuch von *Cladosporium*-Arten, insbesondere *Cladosporium cellare* mit flüchtigen organiscen Verbindungen. Zentralblatt für Bakteriologie und parasitenkunde Abt II, 111: 116-120

Schneider WG. 1875. Eine Anazahl für das Herbarium der Gesellschaft bestimmte Schlesische Pilze. Jahres-Bericht der Schlesischen Gesellschaft für Vaterländische Cultur, 52: 90-91

Schroeter J. 1883. Awolfte Wander-Versammling und ausserodentlichen Sitzung der botanischen Section am Sommtag, den 18 Juni 1882. Bemerkungen über keller-und Grubenpilze. I. Jahres-Bericht der Schlesischen Gesellschaft für Vaterländische Cultur, 61: 208-209

Schubert K, Braun U. 2005a. Taxonomic revision of the genus *Cladosporium s. lat*. 1. Species reallocated to

Fusicladium, Parastenella, Passlora, Pseudocercospora and *Stenella*. Mycol Progress, 4: 101-109

Schubert K, Braun U. 2005b. Taxonomic revision of the genus *Cladosporium s. lat.* 4. Species reallocated to *Asperisporium, Dischloridium, Fusicladium, Passlora, Pseudocercosporium* and *Stenella*. Fungal Diversity, 20: 187-208

Schubert K, Braun U. 2007. Taxonomic revision of the genus *Cladosporium s. lat.* 6. New species, reallocations to and synonyms of *Cercospora, Fusicladium, Passalora, Septonema* and *Stenella*. Nova Hedwigia, 84(1-2): 189-208

Schwarz M, Köpcke B,Weber RWS, Sterner O, Amke H. 2004. 3-Hydroxypropionic acid as a nematicidal principle in endophytic fungi. Phytochemistry, 65: 2239-2245

Seifert K, Morgan-Jones G, Gams W, Kandrick B. 2011. The genera of Hyphomycetes. CBS Biodiversity Series, 9: 1-997

Shaw DE, Alcom JL. 1993. New name for *Verrucispora* and its species. Australian Systematic Botany, 6: 273-276

Shaw DE, Deighton FC. 1970. Yellow leaf mould of *Pueraria* caused by *Mycovellosiella puerariae* sp. nov. Trans Br Mycol Soc, 54: 327-330

Shin HD, Braun U. 1996. Notes on Korean *Cercospora* and allied genera II. Mycotaxon, 58: 157-166

Shin HD, Braun U. 2000. Notes on Korean *Cercospora* and allied genera III. Mycotaxon, 74: 105-108

Shin HD, Kim JD. 2001a. *Cercospora* and allied genera from Korea. National Institute of Agricultural Science and Technology, Suwon, Korea, 302

Shin HD, Kim JD. 2001b. *Cercospora* and allied genera from Korea. Plant Pathogens from Korea. Plant Pathogens of Korea, 7: 1-303

Shivas RG, Young AJ, Braun U. 2009a. *Zasmidium macluricola* R. G. Shivas, A. J. Young & U. Braun, sp. nov. Persoonia, 23: 190-191

Shivas RG, Young AJ, Braun U. 2009b. *Zasmidium macluricola* R. G. Shivas, A. J. Young & U. Braun, sp. nov. Fungal Planet No. 39

Simmonds JH. 1966. Host index of plant diseases in Queensland. Queensland Department of Primary Industries, Brisbane: 111

Singh S. 1980. Plant parasitic fungi of Gorakhpur-I Ind J Mycol & Pl Pathol, 10: 166-171

Singh SK, Chaudhary RK. 1996. Notes on hyphomycetes LXXII. Further novel leaf spot—Inducing species of *Phaeoramularia* from the Indian Subcontinent. Mycotaxon, 58: 137-145

Singh SK, Chaudhary RK. 1997. Some species of *Phaeoramularia* causing leaf spots in Nouth-eastern Uttar Pradesh, India. Mycol Res, 101: 863-866

Singh SK, Chaudhary RK, Morgan-Jones G. 1995. Notes on hyphomycetes LXVII. Three new specices of *Phaeoramularia* from Nepal. Mycotaxon, 54: 57-66

Singh TKS. 1962. *Cercosporella indica* sp. nov. Curr Sci, 31: 28-29

Sivanesan A. 1984. The Bitunicate Ascomycetes and their anamorphs. Cramer Verlag, Vaduz

Smyk B. 1954. Studia nad mikroflora slodów. Studies of the microflora of malts. Roczniki nauk Rolniczych Ser A, 69: 409-470

Soares APG, Guillin EA, Borges LL, Da Silva AC, De Almeida ÁM, *et al.* 2015. More *Cercospora* species infect soybeans across the Americas than meets the eye. PLoS One, 10: e0133495.

Solheim WG. 1929. Morphological studies of the genus *Cercospora*. Illinois Biol Monogr, 12: 1-85

Solheim WG, Stevens FL. 1931. *Cercospora* studies II. Some tropical Cercosporae. Mycologia, 23: 365-405

Spegazzini C. 1910. Mycetes Argentinenses, Ser. V. An. Mus. Nac. Hist. Nat. B. Aires., 20: 329-467

Srivastava HC, Mehta PR. 1951. A new species of *Cercospora* on *Grewia asiatica* Linn. Indian Phytopathol,

4: 67-70

Srivastava N, Srivastava AK, Kamal, Rai AN. 1994. New synnematous foliicolous hyphomycetes from India. Mycol Res, 98: 521-524

Srivastava P. 1994. Recombinations in genus *Passalora* Fries. J Living World, 1: 112-119

Stevens FL. 1917. Porto Rican fungi, old and new. Trans III Acad Sci, 10: 163-218

Stevens FL. 1925. Hawaiian fungi. Bulletin of the Bernice Bishop Museum, 19: 1-189

Stevenson JA. 1975. Fungi of Puerto Rico and the American Virgin Islands. Contr Reed Herb, 23: 743

Stewart EL, Liu Z, Crous PW, Szabó L. 1999. Phylogenetic relationships mong some cercosporoid anamorphs of *Mycosphaerella* based on rDNA sequence analysis. Mycol Res, 103: 1491-1499

Subramanian CV. 1992. A reassessment of *Sporidesmium* (Hyphomycetes）and some related taxa. Proc Natl Acad Sci India, B, 4: 179-190

Sumstine DR. 1949. The Albert Commons collection of fungi in the herbarium of the Academy of Natural Sciences in Philadelphia. Mycologia, 41: 11-23

Sutton BC. 1970. Forest microfungi. IV. A leaf spot of *Populus* caused by *Cladosporium subsessile*. Canad J Bot, 48: 471-477

Sutton BC. 1973. Coelomycetes. In: The Fungi: An Advaced Treatise. Vol. 4A, A Taxonomic Review with Keys: Ascomycetes and Fungi Imperfecti (Ainsworth, G.C., Sparrow, F.K. & Sussman, A.S. eds.): 513-582. Academic Press, New York

Sutton BC. 1994. *Prathigada terminaliae*. IMI Descriptions of Fungi and Bacteria, No. 1181

Sutton BC, Pasoe LG. 1987. *Tandonella oleariae* sp. nov. and generic separation of *Tandonella* and *Sclerographiopsis*. Aust J Bot, 35: 183-191

Sutton BC, Pascoe LG. 1988. Some dematiaceous hyphomycetes from branches and phyllodes of *Acacia* in Australia. Aust Syst Bot, 1: 127-138

Sutton BC, Pons N. 1980. Notes on the original species of *Cercosporina*. Mycotaxon, 12: 201-218

Sutton BC, Pons N. 1991. Proposal to conserve *Cercospora* Fresenius (fungi). Taxon, 40: 643-646

Swiderska-Burek U. 2008. Hyphomycetes from *Ranulispora* to *Stemphylium*. *In*: Mulenko W, Majewski T, Ruszkiewicz-Michalska M. A preliminary checklist of micromycetes in Poland. (In:）Z. Mirek (ed). Biodiversity of Poland 9. W. Szafer Institute of Botany, Polish Academy of Sciences, Kraków: 481-494

Sydow H. 1925. Fungi in itinere costaricensi. Ann Mycol, 23: 308-429

Sydow H. 1928. Novae fungorum species XIX. Ann Mycol, 26: 131-139

Sydow H. 1929. Fungi Chinese. Seris prima. Ann Mycol, 27: 418-434

Sydow H. 1930. Fungi venezuelani. Ann Mycol, 28(1-2): 29-224

Sydow H. 1935. Beschreibungen neuer Sudsfri-Kanischer pilze-VI. Ann Mycol, 33: 230-237

Sydow H, Mitter J H. 1933. Fungi in indici. Ann Mycol, 31(1-2): 84-97

Sydow H, Sydow P. 1913. Novae fungorum species X. Ann Mycol, 11: 254-271

Sydow H, Sydow P. 1914. Beitrag zur Kenntnis der parasitischen Pilze der Insel Formosa[①]. Ann Mycol, 12: 105-112

Sydow H, Sydow P. 1916. Weitere Dignosen neuer Philippinischer Pilze. Ann Mycol, 4: 353-375

Sydow H, Sydow P. 1919. Aufzahlung eibiger in den Provinzen Kwangtung und Kwangsi (Sud-China）gesammelter Pilze. Ann Mycol, 17: 140-143

Tai FL (戴芳澜). 1936. Notes on Chinese fungi VII. *Cercospora* I. Bull. Chinese Bot Soc, 2 (2): 45-66

Tai FL (戴芳澜). 1948. *Cercospora* of China II. Lloydia, 11: 36-56

Takimoto S. 1918. Diseases of medical plants. Chosen Agric Soc, 13: 33

Taylor JE, Groenewald JZ, Crous PW. 2003. A phylogenetic analysis of Mycosphaerellaceae leaf spot pathogens of Proteaceae. Mycol Res, 107: 653-658

Tessmann DJ, Charudattan R, Kistler HC, Rosskopf EN. 2001. A molecular characterization of *Cercospora* species pathogenic to water hyacinth and emendation of *C. piaropi*. Mycologia, 93: 323-334

Tharp BC. 1917. Texas parasitic fungi, new species and amended discriptions. Mycologia, 9: 106-116

Thaung MM. 1976. New hyphomycetes from Burma. Trans Br Mycol Soc, 66: 211-215

Thirumalachar MJ, Chupp C. 1948. Notes on some *Cercospora* of India. Mycologia, 40: 352-362

Thirumalachar MJ, Mishra JN. 1953. Contribution to the study of fungi of Bihar, India-1. Sydowia, 7: 29-83

Thomma BPHJ, van Esse HP, Crous PW, de Wit PJGM. 2005. *Cladosporium fulvum* (syn. *Passalora fulva*), a highly specialized plant pathogen as a model for functional studies on plant pathogenic Mycosphaerellaceae. Mol Plant Patholol, 6: 379-393

Thüemen F. 1882. Contributines ad Floram Mycologicum Lusitanicam. Ser III. Hedwigia, 21: 12-16

Tian SM, Liu DQ, Zou MQ. 2008. First Report of *Cercospora concors* causing *Cercospora* Leaf Blotch of Potato in Inner Mongolia, North China. Pl Dis, 92: 652

To-anun C, Nguenhom J, Meeboon J, Hidayat I. 2009. Two fungi associated with necrotic leaflets of areca palms (*Areca catechu*). Mycol Progress, 8: 115-121

Torconi M, Maffei L. 1915. Notes micologiche e fitopatologiche. I. *Cercospora lumbrioides* n. sp. sul Frassino e Nectria. Atti dell'Istituto Botanico della Università e Laboratorio Crittogamico di Pavia, 12: 329-336

Tribe HT, Thines E, Weber RWS. 2006. Moulds that should be known: the wine cellar mould *Racodium cellare* Persoon. Mycologia, 20: 171-175

Tsuneda A, Murakami S, Nishimura K, Miyaji M. 1986. Pleomorphism and conidiogenesis in *Rhinocladiella atrovirens* isolated from beetle galleries. Can J Bot, 64: 1112-1119

Turconi M, Maffei L. 2015. Note micologiche e fitopatologiche. I. *Cercospora lumbricoides* n. sp. sul *Frassino* e *Nectria Castilloae* n. sp. sulla *Castilloa elastica*, nel Messico. II. *Steganosporium kosaroffii* n. sp. sul *Gelso*, in Bulgaria. Atti dell' Istituto Botanico dell' Università di Pavia, Serie 2, 12: 329-336

Upchurch RG, Walker DC, Rollins JA, Whrenshaft ME, Daub ME. 1991. Mutants of *Cercospora kikuchii* altered in cercosporin synthesis. Applied and Environmental Microbiology, 57: 2940-2945

Urtiaga R, Braun U. 2013. New species and new records of cercosporoid hyphomycetes from Cuba and Venezuela (Part 2). Mycosphere, 4: 174-214

Vaghefli N, Pethybridge SJ, Shivas RG, et al. 2016. Confirmation of *Paracercospora egenula* causing leaf spot of eggplant in Hawaii. Australasian Plant Disease Notes, 11: 35

Van Dyke CG. 1991. Biological control of weeds with fungi. *In*: Handbook of Applied Mycology, Soil and Plants. Vol. 1 eds., D.K. Arora, B. Rai, K.G. Mukerji, and G.R. Knudsen. Marcel Dekker, Inc., New York

Vassiljevsky NV, Karakulin BP. 1937. Parazitnye nesover shennye griby, Ch. I. Gifomicety. Izdatel stov Akademii Nauk SSR. Leningrad

Vasudeva RS. 1963. Indian Cercosporae. Indian Council of Agric. Res New Deilhi, 245

Verkley GM, Quaedvilieg W, Shin HD, et al. 2013. A new approach to species delimitation in *Septoria*. Stud Mycol, 75: 213-305

Verkley GM, Starink-Willemse M, Iperen A van, Abeln ECA. 2004. Phylogenetic analyses of *Septoria* species based on the ITS and LSU-D2 regions of nuclear ribosomal DNA. Mycologia, 96: 558-571

Verma NK, Rai AN. 2014. *Distocercospora indica* a new dematiaceous hyphomycete from central India. Mycotaxon, 127: 97-101

Vestal EF. 1933. Pathogenicity, host response and control of *Cercospora* leaf spot of sugar beet. Iowa Agric Exp Sta Res Bull, 168: 43-72

Videira SIR, Groenewald JZ, Braun U, Shin HD, Crous PW. 2016. All that glitters is not *Ramularia*. Stud Mycol, 83: 49-163

Videira SIR, Groenewald JZ, Kolecka A, *et al*. 2015a. Elucidating the *Ramularia* eucalypti species complex. Persoonia, 34: 50-64

Videira SIR, Groenewald JZ, Nakashima C, Braun U, Barreto RW, de Wit P GM, Crous PW. 2017. Mycosphaerellaceae-Chaos or clarity? Stud Mycol, 87: 257-421

Videira SIR, Groenewald JZ, Verkley GJM, *et al*. 2015b. The rise of *Ramularia* from the *Mycosphaerella* labyrinth. Fungl Biology, 119: 823-943

Viégas AP. 1945. Algnus fungos do Brasil *Cercospora*. Bolm Soc Brasil, Agron, 8: 1-160

Vries GA de. 1952. Contribution to the knowledge of the genus *Cladosporium* Link ex Fr. CBS, Baarn

Walker J, White NH. 1991. Species of *Phaeoramulariopsis* and *Stenella* (Hyphomycetes) on *Wikstroemia* (Thymelaeaceae). Mycol Res, 95: 1005-1013

Waller JM, Sutton BC. 1979a. *Mycovellosiella cajani*. CMI Descriptions of Pathogenic Fungi and Bacteria, No. 628

Waller JM, Sutton BC. 1979b. *Mycovellosiella nattrassii*. CMI Descriptions of Pathogenic Fungi and Bacteria, No. 629

Wang F, Summerell BA, Marshall D, *et al*. 1997. Biology and pathology of a species of *Phaeoramularia* causing a leaf spot of crofton weed. Australasian Plant Pathology, 26: 165-172

Wang J, Levy M, Donkle LD. 1998. Sibling species of *Cercospora* associated with gray leaf spot of maize. Phytopathology, 88: 1269-1275

Weedon AG. 1926. Some Florida fungi. Mycologia, 18: 218-223

Weiland JJ, Chung KR, Suttle JC. 2010. The role of cercosporin in the virulence of Cercospora app. to plant hosts. In: Cercospora leaf spot of sugar beet and related species (Lantey RT, Weiland JJ, Panella L, Crous PW, Windela CE, eds). APS Precies, Minnesota USA: 39-53

Weliand JJ, Koch G. 2004. Sugar-beet leaf spot disease (*Cercospora beticola* Sacc.). Molecular Plant Pathology, 5: 157-166

Welles CG. 1924. Studies of a leaf spot of *Phaseolus aureus* new to the Philippine Islands. Phytopathology, 14: 351-358

Wiehe PO. 1948. The plant diseases and fungi recorded from Mauritius. Mycol Pap, 24: 1-39

Williams TH, Liu PSW. 1976. A host list of plant diseases in Sabah, Malaysia. Phytopathol Pap, 19: 1-67

Winter G. 1883. Ueber einige nordamerikaniche Pilze. Hedwigia, 22: 67-72

Winter G, Demetrio CH. 1885. Beitrage zur Pilzflora von Misouri. Hedwigia, 24: 13-214

Wolf FA, Garren KH, Miller JK. 1938. Fungi of the Duke Forest and their relation to forest pathology. Bull School Forest Duke Univ, 2: 1-122

Xia L (夏蕾), Guo YL (郭英兰), Li Y (李玉). 2013. *Passalora lepistemonis* sp. nov. from China. Mycotaxon, 126: 51-54

Xu L (徐莉), Guo YL (郭英兰). 2003. Studies on *Cercospora* and allied genera in China XIII. Mycosystema, 22(1): 6-8

Yamamoto W (山本和太郎). 1934. *Cercospora* from Formosa I. Trans Sapporo Nat Hist Soc, 13: 139-143

Yen JM (阎若岷). 1965. Etude sur les Champignons parasites du Sud-Est asiatique III: Deuxieme note sur quelques nouvelles especes de *Cercospora* de Singapour. Rev Mycol, 30: 166-204

Yen JM (阎若岷). 1966. Etude sur les Champignons parasites du Sud-Est asiatique IV. Troisième note sur quelques nouvelles espèces de *Cercospora* de Singapore. Rev Mycol, 31(2): 109-149

Yen JM (阎若岷). 1967. Etude sur les champignons parasites du Sud-Est asiatique VII. Quatriéme note sur quelques *Cercospora* et *Stenella* de Singapour(Malaisie). Rev Mycol, 32: 177-202

Yen JM (阎若岷). 1968. Etude sur les champignons parasites du Sud-Est asiatique X. Sixieme note sur les *Cercospora* de Malaisie. Bull Soc Mycol France, 84: 5-18

Yen JM (阎若岷). 1974. Les *Cercospora* du Gabon.-IV. Bull Soc Mycol France, 90: 41-47

Yen JM (阎若岷). 1981. Etude sur les champignons parasites du Sud-Est asiatique 46. Les *Cercospora* de Formosa VII. Bull Soc Mycol France, 97: 149-155

Yen JM (阎若岷), Lim GC. 1970a. Etude sur les champignons parasites du Sud-Est asiatique XIV. Huitieme note sur les *Cercospora* de Malaisie. Bull Soc Mycol France, 86: 745-753

Yen JM (阎若岷), Lim GC. 1970b. Etude sur les champignons parasites du Sud-Est asiatique XII. Septieme note sur les *Cercospora* de Malaisie. Cahiers de Pacifique, 14: 87-10

Yen JM (阎若岷), Lim GC. 1973. Etude sur les champignons parasites du Sud-Est asiatique XX. Dixieme note sur les *Cercospora* de Malaisie. Cah Pacifique, 17: 95-114

Yen JM (阎若岷), Lim GC. 1980. *Cercospora* and allied genera of Singapore and the Malay Peninsula Gard. Bull Singapore, 33: 151-263

Yen JM (阎若岷), Lim GC. 1982. Studies on parasitic fungi from South East Asia, 45. Parasitic fungi from Malaysia, 22. Mycotaxon, 16: 96-98

Yen JM (阎若岷), Sun SH (孙淑贤). 1983. Studies on parasitic fungi from South East Asia 48. *Cercospra* and allied genera of Taiwan VIII. Cruptog Mycol, 4: 189-198

Yokoyama T, Nasu H. 2000. Materials for the fungus flora of Japan (54). *Stenella persicae*, a new species from peach. Mycoscience, 41: 91-93

Zhai FY (翟凤艳), Guo YL (郭英兰). 2014. New species and new record of *Passalora* from China. Nova Hedwigia, 98(3-4): 529-534

Zhai FY (翟凤艳), Guo YL (郭英兰), Li Y (李玉). 2006a. A new species of *Tandonella* on Compositae. Mycosystema, 25(3): 374-375

Zhai FY (翟凤艳), Guo YL (郭英兰), Li Y (李玉). 2006b. A new species of *Phaeoramularia* on Papaveraceae. Mycotaxon, 98: 233-235

Zhai FY (翟凤艳), Guo YL (郭英兰), Li Y (李玉). 2007. A new species of *Phaeoramularia* on Ranunculaceae. Mycotaxon, 100: 189-192

Zhai FY (翟凤艳), Guo YL (郭英兰), Li Y (李玉). 2008. A new species of *Phaeoramularia* on *Cimicifuga* (Ranunculaceae). Mycotaxon, 106: 203-207

Zhai FY (翟凤艳), Guo YL (郭英兰), Liu YJ (刘英杰), Li Y (李玉). 2011a. New combinations of *Passalora* from China. Sydowia, 63(2): 283-285

Zhai FY (翟凤艳), Guo YL (郭英兰), Liu YJ (刘英杰), Li Y (李玉). 2011b. *Passalora papaveris* comb. nov. from China. Mycotaxon, 116: 447-448

Zhai FY (翟凤艳), Guo YL (郭英兰), Liu YJ (刘英杰), Li Y (李玉）. 2011c. *Passlora wangii* comb. nov. from the genus *Tandonella*. Mycotaxon, 117: 365-366

Zhai FY (翟凤艳), Hsieh WH (谢文瑞), Liu YJ (刘英杰), Guo YL (郭英兰). 2014. Two new combinations and a new record of *Zasmidium* from China. Mycotaxon, 129(1): 57-61

Zhu L, Sun OJ, Sang W, *et al.* 2007. Predicting the spatial distribution of an invasive plant species (*Eupatorium adenophora*）in China. Landscape Ecology, 22: 1143-1154

Zhuang WY (庄文颖). 2001. Higher Fungi of Tropical China. Mycotaxon, Ltd, Ithaca, NY: 485

索　引

寄主汉名索引

真菌汉名索引

寄主学名索引

真菌学名索引

X

Z

（SCPC-BZBDZF13-0005）

ISBN 978-7-03-078663-0

定 价：398.00元